- **C^n 級関数**

  n を 0 以上の整数とし，$f(x)$ は開区間 I 上で定義された関数であるとする。

  [1] 関数 $f(x)$ が I 上で n 回微分可能であり，その第 n 次導関数 $f^{(n)}(x)$ が I 上で連続であるとき，関数 $f(x)$ は I 上で n 回連続微分可能である，または C^n 級関数であるという。

  [2] 関数 $f(x)$ が I 上で何回でも微分可能であるとき，関数 $f(x)$ は I 上で無限回微分可能である，または C^∞ 級関数であるという。

微分法の応用

- **ロピタルの定理**(1)

  $f(x),\ g(x)$ を開区間 (a, b) 上で微分可能な関数とする（ただし，$a<b$）。$\alpha \in (a, b)$ について，$f(x),\ g(x)$ は次を満たすとする。

  [1] $\displaystyle \lim_{x \to \alpha} f(x) = \lim_{x \to \alpha} g(x) = 0$

  [2] $x \neq \alpha$ であるすべての $x \in (a, b)$ において，$g'(x) \neq 0$ である。

  [3] 極限 $\displaystyle \lim_{x \to \alpha} \frac{f'(x)}{g'(x)}$ が存在する。

  このとき，極限 $\displaystyle \lim_{x \to \alpha} \frac{f(x)}{g(x)}$ も存在して，次が成り立つ。

  $$\lim_{x \to \alpha} \frac{f(x)}{g(x)} = \lim_{x \to \alpha} \frac{f'(x)}{g'(x)}$$

  更に，$x \longrightarrow \alpha$ を，$x \longrightarrow \alpha+0$ または $x \longrightarrow \alpha-0$ とおき換えても同じ主張が成り立つ。

- **ロピタルの定理**(2)

  $f(x),\ g(x)$ を開区間 (a, b) 上で微分可能な関数とし，$f(x),\ g(x)$ は次を満たすとする（ただし，$a<b$）。

  [1] $\displaystyle \lim_{x \to a+0} f(x) = \pm\infty$ かつ $\displaystyle \lim_{x \to a+0} g(x) = \pm\infty$

  [2] すべての $x \in (a, b)$ において，$g'(x) \neq 0$ である。

  [3] 極限 $\displaystyle \lim_{x \to a+0} \frac{f'(x)}{g'(x)}$ が存在する。

  このとき，右側極限 $\displaystyle \lim_{x \to a+0} \frac{f(x)}{g(x)}$ も存在して，次が成り立つ。

  $$\lim_{x \to a+0} \frac{f(x)}{g(x)} = \lim_{x \to a+0} \frac{f'(x)}{g'(x)}$$

  更に，右側極限 $x \longrightarrow a+0$ を，左側極限 $x \longrightarrow b-0$ におき換えても同じ主張が成り立つ。

- **ロピタルの定理**(3)

  $f(x),\ g(x)$ を開区間 (b, ∞) 上で微分可能な関数とし，$f(x),\ g(x)$ は次を満たすとする。

  このとき，極限 $\displaystyle \lim_{x \to \infty} \frac{f(x)}{g(x)}$ も存在して，次が成り立つ。

  $$\lim_{x \to \infty} \frac{f(x)}{g(x)} = \lim_{x \to \infty} \frac{f'(x)}{g'(x)}$$

  また，条件 [1] を「$\displaystyle \lim_{x \to \infty} f(x) = \pm\infty$ かつ $\displaystyle \lim_{x \to \infty} g(x) = \pm\infty$ （複号任意）」に変えても，同じ主張が成り立つ。

  更に，開区間 (b, ∞) を $(-\infty, b)$ とし，合わせて極限 $x \longrightarrow \infty$ を，極限 $x \longrightarrow -\infty$ とおき換えても同じ主張が成り立つ。

- **代表的な初等関数のマクローリン展開**

  $$e^x = \sum_{k=0}^{n-1} \frac{x^k}{k!} + \frac{e^{\theta x}}{n!} x^n \quad (0 < \theta < 1)$$

  $$\log(x+1) = \sum_{k=1}^{n-1} \frac{(-1)^{k+1}}{k} x^k + \frac{(-1)^{n+1}}{n(\theta x+1)^n} x^n$$
  $$(0 < \theta < 1)$$

  $$\sin x = \sum_{k=0}^{m-1} \frac{(-1)^k}{(2k+1)!} x^{2k+1} + \frac{(-1)^m \sin \theta x}{(2m)!} x^{2m}$$
  $$(0 < \theta < 1)$$

  $$\cos x = \sum_{k=0}^{m-1} \frac{(-1)^k}{(2k)!} x^{2k} + \frac{(-1)^m \sin \theta x}{(2m-1)!} x^{2m-1}$$
  $$(0 < \theta < 1)$$

積分（1変数）

積分とは

- **定積分の性質の定理**

  [1] 関数 $f(x)$ が閉区間 $[a, b]$ 上で積分可能であるとき，次が成り立つ。

  $$\int_a^a f(x)\,dx = 0$$

  [2] 関数 $f(x)$ が閉区間 $[a, b]$ 上で積分可能であるとき，$a<c<b$ を満たす実数 c に対して，次が成り立つ。

  $$\int_a^b f(x)\,dx = \int_a^c f(x)\,dx + \int_c^b f(x)\,dx$$

  [3] 関数 $f(x),\ g(x)$ が閉区間 $[a, b]$ 上で積分可能であるとき，任意の実数 k, l に対して，

関数 $kf(x)+lg(x)$ も $[a,\ b]$ 上で積分可能であり，次が成り立つ。

$$\int_a^b \{kf(x)+lg(x)\}\,dx = k\int_a^b f(x)\,dx + l\int_a^b g(x)\,dx$$

積分の計算（C は積分定数）

- $\displaystyle\int x^a\,dx = \frac{1}{a+1}x^{a+1}+C \quad (a \neq -1)$

  特に $\displaystyle\int \frac{dx}{x} = \log|x|+C$

$\displaystyle\int \sin x\,dx = -\cos x + C$

$\displaystyle\int \cos x\,dx = \sin x + C$

$\displaystyle\int \frac{dx}{\cos^2 x} = \tan x + C$

$\displaystyle\int \frac{dx}{\sin^2 x} = -\frac{1}{\tan x}+C$

$\displaystyle\int a^x\,dx = \frac{a^x}{\log a}+C \quad (a>0,\ a \neq 1)$

  特に $\displaystyle\int e^x\,dx = e^x + C$

$\displaystyle\int \sinh x\,dx = \cosh x + C$

$\displaystyle\int \cosh x\,dx = \sinh x + C$

$\displaystyle\int \frac{dx}{\cosh^2 x} = \tanh x + C$

$\displaystyle\int \frac{dx}{\sinh^2 x} = -\frac{1}{\tanh x}+C$

$\displaystyle\int \sqrt{x^2+a}\,dx = \frac{1}{2}(x\sqrt{x^2+a}+a\log|x+\sqrt{x^2+a}|)$

$\displaystyle\int \frac{dx}{\sqrt{x^2+a}} = \log|x+\sqrt{x^2+a}|$

$\displaystyle\int \frac{dx}{\sqrt{a^2-x^2}} = \mathrm{Sin}^{-1}\frac{x}{|a|}+C \quad (a \neq 0)$

$\displaystyle\int \frac{dx}{x^2+a^2} = \frac{1}{a}\mathrm{Tan}^{-1}\frac{x}{a}+C \quad (a \neq 0)$

$\displaystyle\int \frac{dx}{(ax+b)^n} = \begin{cases} \dfrac{1}{a(1-n)(ax+b)^{n-1}} & (n \geq 2) \\[2mm] \dfrac{1}{a}\log|ax+b| & (n=1) \end{cases}$

ただし，n は自然数，$a \neq 0$

広義積分

- 半開区間上の広義積分

  半開区間 $[a,\ b)$ または $(a,\ b]$ $(a<b)$ 上の連続関数 $f(x)$ について，順に $\displaystyle\lim_{\varepsilon \to +0}\int_a^{b-\varepsilon} f(x)\,dx$ または $\displaystyle\lim_{\varepsilon \to +0}\int_{a+\varepsilon}^b f(x)\,dx$ が存在する。

  半開区間 $[a,\ \infty)$ 上で連続な関数 $f(x)$ について，$\displaystyle\lim_{t \to \infty}\int_a^t f(x)\,dx$ が存在する。

  半開区間 $(-\infty,\ b]$ 上で連続な関数 $f(x)$ について，$\displaystyle\lim_{s \to -\infty}\int_s^b f(x)\,dx$ が収束する。

  以上の場合において，広義積分 $\displaystyle\int_a^b f(x)\,dx$，$\displaystyle\int_a^\infty f(x)\,dx$，$\displaystyle\int_{-\infty}^b f(x)\,dx$ がそれぞれ収束するという。

- 開区間上の広義積分

  開区間 $(a,\ b)$ $(a<b)$ 上で連続な関数 $f(x)$ について，$a<c<b$ を満たす実数 c に対して，$\displaystyle\lim_{\varepsilon \to +0}\int_{a+\varepsilon}^c f(x)\,dx$，$\displaystyle\lim_{\varepsilon' \to +0}\int_c^{b-\varepsilon'} f(x)\,dx$ が収束するとき，広義積分 $\displaystyle\int_a^b f(x)\,dx$ が収束するといい，その値を次のように定義する。

  $$\int_a^b f(x)\,dx = \lim_{\varepsilon \to +0}\int_{a+\varepsilon}^c f(x)\,dx + \lim_{\varepsilon' \to +0}\int_c^{b-\varepsilon'} f(x)\,dx$$

  同様に，$(-\infty,\ \infty)$ 上で連続な関数 $f(x)$ について，ある実数 c に対して，$\displaystyle\lim_{s \to -\infty}\int_s^c f(x)\,dx$，$\displaystyle\lim_{t \to \infty}\int_c^t f(x)\,dx$ がともに収束するとき，広義積分 $\displaystyle\int_{-\infty}^\infty f(x)\,dx$ が収束するといい，その値を次のように定義する。

  $$\int_{-\infty}^\infty f(x)\,dx = \lim_{s \to -\infty}\int_s^c f(x)\,dx + \lim_{t \to \infty}\int_c^t f(x)\,dx$$

積分法の応用

- ベータ関数

  任意の正の実数 $p,\ q$ に対して，$\displaystyle B(p,\ q) = \int_0^1 x^{p-1}(1-x)^{q-1}\,dx$ をベータ関数という。

- ベータ関数の性質の定理

  $p,\ q$ を任意の正の実数とする。

  [1] $B(p,\ q) > 0$

  [2] $B(p,\ q) = B(q,\ p)$

  [3] $B(p,\ q+1) = \dfrac{q}{p}B(p+1,\ q)$

- ガンマ関数

  任意の正の実数 s に対して，$\displaystyle \Gamma(s) = \int_0^\infty e^{-x}x^{s-1}\,dx$ をガンマ関数という。

- ガンマ関数の性質の定理

  s を任意の正の実数，n を任意の自然数とする。

  [1] $\Gamma(s) > 0$

  [2] $\Gamma(s+1) = s\Gamma(s)$

  [3] $\Gamma(n) = (n-1)!$

チャート式®シリーズ

大学教養　微分積分の基礎

はじめに

　大学受験を目的としたチャート式の学習参考書は，およそ100年前に誕生しました。
戦争によって，発行が途絶えた時期もあったものの，多くの皆さんに愛され続けながら，チャート式の歴史は現在に至っています。
この間，時代は大きく変わりました。科学技術の進展に伴い，私たちを取り巻く環境や生活は驚くほど変化し，そして便利なものとなりました。
この発展を基礎で支える学問の1つが数学です。数学の応用範囲は以前にも増して広がり，現代において，数学の果たす役割はますます重要なものとなっています。

　　チャートとは

　　　　問題の急所がどこにあるか，

　　　　その解法をいかにして思いつくか

をわかりやすく示したものであり，その性格は，
100年前の刊行当時と何ら変わりありません。
チャートを用いて学習内容をわかりやすく解説する
という特徴も，高等学校までのチャート式学習参考
書と今回発行する大学向け参考書で，変わりのない
ところです。チャート式は，わかりやすさを追究し
ながら，常に時代とともに進化を続けています。

> CHART とは何？
> C.O.D (*The Concise Oxford Dictionary*) には，
> CHART—Navigator's sea map with coast
> outlines, rocks, shoals, *etc.* と説明してある。
> 海図—浪風荒き問題の海に船出する若き船
> 人に捧げられた海図—問題海の全面をこと
> ごとく一眸の中に収め，もっとも安らかな
> 航路を示し，あわせて乗り上げやすい暗礁
> や浅瀬を一目瞭然たらしめる CHART！
> 　　　　昭和初年チャート式代数学巻頭言

　大学で学ぶ数学は，高校までの数学に比べて複雑で，奥の深いものです。
授業の進度も早いため，学生の皆さんには，主体的に学び，より積極的
に探究しようとする態度が求められます。
チャート式は，自ら考える皆さんの味方です。
大学受験を目的として刊行されたチャート式ですが，受験問題が解ける
ようになることは1つの通過点であって，数学を学ぶことのゴールでは
ありません。
これまで見たことのない数学の世界が，皆さんの前に広がっています。
新たな数学の学習をスタートさせましょう。チャート式といっしょに。　　　数研出版編集部

はしがき

　本書は，大学初年度に理工系分野等を学ぶ学生のために，その数学的な基本となる微分積分学の基礎の内容を理解するために編集された学習参考書です。

　本書に先がけて発行した，大学生用のテキスト

数研講座シリーズ　大学教養　微分積分の基礎

に掲載された問題のすべてと本書独自に採録した問題を解決するため，例題として示したものは問題を解く上での考え方を示す指針（GUIDE & SOLUTION）と詳しい解答を本文中で紹介し，また，PRACTICE や EXERCISES として示したものは詳しい解答を巻末に，問題文とともに掲載しています。更に，各章，各節では，基本事項としてその節で扱う定義や定理，重要な性質等を，上記テキストに準じてまとめています。本書を上記のテキストと一緒に読み進めることで，その発想やアイデアの源泉に精通し，理解が深まるように書かれています。

　大学で学ぶ微分積分学は，高校3年で学習する「関数と極限，微分法・積分法とその応用」を厳密に学び直すもので，そこで学習する内容は，より深く広い範囲に及びます。

　高校数学では，微分や積分の計算方法を学び，続いて，それらを利用して関数のグラフをかいたり，面積や体積を求めたりすることを学習しました。一方，大学数学の微分積分学では，計算方法の前に，微分や積分の概念や定義を数学的に調べていきます。そのため，高校数学に比べてやや抽象的な内容になっていたり，高校数学とは違ったアプローチの仕方になっているところがあります。

　例えば，積分法については，高校数学ではまず，不定積分（原始関数と同義としている）を定義して，その不定積分を使って計算した実数の数値として定積分を定義しています。つまり，高校数学では「微分の逆演算」として定義された不定積分を使って，定積分の計算をし，それによって面積を求めるという流れになっています。一方，大学数学ではまず，面積とは何かを考え，分割された閉区間と長方形領域の面積の和の極限を使って積分可能性を定義します。そして，積分可能な関数に対して，積分範囲の下端を固定し（例えば a と固定），上端を変数 x とした，定積分で表された関数 $F(x) = \displaystyle\int_a^x f(x)dx$ を考えます。すると実は，$F(x)$ は微分可能で，$F'(x) = f(x)$ が成り立ちます。これを微分積分学の基本定理と呼びます。

　このように，高校数学とは違った流れの部分もありますが，実際の大学数学における定積分の計算には不定積分による方法を用いることが多いので，高校数学で学んだ積分の計算の知識は大学数学でも大いに役に立っています。

　本書は，高等学校のチャート式参考書と同様な方針のもとに編集されています。既習事項との円滑な接続にも十分配慮していますので，安心して学習を進めることができます。

高校で数学を面白いと感じたのは，わかった！と思い，そして，問題を自力で解けたときではないでしょうか。それは，大学数学でも同じです。

　本書で，しっかりと学習して，数学の面白さ，微分積分学の奥深さを存分に味わってください。

本書の構成

章はじめ

例 題 一 覧

例題番号　レベル	例題タイトル	掲載頁

各章の初めに，その章で扱う例題のレベル，タイトル，および掲載頁を示した。

基本事項

テキスト「数研講座シリーズ　大学教養　微分積分の基礎」の内容に準じて，各章の各節の最初には，定義や定理，証明，性質，注意事項などを，基本事項としてまとめてある。

基本 例題	000	例題タイトル	★☆☆
重要 例題	000	例題タイトル	★★★

上記のテキストで扱われた練習，補充問題，章末問題を中心に，レベル1，2のものは基本例題として，またレベル3の問題は重要例題として掲載し，関連する基本事項の引用を示した。

GUIDE & SOLUTION

例題を解くための考え方や関連する定義や定理，具体的な解答方針などを簡潔にまとめた。

解答

例題の詳しい解答，図，証明を示し，途中の計算式も紙面の許す限り掲載した。最終の答の数値等は太字で示し，証明の終わりには ■ を付けた。別解，補足，参考，研究 も適宜示した。

INFORMATION

例題に関連する参考事項や補足事項などを，枠囲みで適宜示した。

PRACTICE … 00

例題の類題や関連する問題，発展させた問題などを，適宜載せた。上記テキストの練習，補充問題，章末問題からの問題が中心である。詳しい解答は，巻末に問題文とともに掲載した。

EXERCISES

章末にその章に関連する問題を，節の順に載せた。上記テキストの章末問題が中心であるが，補充問題や練習の問題を扱ったところもある。詳しい解答は，巻末に問題文とともに掲載した。

!Hint　考え方が難しい問題には，適宜解答の手助けとなるヒントを示した。

4

目　次

問題数

基本例題	105 題
重要例題	22 題
例題総数	127 題
PRACTICE	94 題
EXERCISES	68 題
総問題数	289 題

第1章

関数（1変数）

1 関数とは
2 関数の極限とは
3 関数の連続性
4 初等関数

例 題 一 覧

▶ 1 関数とは

基本事項

A 関数と対応関係

定義 関数と定義域

> 実数の集合 A，B において，A の1つの要素を定めたとき，それに対応して B の要素が必ず1つ定まるとき，この対応関係を **A から B への関数** と定義する。また，この集合 A を関数の **定義域** という。

関数は，文字 f 等を用いて表す。A から B への関数 f において，定義域 A の要素 a に対応する B の要素を $f(a)$ と書き，これを関数 f の a における **値** という。関数の値 $f(a)$ を，関数 f による a の **像** ともいう。関数 f による A の要素の像全体の集合 $\{f(a) \mid a \in A\}$ を，関数 f の **値域** という。

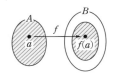

A から B への関数 f において，A は定義域であるが，B が値域であるとは限らない。

B 逆関数と合成関数

逆関数 関数 f において，その対応を逆向きに考えたものが関数であるとき，その逆向きの対応を，関数 f の **逆関数** といい，f^{-1} で表す。

逆関数はどんな関数に対しても存在するわけではなく，関数 f が次の条件を満たす場合にのみ存在する。

関数 f が逆関数をもつ条件

> [1] 定義域内の異なる数に対して，値域内の異なる数が1対1に対応する。
> [2] f による定義域内の数の像全体の集合が値域に一致する。

関数とその逆関数とでは，定義域と値域が入れ替わる。

合成関数 2つの関数 f，g について，関数 f の値域が関数 g の定義域に含まれているとする。このとき，関数 f の定義域内の x に対して，関数 g の値域内の $g(f(x))$ を対応させることで，新しい関数を考えることができる。この関数を f と g の合成関数といい，$g \circ f$ で表し

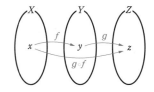

$$(g \circ f)(x) = g(f(x))$$

が成り立つ。

基本 例題 **001** 関数と対応関係（関数かどうかの判定） ★☆☆

次の式で決まる x から y への対応関係は関数であるか調べよ。

(1) $y=2^x$ 　　(2) $y^2=\sqrt[3]{x}$ 　　(3) $y=\sin x$ 　　(4) $|y|=\sqrt[3]{x}$

◢ *p.*6 基本事項A

GUIDE & SOLUTION

いずれの対応関係も，x の値がどのような集合に属するときに考えられるのか与えられていないため，まずそれを確認する必要がある。(1), (3) は x が実数全体の集合の要素のとき，(2), (4) は x が 0 以上の実数全体の集合の要素のとき，与えられた対応関係は定義される。その後，1 つの x の値に対し，1 つの y の値が定まるかどうか調べる。

CHART 　**x から y の対応が関数**
　　　1 つの x の値に y の値は 1 つだけ対応

解 答

(1) 　x から y への対応関係 $y=2^x$ について，定義域を $\{x \mid x \in \mathbb{R}\}$ とすると，1 つの x の値に対し，1 つの y の値が定まるから，対応関係 $y=2^x$ は **関数である**。

(2) 　x から y への対応関係 $y^2=\sqrt[3]{x}$ について，定義域を $\{x \mid x \geqq 0\}$ とする。

このとき，$x \geqq 0$ を満たすどの x に対しても $\sqrt[3]{x}$ が 1 つの値に定まる。

更に，$x>0$ を満たす x に対して定まる $\sqrt[3]{x}$ の値に対し，2 つの y の値が定まる。

よって，対応関係 $y^2=\sqrt[3]{x}$ は **関数でない**。

(3) 　x から y への対応関係 $y=\sin x$ について，定義域を $\{x \mid x \in \mathbb{R}\}$ とすると，1 つの x の値に対し，1 つの y の値が定まるから，対応関係 $y=\sin x$ は **関数である**。

(4) 　x から y への対応関係 $|y|=\sqrt[3]{x}$ について，定義域を $\{x \mid x \geqq 0\}$ とする。

このとき，$x \geqq 0$ を満たすどの x に対しても $\sqrt[3]{x}$ が 1 つの値に定まる。

更に，$x>0$ を満たす x に対して定まる $\sqrt[3]{x}$ の値に対し，2 つの y の値が定まる。

よって，対応関係 $|y|=\sqrt[3]{x}$ は **関数でない**。

補足 (2) は，$x=8$ とすると $y^2=2$ となり，$y=\pm\sqrt{2}$ となる。(4) は，$x=8$ とすると $|y|=2$ となり，$y=\pm 2$ となる。どちらも $x>0$ を満たす x に対して，2 つの y の値が定まる。

補足 x から y への対応関係が関数であるとき，2 つの異なる x の値に対して，1 つの値が定まることがあるが，これは構わない。

PRACTICE … **01**

上の例題の対応関係のうち，y が x の関数になるもののグラフをかけ。

定義域を $\{x \mid x>0\}$ とする関数 $f(x)=\dfrac{2}{x}$ について，定義域内の $x=a$ の f による像 $f(a)$ が $1\leqq f(a)<2$ を満たすような実数 a の値の範囲を求めよ。また，f の値域を集合として表せ。

◢ p. 6 **基本事項A**

GUIDE & SOLUTION

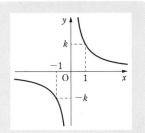

k を 0 でない定数とするとき

分数関数 $y=\dfrac{k}{x}$ の

定義域は $x\neq 0$

値域は $y\neq 0$

$y=\dfrac{k}{x}$ $(k>0)$ のグラフは右のようになる。

（解 答）

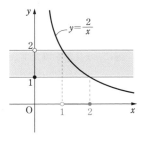

定義域内の $x=a$ $(a>0)$ に対して $\qquad f(a)=\dfrac{2}{a}$

よって，$1\leqq\dfrac{2}{a}<2$ を満たすとすると，$a>0$ より

$\quad 1\leqq\dfrac{2}{a}$ から $\quad a\leqq 2,\qquad \dfrac{2}{a}<2$ から $\quad 1<a$

したがって，求める a の値の範囲は $\quad$ **$1<a\leqq 2$**

次に，$y>0$ を満たす任意の実数 y に対して，$x=\dfrac{2}{y}$ とすると，$x>0$ となる。

よって，$y>0$ を満たす任意の実数 y に対して，$y=f(x)$ となる定義域内の x が存在する。

また，常に $f(x)>0$ であるから，$y\leqq 0$ を満たす任意の実数 y に対して，$y=f(x)$ となる定義域内の x は存在しない。

よって，f の値域は $\quad$ **$\{y \mid y>0\}$**

PRACTICE … 02

(1) 次の関数の定義域を答え，値域を求めよ。

(ア) $f(x)=-\dfrac{2}{x}-1$

(イ) $g(x)=\dfrac{2x+7}{x+3}$

(2) 定義域を $\{x \mid x\leqq 1\}$ とする関数 $f(x)=\sqrt{1-x}$ について，定義域内の $x=a$ の f による像 $f(a)$ が $\dfrac{1}{2}\leqq f(a)<3$ を満たすような実数 a の値の範囲を求めよ。

基本 例題 003 逆関数の存在の判定とその求め方 ★☆☆

定義域を正の実数全体として，次の式で決まる関数 f は逆関数 f^{-1} をもつか。また，もつ場合は，f^{-1} を表す式を求めよ。

(1) $y=x^2$　　　(2) $y=\log_2 x$　　　(3) $y=\cos x$　　◢ $p.6$ **基本事項B**

GUIDE & **S**OLUTION

関数 f が逆関数をもつ条件

[1] 定義域内の異なる数に対して，値域内の異なる数が1対1に対応する。

[2] f による定義域内の数の像全体の集合が値域に一致する。

逆関数の求め方 $y=f(x)$ を x について解いて $x=g(x)$ とし，x と y を交換して $y=g(x)=f^{-1}(x)$ とする。

また　　$(f^{-1}$ の定義域$)=(f$ の値域$)$，$(f^{-1}$ の値域$)=(f$ の定義域$)$

解 答

(1) $x_1>0$，$x_2>0$ に対して，$x_1{}^2=x_2{}^2$ とする。

このとき，$(x_1+x_2)(x_1-x_2)=0$ となり，$x_1+x_2>0$ より　　$x_1-x_2=0$

よって，$x_1=x_2$ であるから，関数 f について，x の値と y の値が1対1に対応する。

したがって，与えられた **関数 f は逆関数 f^{-1} をもつ。**

$x>0$ より $y>0$ であるから，$y=x^2$ を x について解くと　　$x=\sqrt{y}$

求める逆関数 f^{-1} を表す式は，x と y を入れ替えて　　**$y=\sqrt{x}$（$x>0$）**

(2) $x_1>0$，$x_2>0$ に対して，$\log x_1=\log x_2$ とする。

このとき，$\log \dfrac{x_1}{x_2}=0$ となるから　　$\dfrac{x_1}{x_2}=1$

よって，$x_1=x_2$ であるから，関数 f について，x の値と y の値が1対1に対応する。

したがって，与えられた **関数 f は逆関数 f^{-1} をもつ。**

$y=\log_2 x$ を x について解くと　　$x=2^y$

求める逆関数 f^{-1} を表す式は，x と y を入れ替えて　　**$y=2^x$**

(3) 関数 f について，例えば $x=0$，2π に対して $y=1$ が対応するから，x の値と y の値は1対1に対応しない。したがって，**関数 f は逆関数 f^{-1} をもたない。**

PRACTICE … **03**

a を正の定数として，$-\dfrac{1}{2}\leqq x\leqq \dfrac{-1+\sqrt{1+a^2}}{2}$ において定義される関数

$f(x)=\dfrac{-a+\sqrt{a^2-4x-4x^2}}{2}$ を考える。

(1) $f(x)$ の逆関数を $g(x)$ とするとき，$g(x)$ を求めよ。

(2) $f(x)$ と $g(x)$ が一致するために a が満たすべき条件を求めよ。

基本 例題 **004** 合成関数の存在の判定，分数関数の合成 ★☆☆

(1) $f(x)=\dfrac{1}{x}$，$g(x)=\tan x$ に対して，$g \circ f$ と $f \circ g$ は存在するか。

(2) $x \neq 2$ のとき，関数 $f(x)=\dfrac{2x+1}{x-2}$ について，

$f_2(x)=f(f(x))$，$f_3(x)=f(f_2(x))$，……，$f_n(x)=f(f_{n-1}(x))$ $(n \geq 3)$ とする。

このとき，$f_2(x)$，$f_3(x)$ を計算し，$f_n(x)$ $(n \geq 2)$ を求めよ。 ◢ p.6 基本事項B

GUIDE & **S**OLUTION

(1) 関数 f と g の合成関数 $g \circ f$ が存在する条件は，f の値域が g の定義域に含まれることである。$f \circ g$ も同様。

(2) $f_2(x)$，$f_3(x)$ から $f_n(x)$ を予想する。数学的帰納法で証明（ここでは省略）。

解 答

(1) 関数 f の定義域は $\{x \mid x \neq 0\}$，関数 g の定義域は $\left\{x \mid x \neq \dfrac{2n-1}{2}\pi \ (n\text{は整数})\right\}$ である。

また，関数 f の値域は $\{y \mid y \neq 0\}$，関数 g の値域は R（実数全体）である。

関数 f の値域は関数 g の定義域に含まれないから，**$g \circ f$ は存在しない**。

関数 g の値域は関数 f の定義域に含まれないから，**$f \circ g$ は存在しない**。

(2) $$f_2(x)=f(f(x))=\frac{2f(x)+1}{f(x)-2}=\frac{2 \cdot \dfrac{2x+1}{x-2}+1}{\dfrac{2x+1}{x-2}-2}=\frac{2(2x+1)+x-2}{2x+1-2(x-2)}=x$$

$$f_3(x)=f(f_2(x))=f(x)=\frac{2x+1}{x-2}$$

よって，$f_4(x)=f(f_3(x))=f(f(x))=f_2(x)$，$f_5(x)=f(f_4(x))=f(f_2(x))=f_3(x)$，……

であるから，$f_{n+2}(x)=f_n(x)$ $(n \geq 2)$ が成り立つ。

したがって，m を自然数とすると

$n=2n$ のとき $f_n(x)=x$

$n=2m+1$ のとき $f_n(x)=\dfrac{2x+1}{x-2}$

PRACTICE … **04**

次の問いに答えよ。

(1) $f(x)=2x-1$，$g(x)=3x+4$，$h(x)=x^2$ とするとき，$(f \circ g)(x) \neq (g \circ f)(x)$，

$(h \circ (g \circ f))(x)=((h \circ g) \circ f)(x)$ を確かめよ。

(2) 3つの関数 $y=p(x)$，$z=q(y)$，$w=r(z)$ に対して，合成関数

$(r \circ (q \circ p))(x)=((r \circ q) \circ p)(x)$ が成り立つことを示せ。

2 ▶ 関数の極限とは

基本事項

A 関数の極限の定義

定義 関数の極限

> 任意の正の実数 ε に対して，ある正の実数 δ が存在して，$0<|x-a|<\delta$ を満たし，かつ，$f(x)$ の定義域に含まれるすべての x について $|f(x)-\alpha|<\varepsilon$ が成り立つとき，この値 α を，$x \longrightarrow a$ のときの関数 $f(x)$ の極限または極限値 といい，次のように表す。
>
> $$\lim_{x \to a} f(x) = \alpha \quad \text{または} \quad x \longrightarrow a \text{ のとき } f(x) \longrightarrow \alpha$$
>
> また，このとき，$f(x)$ は $x \longrightarrow a$ で α に収束する という。

高等学校では，関数の極限は「関数 $f(x)$ において，x が a と異なる値をとりながら a に限りなく近づくとき，$f(x)$ の値が一定の値 α に限りなく近づくならば，この値 α を $x \longrightarrow a$ のときの $f(x)$ の極限値または極限という」と学んだ。

下線部分の「限りなく近づく」という表現で示された「$x \longrightarrow a$ のときの $f(x)$ の極限が α である」ことを，できるだけ厳密に考えて，数学的に定義したものが上の定義である。すなわち，x を a に近づけていくときの関数 $f(x)$ が近づいていく値 α を極限としているわけである。

数式を用いると，「x を a に近づけていく」 $\longrightarrow$ 「$|x-a|$ の値を 0 に近い値とする」，「$f(x)$ が α に近づいていく」 $\longrightarrow$ 「$|f(x)-\alpha|$ の値がいくらでも 0 に近い値になる」となる。よって，「x を a に近づけていくとき，$f(x)$ の値が α に近づいていく」ということは，数式を用いると次のようになる。「$|f(x)-\alpha|$ の値がいくらでも 0 に近い値となるように，$|x-a|$ の値を 0 に近い値にすることができる」

B 関数の極限の性質

関数の極限の性質

$\displaystyle\lim_{x \to a} f(x) = \alpha$，$\displaystyle\lim_{x \to a} g(x) = \beta$ とする。

1. $\displaystyle\lim_{x \to a} k f(x) = k\alpha$ 　　ただし，k は定数

2. $\displaystyle\lim_{x \to a} \{f(x)+g(x)\} = \alpha+\beta$，$\displaystyle\lim_{x \to a} \{f(x)-g(x)\} = \alpha-\beta$

3. $\displaystyle\lim_{x \to a} f(x)g(x) = \alpha\beta$

4. $\displaystyle\lim_{x \to a} \frac{f(x)}{g(x)} = \frac{\alpha}{\beta}$ 　　ただし，$\beta \neq 0$

前ページの関数の極限の性質の 1. と 2. をまとめると

$$\lim_{x \to a}\{kf(x)+lg(x)\}=k\alpha+l\beta \qquad \text{ただし，} k, l \text{は定数}$$

となる。

合成関数の極限

> 関数 $f(x)$，$g(x)$ について，$\displaystyle\lim_{x \to a}f(x)=b$，$\displaystyle\lim_{x \to b}g(x)=\alpha$ とする。ただし，a，b，α は実数である。このとき，$f(x)$ と $g(x)$ の合成関数 $(g \circ f)(x)$ について，$\displaystyle\lim_{x \to a}(g \circ f)(x)=\alpha$ が成り立つ。

関数の大小関係と極限の定理

> 関数 $f(x)$，$g(x)$ の定義域が開区間 I を含み，$a \in I$ である実数 a について，$\displaystyle\lim_{x \to a}f(x)=\alpha$，$\displaystyle\lim_{x \to a}g(x)=\beta$ とする。このとき，次が成り立つ。
>
> [1]　すべての $x \in I$ について $f(x) \leqq g(x)$ ならば $\alpha \leqq \beta$ である。
>
> [2]　関数 $h(x)$ の定義域が開区間 I を含み，すべての $x \in I$ について
> $f(x) \leqq h(x) \leqq g(x)$ かつ $\alpha=\beta$ ならば $\displaystyle\lim_{x \to a}h(x)=\alpha$ である。

（例）　区間 I 内の x の値について $f(x) \geqq 0$ が成り立っているとする。

このとき，極限 $\displaystyle\lim_{x \to a}f(x)=\alpha$ が存在するならば，$\alpha \geqq 0$ である。

これは，背理法で証明できる。

（証明）　$\alpha < 0$ であると仮定して，$\varepsilon=-\alpha$ とする。

$\displaystyle\lim_{x \to a}f(x)=\alpha$ より，ある正の実数 δ が存在して，$0<|x-a|<\delta$ を満たす I 内のすべての x について $f(x)-\alpha<\varepsilon$ が成り立つ。このとき，$f(x)<0$ となる x が I 内に存在する。これは，$f(x) \geqq 0$ であることに矛盾する。

したがって，$\alpha \geqq 0$ である。　∎

同様の議論から，一般に上の定理が成り立つ。

C　関数の発散

$x \longrightarrow a$ で関数 $f(x)$ がどんな値にも収束しないとき，**$f(x)$ は $x \longrightarrow a$ で発散する** という。特に，$x \longrightarrow a$ で $f(x)$ の値が限りなく大きくなるとき，$f(x)$ は $x \longrightarrow a$ で **正の無限大に発散する**，または **極限は ∞** といい，次のように表す。

$$\lim_{x \to a}f(x)=\infty \qquad \text{または} \qquad x \longrightarrow a \text{ のとき } f(x) \longrightarrow \infty$$

また，$x \longrightarrow a$ で $f(x)$ の値が負で，その絶対値が限りなく大きくなるとき，$f(x)$ は $x \longrightarrow a$ で **負の無限大に発散する**，または **極限は $-\infty$** といい，次のように表す。

$$\lim_{x \to a}f(x)=-\infty \qquad \text{または} \qquad x \longrightarrow a \text{ のとき } f(x) \longrightarrow -\infty$$

なお，関数 $f(x)$ が $x \longrightarrow a$ で正の無限大に発散することを，厳密に定義すると
「任意の正の実数 M に対して，ある正の実数 δ が存在して，$0<|x-a|<\delta$ を満たし，か
つ，$f(x)$ の定義域に含まれるすべての x の値について $f(x)>M$ が成り立つ」となる。
関数 $f(x)$ が負の無限大に発散することの定義も同様である。

D　片側極限

定義　片側極限

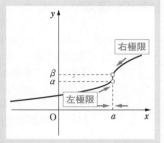

関数 $f(x)$ の定義域において，$x<a$ を満たしながら x
を a に限りなく近づけるとする。その近づけ方によらず，
$f(x)$ の値がある一定の値 α に限りなく近づくならば，
α を x が a に近づくときの $f(x)$ の 左側極限，または
左極限 といい，次のように表す。
$$\lim_{x \to a-0} f(x)=\alpha \quad または \quad x \longrightarrow a-0 \text{ のとき } f(x) \longrightarrow \alpha$$
$x>a$ を満たしながら x を a に限りなく近づけるときの
右側極限，または 右極限 も同様に定義され，その極限
が β のとき，次のように表す。
$$\lim_{x \to a+0} f(x)=\beta \quad または \quad x \longrightarrow a+0 \text{ のとき } f(x) \longrightarrow \beta$$
右側極限と左側極限を，片側極限 ということもある。

関数の極限と片側極限

関数 $f(x)$ について，$\displaystyle\lim_{x \to a-0} f(x)= \lim_{x \to a+0} f(x)=\alpha \iff \lim_{x \to a} f(x)=\alpha$ が成り立つ。

E　$x \longrightarrow \infty$ および $x \longrightarrow -\infty$ のときの極限

関数 $f(x)$ の定義域において，x が限りなく大きくなるとき，$f(x)$ の値が一定の値 α に
近づくならば，この α を $x \longrightarrow \infty$ のときの $f(x)$ の極限 または 極限値 といい，
$\displaystyle\lim_{x \to \infty} f(x)=\alpha$ または $x \longrightarrow \infty$ のとき $f(x) \longrightarrow \alpha$ のように表す。
また，$f(x)$ は $x \longrightarrow \infty$ で α に収束する ともいう。
関数 $f(x)$ の定義域において，$x<0$ で，その絶対値が限りなく大きくなるとき，$f(x)$ の
値が一定の値 β に近づくならば，この β を $x \longrightarrow -\infty$ のときの $f(x)$ の極限 または 極
限値 といい，$\displaystyle\lim_{x \to -\infty} f(x)=\beta$ または $x \longrightarrow -\infty$ のとき $f(x) \longrightarrow \beta$ のように表す。
また，$f(x)$ は $x \longrightarrow -\infty$ で β に収束する ともいう。
関数 $f(x)$ が $x \longrightarrow \infty$ で α に収束することを，厳密に定義すると次のようになる。
「任意の正の実数 ε に対して，ある正の実数 M が存在して，$x>M$ を満たし，かつ，$f(x)$
の定義域に含まれるすべての x について $|f(x)-\alpha|<\varepsilon$ が成り立つ」
関数 $f(x)$ が $x \longrightarrow -\infty$ で β に収束することの定義も同様である。

基本 例題 005　関数 $f(x)=2x+1$ の $x \longrightarrow 1$ のときの極限　★☆☆

$x \longrightarrow 1$ のときの $f(x)=2x+1$ の極限は 3 であると考えられる。このとき，x の値をどのくらい 1 に近くすれば，$|f(x)-3|<0.01$ が必ず成り立つか調べよ。また，x の値をどのくらい 1 に近くすれば，$|f(x)-3|<0.001$ が必ず成り立つか調べよ。

◢ p. 11 基本事項A

GUIDE & SOLUTION

下の定義において，$\varepsilon=0.01$，$\varepsilon=0.001$ の場合の δ をどのようにとるかを考える。不等式 $|(2x+1)-3|<0.01$，$|(2x+1)-3|<0.001$ をそれぞれ変形していく。

定義 関数の極限
任意の正の実数 ε に対して，ある正の実数 δ が存在して，$0<|x-a|<\delta$ を満たし，かつ，$f(x)$ の定義域に含まれるすべての x について
$|f(x)-a|<\varepsilon$ が成り立つとき，この値 a を，$x \longrightarrow a$ のときの関数 $f(x)$ の極限または極限値という。

解 答

$|f(x)-3|<0.01$ を変形すると，$|(2x+1)-3|<0.01$ より

$$2|x-1|<0.01 \qquad \text{すなわち} \qquad |x-1|<\frac{0.01}{2}=0.005$$

よって，$|f(x)-3|<0.01$ が必ず成り立つためには，x の値を，**1 との誤差が 0.005 より小さく**なるようにすればよい。

$|f(x)-3|<0.001$ を変形すると，$|(2x+1)-3|<0.001$ より

$$2|x-1|<0.001 \qquad \text{すなわち} \qquad |x-1|<\frac{0.001}{2}=0.0005$$

よって，$|f(x)-3|<0.001$ が必ず成り立つためには，x の値を，**1 との誤差が 0.0005 より小さく**なるようにすればよい。

INFORMATION

上記の定義に従って，関数の極限に関する証明等を論ずることを，ε-δ 論法（イプシロンデルタ論法）という。ε および δ を用いるのは数学界の慣例に従ったものであり，正の実数として用いる文字は，区別ができて他と紛れることがなければ，どんな文字を使ってもよい。

PRACTICE … 05

$x \longrightarrow -2$ のとき $f(x)=x^2$ の極限が 4 であることを，上記の関数の極限の定義に従って示すとき，$|x^2-4|$ が一般の正の実数 ε でおさえられるとして，正の実数 δ をどのようにとればよいかを答えよ。

基本 例題 **006** 場合分けのある関数の極限　★★☆

関数 $f(x)=\begin{cases} 2 & (x \geqq 1) \\ 0 & (x < 1) \end{cases}$ は，$x \longrightarrow 1$ で 2 および 0 に収束しないことを示せ。

◢ p. 11 **基本事項 A**

GUIDE & **S**OLUTION

関数 $f(x)$ が $x \longrightarrow a$ のとき α に収束するならば，次が成り立つ。
「任意の正の実数 ε に対して，ある正の実数 δ が存在して，$0 < |x-a| < \delta$ を満たし，
かつ，$f(x)$ の定義域に含まれるすべての x について $|f(x)-\alpha| < \varepsilon$ が成り立つ」
よって，収束しないことを示すには，上の否定
「ある正の実数 ε が存在して，任意の正の実数 δ に対し，$0 < |x-a| < \delta$ を満たし，
かつ，$f(x)$ の定義域に含まれるある x について $|f(x)-\alpha| \geqq \varepsilon$ が成り立つ」
を示す。すなわち，$\alpha=2$，0 として，ある ε に対しては，どのような正の実数 δ を
とっても，$0 < |x-1| < \delta$ かつ $|f(x)-\alpha| \geqq \varepsilon$ を満たす x の値が存在することを示す。

解 答

[1]　2 に収束しないことを示す。

$\varepsilon=1$ とする。

任意の正の実数 δ に対して，$0 < |x-1| < \delta$ を満たす x として，

$x=1-\dfrac{\delta}{2}$ が存在する。

この x に対して，$|f(x)-2|=2 > 1=\varepsilon$ となる。

よって，$x \longrightarrow 1$ のとき，関数 $f(x)$ は 2 に収束しない。

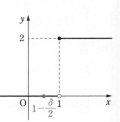

[2]　0 に収束しないことを示す。

$\varepsilon=1$ とする。

任意の正の実数 δ に対して，$0 < |x-1| < \delta$ を満たす x として，

$x=1+\dfrac{\delta}{2}$ が存在する。

この x に対して，$|f(x)-0|=2 > 1=\varepsilon$ となる。

よって，$x \longrightarrow 1$ のとき，関数 $f(x)$ は 0 に収束しない。　■

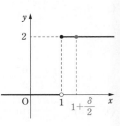

PRACTICE … **06**

関数 $f(x)=\begin{cases} x^2+2x+2 & (x \geqq -1) \\ -x^2-2x-2 & (x < -1) \end{cases}$ は，$x \longrightarrow -1$ で 1 および -1 に収束しないことを
示せ。

基本 例題 007 いろいろな関数の極限の計算 ★☆☆

次の極限値を求めよ。

(1) $\displaystyle\lim_{x\to 2}(x^2+5x-6)$

(2) $\displaystyle\lim_{x\to 2}\frac{x^3-8}{x-2}$

(3) $\displaystyle\lim_{x\to -1}\frac{2x^3+x^2+x+2}{x^2-1}$

(4) $\displaystyle\lim_{x\to 1}\frac{\log x}{e^x}$

(5) $\displaystyle\lim_{x\to \pi}\frac{\tan x}{\sin x}$

(6) $\displaystyle\lim_{x\to 0}\frac{x}{\sqrt{x+4}-2}$

◢ p. 11 基本事項 B

GUIDE & **S**OLUTION

次の関数の極限の性質を利用。
$\displaystyle\lim_{x\to a}f(x)=\alpha,\ \lim_{x\to a}g(x)=\beta$ とする。

[1] $\displaystyle\lim_{x\to a}\{kf(x)+lg(x)\}=k\alpha+l\beta$ （k, l は定数）

[2] $\displaystyle\lim_{x\to a}f(x)g(x)=\alpha\beta$

[3] $\displaystyle\lim_{x\to a}\frac{f(x)}{g(x)}=\frac{\alpha}{\beta}$ （ただし, $\beta\neq 0$）

(2), (3), (5), (6) は $\dfrac{0}{0}$ のタイプ。(2), (3), (5) は約分, (6) は分母を有理化してから約分する。

解 答

(1) $\displaystyle\lim_{x\to 2}(x^2+5x-6)=2^2+5\cdot 2-6=\boldsymbol{8}$

(2) $\displaystyle\lim_{x\to 2}\frac{x^3-8}{x-2}=\lim_{x\to 2}\frac{(x-2)(x^2+2x+4)}{x-2}=\lim_{x\to 2}(x^2+2x+4)$
$\qquad=2^2+2\cdot 2+4=\boldsymbol{12}$

(3) $\displaystyle\lim_{x\to -1}\frac{2x^3+x^2+x+2}{x^2-1}=\lim_{x\to -1}\frac{(x+1)(2x^2-x+2)}{(x+1)(x-1)}=\lim_{x\to -1}\frac{2x^2-x+2}{x-1}$
$\qquad=\frac{2(-1)^2-(-1)+2}{-1-1}=-\dfrac{\boldsymbol{5}}{\boldsymbol{2}}$

(4) $\displaystyle\lim_{x\to 1}\frac{\log x}{e^x}=\frac{0}{e}=\boldsymbol{0}$

(5) $\displaystyle\lim_{x\to \pi}\frac{\tan x}{\sin x}=\lim_{x\to \pi}\frac{\sin x}{\cos x}\cdot\frac{1}{\sin x}=\lim_{x\to \pi}\frac{1}{\cos x}$
$\qquad=\frac{1}{-1}=\boldsymbol{-1}$

(6) $\displaystyle\lim_{x\to 0}\frac{x}{\sqrt{x+4}-2}=\lim_{x\to 0}\frac{x(\sqrt{x+4}+2)}{(\sqrt{x+4}-2)(\sqrt{x+4}+2)}=\lim_{x\to 0}\frac{x(\sqrt{x+4}+2)}{x+4-4}$
$\qquad=\lim_{x\to 0}(\sqrt{x+4}+2)=\sqrt{0+4}+2=\boldsymbol{4}$

重要 例題 008 関数の大小関係と極限の性質の証明 ★★★

関数 $f(x)$, $g(x)$ の定義域が開区間 I を含み，$a \in I$ である実数 a について，$\lim_{x \to a} f(x) = \alpha$，$\lim_{x \to a} g(x) = \beta$ とする。このとき，次が成り立つ。

[1]　すべての $x \in I$ について $f(x) \leqq g(x)$ ならば $\alpha \leqq \beta$ である。

[2]　関数 $h(x)$ の定義域が開区間 I を含み，すべての $x \in I$ について
$f(x) \leqq h(x) \leqq g(x)$ かつ $\alpha = \beta$ ならば $\lim_{x \to a} h(x) = \alpha$ である。

このうち，[1] が成り立つことを証明せよ。　　　　　　　　　　　　◢ p. 11 基本事項 A

GUIDE & SOLUTION

背理法で証明する。定義域に含まれる開区間 I に対し，$a \in I$ である実数 a について，極限値 $\lim_{x \to a} f(x) = \alpha$ が存在するとき，任意の正の実数 ε に対して，ある正の実数 δ が存在して，$0 < |x - a| < \delta$ を満たす I 内のすべての x について $|f(x) - \alpha| < \varepsilon$ が成り立つ。

$h(x) = g(x) - f(x)$ とすると，$h(x) \geqq 0$ であるが，$\alpha > \beta$ と仮定し $h(x) < 0$ となることを示し，矛盾を導く。なお，上の [2] は，**はさみうちの原理** とも呼ばれる。

(解答)

$h(x) = g(x) - f(x)$ とすると，$h(x) \geqq 0$ であり，$\lim_{x \to a} h(x) = \beta - \alpha$ となる。

$\alpha > \beta$ すなわち $\beta - \alpha < 0$ であると仮定して，$\varepsilon = -(\beta - \alpha)$ とする。

$\lim_{x \to a} h(x) = \beta - \alpha$ より，ある正の実数 δ が存在して，$0 < |x - a| < \delta$ を満たす I 内のすべての x について $h(x) - (\beta - \alpha) < \varepsilon$ が成り立つ。

よって，$h(x) < 0$ となる x が I 内に存在することになるが，これは $h(x) \geqq 0$ であることに矛盾する。

したがって，$\alpha \leqq \beta$ である。　■

研究 関数の大小関係と極限の性質として，次も成り立つ。

定義域が開区間 (a, b) $(a < b)$ を含む関数 $f(x)$ について，$\lim_{x \to +a} f(x) = \alpha$ (α は実数) であるとする。

[1]　すべての $x \in (a, b)$ について $f(x) \geqq c$ (c は実数) が成り立つならば，$\alpha \geqq c$ である。　　　　　　　　　　　　　　　　　　　　　　　　　　(EXERCISES 3)

[2]　すべての $x \in (a, b)$ について $f(x) \leqq d$ (d は実数) が成り立つならば，$\alpha \leqq d$ である。

PRACTICE … 07

(1)　上の例題の [2] が成り立つことを証明せよ。

(2)　極限 $\lim_{x \to 0} x \sin \dfrac{1}{x}$ を求めよ。

基本 例題 009 関数の発散，片側極限 ★☆☆

(1) 次の極限を求めよ。

(ア) $\displaystyle\lim_{x\to 3}\frac{2}{(x-3)^2}$ 　　(イ) $\displaystyle\lim_{x\to -1}\left\{-\frac{1}{(x+1)^2}\right\}$ 　　(ウ) $\displaystyle\lim_{x\to 0}\frac{e^x+e^{-x}}{|e^x-e^{-x}|}$

(2) 関数 $f(x)=\dfrac{|x|}{x}$ について，$x \longrightarrow +0$ と $x \longrightarrow -0$ の片側極限を調べ，

$\displaystyle\lim_{x\to 0}f(x)$ が存在するか答えよ。 ◢ p.13 基本事項D

GUIDE & **S**OLUTION

(1) (ア)～(ウ)はすべて発散する。　　(2) 片側極限の定義は次の通りである。

関数の片側極限

$x \longrightarrow a+0$，$x \longrightarrow a-0$ のときの関数 $f(x)$ の極限を，それぞれ x が a に近づくときの $f(x)$ の **右側極限，左側極限** といい，$\displaystyle\lim_{x\to a+0}f(x)$，$\displaystyle\lim_{x\to a-0}f(x)$ と書き表す。右側極限，左側極限を総称して **片側極限** ということもある。

解 答

(1) (ア) $x \longrightarrow 3$ のとき，分母について $(x-3)^2>0$ で 　　$(x-3)^2 \longrightarrow 0$

よって 　$\displaystyle\lim_{x\to 3}\frac{2}{(x-3)^2}=\infty$

(イ) $x \longrightarrow -1$ のとき，分母について $(x+1)^2>0$ で 　$(x+1)^2 \longrightarrow 0$

よって 　$\displaystyle\lim_{x\to -1}\left\{-\frac{3}{(x+1)^2}\right\}=-\infty$

(ウ) $x \longrightarrow 0$ のとき，分母について $|e^x-e^{-x}|>0$ で 　　$e^x-e^{-x} \longrightarrow 0$

分子について 　$e^x+e^{-x} \longrightarrow 2$

よって 　$\displaystyle\lim_{x\to 0}\frac{e^x+e^{-x}}{|e^x-e^{-x}|}=\infty$

(2) $\displaystyle\lim_{x\to +0}f(x)=\lim_{x\to +0}\frac{x}{x}=\lim_{x\to +0}1=1$，$\displaystyle\lim_{x\to -0}f(x)=\lim_{x\to -0}\frac{-x}{x}=\lim_{x\to -0}(-1)=-1$

よって，$\displaystyle\lim_{x\to 0}f(x)$ は存在しない。

PRACTICE … **08**

[ ] をガウス記号とするとき，次の問いに答えよ。

(1) 片側極限 $\displaystyle\lim_{x\to -1+0}\frac{[x]}{x+1}$，$\displaystyle\lim_{x\to -1-0}\frac{[x]}{x+1}$ をそれぞれ求めよ。

(2) 関数 $f(x)=[x]-[2x]$ について，$x \longrightarrow 2+0$ と $x \longrightarrow 2-0$ の片側極限を調べ，$\displaystyle\lim_{x\to 2}f(x)$ が存在するか答えよ。

基本 例題 010　関数 $f(x)$ が $x \longrightarrow \infty$ で α に収束することの証明　★★☆

関数 $f(x)$ が $x \longrightarrow \infty$ で α に収束することを，厳密に定義すると次のようになる。

「任意の正の実数 ε に対して，ある正の実数 M が存在して，$x > M$ を満たし，かつ，$f(x)$ の定義域に含まれるすべての x について $|f(x) - \alpha| < \varepsilon$ が成り立つ」

この定義に従って，関数 $f(x) = \dfrac{1}{x^2}$ が $x \longrightarrow \infty$ で 0 に収束することを証明せよ。

◢ p. 13 基本事項 E

GUIDE & SOLUTION

これは，14 ページの基本例題 005 で紹介した関数の極限の証明法である $\varepsilon - \delta$ 論法において，$x \longrightarrow a$ を $x \longrightarrow \infty$ に変えた論法で証明する。
任意の正の実数 ε に対して，正の実数 M をどう定めればよいかを考える。

解答

任意の正の実数 ε に対して，$M = \dfrac{1}{\sqrt{\varepsilon}}$ とする。

このとき，$x > M$ である $f(x)$ の定義域内のすべての x に対して

$$0 < \frac{1}{x} < \frac{1}{M}$$

である。

ゆえに，$0 < \dfrac{1}{x^2} < \dfrac{1}{M^2}$ であるから

$$|f(x) - 0| = \frac{1}{x^2} < \frac{1}{M^2} = \varepsilon$$

よって，$f(x) = \dfrac{1}{x^2}$ は $x \longrightarrow \infty$ で 0 に収束する。　■

補足　任意の正の実数 ε に対して，正の実数 M は次のようにとればよい。

$$|f(x) - 0| = \frac{1}{x^2} < \varepsilon \quad \text{とすると} \quad x > \frac{1}{\sqrt{\varepsilon}}$$

よって，$M = \dfrac{1}{\sqrt{\varepsilon}}$ ととればよい。

PRACTICE … 09

関数 $f(x)$ が $x \longrightarrow -\infty$ で β に収束することを，上の例題で示したような関数の極限の定義に従って述べよ。また，その定義に従って，$x \longrightarrow -\infty$ で $f(x) = e^x$ が 0 に収束することを証明せよ。

重要 例題 011 関数の発散の定義 ★★★

$\lim_{x \to 1} \dfrac{1}{(x-1)^2} = \infty$ であることを，下に示した定義に従って証明せよ。

◢ p.12 基本事項C

GUIDE & **S**OLUTION

関数の発散の定義
関数 $f(x)$ が $x \longrightarrow a$ で正の無限大に発散することを，厳密に定義すると
「任意の正の実数 M に対して，ある正の実数 δ が存在して，$0 < |x-a| < \delta$ を満たし，かつ，$f(x)$ の定義域に含まれるすべての x について $f(x) > M$ が成り立つ」となる。
負の無限大に発散するときも同様である。

解答

$f(x) = \dfrac{1}{(x-1)^2}$ とする。

$x \neq 1$ のとき，任意の正の実数 M に対して，$\delta = \sqrt{\dfrac{1}{M}}$ とする。

このとき，$0 < |x-1| < \delta$ を満たし，かつ，関数 $f(x)$ の定義域 $x \neq 1$ に含まれるすべての x について

$$0 < (x-1)^2 < \dfrac{1}{M}$$

から

$$f(x) = \dfrac{1}{(x-1)^2} > M$$

よって $\lim_{x \to 1} \dfrac{1}{(x-1)^2} = \infty$ ∎

補足 任意の正の実数 M に対して，正の実数 δ は次のようにとればよい。

$f(x) = \dfrac{1}{(x-1)^2} > M$ とすると $|x-1| < \dfrac{1}{\sqrt{M}}$

よって，$\delta = \dfrac{1}{\sqrt{M}}$ ととればよい。

PRACTICE … **10**

上の例題と同様にして，$\lim_{x \to -2} \left\{ -\dfrac{1}{(x+2)^2} \right\} = -\infty$ であることを証明せよ。

基本 例題 012　$x \longrightarrow \infty,\ x \longrightarrow -\infty$ のときの関数の極限　★☆☆

次の極限を求めよ。

(1) $\displaystyle \lim_{x \to -\infty} \frac{7x^2-5x}{3x^2-1}$

(2) $\displaystyle \lim_{x \to \infty} (\sqrt{x^2-3x+4}-\sqrt{x^2-1})$

(3) $\displaystyle \lim_{x \to -\infty} (4x+1+\sqrt{16x^2+1})$

(4) $\displaystyle \lim_{x \to \infty} \frac{\cos 2x}{x}$

p. 13 基本事項 E

GUIDE & SOLUTION

$\dfrac{\infty}{\infty}$ や $\infty-\infty$ の不定形の極限では，くくり出しや有理化で式変形する。

はさみうちの原理も有効。
(2), (3) は有理化。(3) は符号に注意。(4) ははさみうちの原理から。

解答

(1) $\displaystyle \lim_{x \to -\infty} \frac{7x^2-5x}{3x^2-1} = \lim_{x \to -\infty} \frac{7-\dfrac{5}{x}}{3-\dfrac{1}{x^2}} = \boldsymbol{\dfrac{7}{3}}$

(2) $\displaystyle \lim_{x \to \infty} (\sqrt{x^2-3x+4}-\sqrt{x^2-1})$

$\displaystyle = \lim_{x \to \infty} \frac{(x^2-3x+4)-(x^2-1)}{\sqrt{x^2-3x+4}+\sqrt{x^2-1}} = \lim_{x \to \infty} \frac{-3x+5}{\sqrt{x^2-3x+4}+\sqrt{x^2-1}}$

$\displaystyle = \lim_{x \to \infty} \frac{-3+\dfrac{5}{x}}{\sqrt{1-\dfrac{3}{x}+\dfrac{4}{x^2}}+\sqrt{1-\dfrac{1}{x^2}}} = \boldsymbol{-\dfrac{3}{2}}$

(3) $\displaystyle \lim_{x \to -\infty} (4x+1+\sqrt{16x^2+1}) = \lim_{x \to -\infty} \frac{(4x+1)^2-(16x^2+1)}{4x+1-\sqrt{16x^2+1}} = \lim_{x \to -\infty} \frac{8x}{4x+1-\sqrt{16x^2+1}}$

$\displaystyle = \lim_{x \to -\infty} \frac{8}{4+\dfrac{1}{x}+\sqrt{16+\dfrac{1}{x^2}}} = \boldsymbol{1}$

(4) $0 \leq |\cos 2x| \leq 1$ であるから，$x>0$ のとき　$0 \leq \left| \dfrac{\cos 2x}{x} \right| \leq \dfrac{1}{x}$

$\displaystyle \lim_{x \to \infty} \frac{1}{x}=0$ より，$\displaystyle \lim_{x \to \infty} \left| \frac{\cos 2x}{x} \right|=0$ であるから　$\displaystyle \lim_{x \to \infty} \frac{\cos 2x}{x}=\boldsymbol{0}$

PRACTICE … 11

次の関数の $x \longrightarrow \infty$ および $x \longrightarrow -\infty$ のときの極限を求めよ。

(1) $\dfrac{2|x|-1}{4x+3}$

(2) $\dfrac{\sqrt{1+x^2}-1}{2x}$

(3) $\dfrac{|\cos x|}{e^x}$

基本 例題 **013** 極限値から関数の係数決定 ★★☆

等式 $\displaystyle\lim_{x \to 2} \frac{a\sqrt{x}+b}{x-2} = -1$ が成り立つように，定数 a，b の値を定めよ。

◢ p. 11 **基本事項B**

GUIDE & SOLUTION

$x \longrightarrow 2$ のとき，分母 $(x-2) \longrightarrow 0$ であるから

$$\lim_{x \to 2}(a\sqrt{x}+b) = \lim_{x \to 2}\left\{\frac{a\sqrt{x}+b}{x-2} \times (x-2)\right\} = -1 \times 0 = 0$$

よって，極限値が -1 であるためには，分子 $(a+\sqrt{x}+b) \longrightarrow 0$ であることが必要条件 である。

一般に $\displaystyle\lim_{x \to c}\frac{f(x)}{g(x)} = \alpha$ かつ $\displaystyle\lim_{x \to c}g(x) = 0$ ならば $\displaystyle\lim_{x \to c}f(x) = 0$ ← 必要条件

そして，求めた必要条件 $(b = -\sqrt{2}\,a)$ を用いて，実際に極限を計算して $= -1$ となるように，a，b の値を定める。こうして定めた a，b の値は 与えられた等式が成り立つための必要十分条件 である。

解 答

$\displaystyle\lim_{x \to 2}\frac{a\sqrt{x}+b}{x-2} = -1$ …… ① が成り立つとする。

$\displaystyle\lim_{x \to 2}(x-2) = 0$ であるから $\displaystyle\lim_{x \to 2}(a\sqrt{x}+b) = 0$

ゆえに $\sqrt{2}\,a + b = 0$ よって $b = -\sqrt{2}\,a$ …… ②

このとき $\displaystyle\lim_{x \to 2}\frac{a\sqrt{x}+b}{x-2} = \lim_{x \to 2}\frac{a(\sqrt{x}-\sqrt{2})}{x-2} = \lim_{x \to 2}\frac{a(x-2)}{(x-2)(\sqrt{x}+\sqrt{2})}$

$\displaystyle = \lim_{x \to 2}\frac{a}{\sqrt{x}+\sqrt{2}} = \frac{a}{2\sqrt{2}}$

ゆえに，$\dfrac{a}{2\sqrt{2}} = -1$ のとき ① が成り立つ。

よって $a = -2\sqrt{2}$

このとき，② から $b = 4$

したがって $a = -2\sqrt{2}$，$b = 4$

PRACTICE … 12

等式 $\displaystyle\lim_{x \to 8}\frac{ax^2+bx+8}{\sqrt[3]{x}-2} = 36$ が成り立つように，定数 a，b の値を定めよ。

3 ▶ 関数の連続性

A　連続性とは

<u>定義　関数の連続性</u>

> 関数 $f(x)$ について，その定義域が $x=a$ を含むとき，**$f(x)$ が $x=a$ で連続である** とは，極限値 $\lim\limits_{x \to a} f(x)$ が存在し，かつ，$\lim\limits_{x \to a} f(x) = f(a)$ が成り立つことである。

関数 $f(x)$ の定義域が区間 I を含むとする。I 内の任意の a について，$f(x)$ が $x=a$ で連続であるとき，$f(x)$ は区間 I 上で連続であるという。
更に，定義域内のすべての x の値で連続である関数を **連続関数** という。

B　関数の演算と連続性

<u>関数の四則演算と連続性の定理</u>

> 関数 $f(x)$, $g(x)$ が $x=a$ でともに連続であるならば，次の関数も $x=a$ で連続である。
> ただし，k, l は定数であり，$\dfrac{f(x)}{g(x)}$ においては $g(a) \neq 0$ とする。
>
> $$[1] \quad kf(x)+lg(x) \qquad [2] \quad f(x)g(x) \qquad [3] \quad \frac{f(x)}{g(x)}$$

証明には，11 ページで扱った，関数の極限の性質を用いる。
条件から
$$\lim_{x \to a} f(x) = f(a), \quad \lim_{x \to a} g(x) = g(a)$$
よって，関数の極限の性質における，$f(x)$, $g(x)$ の $x \longrightarrow a$ のときの極限値 α, β を，それぞれ $f(a)$, $g(a)$ とおき換えればよい。
また，[3] は，[2] が示されれば，[2] の $g(x)$ を $\dfrac{1}{g(x)}$ でおき換えたものと考えれば成り立つことがわかる。

<u>合成関数の連続性の定理</u>

> 関数 $f(x)$ の定義域が $x=a$ を含むとする。更に，$f(a)=b$ とし，関数 $g(x)$ の定義域が $x=b$ を含むとする。
> このとき，$f(x)$ が $x=a$ で連続であり，$g(x)$ が $x=b$ で連続であるならば，その合成関数 $(g \circ f)(x)$ は $x=a$ で連続である。

C 連続関数の性質

中間値の定理

> 関数 $f(x)$ が閉区間 $[a, b]$ $(a<b)$ 上で連続で，$f(a) \neq f(b)$ ならば，$f(a)$ と $f(b)$ の間の任意の値 k に対して
> $$f(c)=k, \quad a<c<b$$
> を満たす実数 c が少なくとも1つ存在する。

関数 $f(x)$ が閉区間 $[a, b]$ で連続であるとき，そのグラフはこの区間で切れ目なくつながっている。特に，
$f(a) \neq f(b)$ ならば，$f(a)$ と $f(b)$ の間の任意の値 k に対して，直線 $y=k$ と曲線 $y=f(x)$ の共有点は，$a<x<b$ の範囲に少なくとも1つ存在する。
このことを数学的に表現したのが，上の定理である。

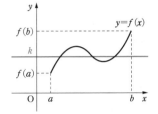

中間値の定理の系

> 関数 $f(x)$ が閉区間 $[a, b]$ $(a<b)$ 上で連続で，$f(a)$ と $f(b)$ の符号が異なれば，$f(x)=0$ で定まる方程式は $a<x<b$ の範囲に少なくとも1つの実数解をもつ。

証明済みの定理，命題，または補題の証明の過程で得られる事実や，その事実から比較的すぐに得られる主張を 系 という。
中間値の定理において，特に $f(a)$ と $f(b)$ が異符号の場合，$f(c)=0$ かつ $a<c<b$ を満たす実数 c が存在する。このことから，上の中間値の定理の系が得られる。

最大値・最小値原理

> 閉区間 $[a, b]$ $(a<b)$ 上で連続な関数 $f(x)$ は，その区間で最大値および最小値をもつ。すなわち，ある実数 $M \in [a, b]$ が存在して，$a<x<b$ を満たすすべての x の値について $f(x) \leq f(M)$ が成り立ち，ある実数 $m \in [a, b]$ が存在して，$a<x<b$ を満たすすべての x について $f(m) \leq f(x)$ が成り立つ。

原理 という用語は，数学では「定理」や，場合によっては証明なしに認められる「公理」と同じ意味で使われる。
上の原理は閉区間上で連続な関数がもつ，重要な性質である。
中間値の定理の証明には，実数の連続性の公理（実数の部分集合 S が上に有界であるとき，S の上限が存在する。実数の部分集合 S が下に有界であるとき，S の下限が存在する。）を用いる。
最大値・最小値原理の証明には，ボルツァーノ・ワイエルシュトラスの定理（数列 $\{a_n\}$ がすべての n について $a_n \in [c, d]$ $(c \leq d)$ を満たすとする。このとき，$\{a_n\}$ の部分列 $\{a_{n_k}\}$ で閉区間 $[c, d]$ 内の値に収束するものが存在する。）を用いる。
どちらの証明も，段階的に進める煩雑なものであるため，本書では省略する。

基本 例題 **014** $x=0$ における関数の連続性の判定 ★★☆

次の関数 $f(x)$ が $x=0$ で連続であるかどうかを調べよ。

(1) $f(x)=\begin{cases} \dfrac{x}{|x|} & (x \neq 0) \\ 1 & (x=0) \end{cases}$ (2) $f(x)=\sqrt{x+1}$ $(x \geq -1)$

(3) $f(x)=[-|x|]$ （[ ] はガウス記号）

◢ *p.23* **基本事項A**

GUIDE & **S**OLUTION

与えられた関数 $y=f(x)$ のグラフが描けるなら，グラフから見当をつけよう。
(1) $x \neq 0$ のときは，$x<0$ と $x>0$ に分けて考える。
(3) 定義域は実数全体であるが，$x=0$ を含む区間 $-1 \leq x \leq 1$ で考えればよい。

解 答

(1) $x<0$ のとき，$|x|=-x$ であるから $f(x)=\dfrac{x}{-x}=-1$

ゆえに $\displaystyle \lim_{x \to -0} f(x)=-1$

$x>0$ のとき，$|x|=x$ であるから $f(x)=\dfrac{x}{x}=1$

ゆえに $\displaystyle \lim_{x \to +0} f(x)=1$

よって，$\displaystyle \lim_{x \to 0} f(x)$ が存在しないから，関数 $f(x)$ は $x=0$ で 連続でない。

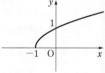

(2) $\displaystyle \lim_{x \to 0} f(x)=\lim_{x \to 0} \sqrt{x+1}=1$, $f(0)=1$

よって，$\displaystyle \lim_{x \to 0} f(x)=f(0)$ が成り立つから，関数 $f(x)$ は

$x=0$ で 連続である。

(3) $-1 \leq x<0$, $0<x \leq 1$ のとき，$-1 \leq -|x|<0$ であるから

$[-|x|]=-1$

ゆえに $\displaystyle \lim_{x \to +0} f(x)=\lim_{x \to -0} f(x)=-1$

また $f(0)=0$

よって，$\displaystyle \lim_{x \to 0} f(x) \neq f(0)$ であるから，関数 $f(x)$ は

$x=0$ で 連続でない。

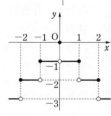

PRACTICE … **13**

次の関数 $f(x)$ が $x=1$ で連続であるかどうかを調べよ。

(1) $y=\sqrt{2-x^2}$ (2) $y=[x-1]$ [ ] はガウス記号

基本 例題 015 合成関数の連続性の定理の証明等 ★★☆

(1) 下の，GUIDE & SOLUTION の合成関数の連続性の定理を証明せよ。
(2) 関数 $y=\log(x-6)$ が $x=a$ で連続となるような定数 a の値の範囲を求めよ。

◢ p. 23 基本事項 B

GUIDE & SOLUTION

合成関数の連続性の定理

関数 $f(x)$ の定義域が $x=a$ を含むとする。更に，$f(a)=b$ とし，関数 $g(x)$ の定義域が $x=b$ を含むとする。このとき，$f(x)$ が $x=a$ で連続であり，$g(x)$ が $x=b$ で連続であるならば，その合成関数 $(g \circ f)(x)$ は $x=a$ で連続である。

(1) $(g \circ f)(x)=h(x)$ とおいて，$\lim_{x \to a} h(x)=h(a)$ が成り立つことを示す。

12 ページで扱った，合成関数の極限の性質を使う。

(2) $f(x)=x-6$，$g(x)=\log x$ とすると，関数 $g(x)$ の定義域は $x>0$ で，その定義域が関数 $f(x)$ の値域を含むとき，これらの合成関数 $(g \circ f)(x)$ は存在する。このとき，$(g \circ f)(x)=\log(x-6)$ となる。

解 答

(1) $(g \circ f)(x)=h(x)$ とおく。

関数 $f(x)$ が $x=a$ で連続，関数 $g(x)$ が $x=b$ で連続であるから

$$\lim_{x \to a} f(x)=f(a), \qquad \lim_{x \to b} g(x)=g(b)$$

また，$f(a)=b$ であるから $\qquad h(a)=g(f(a))=g(b)$

一方，合成関数の極限の性質から $\qquad \lim_{x \to a}(g \circ f)(x)=g(b)$

よって $\qquad \lim_{x \to a} h(x)=\lim_{x \to a}(g \circ f)(x)=g(b)=h(a)$

すなわち，合成関数 $(g \circ f)(x)$ は $x=a$ で連続である。 ■

(2) 関数 $f(x)=x-6$，$g(x)=\log x$ とすると，これらの合成関数 $(g \circ f)(x)$ が存在するとき，$(g \circ f)(x)=\log(x-6)$ となる。

関数 $f(x)$ はすべての実数上で連続であり，関数 $g(x)$ は $x>0$ で連続であるから，関数 $y=\log(x-6)$ が $x=a$ で連続となるための条件は，$f(a)$ が関数 $g(x)$ の定義域に含まれることから

$$f(a)>0$$

すなわち $\qquad a-6>0$

よって，求める定数 a の値の範囲は $\qquad \boldsymbol{a>6}$

PRACTICE … 14

関数 $y=\sqrt{\log x-1}$ が $x=a$ で連続となるような定数 a の値の範囲を求めよ。

基本　例題　016　関数が $x=2$ で連続になる条件　★★☆

次の関数 $f(x)$ が $x=2$ で連続であるための必要十分条件を求めよ。

(1) $f(x) = \begin{cases} x^2 - ax + 10 & (x \geqq 2) \\ x^3 + (1-a)x^2 & (x < 2) \end{cases}$ (2) $f(x) = \begin{cases} \dfrac{x^2+a}{x-2} & (x \neq 2) \\ 4 & (x = 2) \end{cases}$

GUIDE & SOLUTION

(1) $x \geqq 2$ と $x < 2$ で関数の定義式が異なるから，$\displaystyle\lim_{x \to 2-0} f(x) = \lim_{x \to 2+0} f(x) = f(2)$ となるように a の値を定める。

(2) まず，$\displaystyle\lim_{x \to 2} \dfrac{x^2+a}{x-2}$ が存在する必要があり，$\displaystyle\lim_{x \to 2}(x-2)=0$ であるから $\displaystyle\lim_{x \to 2}(x^2+a)=0$ であることが必要条件である。こうして求めた a の値に対して $\displaystyle\lim_{x \to 2}\dfrac{x^2+a}{x-2}=f(2)$ が成り立てば十分条件であることも示される。

解答

(1) 関数 $f(x)$ が $x=2$ で連続であるならば，$\displaystyle\lim_{x \to 2} f(x) = f(2)$ となる。

すなわち　$\displaystyle\lim_{x \to 2-0} f(x) = \lim_{x \to 2+0} f(x) = f(2)$

よって　$2^3 + (1-a) \cdot 2^2 = 2^2 - a \cdot 2 + 10$

これを解いて　**$a = -1$**

(2) 関数 $f(x)$ が $x=2$ で連続であるならば，$\displaystyle\lim_{x \to 2} f(x) = f(2)$ となる。

$\displaystyle\lim_{x \to 2} f(x)$ が存在するとき，$\displaystyle\lim_{x \to 2}(x-2)=0$ であるから　$\displaystyle\lim_{x \to 2}(x^2+a)=0$

ゆえに　$4 + a = 0$

よって　$a = -4$

このとき，$\displaystyle\lim_{x \to 2} f(x) = \lim_{x \to 2} \dfrac{x^2-4}{x-2} = \lim_{x \to 2} \dfrac{(x+2)(x-2)}{x-2} = \lim_{x \to 2}(x+2) = 4$ となり，

$\displaystyle\lim_{x \to 2} f(x) = f(2)$ を満たす。

よって　**$a = -4$**

PRACTICE … 15

a, b を定数とし，すべての実数 x に対して定義された関数

$f(x) = \begin{cases} \dfrac{a(2e^{\frac{1}{x}} - e^{-\frac{1}{x}})}{e^{\frac{1}{x}} + 2e^{-\frac{1}{x}}} + b \operatorname{Tan}^{-1} \dfrac{1}{x} & (x \neq 0) \\ \pi & (x = 0) \end{cases}$　が連続であるように定数 a, b を定めよ。

基本 例題 017　関数の連続性の性質（最大値・最小値原理）　★☆☆

次の区間における関数 $f(x)=\tan x$ の最大値，および最小値について調べよ。

(1) $\left[\dfrac{\pi}{6},\ \dfrac{\pi}{4}\right]$ 　　(2) $\left[0,\ \dfrac{3}{4}\pi\right]$ 　　(3) $\left(\dfrac{\pi}{6},\ \dfrac{\pi}{2}\right)$

◢ p.24 基本事項C

GUIDE & SOLUTION

(2) 区間 $\left[0,\ \dfrac{3}{4}\pi\right]$ を，$\left[0,\ \dfrac{\pi}{2}\right)$ と $\left(\dfrac{\pi}{2},\ \dfrac{3}{4}\pi\right]$ の2つの区間に分けて考える。

解答

(1)　関数 $f(x)$ は $\left[\dfrac{\pi}{6},\ \dfrac{\pi}{4}\right]$ 上で連続かつ単調増加であり，この区間において，関数 $f(x)$ は $x=\dfrac{\pi}{4}$ で最大値 1，$x=\dfrac{\pi}{6}$ で最小値 $\dfrac{\sqrt{3}}{3}$ をとる。

(2)　関数 $f(x)=\tan x$ は，区間 $\left[0,\ \dfrac{\pi}{2}\right)$ 上で連続かつ単調増加であり　$\displaystyle\lim_{x\to\frac{\pi}{2}-0}f(x)=\infty$

よって，$c\geqq\tan 0=0$ を満たす任意の実数 c に対して，$x\in\left[0,\ \dfrac{\pi}{2}\right)$ が存在して，

$f(x)=c$ となるから，区間 $\left[0,\ \dfrac{3}{4}\pi\right]$ における関数 $f(x)$ の **最大値は存在しない。**

関数 $f(x)=\tan x$ は，区間 $\left(\dfrac{\pi}{2},\ \dfrac{3}{4}\pi\right]$ 上で連続かつ単調増加であり　$\displaystyle\lim_{x\to\frac{\pi}{2}+0}f(x)=-\infty$

よって，$d\leqq\tan\dfrac{3}{4}\pi=-1$ を満たす任意の実数 d に対して，$x\in\left(\dfrac{\pi}{2},\ \dfrac{3}{4}\pi\right]$ が存在して，

$f(x)=d$ となるから，区間 $\left[0,\ \dfrac{3}{4}\pi\right]$ における関数 $f(x)$ の **最小値は存在しない。**

(3)　関数 $f(x)=\tan x$ は，区間 $\left(\dfrac{\pi}{6},\ \dfrac{\pi}{2}\right)$ 上で連続かつ単調増加であり　$\displaystyle\lim_{x\to\frac{\pi}{2}-0}f(x)=\infty$

よって，$e>\tan\dfrac{\pi}{6}=\dfrac{1}{\sqrt{3}}$ を満たす任意の実数 e に対して，$x\in\left(\dfrac{\pi}{6},\ \dfrac{\pi}{2}\right)$ が存在して，

$f(x)=e$ となるから，区間 $\left(\dfrac{\pi}{6},\ \dfrac{\pi}{2}\right)$ における関数 $f(x)$ の **最大値，最小値は存在しない。**

補足　(2)　c は 0 以上の任意の数であるからいくらでも大きくとれて，最大値は存在しない。また，d は -1 以下の任意の数であるからいくらでも小さくとれて，最小値は存在しない。

(3)　(2)と同様に，最大値は存在しないことは明らか。e は $\dfrac{1}{\sqrt{3}}$ より大きい数で $\dfrac{1}{\sqrt{3}}$ にいくらでも近い値がとれるから，最小値も存在しない。

4 ▶ 初等関数

高等学校までで学んだ多項式で表された関数，有理関数，無理関数と三角関数，指数関数，対数関数に，ここで初めて学ぶ逆三角関数（これらの関数を合成した関数も合わせて）を **初等関数** という（双曲線関数は初等関数の仲間である）。

A 代数的に定まる関数

変数 x の多項式で表される関数のことを，一般に **多項式関数** という。多項式関数の次数とは，それを表す多項式の次数であり，例えば次数が1の多項式関数を1次関数，次数が2の多項式関数を2次関数という。

また，x を変数とする2つの多項式 $f(x)$，$g(x)$ の分数の形で表された関数 $\dfrac{f(x)}{g(x)}$ を x についての **有理関数** という。ただし，分母の $g(x)$ は定数関数 $g(x)=0$ ではないとする。

B 指数関数・対数関数

狭義単調連続関数の逆関数

> 連続な狭義単調関数 $f(x)$ は連続な逆関数 $f^{-1}(x)$ をもつ。更に，$f(x)$ が増加関数ならば $f^{-1}(x)$ も増加関数であり，$f(x)$ が減少関数ならば $f^{-1}(x)$ も減少関数である。

常に単調に増加または減少する関数を狭義単調関数という。広義単調関数もある（p.63）。
正の実数 a に対して，$f(x)=a^x$ で表される関数を，a を底とする指数関数という。特に，$a=1$ の場合は定数関数 $f(x)=1$ になる。実数 x について a の x 乗の値は a の有理数乗の極限として定義される。このことより，指数関数 $f(x)=a^x$ が連続関数になることが導かれる。
$0<a<1$，$1<a$ のとき，指数関数 $f(x)=a^x$ は狭義単調関数であるから，上の定理により逆関数が存在する。この逆関数を $f(x)=\log_a x$ と書き，a を底とする対数関数と定義する。逆関数の定義により，$y=\log_a x$ に対して $x=a^y$ が成り立つ。
指数関数が連続であることから，対数関数も上の定理により連続関数である。

定義　ネイピアの定数

$$e=\lim_{k\to 0}(1+k)^{\frac{1}{k}}=\lim_{x\to\infty}\left(1+\frac{1}{x}\right)^x=\lim_{x\to-\infty}\left(1+\frac{1}{x}\right)^x$$

e を底とする対数を **自然対数** といい，底 e を省略して $\log x$ と書くことが多い。
自然対数は，対数関数の微分や積分を行うにあたり重要な役割を果たす。この e は無理数であることが知られており，その値は $e=2.718281828459045\cdots$ である。

基本 例題 018 多項式関数，有理関数，代数関数 ★☆☆

(1) 次の多項式関数の次数を答えよ。

(ア) $f(x)=4x^5+x^3-5$ (イ) $f(x)=1+6x-8x^2+3x^4$

(2) 次の有理関数の定義域を答えよ。

(ア) $f(x)=\dfrac{1+6x}{8x^2+3x^4}$ (イ) $f(x)=\dfrac{x^5}{x^3-5}$

(3) 関数 $f(x)=x-\sqrt{x+1}$ が代数関数であることを示せ。 ◢ *p.29* 基本事項A

GUIDE & SOLUTION

(1) 有理関数 $h(x)=\dfrac{f(x)}{g(x)}$ において，分母の関数が定数関数 $g(x)=1$ の場合，

$h(x)=f(x)$ となることから，多項式関数は有理関数の特別な場合である。

(3) 関数 $f(x)$ が，多項式 $g_0(x)$, $g_1(x)$, ……, $g_n(x)$ を係数としてもつXの方程式 $g_n(x)X^n+\cdots\cdots+g_1(x)X+g_0(x)=0$ の解 $X=f(x)$ として表される関数 $f(x)$ を 代数関数 という。この定義に従って示す。

解 答

(1) (ア) $f(x)$ の最高次の項は $4x^5$ であるから，次数は **5**

(イ) $f(x)$ の最高次の項は $3x^4$ であるから，次数は **4**

(2) 定義域は

(ア) $8x^2+3x^4=x^2(8+3x^2)$ と変形でき，$8+3x^2>0$ であるから

$$\{x \mid x \neq 0\}$$

(イ) $x^3-5=(x-\sqrt[3]{5})(x^2+\sqrt[3]{5}\,x+\sqrt[3]{25})$ と変形でき，

$x^2+\sqrt[3]{5}\,x+\sqrt[3]{25}=\left(x+\dfrac{\sqrt[3]{5}}{2}\right)^2+\dfrac{3\sqrt[3]{25}}{4}>0$ であるから

$$\{x \mid x \neq \sqrt[3]{5}\}$$

(3) $f(x)=x-\sqrt{x+1}$ を変形すると

$$f(x)-x=-\sqrt{x+1}$$

両辺を2乗すると $\{f(x)\}^2-2xf(x)+x^2=x+1$

すなわち $\{f(x)\}^2-2xf(x)+x^2-x-1=0$

よって，Xの2次方程式 $X^2-2xX+x^2-x-1=0$ は $X=f(x)$ を解としてもつから，関数 $f(x)=x-\sqrt{x+1}$ は代数関数である。 ■

PRACTICE … 16

関数 $f(x)=\sqrt[3]{x^2+1}+2x$ が代数関数であることを示せ。

基本 例題 **019** 指数・対数関数のグラフ，極限　★☆☆

(1) 次の関数のグラフをかけ。

(ア) $f(x)=\left(\dfrac{1}{3}\right)^{x}+2$　　　　(イ) $f(x)=\log_{\frac{1}{3}}x+2$

(2) 次の極限値を求めよ。

(ア) $\displaystyle\lim_{x\to 0}\dfrac{\log(1+2x)}{x+\log(1+x)}$　　　　(イ) $\displaystyle\lim_{x\to 0}\dfrac{e^{-x}-1}{x}$　　◢ p. 29 基本事項B

GUIDE & **S**OLUTION

(2) ネイピアの定数の定義 $e=\displaystyle\lim_{k\to 0}(1+k)^{\frac{1}{k}}$ が適用できるように，式変形をする。

解 答

(1) **右の図** のようになる。

(2) (ア) $\displaystyle\lim_{x\to 0}\dfrac{\log(1+2x)}{x+\log(1+x)}$

$=\displaystyle\lim_{x\to 0}\dfrac{\dfrac{\log(1+2x)}{x}}{1+\dfrac{\log(1+x)}{x}}$

$=\displaystyle\lim_{x\to 0}\dfrac{2\log(1+2x)^{\frac{1}{2x}}}{1+\log(1+x)^{\frac{1}{x}}}$

$=\dfrac{2\log e}{1+\log e}=\mathbf{1}$

(イ) $e^{-x}-1=t$ とおくと，

$x=-\log(1+t)$ で，$x\longrightarrow 0$ のとき　$t\longrightarrow 0$

よって　$\displaystyle\lim_{x\to 0}\dfrac{e^{-x}-1}{x}=\lim_{t\to 0}\dfrac{t}{-\log(1+t)}=\lim_{t\to 0}\dfrac{1}{-\log(1+t)^{\frac{1}{t}}}$

$=\dfrac{1}{-\log e}=\mathbf{-1}$

PRACTICE … **17**

(1) 次の関数のグラフをかけ。

(ア) $f(x)=-2^{x+1}$　　　　(イ) $y=-\log_{2}(x+1)$

(2) 次の極限値を求めよ。

(ア) $\displaystyle\lim_{x\to\infty}x\{\log(x+1)-\log x\}$　　　　(イ) $\displaystyle\lim_{x\to 0}\dfrac{e^{x}-e^{-x}}{x}$

基本 例題 020 三角関数を含む関数の極限 ★★☆

次の極限を求めよ。ただし，n は0でない整数，a は0でない実数とする。

(1) $\displaystyle\lim_{x \to 2} \frac{\sin n\pi x}{x-2}$ 　　(2) $\displaystyle\lim_{x \to \infty} x \tan \frac{a}{x}$ 　　(3) $\displaystyle\lim_{x \to 0} x \sin \frac{1}{x}$

◢ p.11 基本事項 A

GUIDE & SOLUTION

(1), (2) 三角関数の極限 $\displaystyle\lim_{x \to 0} \frac{\sin x}{x}=1$ が使えるように，式変形する。

まず，(1)では $x-2=t$，(2)では $\dfrac{1}{x}=t$ とそれぞれおいてから計算する。

(3) 任意の実数 θ に対して $|\sin\theta| \leqq 1$ であるから，はさみうちの原理を使って極限を求める。

CHART 三角形の極限

[1] $\displaystyle\lim_{\bullet \to 0} \frac{\sin \blacksquare}{\blacksquare}=1$（$\blacksquare$ は同じ式で $\blacksquare \longrightarrow 0$）の形を作る

[2] はさみうちの原理の利用
$-1 \leqq \sin x \leqq 1$，$-1 \leqq \cos x \leqq 1$ を使う

解 答

(1) $x-2=t$ とおくと，$x=t+2$ であり，$x \longrightarrow 2$ のとき　$t \longrightarrow 0$

よって　$\displaystyle\lim_{x \to 2} \frac{\sin n\pi x}{x-2}=\lim_{t \to 0} \frac{\sin(n\pi t + 2n\pi)}{t}=\lim_{t \to 0} \frac{\sin n\pi t}{t}$

$\displaystyle =\lim_{t \to 0} n\pi \cdot \frac{\sin n\pi t}{n\pi t}=n\pi \cdot 1=\boldsymbol{n\pi}$

(2) $\dfrac{1}{x}=t$ とおくと，$x=\dfrac{1}{t}$ であり，$x \longrightarrow \infty$ のとき　$t \longrightarrow 0$

よって　$\displaystyle\lim_{x \to \infty} x \tan \frac{a}{x}=\lim_{t \to 0} \frac{1}{t} \cdot \tan at=\lim_{t \to 0} \frac{1}{\cos at} \cdot a \cdot \frac{\sin at}{at}=\frac{1}{1} \cdot a \cdot 1=\boldsymbol{a}$

(3) $0 \leqq \left|\sin \dfrac{1}{x}\right| \leqq 1$ であるから　　$0 \leqq \left|x \sin \dfrac{1}{x}\right| \leqq |x|$

$\displaystyle\lim_{x \to 0} |x|=0$ より，$\displaystyle\lim_{x \to 0} \left|x \sin \frac{1}{x}\right|=0$ であるから　　$\displaystyle\lim_{x \to 0} x \sin \frac{1}{x}=\boldsymbol{0}$

PRACTICE … 18

次の極限を求めよ。

(1) $\displaystyle\lim_{x \to -\infty} \frac{\cos x}{x}$ 　　(2) $\displaystyle\lim_{x \to 0} \frac{\tan x}{x^\circ}$ 　　(3) $\displaystyle\lim_{x \to \frac{1}{4}} \frac{\tan \pi x-1}{4x-1}$

基本事項

C 三角関数・逆三角関数

定義 逆三角関数

> 正弦関数 $\sin x$ は閉区間 $\left[-\dfrac{\pi}{2},\ \dfrac{\pi}{2}\right]$ を定義域とするとき逆関数をもつ。この逆関数を **逆正弦関数** といい，$\operatorname{Sin}^{-1}x$ または $\arcsin x$ で表す（サインインバース，またはアークサインと読む）。
>
> 余弦関数 $\cos x$ は閉区間 $[0,\ \pi]$ を定義域とするとき逆関数をもつ。この逆関数を **逆余弦関数** といい，$\operatorname{Cos}^{-1}x$ または $\arccos x$ で表す（コサインインバース，またはアークコサインと読む）。
>
> 正接関数 $\tan x$ は開区間 $\left(-\dfrac{\pi}{2},\ \dfrac{\pi}{2}\right)$ を定義域とするとき逆関数をもつ。この逆関数を **逆正接関数** といい，$\operatorname{Tan}^{-1}x$ または $\arctan x$ で表す（タンジェントインバース，またはアークタンジェントと読む）。
>
> これらを総称して，**逆三角関数** という。

補足 三角関数が狭義単調関数となる区間は他にもある。上の定義でとった区間は，慣例として選ばれただけで，特別な意味はない。ただし，特別な区間を選んでいることを示すために，本書では Sin^{-1} 等と先頭の文字を大文字にしている。

高校数学で学んだ，単位円周上の弧長から，単位円周上の点の座標を対応させる三角関数に対して，その逆の対応を表す関数を **逆三角関数** という。
逆三角関数の定義より，次のことがわかる。

[1] $\left[-\dfrac{\pi}{2},\ \dfrac{\pi}{2}\right]$ を定義域とするとき，$\sin x$ の値域は $[-1,\ 1]$ である。

したがって，逆正弦関数 $\operatorname{Sin}^{-1}x$ の定義域は $[-1,\ 1]$，値域は $\left[-\dfrac{\pi}{2},\ \dfrac{\pi}{2}\right]$ である。

また，$\operatorname{Sin}^{-1}x$ は狭義単調増加な連続関数である。

[2] $[0,\ \pi]$ を定義域とするとき，$\cos x$ の値域は $[-1,\ 1]$ である。
したがって，逆余弦関数 $\operatorname{Cos}^{-1}x$ の定義域は $[-1,\ 1]$，値域は $[0,\ \pi]$ である。
また，$\operatorname{Cos}^{-1}x$ は狭義単調減少な連続関数である。

[3] $\left(-\dfrac{\pi}{2},\ \dfrac{\pi}{2}\right)$ を定義域とするとき，$\tan x$ の値域は実数全体Rである。

したがって，逆正接関数 $\operatorname{Tan}^{-1}x$ の定義域は実数全体R，値域は $\left(-\dfrac{\pi}{2},\ \dfrac{\pi}{2}\right)$ である。

また，$\operatorname{Tan}^{-1}x$ は狭義単調増加な連続関数である。

D 双曲線関数

定義 双曲線関数

> すべての実数 x について，連続関数
>
> $$\sinh x = \frac{e^x - e^{-x}}{2}, \qquad \cosh x = \frac{e^x + e^{-x}}{2}$$
>
> を定義する。このとき，$\sinh x$ を 双曲線正弦関数，$\cosh x$ を 双曲線余弦関数 という。
> また，$\tanh x = \dfrac{\sinh x}{\cosh x} = \dfrac{e^x - e^{-x}}{e^x + e^{-x}}$ と定義すると，これは，すべての実数上の連続関数
> である。$\tanh x$ を 双曲線正接関数 という。
> sinh, cosh, tanh をそれぞれ，ハイパボリックサイン，ハイパボリックコサイン，ハ
> イパボリックタンジェントと読む。これら 3 つを総称して，双曲線関数 という。

双曲線 $x^2 - y^2 = 1$ 上の任意の点 (x, y) は，実数 t を用いて $\left(\dfrac{e^t + e^{-t}}{2}, \ \dfrac{e^t - e^{-t}}{2} \right)$ と表される。

よって，$x = \dfrac{e^t + e^{-t}}{2}$，$y = \dfrac{e^t - e^{-t}}{2}$ は，この双曲線の媒介変数表示を与える。

双曲線関数の定義式には sin, cos, tan がついているが，双曲線関数は三角関数とはまったく異なる関数であり，$y = \sinh x$，$y = \cosh x$，$y = \tanh x$ のグラフは次のようになる。

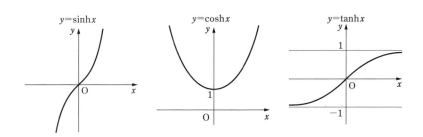

三角関数は周期をもつが，双曲線関数は周期をもたない。このように種々の違いはあるが，次のように類似した性質もある。

双曲線関数の性質

> 1. $\cosh^2 x - \sinh^2 x = 1$
> 2. $1 - \tanh^2 x = \dfrac{1}{\cosh^2 x}$
> 3. $\sinh(\alpha \pm \beta) = \sinh \alpha \cosh \beta \pm \cosh \alpha \sinh \beta$ （複号同順）
> 4. $\cosh(\alpha \pm \beta) = \cosh \alpha \cosh \beta \pm \sinh \alpha \sinh \beta$ （複号同順）

基本 例題 021 三角関数と逆三角関数のグラフ ★☆☆

次の, 左の三角関数のグラフをもとにして, それぞれ右の逆三角関数のグラフをかけ。

(1) $y = \sin x \left(-\dfrac{\pi}{2} \leqq x \leqq \dfrac{\pi}{2} \right)$ から $y = \mathrm{Sin}^{-1} x$

(2) $y = \cos x \ (0 \leqq x \leqq \pi)$ から $y = \mathrm{Cos}^{-1} x$

(3) $y = \tan x \left(-\dfrac{\pi}{2} < x < \dfrac{\pi}{2} \right)$ から $y = \mathrm{Tan}^{-1} x$

△ p.33 基本事項C

GUIDE & SOLUTION

基本的には, 三角関数のグラフを直線 $y = x$ に関して折り返すだけである。ただし, 適切に定義域を制限していない三角関数のグラフをそのまま折り返すと1つの x の値に複数の y の値が対応してしまい, 関数のグラフにならない。よって, もとの三角関数の定義域を適切に制限してからグラフを折り返す必要がある。制限のバリエーションはいろいろあるが, 例題の(1)~(3)のように制限することが慣例である。これら, 三角関数の制限された定義域は逆三角関数では値域になるが, この値域に属する値を, 逆三角関数の 主値 という。本書では, 特に断りがない限り, この主値をとるものとする。

解 答

求める(1), (2), (3)の関数のグラフは, それぞれ次の青色の曲線になる。

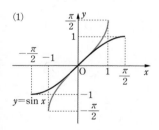
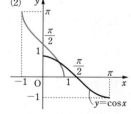
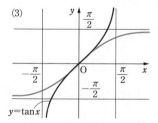

PRACTICE … 19

(1) 次の実数 θ に対して, 三角関数 $\sin\theta$, $\cos\theta$, $\tan\theta$ の値を求めよ。

(ア) $\theta = \dfrac{11}{6}\pi$　　　(イ) $\theta = \dfrac{7}{8}\pi$　　　(ウ) $\theta = -\dfrac{7}{12}\pi$

(2) 次の逆三角関数のグラフをかけ。

(ア) $y = -\mathrm{Sin}^{-1} x$　　　(イ) $y = \mathrm{Cos}^{-1} 2x$　　　(ウ) $y = 1 + \mathrm{Tan}^{-1} x$

基本 例題 022 逆三角関数の値 ★☆☆

次の値を求めよ。

(1) $\mathrm{Sin}^{-1}\dfrac{1}{2}$ (2) $\mathrm{Cos}^{-1}\left(-\dfrac{\sqrt{3}}{2}\right)$ (3) $\mathrm{Tan}^{-1}(-1)$

(4) $\mathrm{Sin}^{-1}\left(\cos\dfrac{2}{3}\pi\right)$ (5) $\mathrm{Cos}^{-1}(\cos(\mathrm{Tan}^{-1}(-\sqrt{3}\,)))$ ◢ *p.* 33 基本事項C

GUIDE & SOLUTION

(1)～(3)

$y=\mathrm{Sin}^{-1}x$ の主値は，$-\dfrac{\pi}{2}\leqq y\leqq\dfrac{\pi}{2}$ を満たす。ただし，$-1\leqq x\leqq1$ である。

$y=\mathrm{Cos}^{-1}x$ の主値は，$0\leqq y\leqq\pi$ を満たす。ただし，$-1\leqq x\leqq1$ である。

$y=\mathrm{Tan}^{-1}x$ の主値は，$-\dfrac{\pi}{2}<y<\dfrac{\pi}{2}$ を満たす。

(4), (5) 内側のかっこの中から考えていく。

解答

(1) $\mathrm{Sin}^{-1}\dfrac{1}{2}=\alpha$ とおくと $\sin\alpha=\dfrac{1}{2}$ $-\dfrac{\pi}{2}\leqq\alpha\leqq\dfrac{\pi}{2}$ から $\alpha=\dfrac{\pi}{6}$

(2) $\mathrm{Cos}^{-1}\left(-\dfrac{\sqrt{3}}{2}\right)=\beta$ とおくと $\cos\beta=-\dfrac{\sqrt{3}}{2}$ $0\leqq\beta\leqq\pi$ から $\beta=\dfrac{5}{6}\pi$

(3) $\mathrm{Tan}^{-1}(-1)=\gamma$ とおくと $\tan\gamma=-1$ $-\dfrac{\pi}{2}<\gamma<\dfrac{\pi}{2}$ から $\gamma=-\dfrac{\pi}{4}$

(4) $\cos\dfrac{2}{3}\pi=-\dfrac{1}{2}$ であるから $\mathrm{Sin}^{-1}\left(\cos\dfrac{2}{3}\pi\right)=\mathrm{Sin}^{-1}\left(-\dfrac{1}{2}\right)$

$\mathrm{Sin}^{-1}\left(-\dfrac{1}{2}\right)=\delta$ とおくと $\sin\delta=-\dfrac{1}{2}$ $-\dfrac{\pi}{2}\leqq\delta\leqq\dfrac{\pi}{2}$ から $\delta=-\dfrac{\pi}{6}$

(5) $\mathrm{Tan}^{-1}(-\sqrt{3}\,)=\varepsilon$ とおくと $\tan\varepsilon=-\sqrt{3}$ $-\dfrac{\pi}{2}<\varepsilon<\dfrac{\pi}{2}$ から $\varepsilon=-\dfrac{\pi}{3}$

$\cos\left(-\dfrac{\pi}{3}\right)=\dfrac{1}{2}$ であるから $\mathrm{Cos}^{-1}(\cos(\mathrm{Tan}^{-1}(-\sqrt{3}\,)))=\mathrm{Cos}^{-1}\dfrac{1}{2}$

$\mathrm{Cos}^{-1}\dfrac{1}{2}=\zeta$ とおくと $\cos\zeta=\dfrac{1}{2}$ $0\leqq\zeta\leqq\pi$ から $\zeta=\dfrac{\pi}{3}$

PRACTICE … 20

次の値を求めよ。

(1) $\mathrm{Cos}^{-1}\left(-\dfrac{1}{2}\right)$ (2) $\mathrm{Tan}^{-1}\sqrt{3}$ (3) $\mathrm{Sin}^{-1}\left(\cos\left(\mathrm{Tan}^{-1}\dfrac{1}{\sqrt{3}}\right)\right)$

基本 例題 023　逆三角関数の値の計算（加法定理）　★★☆

次の値を求めよ。

(1) $\mathrm{Tan}^{-1}2+\mathrm{Tan}^{-1}\left(-\dfrac{1}{3}\right)$　　(2) $\mathrm{Sin}^{-1}\left(-\dfrac{3}{5}\right)-\mathrm{Sin}^{-1}\dfrac{4}{5}$　◢ p. 33 **基本事項** C

GUIDE & SOLUTION

値を求める式を A とおく。
(1) $\tan(\mathrm{Tan}^{-1}x)=x$ と，三角関数の加法定理により，まず $\tan A$ の値を求める。
(2) まず $\sin A$ の値を求める。(1) と同様に，三角関数の加法定理を利用する。
　また，$\sin(\mathrm{Sin}^{-1}x)=x$，および $\sin^2x+\cos^2x=1$ の関係も利用する。

(解) 答

値を求める式を A とおく。

(1) $\tan A=\tan\left(\mathrm{Tan}^{-1}2+\mathrm{Tan}^{-1}\left(-\dfrac{1}{3}\right)\right)=\dfrac{\tan(\mathrm{Tan}^{-1}2)+\tan\left(\mathrm{Tan}^{-1}\left(-\dfrac{1}{3}\right)\right)}{1-\tan(\mathrm{Tan}^{-1}2)\tan\left(\mathrm{Tan}^{-1}\left(-\dfrac{1}{3}\right)\right)}$

$=\dfrac{2+\left(-\dfrac{1}{3}\right)}{1-2\left(-\dfrac{1}{3}\right)}=1$　　◀ $\tan(\mathrm{Tan}^{-1}2)=2,\ \tan\left(\mathrm{Tan}^{-1}\left(-\dfrac{1}{3}\right)\right)=-\dfrac{1}{3}$

$0<\mathrm{Tan}^{-1}2<\dfrac{\pi}{2},\ -\dfrac{\pi}{2}<\mathrm{Tan}^{-1}\left(-\dfrac{1}{3}\right)<0$ であるから

$\qquad -\dfrac{\pi}{2}<\mathrm{Tan}^{-1}2+\mathrm{Tan}^{-1}\left(-\dfrac{1}{3}\right)<\dfrac{\pi}{2}$

よって　　$A=\dfrac{\pi}{4}$

(2) $\sin A=\sin\left(\mathrm{Sin}^{-1}\left(-\dfrac{3}{5}\right)\right)\cos\left(\mathrm{Sin}^{-1}\dfrac{4}{5}\right)-\cos\left(\mathrm{Sin}^{-1}\left(-\dfrac{3}{5}\right)\right)\sin\left(\mathrm{Sin}^{-1}\dfrac{4}{5}\right)$

ここで　　$\sin\left(\mathrm{Sin}^{-1}\left(-\dfrac{3}{5}\right)\right)=-\dfrac{3}{5},\ \sin\left(\mathrm{Sin}^{-1}\dfrac{4}{5}\right)=\dfrac{4}{5}$

$0\leqq\mathrm{Sin}^{-1}\dfrac{4}{5}\leqq\dfrac{\pi}{2},\ -\dfrac{\pi}{2}\leqq\mathrm{Sin}^{-1}\left(-\dfrac{3}{5}\right)\leqq0$ から　$\cos\left(\mathrm{Sin}^{-1}\dfrac{4}{5}\right)\geqq0,\cos\left(\mathrm{Sin}^{-1}\left(-\dfrac{3}{5}\right)\right)\geqq0$

ゆえに　　$\cos\left(\mathrm{Sin}^{-1}\dfrac{4}{5}\right)=\sqrt{1-\sin^2\left(\mathrm{Sin}^{-1}\dfrac{4}{5}\right)}=\sqrt{1-\left(\dfrac{4}{5}\right)^2}=\dfrac{3}{5}$

$\qquad\cos\left(\mathrm{Sin}^{-1}\left(-\dfrac{3}{5}\right)\right)=\sqrt{1-\sin^2\left(\mathrm{Sin}^{-1}\left(-\dfrac{3}{5}\right)\right)}=\sqrt{1-\left(-\dfrac{3}{5}\right)^2}=\dfrac{4}{5}$

よって　　$\sin A=\left(-\dfrac{3}{5}\right)\cdot\dfrac{3}{5}-\dfrac{4}{5}\cdot\dfrac{4}{5}=-\dfrac{25}{25}=-1$

$-\pi\leqq A\leqq0$ であるから　　$A=-\dfrac{\pi}{2}$

重要 例題 024 逆三角関数を含む等式の証明 ★★★

次の等式が成り立つことを示せ。

(1) $\mathrm{Sin}^{-1}(-x) = -\mathrm{Sin}^{-1}x$

(2) $\mathrm{Cos}^{-1}(-x) = \pi - \mathrm{Cos}^{-1}x$

(3) $\mathrm{Sin}^{-1}x + \mathrm{Cos}^{-1}x = \dfrac{\pi}{2}$

◢ p.33 基本事項C

GUIDE & SOLUTION

(1) $\mathrm{Sin}^{-1}(-x) = \alpha$, $\mathrm{Sin}^{-1}x = \beta$ とおくと　　$\sin\alpha = -x$, $\sin\beta = x$

$y = \mathrm{Sin}^{-1}x$ の主値は $-\dfrac{\pi}{2} \leqq y \leqq \dfrac{\pi}{2}$ であることに着目。

(2) (1) と同様に考える。$y = \mathrm{Cos}^{-1}x$ の主値は $0 \leqq y \leqq \pi$ であることに着目。

(3) (1), (2) と同様に考える。$\sin\left(\dfrac{\pi}{2} - x\right) = \cos x$ を利用する。

解 答

(1) $\mathrm{Sin}^{-1}(-x) = \alpha$, $\mathrm{Sin}^{-1}x = \beta$ とおくと　　$\sin\alpha = -x$, $\sin\beta = x$

よって　　$\sin\alpha = -\sin\beta$　……①

ここで, $-\dfrac{\pi}{2} \leqq \alpha \leqq \dfrac{\pi}{2}$, $-\dfrac{\pi}{2} \leqq \beta \leqq \dfrac{\pi}{2}$ であるから, ① より　　$\alpha = -\beta$

ゆえに　　$\mathrm{Sin}^{-1}(-x) = -\mathrm{Sin}^{-1}x$　∎

(2) $\mathrm{Cos}^{-1}(-x) = \gamma$, $\mathrm{Cos}^{-1}x = \delta$ とおくと　　$\cos\gamma = -x$, $\cos\delta = x$

よって　　$\cos\gamma = -\cos\delta$　……②

ここで, $0 \leqq \gamma \leqq \pi$, $0 \leqq \delta \leqq \pi$ であるから, ② より　　$\gamma = \pi - \delta$

ゆえに　　$\mathrm{Cos}^{-1}(-x) = \pi - \mathrm{Cos}^{-1}x$　∎

(3) $\mathrm{Sin}^{-1}x = \varphi$, $\mathrm{Cos}^{-1}x = \psi$ とおくと　　$\sin\varphi = x$, $\cos\psi = x$

よって　　$\sin\varphi = \cos\psi$　……③

ここで, $-\dfrac{\pi}{2} \leqq \varphi \leqq \dfrac{\pi}{2}$, $0 \leqq \psi \leqq \pi$ であり, $\cos\psi = \sin\left(\dfrac{\pi}{2} - \psi\right)$ であるから, ③ より

$$\sin\varphi = \sin\left(\dfrac{\pi}{2} - \psi\right)$$

$-\dfrac{\pi}{2} \leqq \dfrac{\pi}{2} - \psi \leqq \dfrac{\pi}{2}$ から　　$\varphi = \dfrac{\pi}{2} - \psi$

ゆえに　　$\varphi + \psi = \dfrac{\pi}{2}$　　すなわち　　$\mathrm{Sin}^{-1}x + \mathrm{Cos}^{-1}x = \dfrac{\pi}{2}$　∎

PRACTICE … 21

(1) $\mathrm{Tan}^{-1}(-x) = -\mathrm{Tan}^{-1}x$ が成り立つことを示せ。

(2) $t \in [0,\ 1]$ について, $\cos(\mathrm{Cos}^{-1}t + \mathrm{Sin}^{-1}t) = 0$ が成り立つことを示せ。

基本 例題 025 双曲線関数の性質の証明 　★☆☆

下の，GUIDE & SOLUTION の双曲線関数の性質 2. と 4. を証明せよ。

◢ p. 34 基本事項 D

GUIDE & SOLUTION

双曲線関数の性質

1. $\cosh^2 x - \sinh^2 x = 1$

2. $1 - \tanh^2 x = \dfrac{1}{\cosh^2 x}$

3. $\sinh(\alpha \pm \beta) = \sinh \alpha \cosh \beta \pm \cosh \alpha \sinh \beta$ 　（複号同順）

4. $\cosh(\alpha \pm \beta) = \cosh \alpha \cosh \beta \pm \sinh \alpha \sinh \beta$ 　（複号同順）

性質 2. は，左辺を変形して証明する。性質 4. は，右辺を変形して証明する。

解 答

2. の証明

$$1 - \tanh^2 x = 1 - \left(\frac{\sinh x}{\cosh x}\right)^2 = 1 - \left(\frac{e^x - e^{-x}}{e^x + e^{-x}}\right)^2 = \frac{(e^x + e^{-x})^2 - (e^x - e^{-x})^2}{(e^x + e^{-x})^2}$$

$$= \frac{(e^{2x} + e^{-2x} + 2) - (e^{2x} + e^{-2x} - 2)}{(e^x + e^{-x})^2} = \frac{1}{\left(\dfrac{e^x + e^{-x}}{2}\right)^2} = \frac{1}{\cosh^2 x} \quad ■$$

補足 性質 1. を用いて性質 2. を証明することもできるが，ここでは双曲線関数の定義に従って証明した。

4. の証明

$$\cosh \alpha \cosh \beta \pm \sinh \alpha \sinh \beta$$

$$= \frac{e^\alpha + e^{-\alpha}}{2} \cdot \frac{e^\beta + e^{-\beta}}{2} \pm \frac{e^\alpha - e^{-\alpha}}{2} \cdot \frac{e^\beta - e^{-\beta}}{2}$$

$$= \frac{(e^\alpha + e^{-\alpha})(e^\beta + e^{-\beta})}{4} \pm \frac{(e^\alpha - e^{-\alpha})(e^\beta - e^{-\beta})}{4}$$

$$= \frac{\{e^{\alpha+\beta} + e^{\alpha-\beta} + e^{-(\alpha-\beta)} + e^{-(\alpha+\beta)}\} \pm \{e^{\alpha+\beta} - e^{\alpha-\beta} - e^{-(\alpha-\beta)} + e^{-(\alpha+\beta)}\}}{4}$$

$$= \frac{e^{\alpha\pm\beta} + e^{-(\alpha\pm\beta)}}{2} = \cosh(\alpha \pm \beta) \quad （複号同順）\quad ■$$

PRACTICE … 22

(1) 上の，GUIDE & SOLUTION の双曲線関数の性質 1. と 3. を証明せよ。

(2) 次の等式が成り立つことを証明せよ。

　[1] $\sinh 2x = 2 \sinh x \cosh x$ 　　　　[2] $\cosh 2x = 2 \cosh^2 x - 1 = 2 \sinh^2 x + 1$

　[3] $\tanh 2x = \dfrac{2 \tanh x}{1 + \tanh^2 x}$

▌ EXERCISES

1 等式 $\lim_{x \to \infty}(\sqrt{4x^2-5x+4}-ax+b)=1$ が成り立つように，定数 a, b の値を定めよ。

2 多項式関数 $f(x)=2x^2-1$ を n 回合成して得られる関数を $f_n(x)$ とする。特に，$f_1(x)=f(x)$ とする。また，関数 $g(x)$ に対し，$g(x)=x$ を満たす x を，関数 $g(x)$ の不動点ということにする。

  (1)　すべての自然数 n に対し，$f(x)$ の不動点は $f_n(x)$ の不動点でもあることを示せ。

  (2)　すべての自然数 n に対し，等式 $f_n(\cos\theta)=\cos 2^n\theta$ を示せ。

  (3)　多項式 $f_2(x)-x$ は多項式 $f(x)-x$ で割り切れることを示し，$f_2(x)$ の不動点を求めよ。

  (4)　$\cos\dfrac{2}{5}\pi$, $\cos\dfrac{4}{5}\pi$ の値を求めよ。

3 定義域が開区間 (a, b) $(a<b)$ を含む関数 $f(x)$ について，$\lim_{x \to a+0} f(x)=\alpha$ であるとする。このとき，すべての $x\in(a, b)$ について $f(x)\geqq c$ （c は実数）が成り立つならば $\alpha\geqq c$ であることを証明せよ。

4 次の等式を，$\varepsilon-\delta$ 論法を用いて証明せよ。

  (1)　$\lim_{x \to 2}(x^2-1)=3$ (2)　$\lim_{x \to 1}\sqrt{x+3}=2$

5 (1)　方程式 $-x^5+x^2+7=0$ は，$0<x<2$ の範囲に少なくとも1つの実数解をもつことを示せ。

  (2)　方程式 $x^2\cosh(2x+1)=-2\sinh(x-1)$ は，開区間 $(0, 1)$ に少なくとも1つの実数解をもつことを示せ。

6 次の値を求めよ。

  (1)　$\cos\left(2\mathrm{Cos}^{-1}\dfrac{1}{2}\right)$ (2)　$\mathrm{Sin}^{-1}\left(\cos\dfrac{\pi}{5}\right)$

  (3)　$\mathrm{Cos}^{-1}\left(-\dfrac{12}{13}\right)-\mathrm{Cos}^{-1}\dfrac{5}{13}$ (4)　$\mathrm{Tan}^{-1}7+\mathrm{Tan}^{-1}\dfrac{1}{7}$

7 次の方程式を解け。

  (1)　$\mathrm{Cos}^{-1}x=\mathrm{Tan}^{-1}2$ (2)　$\mathrm{Sin}^{-1}x=\mathrm{Sin}^{-1}\dfrac{3}{5}+\mathrm{Sin}^{-1}\dfrac{4}{5}$

8 次の極限値を求めよ。

  (1)　$\lim_{x \to 0}\dfrac{1-\cos x}{x^2}$ (2)　$\lim_{x \to 0}\dfrac{\tan x}{x}$ (3)　$\lim_{x \to 0}\dfrac{x}{\mathrm{Sin}^{-1}x}$ (4)　$\lim_{x \to 0}\dfrac{\tanh x}{x}$

9 次の等式が成り立つことを証明せよ。

$$\tanh(\alpha\pm\beta)=\frac{\tanh\alpha\pm\tanh\beta}{1\pm\tanh\alpha\,\tanh\beta} \quad（複号同順）$$

!Hint　**4** 任意の ε に対して，δ を　(1) $\delta=\min\left\{1, \dfrac{\varepsilon}{5}\right\}$　(2) $\delta=\min\{1, \varepsilon\}$　とする。

第 2 章

微分（1 変数）

1 微分とは
2 いろいろな関数の微分
3 微分法の応用

例 題 一 覧

▶1 微分とは

基本事項

A 微分可能性と導関数

定義 微分係数と微分可能性

定義域が $x=a$ を含む関数 $f(x)$ について，極限値

$$\lim_{x \to a} \frac{f(x)-f(a)}{x-a} \quad \text{または} \quad \lim_{h \to 0} \frac{f(a+h)-f(a)}{h}$$

が存在するとき，その極限値を関数 $f(x)$ の $x=a$ における **微分係数** といい，$f'(a)$ または $\dfrac{df}{dx}(a)$ のように表す。

関数 $f(x)$ が $x=a$ で微分係数をもつとき，**関数 $f(x)$ は $x=a$ で微分可能である** という。また，関数 $f(x)$ の定義域が区間 I を含み，区間 I 内の任意の a について，関数 $f(x)$ が $x=a$ で微分可能であるとき，**関数 $f(x)$ は区間 I 上で微分可能である** という。

定義 導関数

関数 $y=f(x)$ が区間 I 上で微分可能であるとする。区間 I に含まれる各点 c に対して，微分係数 $f'(c)$ を対応させることで，区間 I を定義域とする関数を新たに定めることができる。この関数を，関数 $y=f(x)$ の **導関数** といい，次のように表す。

$$y' \quad \text{または} \quad f'(x) \quad \text{または} \quad \frac{df}{dx}(x) \quad \text{または} \quad \frac{d}{dx}f(x)$$

関数 $y=f(x)$ に対して，その導関数 $f'(x)$ を求めることを，関数 $y=f(x)$ を **微分する** という。また，関数 $y=f(x)$ が $x=a$ で微分可能であるとき，$y-f(a)=f'(a)(x-a)$ で表される直線を，関数 $y=f(x)$ のグラフ上の点 $(a,\ f(a))$ における **接線** という。この直線と関数のグラフは **接する** といい，点 $(a,\ f(a))$ を **接点** という。微分係数 $f'(a)$ は，関数 $y=f(x)$ のグラフ上の点 $(a,\ f(a))$ における接線の傾きに一致する。

B 微分可能性と連続性

微分可能性と連続性の定理

関数 $f(x)$ が $x=a$ で微分可能ならば，$x=a$ で連続である。

関数 $f(x)$ が $x=a$ で微分可能であるならば

$$\lim_{x \to a} f(x) = \lim_{x \to a} \left\{ \frac{f(x)-f(a)}{x-a} \cdot (x-a) + f(a) \right\} = f'(a) \cdot 0 + f(a) = f(a)$$

よって，関数 $f(x)$ は $x=a$ で連続である。ただし，この定理の逆は成り立たない。

C　導関数の性質

導関数の性質の定理

> 関数 $f(x)$, $g(x)$ が開区間 I 上で微分可能であるとき，次が成り立つ。ただし，1. の k は実数の定数，4. では $g(x) \neq 0$ とする。
>
> 1. $\{kf(x)\}' = kf'(x)$
> 2. $\{f(x) + g(x)\}' = f'(x) + g'(x)$ 　　$\{f(x) - g(x)\}' = f'(x) - g'(x)$
> 3. $\{f(x)g(x)\}' = f'(x)g(x) + f(x)g'(x)$ 　（積の微分公式）
> 4. $\left\{\dfrac{f(x)}{g(x)}\right\}' = \dfrac{f'(x)g(x) - f(x)g'(x)}{\{g(x)\}^2}$ 　　（商の微分公式）

例えば，3. の証明は次のようになる。

任意の $a \in I$ について

$$\frac{f(x)g(x) - f(a)g(a)}{x - a} = \frac{f(x)g(a) - f(a)g(a) + f(x)g(x) - f(x)g(a)}{x - a}$$

$$= \frac{f(x) - f(a)}{x - a} \cdot g(a) + f(x) \cdot \frac{g(x) - g(a)}{x - a}$$

ここで，$f(x)$ は $x = a$ で微分可能であるから，$x = a$ で連続である。

よって，$x \longrightarrow a$ で $f(x)$ は $f(a)$ に収束する。

これと $f(x)$, $g(x)$ の $x = a$ における微分可能性を合わせると，$\{f(x)g(x)\}'$ は $x \longrightarrow a$ で $f'(a)g(a) + f(a)g'(a)$ に収束する。

これが任意の $a \in I$ で成り立つから，$f(x)g(x)$ は I 上で微分可能であり，その導関数は $f'(x)g(x) + f(x)g'(x)$ で与えられる。　■

1. と 2. から，一般に次が成り立つ。

$$\{kf(x) + lg(x)\}' = kf'(x) + lg'(x) \quad (k,\ l \text{ は実数の定数})$$

また，3 つの関数 $f(x)$, $g(x)$, $h(x)$ の積の導関数について，3. を繰り返し適用することにより，次が成り立つ。

$$\{f(x)g(x)h(x)\}' = f'(x)g(x)h(x) + f(x)g'(x)h(x) + f(x)g(x)h'(x)$$

積の微分公式は「ライプニッツ則」とも呼ばれる。

また，有名な関数の導関数は次のようになる。

n が自然数のとき 　　$(x^n)' = nx^{n-1}$

$$(e^x)' = e^x \qquad (a^x)' = a^x \log a \qquad (\log x)' = \frac{1}{x} \qquad (\log_a x)' = \frac{1}{x \log a}$$

$$(\sin x)' = \cos x \qquad (\cos x)' = -\sin x \qquad (\tan x)' = \frac{1}{\cos^2 x}$$

$$(\sinh x)' = \cosh x \qquad (\cosh x)' = \sinh x \qquad (\tanh x)' = \frac{1}{\cosh^2 x}$$

基本 例題 026　多項式関数の微分係数・導関数　★☆☆

(1)　$f(x)=x^4$ の $x=a$ における微分係数を，$\displaystyle\lim_{h\to 0}\frac{f(a+h)-f(a)}{h}$ を計算する

　　ことにより求めよ。

(2)　任意の自然数 n に対して，多項式関数 $f(x)=x^n$ の導関数が

　　$f'(x)=nx^{n-1}$ となることを証明せよ。◢ p. 42 基本事項A

GUIDE & SOLUTION

　　関数 $f(x)=x^n$（n は自然数）は実数全体で微分可能であり，(1)，(2) とも二項定理
　　$(a+b)^n={}_nC_0a^n+{}_nC_1a^{n-1}b+{}_nC_2a^{n-2}b^2+\cdots\cdots+{}_nC_{n-1}ab^{n-1}+{}_nC_nb^n$
　　を利用する。

解｜答

(1)　$\displaystyle\lim_{h\to 0}\frac{(a+h)^4-a^4}{h}=\lim_{h\to 0}\frac{(a^4+4a^3h+6a^2h^2+4ah^3+h^4)-a^4}{h}$

　　　　　　　　$\displaystyle=\lim_{h\to 0}(4a^3+6a^2h+4ah^2+h^3)=\boldsymbol{4a^3}$

　　別解　$a+h=x$ とおくと，$h\longrightarrow 0$ のとき $x\longrightarrow a$ であるから

　　　　$\displaystyle\lim_{h\to 0}\frac{(a+h)^4-a^4}{h}=\lim_{x\to a}\frac{x^4-a^4}{x-a}=\lim_{x\to a}\frac{(x-a)(x^3+ax^2+a^2x+a^3)}{x-a}$

　　　　　　　　　　　$\displaystyle=\lim_{x\to a}(x^3+ax^2+a^2x+a^3)=\boldsymbol{4a^3}$

(2)　二項定理により　　$(x+h)^n={}_nC_0x^n+{}_nC_1x^{n-1}h+{}_nC_2x^{n-2}h^2+\cdots\cdots+{}_nC_nh^n$

　　ゆえに　　$(x+h)^n-x^n={}_nC_1x^{n-1}h+({}_nC_2x^{n-2}h^0+\cdots\cdots+{}_nC_nh^{n-2})h^2$

　　よって　　$\displaystyle f'(x)=\lim_{h\to 0}\frac{(x+h)^n-x^n}{h}=\lim_{h\to 0}\{{}_nC_1x^{n-1}+({}_nC_2x^{n-2}+\cdots\cdots+{}_nC_nh^{n-2})h\}$

　　　　　　　$={}_nC_1x^{n-1}=nx^{n-1}$ ∎

　　別解　$\displaystyle f'(x)=\lim_{h\to 0}\frac{(x+h)^n-x^n}{h}$

　　　　　　$\displaystyle=\lim_{h\to 0}\frac{\{(x+h)-x\}\{(x+h)^{n-1}+(x+h)^{n-2}x+\cdots\cdots+x^{n-1}\}}{h}$

　　　　　　$\displaystyle=\lim_{h\to 0}\{(x+h)^{n-1}+(x+h)^{n-2}x+\cdots\cdots+x^{n-1}\}=nx^{n-1}$ ∎

PRACTICE … 23

n を任意の自然数，p，q を実数の定数とし，$p\ne 0$ とするとき，関数 $f(x)=(px+q)^n$ の導関数 $f'(x)$ を求めよ。

基本 例題 **027**　余弦関数・正接関数の導関数　

(1) 余弦関数 $f(x)=\cos x$ の導関数が $f'(x)=-\sin x$ となることを証明せよ。

(2) 正接関数 $f(x)=\tan x$ の導関数が $f'(x)=\dfrac{1}{\cos^2 x}$ となることを証明せよ。

p. 42 **基本事項A**

GUIDE & SOLUTION

関数 $f(x)$ の導関数の定義の式 $f'(x)=\lim\limits_{h\to 0}\dfrac{f(x+h)-f(x)}{h}$ を利用する。

$\lim\limits_{x\to 0}\dfrac{\sin x}{x}=1$ も利用する。

(1) 三角関数の和・差 ⟶ 積の公式 $\cos\alpha-\cos\beta=-2\sin\dfrac{\alpha+\beta}{2}\sin\dfrac{\alpha-\beta}{2}$ を利用する。

(2) 三角関数の加法定理 $\tan(\alpha+\beta)=\dfrac{\tan\alpha+\tan\beta}{1-\tan\alpha\tan\beta}$ を利用する。

解答

(1) $f'(x)=\lim\limits_{h\to 0}\dfrac{\cos(x+h)-\cos x}{h}=\lim\limits_{h\to 0}\dfrac{-2\sin\left(x+\frac{h}{2}\right)\sin\frac{h}{2}}{h}$

$=\lim\limits_{h\to 0}\left\{-\sin\left(x+\dfrac{h}{2}\right)\right\}\cdot\dfrac{\sin\frac{h}{2}}{\frac{h}{2}}=-\sin x\cdot 1=-\sin x$ ∎

(2) $f'(x)=\lim\limits_{h\to 0}\dfrac{\tan(x+h)-\tan x}{h}=\lim\limits_{h\to 0}\dfrac{\frac{\tan x+\tan h}{1-\tan x\tan h}-\tan x}{h}$

$=\lim\limits_{h\to 0}\dfrac{(1+\tan^2 x)\tan h}{h(1-\tan x\tan h)}=\lim\limits_{h\to 0}\dfrac{1}{\cos^2 x}\cdot\dfrac{\sin h}{h}\cdot\dfrac{1}{\cos h}\cdot\dfrac{1}{1-\tan x\tan h}$

$=\dfrac{1}{\cos^2 x}\cdot 1\cdot\dfrac{1}{1}\cdot\dfrac{1}{1-\tan x\cdot 0}=\dfrac{1}{\cos^2 x}$ ∎

INFORMATION

正弦関数 $f(x)=\sin x$ の導関数 $f'(x)=\cos x$ も，三角関数の和・差 ⟶ 積の公式から次のように導かれる。

$f'(x)=\lim\limits_{h\to 0}\dfrac{\sin(x+h)-\sin x}{h}=\lim\limits_{h\to 0}\dfrac{2\cos\left(x+\frac{h}{2}\right)\sin\frac{h}{2}}{h}$

$=\lim\limits_{h\to 0}\cos\left(x+\dfrac{h}{2}\right)\cdot\dfrac{\sin\frac{h}{2}}{\frac{h}{2}}=\cos x\cdot 1=\cos x$ ∎

基 本 例題 **028** 指数関数 a^x の導関数 ★☆☆

a を1ではない正の定数とするとき，$a^x=e^{x\log a}$ であることを用いて，$f(x)=a^x$ の導関数が $f'(x)=a^x\log a$ となることを証明せよ。 ◢ p.42 **基本事項A**

GUIDE & SOLUTION

$f(x+h)-f(x)=a^x(a^h-1)$ において，$a^h=e^{h\log a}$ と変形する。

ネイピアの定数 e の定義 $e=\lim_{k\to 0}(1+k)^{\frac{1}{k}}$ が適用できるように，$e^{h\log a}-1=t$ とおいて

$$\frac{e^{h\log a}-1}{h}=\frac{t}{\dfrac{\log(1+t)}{\log a}}=\log a\cdot\frac{1}{\log(1+t)^{\frac{1}{t}}}$$

と変形していく。

e に関する極限は，次のようにまとめて覚えておくとよい。

CHART e に関する極限

$$\lim_{k\to 0}(1+k)^{\frac{1}{k}}=e,\quad \lim_{x\to 0}\frac{\log(1+x)}{x}=1,\quad \lim_{x\to 0}\frac{e^x-1}{x}=1$$

解 答

条件より，$a^h=e^{h\log a}$ が成り立つから

$$f'(x)=\lim_{h\to 0}\frac{a^{x+h}-a^x}{h}=\lim_{h\to 0}\frac{a^x(a^h-1)}{h}=\lim_{h\to 0}a^x\cdot\frac{e^{h\log a}-1}{h}$$

ここで，$e^{h\log a}-1=t$ とおくと $e^{h\log a}=1+t$

両辺の自然対数をとって $h\log a=\log(1+t)$

条件より，$\log a\neq 0$ であるから $h=\dfrac{\log(1+t)}{\log a}$

$h\longrightarrow 0$ のとき，$t\longrightarrow 0$ であるから

$$f'(x)=\lim_{h\to 0}a^x\cdot\frac{e^{h\log a}-1}{h}=\lim_{t\to 0}a^x\cdot\frac{t}{\dfrac{\log(1+t)}{\log a}}$$

$$=\lim_{t\to 0}a^x\log a\cdot\frac{1}{\log(1+t)^{\frac{1}{t}}}=a^x\log a\cdot\frac{1}{\log e}=a^x\log a \quad ■$$

PRACTICE … 24

a を1ではない正の定数とするとき，$\log_a x=\dfrac{\log x}{\log a}$ であることを用いて，$f(x)=\log_a x$ の導関数が $f'(x)=\dfrac{1}{x\log a}$ となることを証明せよ。

◢ p. 42 基本事項A

基本 例題 029 双曲線正弦関数の導関数 ★☆☆

双曲線正弦関数 $f(x)=\sinh x$ の導関数が $f'(x)=\cosh x$ となることを証明せよ。

GUIDE & SOLUTION

双曲線余弦関数 $\cosh x$, 双曲線正弦関数 $\sinh x$, 双曲線正接関数 $\tanh x$ の定義は次の通りである。

$$\cosh x=\frac{e^x+e^{-x}}{2}, \quad \sinh x=\frac{e^x-e^{-x}}{2}, \quad \tanh x=\frac{\sinh x}{\cosh x}=\frac{e^x-e^{-x}}{e^x+e^{-x}}$$

関数 $f(x)$ の導関数の定義の式 $f'(x)=\dfrac{f(x+h)-f(x)}{h}$ により $f'(x)$ を求める。

解答

$$f'(x)=\lim_{h\to 0}\frac{\sinh(x+h)-\sinh x}{h}$$

$$=\lim_{h\to 0}\frac{\dfrac{e^{x+h}-e^{-(x+h)}}{2}-\dfrac{e^x-e^{-x}}{2}}{h}=\lim_{h\to 0}\frac{1}{2}\left(e^x\cdot\frac{e^h-1}{h}+e^{-x}\cdot\frac{e^{-h}-1}{-h}\right)$$

$e^h-1=s$, $e^{-h}-1=t$ とおくと $h=\log(1+s)$, $-h=\log(1+t)$
また, $h\longrightarrow 0$ のとき, $s\longrightarrow 0$, $t\longrightarrow 0$ であるから

$$f'(x)=\lim_{h\to 0}\frac{1}{2}\left(e^x\cdot\frac{e^h-1}{h}+e^{-x}\cdot\frac{e^{-h}-1}{-h}\right)$$

$$=\lim_{s\to 0}\frac{1}{2}e^x\cdot\frac{s}{\log(1+s)}+\lim_{t\to 0}\frac{1}{2}e^{-x}\cdot\frac{t}{\log(1+t)}$$

$$=\lim_{s\to 0}\frac{1}{2}e^x\cdot\frac{1}{\log(1+s)^{\frac{1}{s}}}+\lim_{t\to 0}\frac{1}{2}e^{-x}\cdot\frac{1}{\log(1+t)^{\frac{1}{t}}}$$

$$=\frac{1}{2}e^x\cdot\frac{1}{\log e}+\frac{1}{2}e^{-x}\cdot\frac{1}{\log e}$$

$$=\frac{e^x+e^{-x}}{2}=\cosh x \quad\blacksquare$$

別解 $f'(x)=\lim_{h\to 0}\dfrac{1}{2}\left(e^x\cdot\dfrac{e^h-1}{h}+e^{-x}\cdot\dfrac{e^{-h}-1}{-h}\right)=\dfrac{1}{2}(e^x\cdot 1+e^{-x}\cdot 1)$

$$=\frac{e^x+e^{-x}}{2}=\cosh x \quad\blacksquare$$

PRACTICE … 25

双曲線正接関数 $f(x)=\tanh x$ の導関数が $f'(x)=\dfrac{1}{\cosh^2 x}$ となることを証明せよ。

基本 例題 030 関数の連続性，微分可能性 ★★☆

(1) 関数 $f(x)$ が $x=a$ で微分可能ならば，$x=a$ で連続であることを証明せよ。

(2) 関数 $y=|\sin x|$ は $x=0$ で連続か，また微分可能か調べよ。

◢ p.42 基本事項B

GUIDE & SOLUTION

(1) 関数 $f(x)$ が $x=a$ で微分可能，すなわち極限値 $\displaystyle\lim_{x\to a}\frac{f(x)-f(a)}{x-a}$ が存在することから，関数 $f(x)$ が $x=a$ で連続であることの定義 $\displaystyle\lim_{x\to a}f(x)=f(a)$ を導く。

(2) 連続の定義，導関数の定義において，まず右側極限と左側極限をそれぞれ求める。

解 答

(1) 関数 $f(x)$ が $x=a$ で微分可能ならば

$$\lim_{x\to a}f(x)=\lim_{x\to a}\left\{\frac{f(x)-f(a)}{x-a}\cdot(x-a)+f(a)\right\}=f'(a)\cdot 0+f(a)=f(a)$$

よって，$\displaystyle\lim_{x\to a}f(x)=f(a)$ が成り立つから，関数 $f(x)$ は $x=a$ で連続である。 ■

(2)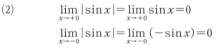
$$\lim_{x\to +0}|\sin x|=\lim_{x\to +0}\sin x=0$$
$$\lim_{x\to -0}|\sin x|=\lim_{x\to -0}(-\sin x)=0$$

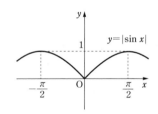

よって，$\displaystyle\lim_{x\to +0}|\sin x|=\lim_{x\to -0}|\sin x|=0$ となり，

$\displaystyle\lim_{x\to 0}|\sin x|=\sin 0$ となるから，

関数 $y=|\sin x|$ は $x=0$ で連続である。

次に $\displaystyle\lim_{x\to +0}\frac{|\sin x|-|\sin 0|}{x-0}=\lim_{x\to +0}\frac{\sin x}{x}=1$,

$\displaystyle\lim_{x\to -0}\frac{|\sin x|-|\sin 0|}{x-0}=\lim_{x\to -0}-\frac{\sin x}{x}=-1$

よって，$\displaystyle\lim_{x\to +0}\frac{|\sin x|-|\sin 0|}{x-0}\neq\lim_{x\to -0}\frac{|\sin x|-|\sin 0|}{x-0}$ となり，$\displaystyle\lim_{x\to 0}\frac{|\sin x|-|\sin 0|}{x-0}$ は

存在しないから，**関数 $y=|\sin x|$ は $x=0$ で微分可能でない。**

PRACTICE … 26

(1) 関数 $f(x)$ が $x=a$ で微分可能であるとき，$\displaystyle\lim_{x\to a}\frac{f(x+ph)-f(x+h)}{h}$ を，$f'(a)$，p を用いて表せ。ただし，p は 0 でない実数の定数とする。

(2) 関数 $f(x)=\begin{cases} x^2\cos\dfrac{1}{x} & (x\neq 0) \\ 0 & (x=0) \end{cases}$ は $x=0$ で連続か，また微分可能か調べよ。

基本 例題 031 与えられた点を通る接線の方程式 ★☆☆

関数 $y=\dfrac{x^6}{6}-2$ のグラフの接線で, 点 $\left(\dfrac{5}{6},\ -2\right)$ を通るものの方程式を求めよ。

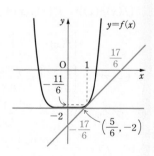

◢ p. 42 基本事項A

GUIDE & **S**OLUTION

> この問題では, グラフを表す関数 $y=f(x)$ の式と接線の通過点の座標のみが与えられているから, まず接点の座標を $(a,\ f(a))$ などとおいて接線の方程式を導き, その接線が点 $\left(\dfrac{5}{6},\ -2\right)$ を通ることから a の値を求める。

解 答

$f(x)=\dfrac{1}{6}x^6-2$ とすると $f'(x)=x^5$

曲線 $y=f(x)$ 上の点 $(a,\ f(a))$ における接線の方程式は

$$y-\left(\dfrac{1}{6}a^6-2\right)=a^5(x-a)$$

すなわち $y=a^5x-\dfrac{5}{6}a^6-2$ …… ①

この直線が点 $\left(\dfrac{5}{6},\ -2\right)$ を通るから

$$-2=\dfrac{5}{6}a^5-\dfrac{5}{6}a^6-2$$

よって $a^5(a-1)=0$

ゆえに $a=0,\ 1$

求める接線の方程式は, この a の値を ① に代入して

$a=0$ のとき $y=-2$

$a=1$ のとき $y=x-\dfrac{17}{6}$

よって, 求める接線の方程式は

$$\boldsymbol{y=-2,\ \ y=x-\dfrac{17}{6}}$$

*P*RACTICE … **27**

(1) 関数 $f(x)=x^8-x^6+3$ のグラフ上の点 $(1,\ 3)$ における接線の方程式を求めよ。

(2) 曲線 $y=\sqrt{x}$ について, 点 $(-8,\ -1)$ を通る接線の方程式と接点の座標を求めよ。

基本 例題 **032** 商の微分公式の証明とその利用 ★☆☆

(1) $g(x) \neq 0$ のとき, $\left\{\dfrac{1}{g(x)}\right\}' = -\dfrac{g'(x)}{\{g(x)\}^2}$ であることを証明せよ。また，こ

のことと，43ページで扱った導関数の性質の3. の積の微分公式を使って，

4. の商の微分公式を証明せよ。

(2) 次の関数を微分せよ。 (ア) $f(x) = \dfrac{x^5}{x^4+1}$ (イ) $f(x) = \dfrac{1}{\cosh x}$

◢ *p.* 43 基本事項C

GUIDE & **S**OLUTION

(1) 導関数の定義に従って証明する。

積の微分公式 $\{f(x)g(x)\}' = f'(x)g(x) + f(x)g'(x)$ の $g(x)$ を, $g(x) \neq 0$ のもとで

$\dfrac{1}{g(x)}$ におき換える。

(2) (ア)は商の微分公式を用いて計算する。

解 答

(1) $g(x) \neq 0$ のとき $\left\{\dfrac{1}{g(x)}\right\}' = \lim_{h \to 0} \dfrac{\dfrac{1}{g(x+h)} - \dfrac{1}{g(x)}}{h} = \lim_{h \to 0} \dfrac{1}{h} \cdot \dfrac{g(x) - g(x+h)}{g(x+h)g(x)}$

$= \lim_{h \to 0} \dfrac{g(x+h) - g(x)}{h} \cdot \left\{-\dfrac{1}{g(x+h)g(x)}\right\} = -\dfrac{g'(x)}{\{g(x)\}^2}$

$\{f(x)g(x)\}' = f'(x)g(x) + f(x)g'(x)$ の $g(x)$ を, $g(x) \neq 0$ として $\dfrac{1}{g(x)}$ におき換えると

$\left\{f(x) \cdot \dfrac{1}{g(x)}\right\}' = f'(x) \cdot \dfrac{1}{g(x)} + f(x) \cdot \left\{\dfrac{1}{g(x)}\right\}'$

よって $\left\{\dfrac{f(x)}{g(x)}\right\}' = \dfrac{f'(x)}{g(x)} - \dfrac{f(x)g'(x)}{\{g(x)\}^2} = \dfrac{f'(x)g(x) - f(x)g'(x)}{\{g(x)\}^2}$

(2) (ア) $f'(x) = \dfrac{(x^5)'(x^4+1) - x^5 \cdot (x^4+1)'}{(x^4+1)^2} = \dfrac{5x^4(x^4+1) - x^5 \cdot 4x^3}{(x^4+1)^2} = \dfrac{\boldsymbol{x^4(x^4+5)}}{\boldsymbol{(x^4+1)^2}}$

(イ) $f'(x) = -\dfrac{(\cosh x)'}{\cosh^2 x} = -\dfrac{\boldsymbol{\sinh x}}{\boldsymbol{\cosh^2 x}}$

PRACTICE … **28**

区間 I 上で微分可能な2つの関数 $f(x)$, $g(x)$ $(g(x) \neq 0)$ について

(1) $\dfrac{f(x)}{g(x)} - \dfrac{f(a)}{g(a)} = \dfrac{-f(x)\{g(x)-g(a)\} + \{f(x)-f(a)\}g(x)}{g(x)g(a)}$ が成り立つことを示せ。

(2) (1)を利用して，商の導関数の公式 $\left\{\dfrac{f(x)}{g(x)}\right\}' = \dfrac{f'(x)g(x) - f(x)g'(x)}{\{g(x)\}^2}$ を示せ。

2 ▶ いろいろな関数の微分

A　合成関数の微分

合成関数の微分の定理

$f(x)$ を開区間 I 上で微分可能な関数，$g(x)$ を開区間 J 上で微分可能な関数とし，すべての $x \in I$ に対して $f(x) \in J$ とする。このとき，合成関数 $(g \circ f)(x)$ は開区間 I 上において微分可能で，$\{(g \circ f)(x)\}' = g'(f(x))f'(x)$ が成り立つ。

合成関数の微分は，$y = f(x)$，$z = g(y)$ として変数を省略すると，

$\dfrac{dz}{dx} = \dfrac{dz}{dy} \cdot \dfrac{dy}{dx}$ のようにみやすく表すことができる。

合成関数の微分の公式は，更に合成を繰り返し行ったときも，導関数を次々と掛け合わせることで同様に表すことができる。

例えば，3つの関数の合成関数の微分は，$\dfrac{dw}{dx} = \dfrac{dw}{dz} \cdot \dfrac{dz}{dy} \cdot \dfrac{dy}{dx}$ のように表される。

このように，次々に重ね合わせる様子が「鎖（チェイン）」のようにみえることから，合成関数の微分の法則（公式）を鎖法則（チェインルール），または連鎖律ともいう。

B　逆関数の微分

逆関数の微分の定理

開区間 I 上で微分可能な関数 $y = f(x)$ が逆関数 $x = f^{-1}(y)$ をもつとする。このとき，逆関数 $f^{-1}(y)$ は微分可能であり，その導関数について次が成り立つ。

$$\{f^{-1}(y)\}' = \frac{1}{f'(x)} = \frac{1}{f'(f^{-1}(y))}$$

微分する変数を明確に書くと，次のようにも表せる。

$$\frac{df^{-1}}{dy}(y) = \frac{1}{\dfrac{df}{dx}(x)} = \frac{1}{\dfrac{df}{dx}(f^{-1}(y))}$$

関数 $y = f(x)$ とその逆関数 $x = f^{-1}(y)$ について，$(f^{-1} \circ f)(x) = x$ が常に成り立つ。

$(f^{-1} \circ f)(x) = x$ の両辺を x で微分すると　　$\{(f^{-1} \circ f)(x)\}' = 1$

合成関数の微分の定理により　　　　　　　　$\{(f^{-1} \circ f)(x)\}' = \{f^{-1}(y)\}'f'(x)$

$\{f^{-1}(y)\}'f'(x) = 1$ より，逆関数の導関数について，$\{f^{-1}(y)\}' = \dfrac{1}{f'(x)}$ が得られる。

$x = f^{-1}(y)$ より，逆関数の導関数 $\dfrac{df^{-1}}{dy}(y)$ は変数 y を省略して $\dfrac{dx}{dy}$ とも表せる。

一方，$y = f(x)$ より，$\dfrac{df}{dx}(x)$ は変数 x を省略して $\dfrac{dy}{dx}$ とも表せる。

これにより，逆関数の微分の定理の等式は $\dfrac{dx}{dy} = \dfrac{1}{\dfrac{dy}{dx}}$ のように簡潔に表せる。

また，逆三角関数の導関数は次のようになる。

$$(\mathrm{Sin}^{-1}x)' = \frac{1}{\sqrt{1-x^2}} \quad (-1 < x < 1) \qquad (\mathrm{Cos}^{-1}x)' = -\frac{1}{\sqrt{1-x^2}} \quad (-1 < x < 1)$$

$$(\mathrm{Tan}^{-1}x)' = \frac{1}{1+x^2} \quad (-\infty < x < \infty)$$

C 高次導関数

定義　高次導関数

> 微分可能な関数 $f(x)$ の導関数 $f'(x)$ が，また微分可能であるとき，関数 $f(x)$ は 2 回微分可能という。その導関数を $y = f(x)$ の第 2 次導関数といい，次のように書く。
>
> $$y'' \quad \text{または} \quad f''(x) \quad \text{または} \quad \frac{d^2 f}{dx^2}(x) \quad \text{または} \quad \frac{d^2}{dx^2}f(x)$$
>
> 同様に，第 2 次導関数が微分可能であるとき，その導関数を第 3 次導関数という。更に整数 n に対して，この操作を n 回繰り返して行うことができるとき，関数 $f(x)$ は **n 回微分可能** という。得られた関数を **第 n 次導関数** といい，次のように書く。
>
> $$y^{(n)} \quad \text{または} \quad f^{(n)}(x) \quad \text{または} \quad \frac{d^n f}{dx^n}(x) \quad \text{または} \quad \frac{d^n}{dx^n}f(x)$$
>
> 一般に，2 次以降の導関数を総称して，**高次導関数** という。

便宜的に，関数 $f(x)$ を第 0 次導関数 $f^{(0)}(x)$，その導関数 $f'(x)$ を第 1 次導関数 $f^{(1)}(x)$ と考えると，任意の 0 以上の整数 n について，第 n 次導関数を $f^{(n)}(x)$ と表すことができる。

定義　C^n 級関数

> n を 0 以上の整数とし，関数 $f(x)$ は開区間 I 上で定義された関数であるとする。
> 開区間 I 上で関数 $f(x)$ が n 回微分可能であり，その第 n 次導関数 $f^{(n)}(x)$ が I 上で連続であるとき，関数 $f(x)$ は **I 上で n 回連続微分可能である** または **C^n 級関数** であるという。開区間 I 上で関数 $f(x)$ が何回でも微分可能であるとき，関数 $f(x)$ は **I 上で無限回微分可能である** または **C^∞ 級関数** であるという。

関数 $f(x)$ を第 0 次導関数と考え，関数 $f(x)$ が連続であるとき，関数 $f(x)$ は C^0 級関数であるということにする。

基本 例題 **033** 合成関数の微分 (定理の利用) ★☆☆

次の関数 $f(x)$, $g(x)$ に対して合成関数 $g \circ f$ を微分せよ。

(1) $f(x) = \dfrac{1}{x^2}$, $g(x) = \cos x$　　　　(2) $f(x) = \log 2x$, $g(x) = \cosh x$

◢ *p.* 51 **基本事項 A**

GUIDE & SOLUTION

合成関数の微分の定理 $\{(g \circ f)(x)\}' = g'(f(x))f'(x)$ を利用する。
なお，合成関数の微分は，$y = f(x)$, $z = g(y)$ として変数を省略すると
$\dfrac{dz}{dx} = \dfrac{dz}{dy} \cdot \dfrac{dy}{dx}$ となってみやすい。

解 答

(1) $f'(x) = -\dfrac{2x}{x^4} = -\dfrac{2}{x^3}$, $g'(x) = -\sin x$ であるから

$$\{(\boldsymbol{g} \circ \boldsymbol{f})(\boldsymbol{x})\}' = g'(f(x))f'(x) = -\sin\dfrac{1}{x^2} \cdot \left(-\dfrac{2}{x^3}\right) = \dfrac{2}{\boldsymbol{x^3}}\sin\dfrac{1}{\boldsymbol{x^2}}$$

(2) $f'(x) = \dfrac{2}{2x} = \dfrac{1}{x}$, $g'(x) = \sinh x$ であるから

$$\{(\boldsymbol{g} \circ \boldsymbol{f})(\boldsymbol{x})\}' = g'(f(x))f'(x) = \sinh(\log 2x) \cdot \dfrac{1}{x} = \dfrac{\sinh(\log 2x)}{x}$$

$$= \dfrac{1}{2x}(e^{\log 2x} - e^{-\log 2x}) = \dfrac{1}{2x}\left(2x - \dfrac{1}{2x}\right) = 1 - \dfrac{1}{4\boldsymbol{x^2}}$$

INFORMATION ●

3つの関数 $f(x)$, $g(x)$, $h(x)$ の合成関数 $(h \circ g \circ f)(x)$ の微分は
$$\{(h \circ g \circ f)(x)\}' = h'(g \circ f(x))\{(g \circ f)(x)\}' = h'(g(f(x)))g'(f(x))f'(x)$$
となる。
$y = f(x)$, $z = g(y)$, $w = h(z)$ として，変数を省略すると
$$\dfrac{dw}{dx} = \dfrac{dw}{dz} \cdot \dfrac{dz}{dy} \cdot \dfrac{dy}{dx}$$
と表される。

PRACTICE … 29

(1) 上の例題の関数 $f(x)$, $g(x)$ に対して $(f \circ g)(x)$ を，それぞれ微分せよ。

(2) $f(x) = x^2$, $g(x) = \log_2 x$, $h(x) = \tanh x$ に対して合成関数 $(h \circ g \circ f)(x)$ を微分せよ。

基本 例題 **034** 逆関数とその導関数　　★☆☆

次の関数の逆関数を求め，その逆関数を微分せよ。

(1)　$y=x^5$　　　(2)　$y=2^{x+3}$　　　(3)　$y=-\sqrt{x-2}$ $(x \geqq 2)$　　　◢ p.51 **基本事項B**

GUIDE & SOLUTION

高校数学の復習。関数 $f(x)$ の逆関数 $f^{-1}(x)$ を求める手順は，次の通りである。
逆関数の求め方

$$y=f(x) \xrightarrow{\ x について解く\ } x=g(y) \xrightarrow{\ x と y を交換\ } y=g(x)$$

この形を導く。　　　　　　　　これが求めるもの。

また，関数 $f(x)$ と逆関数 $f^{-1}(x)$ の，それぞれ定義域と値域の関係は次の通りである。

$(f^{-1}$ の定義域$)=(f$ の値域$)$，$(f^{-1}$ の値域$)=(f$ の定義域$)$

解 答

(1)　関数 $y=x^5$ の定義域は実数全体であり，値域は　　実数全体

　　$y=x^5$ を x について解くと　　$x=\sqrt[5]{y}$

　　求める逆関数は，x と y を入れ替えて　　$y=\sqrt[5]{x}$

　　また，これを微分すると　　$y'=\dfrac{1}{5\sqrt[5]{x^4}}$

(2)　関数 $y=2^{x+3}$ の定義域は実数全体であり，値域は　　$y>0$

　　$y=2^{x+3}$ を x について解くと　　$x=\log_2 y-3$

　　求める逆関数は，x と y を入れ替えて　　$y=\log_2 x-3$ $(x>0)$

　　また，これを微分すると　　$y'=\dfrac{1}{x\log 2}$ $(x>0)$

(3)　関数 $y=-\sqrt{x-2}$ の定義域は $x \geqq 2$ であり，値域は　　$y \leqq 0$

　　$y=-\sqrt{x-2}$ を x について解くと　　$x=y^2+2$

　　求める逆関数は，x と y を入れ替えて　　$y=x^2+2$ $(x \leqq 0)$

　　また，これを微分すると　　$y'=2x$ $(x \leqq 0)$

INFORMATION

逆関数の性質　関数 $f(x)$ の逆関数 $f^{-1}(x)$ について

[1]　$b=f(a) \Longleftrightarrow a=f^{-1}(b)$

[2]　$f(x)$ と $f^{-1}(x)$ とでは，定義域と値域が入れ替わる。

[3]　$y=f(x)$ と $y=f^{-1}(x)$ のグラフは，直線 $y=x$ に関して対称である。

基本 例題 035 逆余弦関数の導関数 ★☆☆

逆余弦関数 $\mathrm{Cos}^{-1}x$ $(-1<x<1)$ の導関数を求めよ。 *p.51* 基本事項B

GUIDE & SOLUTION

$f(x)$ を開区間 I で微分可能な関数とし，逆関数 $x=f^{-1}(y)$ をもつとする。

このとき，逆関数 $f^{-1}(y)$ は微分可能であり，その導関数について，次が成り立つ。

$$\{f^{-1}(y)\}'=\frac{1}{f'(f^{-1}(y))} \quad \begin{pmatrix} \text{左辺の ' は } y \text{ についての微分} \\ \text{右辺の ' は } x \text{ についての微分} \end{pmatrix}$$

よって，まず $\dfrac{d}{dy}\mathrm{Cos}^{-1}y$ を求め，変数 y を x に形式的に書き直せばよい。

$y=\mathrm{Cos}^{-1}x$ とおいて $\dfrac{dy}{dx}=\dfrac{1}{\dfrac{dx}{dy}}$ の関係から求める別解もある。

解 答

$y=\cos x$ に対して，$x=\mathrm{Cos}^{-1}y$ である。

$-1<y<1$ において，$x=\mathrm{Cos}^{-1}y$ の値域は $\quad 0<x<\pi$

逆関数の微分の定理から $\quad \dfrac{d}{dy}\mathrm{Cos}^{-1}y=\dfrac{1}{(\cos x)'}=-\dfrac{1}{\sin x}$

$0<x<\pi$ より，$\sin x>0$ であるから，$y^2=\cos^2 x$ より

$$\sin x=\sqrt{1-\cos^2 x}=\sqrt{1-y^2}$$

よって，$\dfrac{d}{dy}\mathrm{Cos}^{-1}y=-\dfrac{1}{\sqrt{1-y^2}}$ であるから，変数 y を x に形式的に書き直して

$$\frac{d}{dx}\mathrm{Cos}^{-1}x=-\frac{1}{\sqrt{1-x^2}}$$

別解 $y=\mathrm{Cos}^{-1}x$ とおくと $\quad x=\cos y$

ゆえに，$\dfrac{dx}{dy}=-\sin y$ から $\quad \dfrac{dy}{dx}=\dfrac{1}{\dfrac{dx}{dy}}=-\dfrac{1}{\sin y}$

$-1<x<1$ において，$0<y<\pi$ であるから $\quad \sin y=\sqrt{1-\cos^2 y}=\sqrt{1-x^2}$

よって $\quad \dfrac{d}{dx}\mathrm{Cos}^{-1}x=-\dfrac{1}{\sqrt{1-x^2}}$

PRACTICE … 30

逆正弦関数 $\mathrm{Sin}^{-1}x$ $(-1<x<1)$，逆正接関数 $\mathrm{Tan}^{-1}x$ $(-\infty<x<\infty)$ の導関数を，それぞれ求めよ。

重要 例題 **036** 有理関数が C^∞ 級関数であることの証明　★★★

(1) $f(x)$ を多項式関数とするとき，関数 $g(x)=\dfrac{1}{f(x)}$ は，$f(x) \neq 0$ を満たす

すべての実数上で無限回微分可能，すなわち C^∞ 級関数であることを示せ。

(2) 対数関数 $f(x)=\log x \ (x>0)$ が無限回微分可能，つまり，C^∞ 級関数で

あることを示せ。　　　　　　　　　　　　　　　　　　　▸ p. 52 **基本事項** C

GUIDE & SOLUTION

(1) $h(x)$ を多項式関数として，$g^{(n)}(x)=\dfrac{h(x)}{\{f(x)\}^{2^n}}$ と書けることを，数学的帰納

法によって証明する。

(2) (1) を利用する。

解 答

(1) $h(x)$ を多項式関数として，$g^{(n)}(x)=\dfrac{h(x)}{\{f(x)\}^{2^n}}$ …… (A) とする。

[1] $n=1$ のとき

$f(x) \neq 0$ を満たすすべての実数上で $\quad g'(x)=\dfrac{-f'(x)}{\{f(x)\}^2}$

$-f'(x)$ は多項式関数であるから，$n=1$ のとき (A) と書ける。

[2] $n=k$ のとき，(A) と書けると仮定すると，$h(x)$ を多項式関数として

$g^{(k)}(x)=\dfrac{h(x)}{\{f(x)\}^{2^k}}$ と書けて，$g^{(k)}(x)$ の定義域は $\{f(x)\}^{2^k} \neq 0$ を満たすすべての実数

すなわち $f(x) \neq 0$ を満たすすべての実数である。

$n=k+1$ のときを考えると

$$g^{(k+1)}(x)=\frac{d}{dx}g^{(k)}(x)=\frac{h'(x)\{f(x)\}^{2^k}-h(x) \cdot 2^k \cdot \{f(x)\}^{2^k-1}f'(x)}{\{f(x)\}^{2^k \cdot 2}}$$

$$=\frac{h'(x)\{f(x)\}^{2^k}-2^k h(x)\{f(x)\}^{2^k-1}f'(x)}{\{f(x)\}^{2^{k+1}}}$$

$g^{(k+1)}(x)$ の定義域は $\{f(x)\}^{2^{k+1}} \neq 0$ を満たすすべての実数，すなわち $f(x) \neq 0$ を満

たすすべての実数である。また，$h'(x)\{f(x)\}^{2^k}-2^k h(x)\{f(x)\}^{2^k-1}f'(x)$ は多項式関

数であるから，これを $h(x)$ としてとり直せば，$n=k+1$ のときも (A) と書ける。

[1]，[2] から，すべての自然数 n に対して (A) と書ける。

以上から，関数 $g(x)=\dfrac{1}{f(x)}$ は，$f(x) \neq 0$ を満たすすべての実数上で無限回微分可能，

すなわち C^∞ 級関数である。　■

(2)　$f(x) = \log x$ のとき　　$f'(x) = \dfrac{1}{x}$

(1) より，関数 $\dfrac{1}{x}$ は $x \neq 0$ を満たすすべての実数上で無限回微分可能，すなわち C^∞ 級関数である。　■

INFORMATION

$f(x)$，$g(x)$ が多項式関数のとき，$\dfrac{f(x)}{g(x)}$ の形で表される関数を有理関数という。有理関数 $\dfrac{f(x)}{g(x)}$ は $g(x) \neq 0$ を満たすすべての実数上で定義され，無限回微分可能，すなわち C^∞ 級関数である。例題と同じように，数学的帰納法で次のように示せる。

（略証）　$h(x) = \dfrac{f(x)}{g(x)}$ とし，$l(x)$ を多項式関数として $h^{(n)}(x) = \dfrac{l(x)}{\{g(x)\}^{2^n}}$ 　……(B)

と書けることを数学的帰納法を用いて証明する。

[1]　$n=1$ のとき，$g(x) \neq 0$ を満たすすべての実数上で

$$h'(x) = \frac{f'(x)g(x) - f(x)g'(x)}{\{g(x)\}^2}$$

$f'(x)g(x) - f(x)g'(x)$ は多項式関数であるから，$n=1$ のとき (B) と書ける。

[2]　$n=k$ のとき，(B) と書けると仮定すると，$l(x)$ を多項式関数として

$h^{(k)}(x) = \dfrac{l(x)}{\{g(x)\}^{2^k}}$ と書ける。

$n = k+1$ のときを考えると

$$h^{(k+1)}(x) = \frac{d}{dx}\{h^{(k)}(x)\}$$

$$= \frac{l'(x)\{g(x)\}^{2^k} - 2^k l(x)\{g(x)\}^{2^k - 1} g'(x)}{\{g(x)\}^{2^{k+1}}}$$

$l'(x)\{g(x)\}^{2^k} - 2^k l(x)\{g(x)\}^{2^k - 1} g'(x)$ は多項式関数であるから，これを $l(x)$ としてとり直せば，$n = k+1$ のときも (B) と書ける。

[1]，[2] から，すべての自然数 n について (B) と書けるから，主張は示された。　■

PRACTICE … 31

(1)　対数関数 $f(x) = \log x$ $(x>0)$ と逆正弦関数 $g(x) = \mathrm{Sin}^{-1} x$ $(-1<x<1)$ について，第 3 次導関数まで求めよ。

(2)　$f(x) = |x^3|$ が C^2 級関数であることを証明せよ。

基本 例題 **037** 分数関数の逆関数の第 n 次導関数 ★★☆

関数 $y=\dfrac{ax+b}{cx+d}$ …… ① において，$c \neq 0$，$ad-bc \neq 0$ であるとき，次の問い
に答えよ。

(1) ① の逆関数を $g(x)$ とするとき，$g(x)$ を求めよ。

(2) (1) の $g(x)$ について，$g^{(n)}(x)=\dfrac{n!(-c)^{n-1}(ad-bc)}{(cx-a)^{n+1}}$ となることを示せ。

◢ *p.* 52 基本事項C

GUIDE & SOLUTION

(1) $g(x)$ の定義域を忘れずに考える。

解 答

(1) $\dfrac{ax+b}{cx+d}=\dfrac{\dfrac{a}{c}(cx+d)+b-\dfrac{ad}{c}}{cx+d}=-\dfrac{ad-bc}{c(cx+d)}+\dfrac{a}{c}$

よって，関数 $f(x)$ の値域は $\quad y \neq \dfrac{a}{c}$

① を変形すると $\quad (cy-a)x=-dy+b$

$y \neq \dfrac{a}{c}$ であるから $\quad x=\dfrac{-dy+b}{cy-a}$

よって $\quad \boldsymbol{g(x)=\dfrac{-dx+b}{cx-a}} \quad \left(\boldsymbol{x \neq \dfrac{a}{c}}\right)$

(2) $g^{(n)}(x)=\dfrac{n!(-c)^{n-1}(ad-bc)}{(cx-a)^{n+1}}$ …… (A) とする。

[1]　$n=1$ のとき

$g'(x)=\dfrac{-d(cx-a)-(-dx+b)c}{(cx-a)^2}=\dfrac{ad-bc}{(cx-a)^2}$ であるから，$n=1$ のとき(A)となる。

[2]　$n=k$ のとき，(A)となると仮定すると $\quad g^{(k)}(x)=\dfrac{k!(-c)^{k-1}(ad-bc)}{(cx-a)^{k+1}}$

$n=k+1$ のときを考えると

$g^{(k+1)}(x)=-\dfrac{k!(-c)^{k-1}(ad-bc)\{(k+1)(cx-a)^k c\}}{(cx-a)^{2(k+1)}}$

$=\dfrac{(k+1)!(-c)^k(ad-bc)}{(cx-a)^{k+2}}=\dfrac{(k+1)!(-c)^{(k+1)-1}(ad-bc)}{(cx-a)^{(k+1)+1}}$

よって，$n=k+1$ のときも(A)となる。

[1]，[2] から，すべての自然数 n に対して(A)となる。　■

3 微分法の応用

基本事項

A 極大値と極小値

定義 関数の極大・極小

関数 $f(x)$ の定義域が $x=a$ を含むとする。
ある正の実数 δ が存在して，関数 $f(x)$ の定義域内の x が $a-\delta<x<a+\delta$ かつ $x \neq a$ を満たして $f(x)<f(a)$ となるとき，$f(x)$ は $x=a$ で **極大** であるといい，$f(a)$ を **極大値** という。
ある正の実数 δ が存在して，関数 $f(x)$ の定義域内の x が $a-\delta<x<a+\delta$ かつ $x \neq a$ を満たして $f(x)>f(a)$ となるとき，$f(x)$ は $x=a$ で **極小** であるといい，$f(a)$ を **極小値** という。
極大値と極小値を合わせて **極値** という。

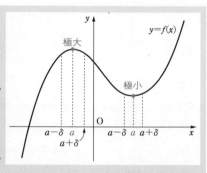

関数の極値と導関数の定理

微分可能な関数 $f(x)$ が $x=a$ で極大値または極小値をとるならば，$f'(a)=0$ である。

上の定理について，極大値の場合を証明してみよう。

証明　$x=a$ における微分係数について，関数の極限と片側極限の定理（13 ページ）より
$$f'(a)=\lim_{x \to a-0}\frac{f(x)-f(a)}{x-a}=\lim_{x \to a+0}\frac{f(x)-f(a)}{x-a}$$
が成り立つ。ここで，$f(a)$ は極大値であるから，x が a に十分近いとき，
$f(x)-f(a) \leq 0$ が成り立つ。
一方で，$x \longrightarrow a-0$ のとき $x-a<0$ であり，$x \longrightarrow a+0$ のとき $x-a>0$ である。
これと，関数の大小関係と極限の定理（12 ページ）および関数の極限と片側極限の定理より，次が成り立つ。
$$\lim_{x \to a-0}\frac{f(x)-f(a)}{x-a} \geq 0 \quad \text{かつ} \quad \lim_{x \to a+0}\frac{f(x)-f(a)}{x-a} \leq 0$$
よって　$f'(a)=0$ ∎

$f(x)$ が $x=a$ で極小値をとる場合も，同様に証明することができる。
上の定理の逆は成り立たない。
また，微分可能な関数 $f(x)$ について，$x=a$ で $f'(a)=0$ となるとき，$f(x)$ のグラフ上の点 $(a, f(a))$ を $f(x)$ の **停留点** または **臨界点** という。

B　平均値の定理・ロルの定理

ロルの定理

閉区間 $[a,\ b]$ $(a<b)$ 上で連続で，開区間 $(a,\ b)$
上で微分可能な関数 $f(x)$ について，次が成り立つ。
$f(a)=f(b)$ ならば，$f'(c)=0$ となる実数 c
$(a<c<b)$ が少なくとも 1 つ存在する。

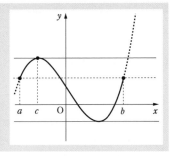

平均値の定理

閉区間 $[a,\ b]$ $(a<b)$ 上で連続で，開区間 $(a,\ b)$ 上
で微分可能な関数 $f(x)$ について，次が成り立つ。
$f'(c)=\dfrac{f(b)-f(a)}{b-a}$ となる実数 c $(a<c<b)$ が少なく
とも 1 つ存在する。

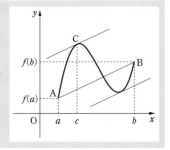

微分係数の符号と関数の増減

関数 $f(x)$ が開区間 I 上で微分可能であるとする。
このとき，次が成り立つ。
[1]　任意の $x\in I$ について $f'(x)>0$ ならば，$f(x)$ は I 上で単調増加関数である。
[2]　任意の $x\in I$ について $f'(x)<0$ ならば，$f(x)$ は I 上で単調減少関数である。
[3]　任意の $x\in I$ について $f'(x)=0$ ならば，$f(x)$ は I 上で定数関数である。

系　第 2 次導関数と極値

関数 $f(x)$ が開区間 $(a,\ b)$ $(a<b)$ 上で 2 回微分可能であるとし，$c\in(a,\ b)$ において，
$f'(c)=0$ であるとする。
[1]　$f''(c)>0$ ならば，$f(x)$ は $x=c$ で極小値をとる。
[2]　$f''(c)<0$ ならば，$f(x)$ は $x=c$ で極大値をとる。

上の系において，$f''(c)=0$ の場合は極値をとるかどうかわからない。極値をとる場合も
とらない場合もある。

基本　例題　038　関数が極大値をとることの証明　★★☆

関数 $f(x)=\begin{cases} x^2 & (x\neq 0) \\ 1 & (x=0) \end{cases}$ が，$x=0$ で極大値 1 をとることを示せ。

◢ p.60 基本事項B

GUIDE & **S**OLUTION

高校数学では，関数の極大・極小を考える場合，すべての実数で微分可能な関数を扱うことが多く，特殊な例として1点のみで微分可能でないが連続な関数を扱う程度であった。

大学数学では，例えば関数の極大の定義は次の通りであり，この例題のように，連続でない関数に関しても適用できる（極小も同様）。

関数の極大　関数 $f(x)$ の定義域が $x=a$ を含むとする。

ある正の実数 δ が存在して，関数 $f(x)$ の定義域内の x が $a-\delta<x<a+\delta$ かつ $x\neq a$ を満たして $f(x)<f(a)$ となるとき，$f(x)$ は $x=a$ で **極大** であるといい，$f(a)$ を **極大値** という。

(解答)

関数 $f(x)$ は，$x\neq 0$ において微分可能であり　　$f'(x)=2x$

よって

$x<0$ のとき　　$f'(x)<0$

$x>0$ のとき　　$f'(x)>0$

ゆえに，関数 $f(x)$ は $x<0$ で単調に減少し，$x>0$ で単調に増加する。

よって，$\delta=1$ とすると

[1] $-\delta<x<0$ のとき　　$f(x)<f(-1)=1$

[2] $0<x<\delta$ のとき　　$f(x)<f(1)=1$

$f(0)=1$ であるから，$x\in(-\delta,\ \delta)$ かつ $x\neq 0$ を満たすすべての x について $f(x)<f(0)$ が成り立つ。

したがって，関数 $f(x)$ は $x=0$ で極大値1をとる。　■

INFORMATION

この例題において，解答では $\delta=1$ としたが，δ として1以下の正の実数をとれば，何であっても示すことができる。

PRACTICE … 32

関数 $f(x)=\begin{cases} -\cosh(x+1) & (x\neq -1) \\ -3 & (x=-1) \end{cases}$ が，$x=-1$ で極小値 -3 をとることを示せ。

基本 例題 **039** $f'(0)=0$ でも $f(0)$ は極値でないことの証明等 ★☆☆

(1) 関数 $f(x)=x^3$ について，$f'(0)=0$ であるが，$f(0)$ が極値にはならない
ことを示せ。また，関数 $g(x)=x^5$ についても同様のことを示せ。

(2) 関数 $f(x)=\mathrm{Sin}^{-1}x^2\ (-1<x<1)$ の極値を求めよ。 ◢ p.60 基本事項B

GUIDE & SOLUTION

(1), (2)とも，増減表を書く。

(1) 「関数 $g(x)=x^5$ についても同様のこと」とは，「$g(x)=x^5$ について，$f'(0)=0$
であるが，$f(0)$ が極値にならないこと」を意味する。

解答

(1) $f'(x)=3x^2$

$f'(x)=0$ とすると $x=0$

関数 $f(x)$ の増減表は右のようになる。

よって，$f'(0)=0$ であるが，$f(0)$ は極値にはならない。

また $g'(x)=5x^4$

$g'(x)=0$ とすると $x=0$

関数 $g(x)$ の増減表は右のようになる。

よって，$g'(0)=0$ であるが，$g(0)$ は極値にはならない。 ■

x	$\cdots$	0	$\cdots$
$f'(x)$	$+$	0	$+$
$f(x)$	↗	0	↗

x	$\cdots$	0	$\cdots$
$g'(x)$	$+$	0	$+$
$g(x)$	↗	0	↗

補足 一般に，関数 $h(x)=x^{2n-1}$（n は自然数）についても，
同様のことが成り立つ。

(2) $f'(x)=\dfrac{2x}{\sqrt{1-x^4}}$

$f'(x)=0$ とすると $x=0$

関数 $f(x)$ の増減表は右のようになる。

よって，関数 $f(x)$ は $x=0$ で極小値 0 をとる。

x	-1	$\cdots$	0	$\cdots$	1
$f'(x)$		$-$	0	$+$	
$f(x)$		↘	極小 0	↗	

INFORMATION ●

逆正弦関数 $y=\mathrm{Sin}^{-1}x$ の導関数

$x=\sin y$，$\dfrac{dy}{dx}=\dfrac{1}{\cos y}$ であり，$-1<x<1$ において $-\dfrac{\pi}{2}<y<\dfrac{\pi}{2}$ であるから

$$\cos y=\sqrt{1-\sin^2 y}=\sqrt{1-x^2}$$

よって $(\mathrm{Sin}^{-1}x)'=\dfrac{1}{\sqrt{1-x^2}}$

基本 例題 040 微分係数の符号と関数の増減の定理の証明 ★★☆

関数 $f(x)$ が開区間 I 上で微分可能であるとする。このとき，次の [1]，[2] を示せ。
[1]　任意の $x \in I$ について $f'(x) > 0$ であるならば，$f(x)$ は I 上で狭義単調増加関数である。
[2]　任意の $x \in I$ について $f'(x) < 0$ であるならば，$f(x)$ は I 上で狭義単調減少関数である。

◢ p.60 基本事項B

GUIDE & **S**OLUTION

$a \in I$，$b \in I$ に対して，平均値の定理を用いて次を示す。
[1]　$a < b$ ならば，$f(a) < f(b)$ が成り立つ。
[2]　$a < b$ ならば，$f(a) > f(b)$ が成り立つ。

解 答

$a \in I$，$b \in I$ $(a < b)$ とする。平均値の定理により，$a < c < b$ を満たす実数 c が少なくとも 1 つ存在して，$f'(c) = \dfrac{f(b) - f(a)}{b - a}$ となる。

[1]　任意の $x \in I$ について $f'(x) > 0$ より，$f'(c) > 0$ であるから　　$\dfrac{f(b) - f(a)}{b - a} > 0$

$b - a > 0$ であるから　　$f(b) - f(a) > 0$　　すなわち　　$f(a) < f(b)$
したがって，$f(x)$ は I 上で狭義単調増加関数である。　■

[2]　任意の $x \in I$ について $f'(x) < 0$ より，$f'(c) < 0$ であるから　　$\dfrac{f(b) - f(a)}{b - a} < 0$

$b - a > 0$ であるから　　$f(b) - f(a) < 0$　　すなわち　　$f(a) > f(b)$
したがって，$f(x)$ は I 上で狭義単調減少関数である。　■

INFORMATION ●

29 ページでも一部扱ったが，関数 $f(x)$ とその定義域に含まれる a，b について，$a < b$ であるとき
　　$f(a) < f(b)$ ならば，関数 $f(x)$ を閉区間 $[a, b]$ における狭義単調増加関数
　　$f(a) > f(b)$ ならば，関数 $f(x)$ を閉区間 $[a, b]$ における狭義単調減少関数
　　$f(a) \leqq f(b)$ ならば，関数 $f(x)$ を閉区間 $[a, b]$ における広義単調増加関数
　　$f(a) \geqq f(b)$ ならば，関数 $f(x)$ を閉区間 $[a, b]$ における広義単調減少関数
という。

PRACTICE … **33**

$f(x) = \cosh x$ の増減を調べよ。

重 要 例題 **041** 微分可能でない関数の極小値 　★★★

すべての実数に対して定義された関数 $f(x)=\sqrt[3]{(x-2)^2}$ について，次を示せ。
(1) 関数 $f(x)$ は $x=2$ で微分可能でない。
(2) 関数 $f(x)$ は $x=2$ で極小値をとる。 　　　◢ *p*.60 基本事項B

Guide & Solution

本問は，関数の極大・極小の概念が，微分可能性と切り離して考えられることを示す例を与えている。
(1) 関数 $f(x)$ が $x=2$ で微分可能でないことを示すため，関数の微分可能性の定義（42ページ）から，$\displaystyle\lim_{x\to 2}\frac{f(x)-f(2)}{x-2}$ が存在しないことを示す。
(2) $x\neq 2$ のとき $f(x)>0$ であり，$f(2)=0$ であることに着目する。

解 答

(1) $x\neq 2$ のとき 　$\displaystyle\frac{f(x)-f(2)}{x-2}=\frac{\sqrt[3]{(x-2)^2}}{x-2}=\frac{1}{\sqrt[3]{x-2}}$

よって，極限 $\displaystyle\lim_{x\to 2}\frac{f(x)-f(2)}{x-2}$ は収束しない。

したがって，$f(x)$ は $x=2$ で微分可能でない。 ■

(2) $x\neq 2$ のとき 　$f(x)>0$

また 　$f(2)=0$

よって，$x\neq 2$ を満たすすべての x について $f(x)>f(2)$ が成り立つ。

したがって，$f(x)$ は $x=2$ で極小値をとる。 ■

INFORMATION ●

同時に，関数 $f(x)$ の極小値 $f(2)$ が最小値でもあることもわかる。
関数が微分可能である場合は，微分法を用いて極値をとるかどうか判定できることがある。
また，関数 $y=f(x)$ グラフは次のようになる。

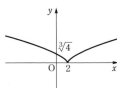

重要　例題 **042**　第2次導関数を用いた極値判定　★★★

関数 $f(x)$ が開区間 (a, b) $(a<b)$ 上で2回微分可能であるとし，$c \in (a, b)$ において，$f'(c)=0$ とする。このとき，次が成り立つ。

[1]　$f''(c)>0$ ならば，$f(x)$ は $x=c$ で極小値をとる。

[2]　$f''(c)<0$ ならば，$f(x)$ は $x=c$ で極大値をとる。

[1] を証明せよ。

◢ p.60 基本事項B

GUIDE & SOLUTION

ある正の実数 δ が存在して，$x \in (c-\delta, c+\delta)$ かつ $x \neq c$ を満たす $x \in (a, b)$ について $f(x)>f(c)$ になることを示す。

微分係数の符号と関数の増減の定理（60ページ）を利用する。

解 答

$f'(c)=0$ より，$\displaystyle\lim_{x \to c}\frac{f'(x)-f'(c)}{x-c}=\lim_{x \to c}\frac{f'(x)}{x-c}=f''(c)>0$ であるから，$\varepsilon=f''(c)$ に対して，ある正の実数 δ が存在して，$0<|x-c|<\delta$ を満たす $x \in (a, b)$ について $\left|\dfrac{f'(x)}{x-c}-f''(c)\right|<\varepsilon$ が成り立つ。

このとき，$0<|x-c|<\delta$ を満たす $x \in (a, b)$ について $\dfrac{f'(x)}{x-c}>f''(c)-\varepsilon=0$ である。

特に，$c-\delta<x<c$ を満たす $x \in (a, b)$ について $f'(x)<0$ である。

よって，$c-\delta<x<c$ を満たす $x \in (a, b)$ について $f(x)>f(c)$ である。

また，$c<x<c+\delta$ を満たす $x \in (a, b)$ について $f'(x)>0$ である。

よって，$c<x<c+\delta$ を満たす $x \in (a, b)$ について $f(x)>f(c)$ である。

したがって，$x \in (c-\delta, c+\delta)$ かつ $x \neq c$ を満たす $x \in (a, b)$ について $f(x)>f(c)$ である。

以上から，$f(x)$ は $x=c$ で極小値をとる。　■

PRACTICE … 34

(1)　a, b を実数とし，関数 $f(x)$ が a, b を含む区間で第2次導関数 $f''(x)$ をもち，$f''(x)<0$ を満たすものとする。このとき，$0 \leqq t \leqq 1$ に対して，$tf(a)+(1-t)f(b) \leqq f(ta+(1-t)b)$ が成り立つことを示せ。

(2)　関数 $f(x)$ が $f''(x)<0$ を満たすとき，$\dfrac{1}{n}\displaystyle\sum_{i=1}^{n}f(x_i) \leqq f\left(\dfrac{1}{n}\sum_{i=1}^{n}x_i\right)$ が成り立つことを，(1) を用いて示せ。

(3)　$f(x)=\log x$ に (2) の結果を適用することにより，n 個の正の実数 $x_1, x_2, \cdots\cdots, x_n$ に対して，$\dfrac{x_1+x_2+\cdots\cdots+x_n}{n} \geqq \sqrt[n]{x_1 x_2 \cdots\cdots x_n}$（$n$ は自然数）が成り立つことを示せ。

基本事項

C ロピタルの定理

ロピタルの定理（1）

$f(x)$, $g(x)$ を開区間 (a, b) $(a<b)$ 上で微分可能な関数, $\alpha \in (a, b)$ とし, 次が成り立つとする。

(a) $\displaystyle\lim_{x\to\alpha} f(x) = \lim_{x\to\alpha} g(x) = 0$

(b) $x \neq \alpha$ であるすべての $x \in (a, b)$ において $g'(x) \neq 0$ である。

(c) 極限 $\displaystyle\lim_{x\to\alpha} \frac{f'(x)}{g'(x)}$ が存在する。

このとき, 極限 $\displaystyle\lim_{x\to\alpha} \frac{f(x)}{g(x)}$ も存在し, $\displaystyle\lim_{x\to\alpha} \frac{f(x)}{g(x)} = \lim_{x\to\alpha} \frac{f'(x)}{g'(x)}$ が成り立つ。

この定理において,「$x \longrightarrow \alpha$」を「$x \longrightarrow \alpha+0$」または「$x \longrightarrow \alpha-0$」とおき換えても, 同じ主張が成り立つ。

ロピタルの定理（2）

$f(x)$, $g(x)$ を開区間 (a, b) $(a<b)$ 上で微分可能な関数とし, 次が成り立つとする。

(a) $\displaystyle\lim_{x\to a+0} f(x) = \pm\infty$ かつ $\displaystyle\lim_{x\to a+0} g(x) = \pm\infty$

(b) すべての $x \in (a, b)$ において $g'(x) \neq 0$ である。

(c) 極限 $\displaystyle\lim_{x\to a+0} \frac{f'(x)}{g'(x)}$ が存在する。

このとき, 右側極限 $\displaystyle\lim_{x\to a+0} \frac{f(x)}{g(x)}$ も存在し, $\displaystyle\lim_{x\to a+0} \frac{f(x)}{g(x)} = \lim_{x\to a+0} \frac{f'(x)}{g'(x)}$ が成り立つ。

この定理において,「$x \longrightarrow a+0$」を「$x \longrightarrow b-0$」とおき換えても, 同じ主張が成り立つ。

ロピタルの定理（3）

$f(x)$, $g(x)$ を開区間 (b, ∞) 上で微分可能な関数とし, 次が成り立つとする。

(a) $\displaystyle\lim_{x\to\infty} f(x) = \lim_{x\to\infty} g(x) = 0$

(b) $x > b$ であるすべての x において $g'(x) \neq 0$ である。

(c) 極限 $\displaystyle\lim_{x\to\infty} \frac{f'(x)}{g'(x)}$ が存在する。

このとき, 極限 $\displaystyle\lim_{x\to\infty} \frac{f(x)}{g(x)}$ も存在し, $\displaystyle\lim_{x\to\infty} \frac{f(x)}{g(x)} = \lim_{x\to\infty} \frac{f'(x)}{g'(x)}$ が成り立つ。

ロピタルの定理(4)

f(x), g(x) を開区間 (b, ∞) 上で微分可能な関数とし，次が成り立つとする。

(a) $\lim_{x \to \infty} f(x) = \pm\infty$　かつ　$\lim_{x \to \infty} g(x) = \pm\infty$

(b) $x > b$ であるすべての x において $g'(x) \neq 0$ である。

(c) 極限 $\lim_{x \to \infty} \dfrac{f'(x)}{g'(x)}$ が存在する。

このとき，極限 $\lim_{x \to \infty} \dfrac{f(x)}{g(x)}$ も存在し，$\lim_{x \to \infty} \dfrac{f(x)}{g(x)} = \lim_{x \to \infty} \dfrac{f'(x)}{g'(x)}$ が成り立つ。

ロピタルの定理 (3), (4) において，開区間 (b, ∞) を開区間 (−∞, a) とし，合わせて
「$x \longrightarrow \infty$」を「$x \longrightarrow -\infty$」とおき換えても，同じ主張が成り立つ。
ロピタルの定理の証明には，**コーシーの平均値の定理** を用いる。この定理とその証明は
次の通りである。

コーシーの平均値の定理

f(x), g(x) を，閉区間 [a, b] (a < b) 上で連続で，開区間 (a, b) 上で微分可能な関
数とする。更に，すべての $x \in (a, b)$ について $g'(x) \neq 0$ であるとする。
このとき

$$\frac{f'(c)}{g'(c)} = \frac{f(b) - f(a)}{g(b) - g(a)}$$

を満たす $c \in (a, b)$ が，少なくとも 1 つ存在する。

証明 関数 g(x) は平均値の定理 (60 ページ) の仮定を満たすから

$$g'(d) = \frac{g(b) - g(a)}{b - a}$$

となる $d \in (a, b)$ が存在する。
仮定より，$g'(d) \neq 0$ であるから

$$g(b) - g(a) \neq 0$$

ここで，$h(x) = f(x) - \dfrac{f(b) - f(a)}{g(b) - g(a)} g(x)$ とすると，$h(x)$ は閉区間 [a, b] 上で連
続で，開区間 (a, b) 上で微分可能であり，$h(a) = h(b)$ を満たしている。
よって，ロルの定理 (60 ページ) により，$h'(c) = 0$ となる $c \in (a, b)$ が存在する。
このとき

$$f'(c) - \frac{f(b) - f(a)}{g(b) - g(a)} g'(c) = 0$$

であり，$g'(c) \neq 0$ であるから，示すべき主張が成り立つ。 ∎

D　テイラーの定理

<u>テイラーの定理</u>

$f(x)$ を開区間 I 上で n 回微分可能な関数とし，$a \in I$ とする。このとき，任意の $x \in I$ に対して，a と x の間にある定数 c_x が存在して，次が成り立つ。

$$f(x) = f(a) + f'(a)(x-a) + \frac{1}{2!}f''(a)(x-a)^2 + \frac{1}{3!}f'''(a)(x-a)^3$$

$$+ \cdots\cdots + \frac{1}{(n-1)!}f^{(n-1)}(a)(x-a)^{n-1} + \frac{1}{n!}f^{(n)}(c_x)(x-a)^n$$

$$= \sum_{k=0}^{n-1} \frac{1}{k!}f^{(k)}(a)(x-a)^k + \frac{1}{n!}f^{(n)}(c_x)(x-a)^n$$

$x=a$ の十分近くで，関数 $f(x)$ は $(n-1)$ 次関数

$$\frac{f^{(n-1)}(a)}{(n-1)!}(x-a)^{n-1} + \cdots\cdots + \frac{f''(a)}{2!}(x-a)^2 + f'(a)(x-a) + f(a)$$

で近似される。この多項式関数（もしくは多項式）を，$x=a$ における関数 $f(x)$ の **$(n-1)$ 次近似** という。

また，テイラーの定理における最後の項 $\frac{1}{n!}f^{(n)}(c_x)(x-a)^n$ を **剰余項**（ラグランジュ剰余項）という。

関数 $f(x)$ を **$(n-1)$ 次近似 ＋ 剰余項** の形に表すことを，**関数 $f(x)$ を n 次テイラー展開する** という。また，その形を **関数 $f(x)$ の n 次テイラー展開** という。

テイラーの定理において，$\frac{c_x-a}{x-a} = \theta$ とすると，$a < c_x < x$，

$x < c_x < a$ のどちらの場合も $0 < \theta < 1$ で，$c_x = a + \theta(x-a)$ となる。よって，剰余項 $\frac{1}{n!}f^{(n)}(c_x)(x-a)^n$ は，$0 < \theta < 1$ である実

数 θ を用いて，$\frac{1}{n!}f^{(n)}(a+\theta(x-a))(x-a)^n$ のようにも表される。

$x=0$ におけるテイラー展開を，特に **マクローリン展開** という。有名な関数のマクローリン展開は次のようになる。

$$e^x = 1 + x + \frac{x^2}{2!} + \frac{x^3}{3!} + \cdots\cdots + \frac{x^{n-1}}{(n-1)!} + \frac{e^{\theta x}x^n}{n!} \quad (0 < \theta < 1)$$

$$\log(x+1) = x - \frac{1}{2}x^2 + \cdots\cdots + \frac{(-1)^n}{n-1}x^{n-1} + \frac{(-1)^{n+1}}{n(\theta x+1)^n}x^n \quad (0 < \theta < 1)$$

$$\sin x = x - \frac{1}{3!}x^3 + \frac{1}{5!}x^5 - \cdots\cdots + \frac{(-1)^{m-1}}{(2m-1)!}x^{2m-1} + \frac{(-1)^m \sin\theta x}{(2m)!}x^{2m} \quad (0 < \theta < 1)$$

$$\cos x = 1 - \frac{1}{2!}x^2 + \frac{1}{4!}x^4 - \cdots\cdots + \frac{(-1)^{m-1}}{(2m-2)!}x^{2m-2} + \frac{(-1)^m \sin\theta x}{(2m-1)!}x^{2m-1} \quad (0 < \theta < 1)$$

基本 例題 043 関数の極限（ロピタルの定理利用） ★★☆

次の極限値を求めよ。

(1) $\displaystyle\lim_{x\to 0}\frac{\sinh x}{\sin x}$

(2) $\displaystyle\lim_{x\to 0}\frac{\mathrm{Tan}^{-1}x}{\sqrt[3]{x}}$

◢ p. 66 基本事項 C

GUIDE & SOLUTION

ロピタルの定理 (1)（66 ページ）を用いて求める。

$\alpha\in(a,\ b)$ とするとき，関数 $f(x)$, $g(x)$ が開区間 $(a,\ b)$ 上で 2 回以上微分可能な場合も，ロピタルの定理を繰り返し用いて，極限 $\displaystyle\lim_{x\to\alpha}\frac{f(x)}{g(x)}$ を求めることができる（下の PRACTICE 参照）。

解答

(1) $\displaystyle\lim_{x\to 0}\sinh x=0$ かつ $\displaystyle\lim_{x\to 0}\sin x=0$

$0<|x|<\dfrac{\pi}{2}$ において $(\sin x)'=\cos x\neq 0$

また $\displaystyle\lim_{x\to 0}\frac{(\sinh x)'}{(\sin x)'}=\lim_{x\to 0}\frac{\cosh x}{\cos x}=1$

よって，ロピタルの定理により，題意の極限も存在して

$$\lim_{x\to 0}\frac{\sinh x}{\sin x}=\mathbf{1}$$

(2) $\displaystyle\lim_{x\to 0}\mathrm{Tan}^{-1}x=0$ かつ $\displaystyle\lim_{x\to 0}\sqrt[3]{x}=0$

$x\neq 0$ において $\left(\sqrt[3]{x}\,\right)'=\dfrac{1}{3\sqrt[3]{x^2}}\neq 0$

また $\displaystyle\lim_{x\to 0}\frac{(\mathrm{Tan}^{-1}x)'}{\left(\sqrt[3]{x}\,\right)'}=\lim_{x\to 0}\frac{\dfrac{1}{1+x^2}}{\dfrac{1}{3\sqrt[3]{x^2}}}=\lim_{x\to 0}\frac{3\sqrt[3]{x^2}}{1+x^2}=0$

よって，ロピタルの定理により，題意の極限も存在して

$$\lim_{x\to 0}\frac{\mathrm{Tan}^{-1}x}{\sqrt[3]{x}}=\mathbf{0}$$

PRACTICE … 35

極限 $\displaystyle\lim_{x\to 0}\frac{x-\sinh x}{x-\sin x}$ を求めよ。

基本 例題 **044** 関数の極限（ロピタルの定理利用） ★★☆

(1) 極限値 $\displaystyle\lim_{x\to\infty}\dfrac{x}{e^x}$ を求めよ。

(2) $\displaystyle\lim_{x\to\infty}\dfrac{\log x}{x}=0$ であることを用いて，極限値 $\displaystyle\lim_{x\to-\infty}(-x)^{\frac{1}{x}}$ を求めよ。

◢ p. 67 基本事項C

GUIDE & SOLUTION

ロピタルの定理(4)（67ページ）を利用する。

66, 67 ページで扱った，ロピタルの定理(3), (4) においては，開区間 $(b,\ \infty)$ を開区間 $(-\infty,\ a)$ とし，合わせて「$x\longrightarrow\infty$」を「$x\longrightarrow-\infty$」とおき換えても，同じ主張が成り立つ。

解 答

(1) $\displaystyle\lim_{x\to\infty}x=\infty$ かつ $\displaystyle\lim_{x\to\infty}e^x=\infty$

ここで $(e^x)'=e^x\neq0$ また $\displaystyle\lim_{x\to\infty}\dfrac{(x)'}{(e^x)'}=\lim_{x\to\infty}\dfrac{1}{e^x}=0$

よって，ロピタルの定理により，題意の極限も存在して $\displaystyle\lim_{x\to\infty}\dfrac{x}{e^x}=\mathbf{0}$

(2) $x\longrightarrow-\infty$ を考えるから，$x<0$ とする。

このとき，$f(x)=(-x)^{\frac{1}{x}}$ として両辺の自然対数をとると $\log f(x)=\dfrac{\log(-x)}{x}$

$-x=t$ とおくと $\dfrac{\log(-x)}{x}=-\dfrac{\log t}{t}$

$x\longrightarrow-\infty$ のとき $t\longrightarrow\infty$ である。

よって，$\displaystyle\lim_{t\to\infty}\dfrac{\log t}{t}=0$ から $\displaystyle\lim_{x\to-\infty}\log f(x)=\lim_{t\to\infty}\left(-\dfrac{\log t}{t}\right)=0$

指数関数の連続性により $\displaystyle\lim_{x\to-\infty}(-x)^{\frac{1}{x}}=e^0=\mathbf{1}$

INFORMATION

$\displaystyle\lim_{x\to\infty}\dfrac{\log x}{x}=0$ も，ロピタルの定理を用いて証明できる。

PRACTICE … 36

(1) 極限 $\displaystyle\lim_{x\to\infty}\dfrac{x^2}{\sinh x}$ を求めよ。

(2) $\displaystyle\lim_{x\to\frac{\pi}{2}-0}(\tan x)^{\cos x}=1$ を証明せよ。

重要 例題 045 ロピタルの定理 (2) の証明 ★★★

66 ページのロピタルの定理 (2) を証明せよ。　　　　◁ p. 67 基本事項C

GUIDE & SOLUTION

67 ページのコーシーの平均値の定理を用いて証明する。

解答

$\lim_{x \to a+0} \dfrac{f'(x)}{g'(x)} = L$ とする。ε を任意の正の実数とすると，右側極限の定義から，ある正の実数 δ_1 が存在して，すべての $x \in (a, a+\delta_1)$ について

$$\left| \frac{f'(x)}{g'(x)} - L \right| < \frac{\varepsilon}{2}$$

が成り立つ。

また，$\lim_{x \to a+0} g(x) = \pm\infty$ であるから，ある正の実数 δ_2 が存在して，すべての $x \in (a, a+\delta_2)$ について $|g(x)| > 1$ が成り立つ。

$\delta_3 = \min\{\delta_1, \delta_2\}$ とし，$a+\delta_3 = d$ とおく。すべての $x \in (a, d)$ について，閉区間 $[x, d]$ 上でコーシーの平均値の定理を適用すると，ある $c_x \in (x, d)$ が存在して，次が成り立つ。

$$\frac{f'(c_x)}{g'(c_x)} = \frac{f(d) - f(x)}{g(d) - g(x)} = \frac{\dfrac{f(x)}{g(x)} - \dfrac{f(d)}{g(x)}}{1 - \dfrac{g(d)}{g(x)}}$$

分母を払って変形すると　　$\dfrac{f'(c_x)}{g'(c_x)} = \dfrac{f(x)}{g(x)} - \left\{ \dfrac{f(d)}{g(x)} - \dfrac{f'(c_x)}{g'(c_x)} \cdot \dfrac{g(d)}{g(x)} \right\}$ ……①

ここで，$\dfrac{f(d)}{g(x)} - \dfrac{f'(c_x)}{g'(c_x)} \cdot \dfrac{g(d)}{g(x)} = r(x)$ とおく。$f(d)$, $g(d)$ は定数であり，条件 (c) より $\dfrac{f'(x)}{g'(x)}$ は $x \longrightarrow a+0$ で有限の値をとるから，条件 (a) より $\lim_{x \to a+0} r(x) = 0$ となる。

よって，任意の正の実数 ε に対して，ある正の実数 δ_4 が存在して，すべての $x \in (a, a+\delta_4)$ について $|r(x)| < \dfrac{\varepsilon}{2}$ が成り立つ。

$\delta = \min\{\delta_3, \delta_4\}$ とすると，① より $\dfrac{f(x)}{g(x)} - L = \dfrac{f'(c_x)}{g'(c_x)} - L + r(x)$ であるから，すべての $x \in (a, a+\delta)$ について，次が成り立つ。

$$\left| \frac{f(x)}{g(x)} - L \right| \leq \left| \frac{f'(c_x)}{g'(c_x)} - L \right| + |r(x)| < \frac{\varepsilon}{2} + \frac{\varepsilon}{2} = \varepsilon$$

よって，右側極限 $\lim_{x \to a+0} \dfrac{f(x)}{g(x)}$ は存在して，その極限値は L に等しい。　■

重要　例題 **046**　ロピタルの定理 (1), (3) の証明　★★★

(1)　$f(x)$, $g(x)$ を開区間 (a, b) $(a < b)$ 上で微分可能な関数とし，次が成り立つとする。

　　(a)　$\displaystyle \lim_{x \to a+0} f(x) = \lim_{x \to a+0} g(x) = 0$

　　(b)　すべての $x \in (a, b)$ について $g'(x) \neq 0$ である。

　　(c)　右側極限 $\displaystyle \lim_{x \to a+0} \frac{f'(x)}{g'(x)}$ が存在する。

　　このとき，右側極限 $\displaystyle \lim_{x \to a+0} \frac{f(x)}{g(x)}$ も存在し，$\displaystyle \lim_{x \to a+0} \frac{f(x)}{g(x)} = \lim_{x \to a+0} \frac{f'(x)}{g'(x)}$ が成り立つことを，67 ページのコーシーの平均値の定理を用いて証明せよ。

(2)　(1) を用いて，下の GUIDE & SOLUTION に示した，ロピタルの定理 (3) を証明せよ。

◢ p. 67 **基本事項** C

GUIDE & **S**OLUTION

　(1)　67 ページのコーシーの平均値の定理を用いて証明する。

　(2)　**ロピタルの定理 (3)**

　　　$f(x)$, $g(x)$ を開区間 (b, ∞) 上で微分可能な関数とし，次が成り立つとする。

　　(a)　$\displaystyle \lim_{x \to \infty} f(x) = \lim_{x \to \infty} g(x) = 0$

　　(b)　$x > b$ であるすべての x において $g'(x) \neq 0$ である。

　　(c)　極限 $\displaystyle \lim_{x \to \infty} \frac{f'(x)}{g'(x)}$ が存在する。

　　このとき，極限 $\displaystyle \lim_{x \to \infty} \frac{f(x)}{g(x)}$ も存在し，$\displaystyle \lim_{x \to \infty} \frac{f(x)}{g(x)} = \lim_{x \to \infty} \frac{f'(x)}{g'(x)}$ が成り立つ。

解 答

(1)　$f(x)$, $g(x)$ を，$f(a) = g(a) = 0$ と定めることにより，$[a, b)$ 上の関数とみなす。

このとき，条件 (a) より，関数 $f(x)$, $g(x)$ は $[a, b)$ 上で連続である。

任意の $x \in (a, b)$ について，関数 $f(x)$, $g(x)$ は閉区間 $[a, x]$ 上で連続で，開区間 (a, x) 上で微分可能である。

また，条件 (b) より，すべての $t \in (a, x)$ で $g'(t) \neq 0$ である。

よって，コーシーの平均値の定理から

$$\frac{f'(c_x)}{g'(c_x)} = \frac{f(x) - f(a)}{g(x) - g(a)} = \frac{f(x)}{g(x)}$$

を満たす $c_x \in (a, x)$ が，少なくとも 1 つ存在する。

$x \longrightarrow a+0$ のとき，$c_x \longrightarrow a+0$ であり，条件 (c) より $\displaystyle \lim_{x \to a+0} \frac{f'(c_x)}{g'(c_x)}$ が存在するから，

$\displaystyle\lim_{x \to a+0}\frac{f(x)}{g(x)}$ も存在し，$\displaystyle\lim_{x \to a+0}\frac{f(x)}{g(x)}=\lim_{x \to a+0}\frac{f'(c_x)}{g'(c_x)}=\lim_{x \to a+0}\frac{f'(x)}{g'(x)}$ が成り立つ。　■

研究　$b \longrightarrow -0$ の場合も同様に示され，合わせて 66 ページのロピタルの定理 (1) が成り立つ。

(2)　b は区間 (b, ∞) 内のどの実数でおき換えてもよいから，$b > 0$ としても一般性は失われない。

$x=\dfrac{1}{t}$ とおくと，$x \longrightarrow \infty$ のとき，$t \longrightarrow +0$ である。

条件 (a) により　　$\displaystyle\lim_{t \to +0}f\left(\frac{1}{t}\right)=\lim_{t \to +0}g\left(\frac{1}{t}\right)=0$

条件 (b) により，$t \in \left(0, \dfrac{1}{b}\right)$ において $g'\left(\dfrac{1}{t}\right) \neq 0$ である。

また，$\dfrac{d}{dt}f\left(\dfrac{1}{t}\right)=-\dfrac{1}{t^2}f'\left(\dfrac{1}{t}\right)$ および $\dfrac{d}{dt}g\left(\dfrac{1}{t}\right)=-\dfrac{1}{t^2}g'\left(\dfrac{1}{t}\right)$ より

$$\lim_{t \to +0}\frac{\dfrac{d}{dt}f\left(\dfrac{1}{t}\right)}{\dfrac{d}{dt}g\left(\dfrac{1}{t}\right)}=\lim_{t \to +0}\frac{f'\left(\dfrac{1}{t}\right)}{g'\left(\dfrac{1}{t}\right)}=\lim_{x \to \infty}\frac{f'(x)}{g'(x)}$$

よって，条件 (c) より，右側極限 $\displaystyle\lim_{t \to +0}\frac{\dfrac{d}{dt}f\left(\dfrac{1}{t}\right)}{\dfrac{d}{dt}g\left(\dfrac{1}{t}\right)}$ は存在する。

したがって，(1) から，右側極限 $\displaystyle\lim_{t \to +0}\frac{f'\left(\dfrac{1}{t}\right)}{g'\left(\dfrac{1}{t}\right)}=\lim_{x \to \infty}\frac{f(x)}{g(x)}$ は存在し，その極限値は

$\displaystyle\lim_{x \to \infty}\frac{f'(x)}{g'(x)}$ に等しい。　■

Practice … 37

ロピタルの定理 (2)（証明は基本例題 045 を参照）を用いて，次のロピタルの定理 (4) を証明せよ。

$f(x)$，$g(x)$ を開区間 (b, ∞) 上で微分可能な関数とし，次が成り立つとする。

　(a)　$\displaystyle\lim_{x \to \infty}f(x)=\pm\infty$　かつ　$\displaystyle\lim_{x \to \infty}g(x)=\pm\infty$

　(b)　$x > b$ であるすべての x において $g'(x) \neq 0$ である。

　(c)　極限 $\displaystyle\lim_{x \to \infty}\frac{f'(x)}{g'(x)}$ が存在する。

このとき，極限 $\displaystyle\lim_{x \to \infty}\frac{f(x)}{g(x)}$ も存在し，$\displaystyle\lim_{x \to \infty}\frac{f(x)}{g(x)}=\lim_{x \to \infty}\frac{f'(x)}{g'(x)}$ が成り立つ。

基本 例題 047　余弦関数の近似，正弦関数のマクローリン展開　★☆☆

(1)　余弦関数 $f(x)=\cos x$ の $x=0$ における近似を4次まで求めよ。

(2)　正弦関数 $f(x)=\sin x$ の4次のマクローリン展開を求めよ。

◁ p.68 基本事項 □

GUIDE & SOLUTION

関数を多項式の関数により近似する。

(1)　テイラーの定理を用いて，$f(x)$ を多項式関数で近似する。

$x=a$ における4次までの近似は

$$f(x)=f(a)+f'(a)(x-a)+\frac{f''(a)}{2!}(x-a)^2+\frac{f'''(a)}{3!}(x-a)^3+\frac{f^{(4)}(a)}{4!}(x-a)^4$$

(2)　マクローリン展開は，$x=0$ におけるテイラー展開である。

$f(x)=\sin x$ の4次のマクローリン展開であるから

$$f(x)＝3次の近似＋4次の剰余項$$

で表す。

解答

(1)　$f'(x)=-\sin x,\ f''(x)=-\cos x,\ f'''(x)=\sin x,\ f^{(4)}(x)=\cos x$

よって　$f'(0)=0,\ f''(0)=-1,\ f'''(0)=0,\ f^{(4)}(0)=1$

また，$f(0)=1$ であるから，余弦関数 $f(x)=\cos x$ の $x=0$ における4次までの近似は

$$f(x)\fallingdotseq 1-\frac{1}{2!}x^2+\frac{1}{4!}x^4=1-\frac{1}{2}x^2+\frac{1}{24}x^4$$

(2)　$f'(x)=\cos x,\ f''(x)=-\sin x,\ f'''(x)=-\cos x$

よって　$f'(0)=1,\ f''(0)=0,\ f'''(0)=-1$

また，$f^{(4)}(x)=\sin x$ より，$f(x)=\sin x$ の4次の剰余項は　$\dfrac{\sin\theta x}{4!}x^4\quad(0<\theta<1)$

$f(0)=0$ であるから，求める4次のマクローリン展開は

$$f(x)=x-\frac{1}{3!}x^3+\frac{\sin\theta x}{4!}x^4=x-\frac{1}{6}x^3+\frac{\sin\theta x}{24}x^4\quad(0<\theta<1)$$

PRACTICE … 38

(1)　正接関数 $f(x)=\tan x$ の4次のマクローリン展開を求めよ。

(2)　マクローリン展開を用いて，極限 $\displaystyle\lim_{x\to0}\frac{(1+x)^{\frac{1}{x}}-e}{x}$ を求めよ。

EXERCISES

10 関数 $f(x)=x\sinh x \cosh x$ の導関数を求めよ。

11 自然数 n に対して，関数 $f(x)=\dfrac{1}{x^n}$ の導関数を求めることにより，任意の整数 k

$(k\neq 0)$ に対して，関数 $f(x)=x^k$ の導関数が $f'(x)=kx^{k-1}$ となることを証明せよ。

12 次の関数を微分せよ。

(1) $f(x)=4x^{\sqrt{2}}+3$ 　　　　　　　　　(2) $f(x)=\sinh(\log x)$

(3) $f(x)=x^{\cos x}$ 　$(x>0)$ 　　　　　(4) $f(x)=(1+x)^{\frac{1}{x}}$ 　$(x>0)$

13 次の関数の導関数を求めよ。

(1) $\mathrm{Sin}^{-1}(-2x^3+1)$ 　$(0<x<1)$ 　　　(2) $\tan(\mathrm{Cos}^{-1}x)$ 　$(-1<x<1)$

(3) $\log(\cosh(3x+2))$

14 関数 $y=\dfrac{x+2}{x-5}$ $(x\neq 5)$ の逆関数を求めてから，その導関数を求めよ。

15 a を 1 でない正の整数とするとき，関数 $f(x)$ に対して，$\log_a|f(x)|$ の導関数が

$\dfrac{f'(x)}{f(x)\log a}$ となることを示せ。

16 (1) $x>0$ のとき，$\dfrac{x}{1+x^2}<\mathrm{Tan}^{-1}x<x$ を示せ。

(2) a, b, m, n は正の実数で，等式 $m+n=1$, $ma+nb=1$ を満たすとする。
このとき，不等式 $a^{ma}b^{nb}\geqq 1$ が成り立つことを示せ。

17 (1) $x>0$ のとき，不等式 $x-\dfrac{1}{2}x^2<\log(1+x)<x-\dfrac{1}{2}x^2+\dfrac{1}{3}x^3$ が成り立つことを示せ。

(2) $f(x)=\begin{cases} x & (x \text{ が有理数のとき}) \\ \dfrac{1}{2}x & (x \text{ が無理数のとき}) \end{cases}$ とする。

このとき，極限 $\displaystyle\lim_{x\to +0}\dfrac{\log(1+f(x))-f(x)}{\{f(x)\}^2}$ を求めよ。

18 関数 $f(x)=\sqrt[3]{x}$ が $x=0$ で微分可能でないことを示せ。

19 次で定義される関数 $f(x)$ は $x=0$ で微分可能であることを示せ。

$$f(x)=\begin{cases} x^2 & (x \text{ は有理数}) \\ 0 & (x \text{ は無理数}) \end{cases}$$

! Hint 　**16** (2) $\log a^{ma}b^{nb}$ を a の関数と考えて，その増減を調べる。

　　　　　19 与えられた関数のグラフをかくことができないため，微分可能性の定義に従って示す。

▍ EXERCISES

20　n 回微分可能な関数 $f(x)$, $g(x)$ に対して，次の等式が成り立つことを示せ。

$$\{f(x)g(x)\}^{(n)}=\sum_{k=0}^{n}{}_n\mathrm{C}_k f^{(n-k)}(x)g^{(k)}(x)$$

21　(1)　関数 $f(x)=x^6-3x^2+1$ の極値を求めよ。

　　(2)　関数 $f(x)=6x^5-15x^4-10x^3+30x^2$ の極値を，第2次導関数を利用して求めよ。

22　平均値の定理を用いて，次の不等式が成り立つことを証明せよ。

　　(1)　$0<a<b$　ならば　$1-\dfrac{a}{b}<\log\dfrac{b}{a}<\dfrac{b}{a}-1$

　　(2)　$\dfrac{1}{e^2}<a<b<1$　ならば　$a-b<b\log b-a\log a<b-a$

　　(3)　$a<b$　ならば　$\sinh a<\dfrac{\cosh b-\cosh a}{b-a}<\sinh b$

23　次の極限値を求めよ。

　　(1)　$\displaystyle\lim_{x\to 1}\frac{\log x}{\cos\dfrac{\pi}{2x}}$
　　(2)　$\displaystyle\lim_{x\to 0}\frac{2\sin x-\sin 2x}{x-\sin x}$
　　(3)　$\displaystyle\lim_{x\to 0}\frac{\cosh x-1}{x^2}$

　　(4)　$\displaystyle\lim_{x\to 0}\frac{\mathrm{Tan}^{-1}x-x}{x^3}$
　　(5)　$\displaystyle\lim_{x\to\infty}\frac{x^5}{e^x}$

24　a_0, a_1, $\cdots\cdots$, a_{m-1}, a_m を実数とし，$a_m>0$ とする。

　　$f(x)=a_m x^m+a_{m-1}x^{m-1}+\cdots\cdots+a_1 x+a_0$ とするとき，極限 $\displaystyle\lim_{x\to\infty}\left\{\dfrac{1}{f(x)}\right\}^{\frac{1}{\log x}}$ を求めよ。

25　次の関数 $f(x)$ について，与えられた x の値における4次のテイラー展開を求めよ。

　　(1)　$f(x)=\dfrac{1}{x+1}$, $x=1$
　　　　　　　　(2)　$f(x)=\sinh x$, $x=0$

26　関数 $f(x)=e^x$ の4次のマクローリン展開を求め，e の近似値を求めよ。

27　次の問いに答えよ。なお，近似値は小数第4位を四捨五入し，小数第3位まで求めよ。

　　(1)　$\sin x$ の4次のマクローリン展開を求め，$\sin 0.5$ の近似値を求めよ。

　　(2)　$\cos x$ の5次のマクローリン展開を求め，$\cos 0.5$ の近似値を求めよ。

!Hint　**24**　ロピタルの定理を用いる。
　　　　26　e^x をマクローリン展開して $x=1$ を代入する。

第3章

積分（1変数）

1 積分とは
2 積分の計算
3 広義積分
4 積分法の応用

例 題 一 覧

1 ▶ 積分とは

基本事項

A 積分可能性と定積分

関数 $f(x)$ は閉区間 $[a, b]$ $(a<b)$ 上で連続で，
$f(x) \geqq 0$ を満たすと仮定して，右の図の斜線部分の領域
A の面積を，長方形の面積の和で近似していくことを考
える。そのために，まず閉区間 $[a, b]$ を，次のような
実数列を用いて，より小さい区間に分割する。

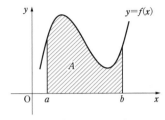

$$a=a_0<a_1<a_2<\cdots\cdots<a_{n-1}<a_n=b$$

この数列に対して，小区間の列 $[a_0, a_1]$，$[a_1, a_2]$，$\cdots\cdots$，$[a_{n-1}, a_n]$ を考える（この小
区間の列を，区間 $[a, b]$ の **分割** ともいう）。

次に，$i=0, 1, \cdots\cdots, n-1$ について，各小区間 $[a_i, a_{i+1}]$ における関数 $f(x)$ の最小値
を m_i，最大値を M_i とする。すなわち，$m_i=\min\{f(x)\,|\,a_i \leqq x \leqq a_{i+1}\}$，
$M_i=\max\{f(x)\,|\,a_i \leqq x \leqq a_{i+1}\}$ とする。

このとき，更に $s=\sum\limits_{i=0}^{n-1} m_i(a_{i+1}-a_i)$，$S=\sum\limits_{i=0}^{n-1} M_i(a_{i+1}-a_i)$ とする。

s，S は，斜線部分の領域 A の面積の近似を与えていると考えられる。

また，$s \leqq$（斜線部分の領域 A の面積）$\leqq S$ が成り立っていると考えられる。

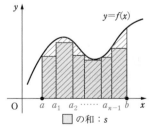
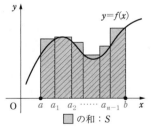

▨ の和：s　　　　▨ の和：S

定義 積分可能性と定積分

> 閉区間 $[a, b]$ $(a<b)$ に対して，上のような小区間の列をとり直して，より細かな分
> 割を考えていくとき，（任意の分割に対して）上で定めた s と S の極限が存在して一致
> するならば，関数 $f(x)$ は区間 $[a, b]$ 上で **積分可能である** という。また，このとき
> の極限の値を $\displaystyle\int_a^b f(x)dx$ と書いて，区間 $[a, b]$ における関数 $f(x)$ の **定積分** という。

上の説明では関数が連続である場合を考えたが，関数が連続でない場合についても同じよ
うに積分可能性は定義される。

$f(x) \leqq 0$ を満たす場合においても，x 軸の下方にある領域の面積を負とした面積（符号付き面積）を考えることによって，

「曲線 $y = f(x)$ と x 軸，および，x 軸と垂直な 2 直線 $x = a$, $x = b$ によって囲まれた領域の面積は定積分の値に一致する」

ということができる。

連続関数の積分可能性の定理

閉区間 $[a, b]$ $(a < b)$ 上で連続な関数は，$[a, b]$ 上で積分可能である。

区分求積法

関数 $f(x)$ が閉区間 $[a, b]$ $(a < b)$ 上で連続ならば

$$\int_a^b f(x)dx = \lim_{n \to \infty} \sum_{k=0}^{n-1} f(x_k)\varDelta x = \lim_{n \to \infty} \sum_{k=1}^{n} f(x_k)\varDelta x$$

ただし　$\varDelta x = \dfrac{b-a}{n}$, $x_k = a + k\varDelta x$

B　定積分の性質

定積分の性質の定理

$a < b$ とする。

1. 閉区間 $[a, b]$ 上で積分可能な関数 $f(x)$ に対して，$\int_a^a f(x)dx = 0$ が成り立つ。

2. 関数 $f(x)$ が閉区間 $[a, b]$ 上で積分可能であるとする。このとき，$a < c < b$ を満たす実数 c に対して，$\int_a^b f(x)dx = \int_a^c f(x)dx + \int_c^b f(x)dx$ が成り立つ。

3. 関数 $f(x)$, $g(x)$ が閉区間 $[a, b]$ 上で積分可能であるとする。このとき，任意の実数 k, l に対して，関数 $kf(x) + lg(x)$ も閉区間 $[a, b]$ 上で積分可能であり，

$$\int_a^b \{kf(x) + lg(x)\}\,dx = k\int_a^b f(x)dx + l\int_a^b g(x)dx$$ が成り立つ。

3. の性質を「定積分の線形性」ということもある。

C　微分積分学の基本定理

微分積分学の基本定理

$f(x)$ を閉区間 I 上の連続関数とする。$a \in I$ を固定すると，$f(x)$ は I 上で積分可能であるから，$x \in I$ に対し $F(x) = \int_a^x f(t)dt$ として，閉区間 I 上の関数 $F(x)$ を定義することができる。このとき，関数 $F(x)$ は閉区間 I 上で微分可能であり，$x \in I$ に対して

$$F'(x) = f(x)$$

が成り立つ。

基本 例題 **048** 定積分の計算（はさみうちの原理利用） ★★☆

区間 $[0,\ 1]$ を $n\ (n \geqq 2)$ 等分し，$i=0,\ 1,\ \cdots\cdots,\ n-1$ について，各小区間 $[a_i,\ a_{i+1}]$ を考える。関数 $f(x)=1-x^2$ に対して，各小区間 $[a_i,\ a_{i+1}]$ の $f(x)$ の最小値を m_i，$f(x)$ の最大値を M_i とし，$s=\sum\limits_{i=0}^{n-1} m_i(a_{i+1}-a_i)$，$S=\sum\limits_{i=0}^{n-1} M_i(a_{i+1}-a_i)$ とする。

$s \leqq \displaystyle\int_0^1 f(x)dx \leqq S$ であることから，$\displaystyle\int_0^1 (1-x^2)dx$ を求めよ。　◢ *p.78* 基本事項A

GUIDE & SOLUTION

$a_i=\dfrac{i}{n}\ (0 \leqq i \leqq n)$ であり

$$m_i=f(a_{i+1})=1-\left(\dfrac{i+1}{n}\right)^2,\quad M_i=f(a_i)=1-\left(\dfrac{i}{n}\right)^2$$

である。s，S をそれぞれ n の式で表す。また，はさみうちの原理を利用する。

解 答

$a_i=\dfrac{i}{n}\ (0 \leqq i \leqq n)$ であり，$m_i=f(a_{i+1})=1-\left(\dfrac{i+1}{n}\right)^2$，$M_i=f(a_i)=1-\left(\dfrac{i}{n}\right)^2$ である。

ここで
$$s=\sum_{i=0}^{n-1} m_i(a_{i+1}-a_i)=\sum_{i=0}^{n-1}\left\{1-\left(\dfrac{i+1}{n}\right)^2\right\}\cdot\dfrac{1}{n}$$

$$=\dfrac{1}{n^3}\sum_{i=0}^{n-1}\{n^2-(i+1)^2\}=\dfrac{1}{n^3}\left\{n^3-\dfrac{1}{6}n(n+1)(2n+1)\right\}$$

$$=\dfrac{4n^2-3n-1}{6n^2}=\dfrac{1}{6}\left(4-\dfrac{3}{n}-\dfrac{1}{n^2}\right)$$

$$S=\sum_{i=0}^{n-1} M_i(a_{i+1}-a_i)=\sum_{i=0}^{n-1}\left\{1-\left(\dfrac{i}{n}\right)^2\right\}\cdot\dfrac{1}{n}$$

$$=\dfrac{1}{n^3}\sum_{i=0}^{n-1}(n^2-i^2)=\dfrac{1}{n^3}\left\{n^3-\dfrac{1}{6}(n-1)n(2n-1)\right\}$$

$$=\dfrac{4n^2+3n-1}{6n^2}=\dfrac{1}{6}\left(4+\dfrac{3}{n}-\dfrac{1}{n^2}\right)$$

分割をどんどん細かくする，すなわち $n \longrightarrow \infty$ として，s，S の極限を考えると

$$\lim_{n\to\infty} s=\dfrac{2}{3},\quad \lim_{n\to\infty} S=\dfrac{2}{3}$$

よって，$s \leqq \displaystyle\int_0^1 f(x)dx \leqq S$ であることから

$$\int_0^1 f(x)dx=\int_0^1 (1-x^2)dx=\dfrac{2}{3}$$

◀はさみうちの原理により。

基本 例題 049 数列の和に関する極限（区分求積法の利用） ★★☆

次の極限を求めよ。　　(1) $\displaystyle\lim_{n\to\infty} n\sum_{k=1}^{2n}\frac{1}{(n+2k)^2}$　　(2) $\displaystyle\lim_{n\to\infty}\frac{1}{n}\sqrt[n]{\frac{(4n)!}{(3n)!}}$

◢ p.79 基本事項A

GUIDE & SOLUTION

まず，$\dfrac{1}{n}$ をくくり出して，$\dfrac{1}{n}\displaystyle\sum_{k=l}^{m}f\left(\dfrac{k}{n}\right)$ の形になるように $f(x)$ を決める。

(1) 積分区間は，$y=f(x)$ のグラフをかき，$\dfrac{1}{n}\displaystyle\sum_{k=l}^{m}f\left(\dfrac{k}{n}\right)$ がどのような長方形の面積の和として表されるか，ということを考えて定めるとよい。

(2) 直接求めるのではなく，自然対数をとって求める。

解答

(1) $\displaystyle\lim_{n\to\infty} n\sum_{k=1}^{2n}\frac{1}{(n+2k)^2}=\lim_{n\to\infty}\frac{1}{n}\sum_{k=1}^{2n}\frac{n^2}{(n+2k)^2}=\lim_{n\to\infty}\frac{1}{n}\sum_{k=1}^{2n}\frac{1}{\left(1+2\cdot\dfrac{k}{n}\right)^2}$

$\displaystyle=\int_0^2\frac{1}{(1+2x)^2}dx=\left[-\frac{1}{2(1+2x)}\right]_0^2=\frac{2}{5}$

(2) $P=\dfrac{1}{n}\sqrt[n]{\dfrac{(4n)!}{(3n)!}}$ とおくと　　$P=\dfrac{1}{n}\sqrt[n]{(3n+1)(3n+2)(3n+3)\cdots\cdots(3n+n)}$

$\displaystyle=\sqrt[n]{\left(3+\frac{1}{n}\right)\left(3+\frac{2}{n}\right)\left(3+\frac{3}{n}\right)\cdots\cdots\left(3+\frac{n}{n}\right)}$

よって　　$\log P=\dfrac{1}{n}\left\{\log\left(3+\dfrac{1}{n}\right)+\log\left(3+\dfrac{2}{n}\right)+\log\left(3+\dfrac{3}{n}\right)+\cdots\cdots+\log\left(3+\dfrac{n}{n}\right)\right\}$

$\displaystyle=\frac{1}{n}\sum_{k=1}^{n}\log\left(3+\frac{k}{n}\right)$

ゆえに　　$\displaystyle\lim_{n\to\infty}\log P=\int_0^1\log(3+x)dx=\int_0^1(3+x)'\log(3+x)dx$

$\displaystyle=\left[(3+x)\log(3+x)\right]_0^1-\int_0^1 dx=4\log4-3\log3-1=\log\frac{256}{27e}$

指数関数の連続により　　$\displaystyle\lim_{n\to\infty}P=\frac{256}{27e}$

PRACTICE … 39

(1) 区分求積法を用いて，閉区間 $[a,\ b]$ 上で積分可能な関数 $f(x),\ g(x)$ に対して，$\displaystyle\int_a^b\{f(x)+g(x)\}dx=\int_a^b f(x)dx+\int_a^b g(x)dx$ が成り立つことを示せ。ただし，$f(x)+g(x)$ は閉区間 $[a,\ b]$ 上で積分可能であるとする。

(2) 極限 $\displaystyle\lim_{n\to\infty}\sum_{k=1}^{n}\frac{1}{\sqrt{4n^2-k^2}}$ を求めよ。

重要 例題 **050** 連続でない関数の定積分の値　★★★

関数 $f(x)=[x]$ が区間 $[0,\ 3]$ で積分可能であることを示し，$\displaystyle\int_0^3 f(x)dx$ の値を求めよ。ただし，$[\ \ ]$ はガウス記号を表す。

◢ *p.78* 基本事項A

GUIDE & **S**OLUTION

区間 $[0,\ 3]$ 内に数列 $\{a_n\}$ を $0=a_0<a_1<a_2<\cdots\cdots<a_{n-1}<a_n=3$ となるようにとって区間を分割し，小区間 $[a_k,\ a_{k+1}]$ $(0\le k\le n-1)$ における関数 $f(x)$ の最小値，最大値を考える。

解 答

$n\ge 6$ として，閉区間 $[0,\ 3]$ 内に数列 $\{a_n\}$ を
$$0=a_0<a_1<a_2<\cdots\cdots<a_{n-1}<a_n=3$$
となるようにとり，次のような小区間を考える。
$$[a_0,\ a_1],\ [a_1,\ a_2],\ \cdots\cdots,\ [a_{n-1},\ a_n]$$
このとき，ある1つの小区間 $[a_i,\ a_{i+1}]$ $(0\le i\le n-1)$ が1を含み，同様にある1つの小区間 $[a_j,\ a_{j+1}]$ $(0\le j\le n-1)$ が2を含むようにできる。
ここで，十分小さい小区間を考え，$3\le i+2\le j\le n-3$ とする。
各小区間 $[a_k,\ a_{k+1}]$ における関数 $f(x)$ の最小値を m_k，最大値を M_k とすると
$$0\le k\le i-1,\ k=i,\ i+1\le k\le j-1,\ k=j,\ j+1\le k\le n-2,\ k=n-1$$
の各場合において，m_k および M_k はそれぞれ順に，次のようになる。
$$m_k=0,\ 0,\ 1,\ 1,\ 2,\ 2\qquad M_k=0,\ 1,\ 1,\ 2,\ 2,\ 3$$
また　　　　$\displaystyle\lim_{n\to\infty}|a_{i+1}-a_i|=0,\ \lim_{n\to\infty}|a_{j+1}-a_j|=0$
このとき　　$a_i\longrightarrow 1,\ a_{i+1}\longrightarrow 1,\ a_j\longrightarrow 2,\ a_{j+1}\longrightarrow 2$
ここで，$\displaystyle s=\sum_{k=0}^{n-1}m_k(a_{k+1}-a_k),\ S=\sum_{k=0}^{n-1}M_k(a_{k+1}-a_k)$ とすると
$$\begin{aligned}s&=\sum_{k=0}^{n-1}m_k(a_{k+1}-a_k)\\&=\sum_{k=0}^{i}0\cdot(a_{k+1}-a_k)+\sum_{k=i+1}^{j}1\cdot(a_{k+1}-a_k)+\sum_{k=j+1}^{n-1}2(a_{k+1}-a_k)\\&=(a_{j+1}-a_{i+1})+2(a_n-a_{j+1})=6-a_{j+1}-a_{i+1}\end{aligned}$$
◀$a_n=3$ より。
$$\begin{aligned}S&=\sum_{k=0}^{n-1}M_k(a_{k+1}-a_k)\\&=\sum_{k=0}^{i-1}0\cdot(a_{k+1}-a_k)+\sum_{k=i}^{j-1}1\cdot(a_{k+1}-a_k)+\sum_{k=j}^{n-2}2(a_{k+1}-a_k)+3(a_n-a_{n-1})\\&=(a_j-a_i)+2(a_{n-1}-a_j)+3(a_n-a_{n-1})=9-a_{n-1}-a_j-a_i\end{aligned}$$
◀$a_n=3$ より。

ゆえに　　　$\displaystyle\lim_{n\to\infty}s=6-2-1=3,\qquad \lim_{n\to\infty}S=9-3-2-1=3$

よって，関数 $f(x)$ は区間 $[0,\ 3]$ で積分可能であり　　　$\displaystyle\int_0^3 f(x)dx=3$ ∎

2 ▶ 積分の計算

基本事項

A 原始関数と不定積分

関数 $f(x)$ の定積分を計算するために，$F'(x)=f(x)$ となる関数 $F(x)$ をみつける。

定義　原始関数

開区間 I 上の関数 $f(x)$ に対して，$F'(x)=f(x)$ を満たす I 上で微分可能な関数 $F(x)$ を，関数 $f(x)$ の **原始関数** という。

原始関数の存在と不定性の定理

開区間 I 上の関数 $f(x)$ が原始関数 $F(x)$ をもつとき，$f(x)$ のすべての原始関数は $F(x)+C$（Cは定数）という形で表される。

定義　不定積分・積分定数

開区間 I 上の関数 $f(x)$ が原始関数 $F(x)$ をもつとき，$F(x)+C$（Cは定数）で表現された「関数の集合」をまとめて，関数 $f(x)$ の **不定積分** といい，$\int f(x)dx$ という記号で表す。また，上の定数 C を **積分定数** という。

以後，本章では断りのない限り，C は積分定数を表すこととする。

連続関数の原始関数の存在定理

関数 $f(x)$ が開区間 I 上で連続であれば，$f(x)$ は原始関数 $F(x)=\int_a^x f(t)dt$ をもつ。ただし，$a \in I$ は固定された定数とする。

上の定理から，次の系が得られる。

連続関数の定積分の計算

関数 $f(x)$ が開区間 I 上で連続であるとき，その原始関数の 1 つを $F(x)$ とすると，任意の $a \in I$，$b \in I$ に対して，次が成り立つ。

$$\int_a^b f(x)dx = F(b) - F(a)$$

B 置換積分

合成関数の微分の定理を用いて，連続関数の不定積分（原始関数）を求める方法がある。

<u>置換積分の定理</u>

連続関数 $f(x)$ において，x が開区間 J 上で微分可能な関数 $x=g(t)$ $(t\in J)$ で表されているとき，次が成り立つ。

[1] $\displaystyle\int f(x)\,dx=\int f(g(t))g'(t)\,dt$

[2] 任意の $a\in J$，$b\in J$ について，$\alpha=g(a)$，$\beta=g(b)$ とするとき

$$\int_\alpha^\beta f(x)\,dx=\int_a^b f(g(t))g'(t)\,dt$$

C 部分積分

積の微分公式（ライプニッツ則）を用いて，不定積分（原始関数）を求める方法がある。

<u>部分積分の定理</u>

$f(x)$，$g(x)$ を開区間 I 上で微分可能な関数とし，その導関数 $f'(x)$，$g'(x)$ が I 上で連続であるとする。このとき，次が成り立つ。

[1] $\displaystyle\int f(x)g'(x)\,dx=f(x)g(x)-\int f'(x)g(x)\,dx$

[2] 任意の $a\in I$，$b\in I$ について

$$\int_a^b f(x)g'(x)\,dx=\Big[f(x)g(x)\Big]_a^b-\int_a^b f'(x)g(x)\,dx$$

基本的な関数の不定積分を抜粋して以下にまとめておく。

$a\neq-1$ のとき $\displaystyle\int x^a\,dx=\frac{1}{a+1}x^{a+1}+C$, $a=-1$ のとき $\displaystyle\int x^a\,dx=\int\frac{dx}{x}=\log|x|+C$

$\displaystyle\int\frac{g'(x)}{g(x)}\,dx=\log|g(x)|+C$

$F'(x)=f(x)$, $a\neq0$ のとき $\displaystyle\int f(ax+b)\,dx=\frac{1}{a}F(ax+b)+C$

$a\neq0$ のとき $\displaystyle\int\frac{dx}{\sqrt{a^2-x^2}}=\mathrm{Sin}^{-1}\frac{x}{|a|}+C$, $\displaystyle\int\frac{dx}{a^2+x^2}=\frac{1}{a}\mathrm{Tan}^{-1}\frac{x}{a}+C$

$\displaystyle\int e^x\,dx=e^x+C$ $a>0$, $a\neq1$ のとき $\displaystyle\int a^x\,dx=\frac{a^x}{\log a}+C$

$\displaystyle\int\log x\,dx=x\log x-x+C$ $\displaystyle\int\sin x\,dx=-\cos x+C$ $\displaystyle\int\cos x\,dx=\sin x+C$

$\displaystyle\int\frac{dx}{\cos^2 x}=\tan x+C$ $\displaystyle\int\frac{dx}{\sin^2 x}=-\frac{1}{\tan x}+C$

$\displaystyle\int\sinh x\,dx=\cosh x+C$ $\displaystyle\int\cosh x\,dx=\sinh x+C$

$\displaystyle\int\frac{dx}{\cosh^2 x}=\tanh x+C$ $\displaystyle\int\frac{dx}{\sinh^2 x}=-\frac{1}{\tanh x}+C$

基本　例題　**051**　$\cos x$, $\cosh x$ の原始関数等　

(1)　関数 $f(x)=\cos x$, $g(x)=\cosh x$ の原始関数をそれぞれ 1 つ求めよ。

(2)　不定積分 $\displaystyle\int \tan x\,dx$ および $\displaystyle\int \tanh x\,dx$ を求めよ。

(3)　不定積分 $\displaystyle\int \frac{dx}{\sqrt{1-x^2}}$ を求めよ。

(4)　不定積分 $\displaystyle\int 2^x \log 2\,dx$ を求めよ。　　　◢ *p.* 83 **基本事項A**

GUIDE & **S**OLUTION

(2)　置換積分の定理を用いる。

解 答

(1)　$(\sin x)'=\cos x$ であるから，$f(x)=\cos x$ の原始関数の 1 つは　　**$\sin x$**

$(\sinh x)'=\cosh x$ であるから，$g(x)=\cosh x$ の原始関数の 1 つは　　**$\sinh x$**

(2)　$\displaystyle\int \tan x\,dx=\int \frac{\sin x}{\cos x}\,dx$

$\displaystyle\hphantom{\int \tan x\,dx}=\int\left\{-\frac{(\cos x)'}{\cos x}\right\}dx=-\log|\cos x|+C$

$\displaystyle\int \tanh x\,dx=\int \frac{\sinh x}{\cosh x}\,dx$

$\displaystyle\hphantom{\int \tanh x\,dx}=\int \frac{(\cosh x)'}{\cosh x}\,dx=\log(\cosh x)+C$

(3)　$\displaystyle\int \frac{dx}{\sqrt{1-x^2}}=\mathrm{Sin}^{-1}x+C$

(4)　$\displaystyle\int 2^x \log 2\,dx=2^x+C$

INFORMATION ●

一般に，有理関数以外の初等関数については，その不定積分は存在しても初等関数で表されるとは限らない。すなわち，初等関数の中には，その原始関数を初等関数で表すことができないものが存在する。例えば，$f(x)=e^{-x^2}$ や $g(x)=\dfrac{\sin x}{x}$ は，その原始関数を初等関数で表すことができないことが知られている。

PRACTICE … **40**

次の不定積分を求めよ。

(1)　$\displaystyle\int \cosh(x+1)\,dx$

(2)　$\displaystyle\int \frac{3}{1+x^2}\,dx$

基本 例題 **052** 分数関数の不定積分（部分分数分解利用）　★☆☆

次の不定積分を求めよ。

(1) $\displaystyle\int \frac{x}{x^2-7x+10}\,dx$　　　　(2) $\displaystyle\int \frac{x^3+x-2}{x^2+1}\,dx$　　◀ $p.83$ **基本事項A**

GUIDE & **S**OLUTION

CHART **分数関数の積分**
　　　　部分分数に分解。分子の次数を下げる。

(1) 被積分関数の分母は，$x^2-7x+10=(x-2)(x-5)$ と因数分解できるから，被積分関数を部分分数に分解する。$\dfrac{x}{x^2-7x+10}=\dfrac{a}{x-2}+\dfrac{b}{x-5}$ とおき，これを x の恒等式とみて a，b の値を定める。

(2) 被積分関数について，分子の次数が分母の次数より大きいから，分子の次数を下げる。すなわち，$\dfrac{x^3+x-2}{x^2+1}=\dfrac{x(x^2+1)-2}{x^2+1}=x-\dfrac{2}{x^2+1}$ のように変形する。

解 答

(1) $\displaystyle\int \frac{x}{x^2-7x+10}\,dx=\int \frac{x}{(x-2)(x-5)}\,dx$

$\displaystyle\qquad\qquad =\int\left\{\left(-\frac{2}{3}\right)\cdot\frac{1}{x-2}+\frac{5}{3}\cdot\frac{1}{x-5}\right\}dx$　　◀下の 補足 参照

$\displaystyle\qquad\qquad =-\frac{2}{3}\log|x-2|+\frac{5}{3}\log|x-5|+C$

$\displaystyle\qquad\qquad =\frac{1}{3}\log\frac{|x-5|^5}{(x-2)^2}+C$

(2) $\displaystyle\int \frac{x^3+x-2}{x^2+1}\,dx=\int \frac{x(x^2+1)-2}{x^2+1}\,dx=\int\left(x-\frac{2}{x^2+1}\right)dx$

$\displaystyle\qquad\qquad\qquad =\frac{x^2}{2}-2\,\mathrm{Tan}^{-1}x+C$

補足　$\dfrac{x}{x^2-7x+10}=\dfrac{x}{(x-2)(x-5)}$ であるから，$\dfrac{x}{x^2-7x+10}=\dfrac{a}{x-2}+\dfrac{b}{x-5}$ とおき，

　　　右辺を計算すると　$\dfrac{x}{x^2-7x+10}=\dfrac{(a+b)x-5a-2b}{x^2-7x+10}$　　これが x に関する恒等式であるから　$a+b=1$，$-5a-2b=0$

　　　これを解いて　$a=-\dfrac{2}{3}$，$b=\dfrac{5}{3}$

PRACTICE … **41**
不定積分 $\displaystyle\int \frac{dx}{x^4-1}$ を求めよ。

基本 例題 **053** 置換積分法による不定積分，定積分の計算 ★★☆

(1) 不定積分 $\displaystyle\int \frac{dx}{\sqrt{1+x^2}}$ を，$x=\tan t \left(-\dfrac{\pi}{2}<t<\dfrac{\pi}{2}\right)$ とおいて求めよ。

(2) 定積分 $\displaystyle\int_0^1 \frac{dx}{1+x^2}$ を，$x=\tan\theta$ とおいて求めよ。 ◢ *p.* 84 **基本事項 B**

GUIDE & SOLUTION

(1) $\displaystyle\int f(x)dx=\int f(g(t))g'(t)dt \ (x=g(t))$ を利用する。

(2) $\displaystyle\int \frac{dx}{1+x^2}=\mathrm{Tan}^{-1}x+C$ から求められるが，ここでは $x=\tan\theta$ とおいて求める。

解 答

(1) $x=\tan t \left(-\dfrac{\pi}{2}<t<\dfrac{\pi}{2}\right)$ とおくと $\quad dx=\dfrac{dt}{\cos^2 t}$

よって $\displaystyle\int \frac{dx}{\sqrt{1+x^2}}=\int \frac{1}{\sqrt{1+\tan^2 t}}\cdot\frac{1}{\cos^2 t}dt=\int \cos t\cdot\frac{1}{\cos^2 t}dt$

$\displaystyle =\int \frac{\cos t}{1-\sin^2 t}dt=\int \frac{1}{2}\left(\frac{1}{1+\sin t}+\frac{1}{1-\sin t}\right)\cos t\,dt$

$\displaystyle =\frac{1}{2}\int\left\{\frac{(1+\sin t)'}{1+\sin t}-\frac{(1-\sin t)'}{1-\sin t}\right\}dt=\frac{1}{2}\{\log(1+\sin t)-\log(1-\sin t)\}+C$

$\displaystyle =\frac{1}{2}\log\frac{1+\sin t}{1-\sin t}+C=\frac{1}{2}\log\frac{(1+\sin t)^2}{1-\sin^2 t}+C$

$\displaystyle =\frac{1}{2}\log\frac{(1+\sin t)^2}{\cos^2 t}+C=\log\frac{1+\sin t}{\cos t}+C$

$\displaystyle =\log\left(\frac{1}{\cos t}+\tan t\right)+C=\boldsymbol{\log(\sqrt{1+x^2}+x)+C}$

(2) $x=\tan\theta$ とおくと $\quad dx=\dfrac{d\theta}{\cos^2\theta}$

x と θ の対応は右のようになる。

よって $\displaystyle\int_0^1 \frac{dx}{1+x^2}=\int_0^{\frac{\pi}{4}} \frac{1}{1+\tan^2\theta}\cdot\frac{1}{\cos^2\theta}d\theta=\int_0^{\frac{\pi}{4}} d\theta=\boldsymbol{\frac{\pi}{4}}$

x	$0 \longrightarrow 1$
θ	$0 \longrightarrow \dfrac{\pi}{4}$

PRACTICE … 42

(1) 不定積分 $\displaystyle\int \frac{dx}{x\sqrt{x+1}}$ を，$\sqrt{x+1}=t$ とおいて求めよ。

(2) 定積分 $\displaystyle\int_{-\frac{1}{2}}^{\frac{1}{2}} \frac{dx}{(x+1)\sqrt{1-x^2}}$ を，$x=\cos t$ とおいて求めよ。

基 本 例題 **054** 1/sin x, 1/cos x **の不定積分の計算** ★★☆

$\tan\dfrac{x}{2}=t$ とおいて，次の不定積分を求めよ。

(1) $\displaystyle\int\dfrac{dx}{\sin x}$　　　　　(2) $\displaystyle\int\dfrac{dx}{\cos x}$

◢ p. 84 基本事項 B

GUIDE & SOLUTION

三角関数を含む関数の不定積分では，$\sin x=t$ や $\cos x=t$ のおき換えが有効な場合が多いが，それでもうまくいかない場合は，$\tan\dfrac{x}{2}=t$ のおき換えが有効な場合がある。

$\tan\dfrac{x}{2}=t$ とおくことにより，$\sin x=\dfrac{2t}{1+t^2}$，$\cos x=\dfrac{1-t^2}{1+t^2}$ と表され，t の分数関数の不定積分の計算に帰着される。

解 答

$$\dfrac{1}{\cos^2\dfrac{x}{2}}\cdot\dfrac{1}{2}\,dx=dt \text{ から }\qquad dx=2\cos^2\dfrac{x}{2}\,dt=\dfrac{2}{1+\tan^2\dfrac{x}{2}}\,dt=\dfrac{2}{1+t^2}\,dt$$

(1)　$\tan\dfrac{x}{2}=t$ とおくと

$$\sin x=2\sin\dfrac{x}{2}\cos\dfrac{x}{2}=2\tan\dfrac{x}{2}\cos^2\dfrac{x}{2}=2\tan\dfrac{x}{2}\cdot\dfrac{1}{1+\tan^2\dfrac{x}{2}}=\dfrac{2t}{1+t^2}$$

よって　$\displaystyle\int\dfrac{dx}{\sin x}=\int\dfrac{1+t^2}{2t}\cdot\dfrac{2}{1+t^2}\,dt=\int\dfrac{dt}{t}=\log|t|+C=\boldsymbol{\log\left|\tan\dfrac{x}{2}\right|+C}$

(2)　$\tan\dfrac{x}{2}=t$ とおくと　　$\cos x=2\cos^2\dfrac{x}{2}-1=\dfrac{2}{1+\tan^2\dfrac{x}{2}}-1=\dfrac{1-t^2}{1+t^2}$

よって　$\displaystyle\int\dfrac{dx}{\cos x}=\int\dfrac{1+t^2}{1-t^2}\cdot\dfrac{2}{1+t^2}\,dt=\int\left(\dfrac{1}{1+t}+\dfrac{1}{1-t}\right)dt$

$$=\log\left|\dfrac{1+t}{1-t}\right|+C=\log\left|\dfrac{1+\tan\dfrac{x}{2}}{1-\tan\dfrac{x}{2}}\right|+C$$

$$=\log\left|\dfrac{\cos\dfrac{x}{2}+\sin\dfrac{x}{2}}{\cos\dfrac{x}{2}-\sin\dfrac{x}{2}}\right|+C=\boldsymbol{\log\left|\dfrac{1+\sin x}{\cos x}\right|+C}$$

補足　(2)は $\tan\dfrac{x}{2}=t$ とおかなくても不定積分を求めることができる。

基 本　例題　**055**　逆関数に関する定積分の等式の証明　★★☆

閉区間 $[a, b]$ 上の連続関数 $y=f(x)$ は，閉区間 $[a, b]$ 上で単調増加，かつ，開区間 (a, b) 上で微分可能であるとする。$y=f(x)$ の逆関数を $y=g(x)$ とするとき，等式 $\displaystyle\int_a^b f(x)dx+\int_{f(a)}^{f(b)} g(x)dx=bf(b)-af(a)$ が成り立つことを示せ。

◢ p. 84 基本事項 C

GUIDE & SOLUTION

逆関数の性質 $y=g(x) \Longleftrightarrow x=g^{-1}(y)$ を利用して考える。すなわち，$y=g(x) \Longleftrightarrow x=f(y)$ に注目して，置換積分法により，左辺の第 2 項 $\displaystyle\int_{f(a)}^{f(b)} g(x)dx$ を変形することを考える。更に，部分積分法も利用する。

解　答

$I=\displaystyle\int_{f(a)}^{f(b)} g(x)dx$ とする。

$f(x)$ は $g(x)$ の逆関数であるから，$y=g(x)$ より　　　$x=f(y)$

ゆえに　　　$dx=f'(y)dy$

また　　　$g(f(a))=a,\ g(f(b))=b$

x と y の対応は右のようになる。

x	$f(a) \longrightarrow f(b)$
y	$a \longrightarrow b$

よって　　　$I=\displaystyle\int_a^b yf'(y)dy$

$\displaystyle =\Big[yf(y)\Big]_a^b-\int_a^b f(y)dy$

$\displaystyle =bf(b)-af(a)-\int_a^b f(x)fx$　　　◀$\displaystyle\int_a^b f(y)dy=\int_a^b f(x)dx$

したがって　　　$\displaystyle\int_a^b f(x)dx+\int_{f(a)}^{f(b)} g(x)dx=bf(b)-af(a)$　■

INFORMATION ●

閉区間 $[a, b]$ 上の連続関数 $y=f(x)$ が，閉区間 $[a, b]$ 上で単調減少，かつ，開区間 (a, b) 上で微分可能な関数であるときも，同じ等式が成り立つ。

PRACTICE … 43

$x \geqq 0$ で連続な関数 $f(x)$ が $f(0)=0$，$x>0$ において $f'(x)>0$ を満たすとき，任意の正の実数 $a,\ b$ について，不等式 $\displaystyle\int_0^a f(x)dx+\int_0^b f^{-1}(x)dx \geqq ab$ が成り立つことを証明せよ。

基本 例題 **056** 部分積分法による不定積分の計算 ★☆☆

次の不定積分を求めよ。

(1) $\displaystyle\int x\cos x\,dx$ 　　(2) $\displaystyle\int \mathrm{Cos}^{-1}x\,dx$ 　　(3) $\displaystyle\int x^2\cosh x\,dx$

◢ p.84 基本事項C

GUIDE & SOLUTION

いずれも部分積分法の公式 $\displaystyle\int f(x)g'(x)\,dx=f(x)g(x)-\int f'(x)g(x)\,dx$ を利用する。

(1)や(3)のような，（多項式）×（何回か微分するともとに戻る関数）を積分する問題では，多項式の次数が下がるように部分積分法を利用するのが定石である。

また，(2)は積の形をしていないが，$1=x'$ が掛かっていると考えて，部分積分法を利用する。すなわち，$\displaystyle\int f(x)\,dx=xf(x)-\int xf'(x)\,dx$ を利用する。

(2) $(\mathrm{Cos}^{-1}x)'=-\dfrac{1}{\sqrt{1-x^2}}$ を用いる。

(3) $(\cosh x)'=\sinh x$，$(\sinh x)'=\cosh x$ を用いる。部分積分法を2回利用する。

CHART **関数の積の積分** 部分積分法が使える形に

解答

(1) $\displaystyle\int x\cos x\,dx=\int x(\sin x)'\,dx$

$\displaystyle\qquad=x\sin x-\int \sin x\,dx=\boldsymbol{x\sin x+\cos x}+C$

(2) $\displaystyle\int \mathrm{Cos}^{-1}x\,dx=\int (x)'\,\mathrm{Cos}^{-1}x\,dx=x\,\mathrm{Cos}^{-1}x-\int x(\mathrm{Cos}^{-1}x)'\,dx$ 　　◀ $(\mathrm{Cos}^{-1}x)'=-\dfrac{1}{\sqrt{1-x^2}}$

$\displaystyle\qquad=x\,\mathrm{Cos}^{-1}x+\int \dfrac{x}{\sqrt{1-x^2}}\,dx=\boldsymbol{x\,\mathrm{Cos}^{-1}x-\sqrt{1-x^2}}+C$

(3) $\displaystyle\int x^2\cosh x\,dx=\int x^2(\sinh x)'\,dx$ 　　◀ $(\sinh x)'=\cosh x$

$\displaystyle\qquad=x^2\sinh x-\int 2x\sinh x\,dx$

$\displaystyle\qquad=x^2\sinh x-2\int x(\cosh x)'\,dx$

$\displaystyle\qquad=x^2\sinh x-2x\cosh x+2\int \cosh x\,dx$

$\displaystyle\qquad=\boldsymbol{x^2\sinh x-2x\cosh x+2\sinh x}+C$

PRACTICE … 44

次の不定積分を求めよ。

(1) $\displaystyle\int \mathrm{Sin}^{-1}x\,dx$ 　　(2) $\displaystyle\int \dfrac{x}{\cosh^2 x}\,dx$

基本 例題 057 $\sin^n x$ の不定積分の漸化式 ★★☆

自然数 n に対して，$a_n = \int \sin^n x \, dx$ とする。数列 $\{a_n\}$ に対して，次が成り立つことを示せ。

$$a_1 = -\cos x + C, \quad a_2 = \frac{1}{2}x - \frac{1}{4}\sin 2x + C,$$

$n \geqq 3$ のとき $\qquad a_n = -\frac{1}{n}\sin^{n-1}x\cos x + \frac{n-1}{n}a_{n-2}$ ◢ p.84 基本事項C

GUIDE & SOLUTION

a_2 を求めるときは三角関数の半角の公式を利用する。

$n \geqq 3$ のときは，部分積分法を利用して，$\int \sin^n x \, dx$ を変形すると，a_n と a_{n-2} が現れる。$\cos^2 x = 1 - \sin^2 x$ も利用する。

解 答

$$a_1 = \int \sin x \, dx = -\cos x + C, \quad a_2 = \int \sin^2 x \, dx = \int \frac{1 - \cos 2x}{2}\, dx = \frac{1}{2}x - \frac{1}{4}\sin 2x + C$$

$n \geqq 3$ のとき

$$a_n = \int \sin^n x \, dx$$

$$= \int \sin x \sin^{n-1}x \, dx$$

$$= \int (-\cos x)' \sin^{n-1}x \, dx \qquad\qquad\qquad ◀部分積分法を利用。$$

$$= (-\cos x)\sin^{n-1}x - \int (-\cos x)(n-1)\sin^{n-2}x\cos x \, dx$$

$$= -\sin^{n-1}x\cos x + (n-1)\int \cos^2 x \sin^{n-2}x \, dx$$

$$= -\sin^{n-1}x\cos x + (n-1)\int (1-\sin^2 x)\sin^{n-2}x \, dx \qquad ◀\cos^2 x = 1 - \sin^2 x$$

$$= -\sin^{n-1}x\cos x + (n-1)\left(\int \sin^{n-2}x \, dx - \int \sin^n x \, dx \right)$$

$$= -\sin^{n-1}x\cos x + (n-1)a_{n-2} - (n-1)a_n \qquad\qquad ◀a_n と a_{n-2} が現れる。$$

よって $\qquad a_n = -\frac{1}{n}\sin^{n-1}x\cos x + \frac{n-1}{n}a_{n-2}$ ■

PRACTICE … 45

自然数 n に対して，$a_n = \int \cos^n x \, dx$ とする。数列 $\{a_n\}$ に対して，$n \geqq 3$ のとき，漸化式 $a_n = \frac{1}{n}\cos^{n-1}x\sin x + \frac{n-1}{n}a_{n-2}$ が成り立つことを示せ。

基本 例題 **058** **1/sinⁿx の不定積分の漸化式** ★★☆

(1) 不定積分 $\displaystyle\int\frac{dx}{\sin^2x}$ を求めよ。

(2) n を 0 以上の整数とし，$I_n=\displaystyle\int\frac{dx}{\sin^nx}$ とすると，次の等式が成り立つことを示せ。ただし，$\sin^0x=1$ とする。

$$I_{n+2}=\frac{n}{n+1}I_n-\frac{1}{n+1}\cdot\frac{\cos x}{\sin^{n+1}x}$$

◀ p.84 **基本事項** C

GUIDE & SOLUTION

(2) $I_n=\displaystyle\int\frac{\sin x}{\sin^{n+1}x}dx$ と表し，$\sin x$ を $(-\cos x)'$ として部分積分法を適用する。

解答

(1) $\displaystyle\int\frac{dx}{\sin^2x}=-\frac{1}{\tan x}+C$

(2) $I_n=\displaystyle\int\frac{\sin x}{\sin^{n+1}x}dx$

$=\displaystyle\int\frac{(-\cos x)'}{\sin^{n+1}x}dx$

$=-\dfrac{\cos x}{\sin^{n+1}x}-(n+1)\displaystyle\int\frac{\cos^2x}{\sin^{n+2}x}dx$

$=-\dfrac{\cos x}{\sin^{n+1}x}-(n+1)\displaystyle\int\frac{1-\sin^2x}{\sin^{n+2}x}dx$

$=-\dfrac{\cos x}{\sin^{n+1}x}-(n+1)\left(\displaystyle\int\frac{dx}{\sin^{n+2}x}-\int\frac{dx}{\sin^nx}\right)$

$=-\dfrac{\cos x}{\sin^{n+1}x}-(n+1)I_{n+2}+(n+1)I_n$

よって $I_{n+2}=\dfrac{n}{n+1}I_n-\dfrac{1}{n+1}\cdot\dfrac{\cos x}{\sin^{n+1}x}$ ∎

◀ 置換積分法を利用してもよい。例えば，$\tan x=t$ とおくと次のようになる。

$\tan x=t$ とおくと

$\sin^2x=1-\cos^2x$

$\quad=1-\dfrac{1}{1+t^2}=\dfrac{t^2}{1+t^2}$

また，$\dfrac{dx}{\cos^2x}=dt$ から

$dx=\dfrac{dx}{1+t^2}$

よって $\displaystyle\int\frac{dx}{\sin^2x}=\int\frac{1+t^2}{t^2}\cdot\frac{dt}{1+t^2}$

$\quad=-\dfrac{1}{t}+C$

$\quad=-\dfrac{1}{\tan x}+C$

$\tan\dfrac{x}{2}=t$ とおいても求めることができる。

PRACTICE … 46

(1) n を 0 以上の整数とし，$I_n=\displaystyle\int_0^{\frac{\pi}{2}}\sin^nx\,dx$ とする。$n\geqq2$ のとき，等式 $I_n=\dfrac{n-1}{n}I_{n-2}$ が成り立つことを示せ。ただし，$\sin^0x=1$ とする。

(2) 定積分 $\displaystyle\int_0^{\frac{\pi}{2}}\sin^6x\,dx$ を，(1)の漸化式を用いて求めよ。

基本 例題 **059** cos$^n x$ の定積分の計算と漸化式　★★☆

0 以上の整数 n について，$I_n = \displaystyle\int_0^{\frac{\pi}{2}} \cos^n x\,dx$ とするとき，次の問いに答えよ。
ただし，$\cos^0 x = 1$ とする。

(1) $n \geqq 2$ のとき，漸化式 $I_n = \dfrac{n-1}{n} I_{n-2}$ が成り立つことを示せ。

(2) I_n を n の式で表せ。　　　　　　　　　　　　*p.*84 基本事項C

GUIDE & **S**OLUTION

(2) (1)の漸化式を解く。1つおきの関係であるから，$n=2k$ のときと $n=2k-1$ のとき，すなわち，n が偶数のときと奇数のときに分けて考える。

解 答

(1) $n \geqq 2$ のとき　$I_n = \displaystyle\int_0^{\frac{\pi}{2}} \cos^n x\,dx = \int_0^{\frac{\pi}{2}} \cos x \cos^{n-1}x\,dx = \int_0^{\frac{\pi}{2}} (\sin x)' \cos^{n-1}x\,dx$

$\qquad = \Big[\sin x \cos^{n-1}x\Big]_0^{\frac{\pi}{2}} - \displaystyle\int_0^{\frac{\pi}{2}} \sin x \cdot (n-1)\cos^{n-2}x(-\sin x)\,dx$

$\qquad = (n-1)\displaystyle\int_0^{\frac{\pi}{2}} \sin^2 x \cos^{n-2}x\,dx = (n-1)\int_0^{\frac{\pi}{2}} (1-\cos^2 x)\cos^{n-2}x\,dx$

$\qquad = (n-1)\left(\displaystyle\int_0^{\frac{\pi}{2}} \cos^{n-2}x\,dx - \int_0^{\frac{\pi}{2}} \cos^n x\,dx\right) = (n-1)I_{n-2} - (n-1)I_n$

よって　$I_n = \dfrac{n-1}{n} I_{n-2}$ ■

(2) $I_0 = \displaystyle\int_0^{\frac{\pi}{2}} (\cos x)^0\,dx = \int_0^{\frac{\pi}{2}} dx = \dfrac{\pi}{2}$, $I_1 = \displaystyle\int_0^{\frac{\pi}{2}} \cos x\,dx = \Big[\sin x\Big]_0^{\frac{\pi}{2}} = 1$

$n=2k$（k は自然数）のとき　$I_{2k} = \dfrac{2k-1}{2k} I_{2k-2} = \dfrac{2k-1}{2k} \cdot \dfrac{2k-3}{2k-2} \cdots\cdots \dfrac{3}{4} \cdot \dfrac{1}{2} I_0$

$n=2k+1$（k は自然数）のとき　$I_{2k+1} = \dfrac{2k}{2k+1} I_{2k-1} = \dfrac{2k}{2k+1} \cdot \dfrac{2k-2}{2k-1} \cdots\cdots \dfrac{4}{5} \cdot \dfrac{2}{3} I_1$

よって　$I_n = \begin{cases} \dfrac{\pi}{2} & (n=0) \\[2mm] 1 & (n=1) \\[2mm] \dfrac{(n-1)(n-3)\cdots\cdots 3\cdot 1}{n(n-2)\cdots\cdots 4\cdot 2} \cdot \dfrac{\pi}{2} & (n \text{ は } 2 \text{ 以上の偶数}) \\[3mm] \dfrac{(n-1)(n-3)\cdots\cdots 4\cdot 2}{n(n-2)\cdots\cdots 5\cdot 3} & (n \text{ は } 3 \text{ 以上の奇数}) \end{cases}$

基本 例題 060 $\sin^m x \cos^n x$ の定積分の漸化式 ★★☆

$m,\ n$ を 0 以上の整数として，$I_{m,n}=\displaystyle\int_0^{\frac{\pi}{2}} \sin^m x \cos^n x\, dx$ とする。$n\geqq 2$ のとき，

等式 $I_{m,n}=\dfrac{n-1}{m+n}I_{m,n-2}$ が成り立つことを示せ。ただし，$\sin^0 x=\cos^0 x=1$ と

する。

◢ p.84 基本事項 C

GUIDE & SOLUTION

$\sin^m x \cos^n x=(\sin^m x \cos x)\cos^{n-1}x$ として部分積分法を用いる。

更に，$\sin^2 x=1-\cos^2 x$ から $\sin^{m+2}x \cos^{n-2}x=\sin^m x \cos^{n-2}x-\sin^m x \cos^n x$ となり，同じ形の式が現れる。

解 答

$n\geqq 2$ のとき

$$\int\sin^m x \cos^n x\, dx=\int(\sin^m x \cos x)\cos^{n-1}x\, dx$$

$$=\int\left(\frac{\sin^{m+1}x}{m+1}\right)'\cos^{n-1}x\, dx$$

$$=\frac{\sin^{m+1}x \cos^{n-1}x}{m+1}-\int\frac{\sin^{m+1}x}{m+1}\cdot(n-1)\cos^{n-2}x(-\sin x)\, dx$$

$$=\frac{\sin^{m+1}x \cos^{n-1}x}{m+1}+\frac{n-1}{m+1}\int\sin^{m+2}x \cos^{n-2}x\, dx \qquad \cdots\cdots ①$$

また $\displaystyle\int\sin^{m+2}x \cos^{n-2}x\, dx=\int\sin^m x \cos^{n-2}x(1-\cos^2 x)\, dx$

$$=\int\sin^m x \cos^{n-2}x\, dx-\int\sin^m x \cos^n x\, dx \quad \cdots\cdots ②$$

①，② から

$$\int\sin^m x \cos^n x\, dx=\frac{\sin^{m+1}x \cos^{n-1}x}{m+n}+\frac{n-1}{m+n}\int\sin^m x \cos^{n-2}x\, dx$$

よって $\displaystyle\int_0^{\frac{\pi}{2}}\sin^m x \cos^n x\, dx=\left[\frac{\sin^{m+1}x \cos^{n-1}x}{m+n}\right]_0^{\frac{\pi}{2}}+\frac{n-1}{m+n}\int_0^{\frac{\pi}{2}}\sin^m x \cos^{n-2}x\, dx$

したがって $I_{m,n}=\dfrac{n-1}{m+n}I_{m,n-2}$ ∎

PRACTICE … 47

上の例題の等式を利用して，次の定積分を求めよ。

(1) $\displaystyle\int_0^{\frac{\pi}{2}}\sin x \cos^3 x\, dx$ (2) $\displaystyle\int_0^{\frac{\pi}{2}}\sin^2 x \cos^2 x\, dx$ (3) $\displaystyle\int_0^{\frac{\pi}{2}}\sin^2 x \cos^4 x\, dx$

基本 | 例題 | **061** 定積分に関するシュワルツの不等式の証明 ★★☆

$f(x)$, $g(x)$ はともに閉区間 $[a, b]$ $(a<b)$ で定義された連続な関数とする。

このとき，不等式 $\left\{\displaystyle\int_a^b f(x)g(x)dx\right\}^2 \leqq \left(\displaystyle\int_a^b \{f(x)\}^2 dx\right)\left(\displaystyle\int_a^b \{g(x)\}^2 dx\right)$ ……Ⓐ

が成り立つことを示せ。また，等号はどのようなときに成り立つかを述べよ。

◢ *p.* 83 **基本事項A**

GUIDE & SOLUTION

閉区間 $[a, b]$ で $f(x)\geqq 0$ ならば $\displaystyle\int_a^b f(x)dx\geqq 0$ となり，等号は常に $f(x)=0$ であるときに限り成り立つ。これを利用する。

任意の実数 t に対して $\displaystyle\int_a^b \{f(x)+tg(x)\}^2 dx\geqq 0$ が成り立つことから，t の 2 次式が常に 0 以上となる条件 (2 次方程式の判別式 $D\leqq 0$) を用いる。

解 答

$\displaystyle\int_a^b \{g(x)\}^2 dx=p$, $\displaystyle\int_a^b f(x)g(x)dx=q$, $\displaystyle\int_a^b \{f(x)\}^2 dx=r$ とおく。閉区間 $[a, b]$ において

[1] 常に $f(x)=0$ または $g(x)=0$ のとき

不等式Ⓐの両辺はともに 0 となり，Ⓐが成り立つ。

[2] [1] の場合以外のとき

t を任意の実数とすると

$$\int_a^b \{f(x)+tg(x)\}^2 dx=\int_a^b [\{f(x)\}^2+2tf(x)g(x)+t^2\{g(x)\}^2]\, dx=pt^2+2qt+r$$

$\{f(x)+tg(x)\}^2\geqq 0$ であるから　　$\displaystyle\int_a^b \{f(x)+tg(x)\}^2 dx\geqq 0$

すなわち，任意の実数 t に対して $pt^2+2qt+r\geqq 0$ が成り立つ。

ここで，$p>0$ であるから，t の 2 次方程式 $pt^2+2qt+r=0$ の判別式を D とすると

$$\frac{D}{4}=q^2-pr\leqq 0 \qquad ゆえに \qquad q^2\leqq pr$$

[1]，[2] から　　$q^2\leqq pr$　　　　すなわち，不等式Ⓐが成り立つ。

また，[2] において，不等式Ⓐで等号が成り立つとすると，$D=0$ であるから，2 次方程式 $pt^2+2qt+r=0$ は重解 $t=\alpha$ をもつ。

よって，$p\alpha^2+2q\alpha+r=0$ であるから　　$\displaystyle\int_a^b \{f(x)+\alpha g(x)\}^2 dx=0$ ……Ⓑ

ここで，閉区間 $[a, b]$ で常に $\{f(x)+\alpha g(x)\}^2\geqq 0$ であり，Ⓑから常に

$$f(x)+\alpha g(x)=0 \qquad すなわち \qquad f(x)=-\alpha g(x)$$

以上から，不等式Ⓐで等号が成り立つのは閉区間 $[a, b]$ で **常に $f(x)=0$ または $g(x)=0$ または $f(x)=kg(x)$ となる定数 k が存在するとき** に限る。　■

重要 例題 062 定積分の不等式とウォリスの公式の証明 ★★★

次の問いに答えよ。

(1) n を2以上の整数とするとき，不等式

$$\int_0^{\frac{\pi}{2}} \cos^{2n}x\,dx < \int_0^{\frac{\pi}{2}} \cos^{2n-1}x\,dx < \int_0^{\frac{\pi}{2}} \cos^{2n-2}x\,dx \text{ が成り立つことを示せ。}$$

(2) $\displaystyle\lim_{n\to\infty} \frac{2^{2n}(n!)^2}{(2n)!\sqrt{n}} = \sqrt{\pi}$ を示せ。

◢ p.84 基本事項B

GUIDE & **S**OLUTION

(1) $0 \leqq x \leqq \dfrac{\pi}{2}$ のとき $0 \leqq \cos x \leqq 1$ であることを利用する。

(2) $\dfrac{2^{2n}(n!)^2}{(2n)!\sqrt{n}}$ を，！を使わないで表すと

$$\frac{2^{2n}n^2(n-1)^2\cdots\cdots 2^2\cdot 1^2}{2n(2n-1)(2n-2)\cdots\cdots 2\cdot 1\cdot\sqrt{n}}$$

(1)の結果を用いて考える。

その際，示すべき等式からどのように式変形するのか見当をつけるとよい。

解 答

(1) $0 \leqq x \leqq \dfrac{\pi}{2}$ のとき，$0 \leqq \cos x \leqq 1$ であるから

$$\cos^{2n}x \leqq \cos^{2n-1}x \leqq \cos^{2n-2}x$$

$\cos^{2n}x = \cos^{2n-1}x$ と $\cos^{2n-1}x = \cos^{2n-2}x$ は常には成り立たないから

$$\int_0^{\frac{\pi}{2}} \cos^{2n}x\,dx < \int_0^{\frac{\pi}{2}} \cos^{2n-1}x\,dx < \int_0^{\frac{\pi}{2}} \cos^{2n-2}x\,dx \quad■$$

(2) (1)から

◀基本例題 059 (2) より。

$$\frac{(2n-1)(2n-3)\cdots\cdots 3\cdot 1}{2n(2n-2)\cdots\cdots 4\cdot 2}\cdot\frac{\pi}{2} < \frac{(2n-2)(2n-4)\cdots\cdots 4\cdot 2}{(2n-1)(2n-3)\cdots\cdots 5\cdot 3} < \frac{(2n-3)(2n-5)\cdots\cdots 3\cdot 1}{(2n-2)(2n-4)\cdots\cdots 4\cdot 2}\cdot\frac{\pi}{2}$$

よって $\dfrac{\pi}{2} < \dfrac{(2n-2)^2(2n-4)^2\cdots\cdots 4^2\cdot 2^2}{(2n-1)^2(2n-3)^2\cdots\cdots 5^2\cdot 3^2}\cdot 2n < \dfrac{\pi}{2}\cdot\dfrac{2n}{2n-1}$

ここで $\displaystyle\lim_{n\to\infty}\frac{\pi}{2}\cdot\frac{2n}{2n-1} = \lim_{n\to\infty}\frac{\pi}{2}\cdot\frac{1}{1-\dfrac{1}{2n}} = \frac{\pi}{2}$

ゆえに $\displaystyle\lim_{n\to\infty}\left\{\frac{(2n-2)^2(2n-4)^2\cdots\cdots 4^2\cdot 2^2}{(2n-1)^2(2n-3)^2\cdots\cdots 5^2\cdot 3^2}\cdot\underline{\underline{2n}}\right\} = \frac{\pi}{2}$

$\underline{\underline{2n}} = \dfrac{2n^2}{n}$ とし，両辺に2を掛けて

$$\lim_{n\to\infty}\left\{\frac{(2n-2)^2(2n-4)^2\cdots\cdots4^2\cdot2^2}{(2n-1)^2(2n-3)^2\cdots\cdots5^2\cdot3^2}\cdot\frac{(2n)^2}{n}\right\}=\pi$$

左辺について，分母・分子に $2^2\cdot4^2\cdots\cdots(2n-2)^2\cdot(2n)^2$ を掛けて変形すると

$$\lim_{n\to\infty}\left\{\frac{(2n-2)^2(2n-4)^2\cdots\cdots4^2\cdot2^2}{(2n-1)^2(2n-3)^2\cdots\cdots5^2\cdot3^2}\cdot\frac{(2n)^2}{n}\right\}$$

$$=\lim_{n\to\infty}\frac{(2n)^4(2n-2)^4\cdots\cdots4^4\cdot2^4}{(2n)^2(2n-1)^2\cdots\cdots2^2\cdot1^2\cdot n}$$

$$=\lim_{n\to\infty}\frac{2^{4n}(n!)^4}{\{(2n)!\}^2n}=\lim_{n\to\infty}\frac{(2^{2n})^2(n!)^4}{\{(2n)!\}^2n}$$

したがって，$\lim_{n\to\infty}\dfrac{(2^{2n})^2(n!)^4}{\{(2n)!\}^2n}=\pi$ であるから，両辺の正の平方根をとると

$$\lim_{n\to\infty}\frac{2^{2n}(n!)^2}{(2n)!\sqrt{n}}=\sqrt{\pi}\quad\blacksquare$$

補足　$I_n=\displaystyle\int_0^{\frac{\pi}{2}}\cos^nx\,dx$，$J_n=\displaystyle\int_0^{\frac{\pi}{2}}\sin^nx\,dx$ とすると，$I_n=J_n$ が成り立つ。これは次のように証明できる。

I_n において，$x=\dfrac{\pi}{2}-t$ とおくと　　$dx=-dt$

x と t の対応は右のようになる。

よって　　$I_n=\displaystyle\int_0^{\frac{\pi}{2}}\cos^nx\,dx$

x	$0\longrightarrow\frac{\pi}{2}$
t	$\frac{\pi}{2}\longrightarrow0$

$$=\int_{\frac{\pi}{2}}^{0}\cos^n\left(\frac{\pi}{2}-t\right)\cdot(-1)dt$$

$$=\int_0^{\frac{\pi}{2}}\sin^nt\,dt=J_n$$

したがって　　$I_n=J_n$　$\blacksquare$

INFORMATION

$\lim_{n\to\infty}\dfrac{2n}{2n+1}=\lim_{n\to\infty}\dfrac{1}{1+\frac{1}{2n}}=1$ であるから，次のように変形することもできる。

$$\lim_{n\to\infty}\left\{\frac{(2n-2)^2(2n-4)^2\cdots\cdots4^2\cdot2^2}{(2n-1)^2(2n-3)^2\cdots\cdots5^2\cdot3^2}\cdot2n\cdot\frac{2n}{2n+1}\right\}=\frac{\pi}{2}$$

よって　　$\lim_{n\to\infty}\left\{\dfrac{2^2}{1\cdot3}\cdot\dfrac{4^2}{3\cdot5}\cdots\cdots\dfrac{(2n-2)^2}{(2n-3)(2n-1)}\cdot\dfrac{(2n)^2}{(2n-1)(2n+1)}\right\}=\dfrac{\pi}{2}$　……(＊)

(2)で示した等式や (＊)を **ウォリスの公式** という。

重要 例題 063 $1/(ax^2+bx+c)$ の不定積分の計算 ★★★

不定積分 $I=\displaystyle\int\frac{dx}{ax^2+bx+c}$ $(a>0)$ を，[1] $b^2-4ac=0$，[2] $b^2-4ac<0$，

[3] $b^2-4ac>0$ の3つの場合に分けて求めよ。 ◢ p.83 基本事項A

GUIDE & SOLUTION

2次式の平方完成 $ax^2+bx+c=a\left\{\left(x+\dfrac{b}{2a}\right)^2-\dfrac{b^2-4ac}{4a^2}\right\}$ を用いる。

解 答

$$ax^2+bx+c=a\left\{\left(x+\frac{b}{2a}\right)^2-\frac{b^2-4ac}{4a^2}\right\}$$

[1] $b^2-4ac=0$ のとき

$$I=\int\frac{dx}{a\left(x+\dfrac{b}{2a}\right)^2}=-\frac{1}{a}\cdot\frac{1}{x+\dfrac{b}{2a}}+C=-\frac{2}{2ax+b}+C$$

[2] $b^2-4ac<0$ のとき

$$I=\frac{1}{a}\int\frac{dx}{\left(x+\dfrac{b}{2a}\right)^2+\left(\dfrac{\sqrt{4ac-b^2}}{2a}\right)^2}=\frac{1}{a}\cdot\frac{2a}{\sqrt{4ac-b^2}}\mathrm{Tan}^{-1}\frac{2a}{\sqrt{4ac-b^2}}\left(x+\frac{b}{2a}\right)+C$$

$$=\frac{2}{\sqrt{4ac-b^2}}\mathrm{Tan}^{-1}\frac{2ax+b}{\sqrt{4ac-b^2}}+C$$

[3] $b^2-4ac>0$ のとき

$$I=\frac{1}{a}\int\frac{dx}{\left(x+\dfrac{b}{2a}\right)^2-\left(\dfrac{\sqrt{b^2-4ac}}{2a}\right)^2}$$

$$=\frac{1}{a}\cdot\frac{a}{\sqrt{b^2-4ac}}\int\left(\frac{1}{x+\dfrac{b}{2a}-\dfrac{\sqrt{b^2-4ac}}{2a}}-\frac{1}{x+\dfrac{b}{2a}+\dfrac{\sqrt{b^2-4ac}}{2a}}\right)dx$$

$$=\frac{1}{\sqrt{b^2-4ac}}\log\left|\frac{x+\dfrac{b}{2a}-\dfrac{\sqrt{b^2-4ac}}{2a}}{x+\dfrac{b}{2a}+\dfrac{\sqrt{b^2-4ac}}{2a}}\right|+C$$

$$=\frac{1}{\sqrt{b^2-4ac}}\log\left|\frac{2ax+b-\sqrt{b^2-4ac}}{2ax+b+\sqrt{b^2-4ac}}\right|+C$$

PRACTICE … 48

次の不定積分を求めよ。

(1) $\displaystyle\int\frac{dx}{x^2-6x+10}$

(2) $\displaystyle\int\frac{dx}{-2x^2+8x+1}$

3 ▶ 広義積分

A 広義積分とは

図のように，関数 $f(x)=\dfrac{1}{x^2}$ のグラフと，x軸，直線 $x=1$ で囲まれた領域の面積を考

える。この領域は，いわゆる"閉じた"領域ではなく，関数
$f(x)$ のグラフは $x \longrightarrow \infty$ のとき x軸に限りなく近づいていく。
ところが，無限大に伸びている部分が非常に"細い"ため，面積
は有限確定な値に収束する可能性がある。

$t>1$ として，$f(x)=\dfrac{1}{x^2}$ のグラフと，x軸，直線 $x=1$，直線

$x=t$ で囲まれた領域の面積を考えると，次のようになる。

$$\int_1^t \frac{dx}{x^2}=\left[-\frac{1}{x}\right]_1^t=-\frac{1}{t}+1$$

ここで，$t \longrightarrow \infty$ のときの極限を考えると

$$\lim_{t\to\infty}\int_1^t \frac{dx}{x^2}=\lim_{t\to\infty}\left(-\frac{1}{t}+1\right)=1$$

こうして得られた極限値 1 は，考えていた関数 $f(x)=\dfrac{1}{x^2}$ のグラフと，x軸，直線 $x=1$

で囲まれた領域の面積とみなせる。したがって，$\displaystyle\int_1^\infty \frac{dx}{x^2}=1$ と定めることとする。このよ

うに，積分の概念を拡張したものを **広義積分** という。

次のような定義を導入して，広義積分の収束性を定義する。ここで，区間 $a<x\leqq b$，
$a\leqq x<b$ はそれぞれ $(a, b]$，$[a, b)$ で表され，区間 $a\leqq x$，$x\leqq b$ はそれぞれ $[a, \infty)$，
$(-\infty, b]$ で表される。これらはすべて半開区間である。

定義 $[a, \infty)$ および $(-\infty, b]$ 上の広義積分の収束性

半開区間 $[a, \infty)$ 上で連続な関数 $f(x)$ について，$\displaystyle\lim_{t\to\infty}\int_a^t f(x)dx$ が収束するとき，**広**

義積分 $\displaystyle\int_a^\infty f(x)dx$ が収束する といい

$$\int_a^\infty f(x)dx=\lim_{t\to\infty}\int_a^t f(x)dx$$

と定義する。

同様に，半開区間 $(-\infty, b]$ についても，広義積分 $\displaystyle\int_{-\infty}^b f(x)dx$ が収束することを定義

する。

定義 （$-\infty$, ∞）上の広義積分の収束性

実数全体 （$-\infty$, ∞）上で連続な関数 $f(x)$ について，ある実数 c に対して，
$\displaystyle\lim_{s\to-\infty}\int_s^c f(x)dx$, $\displaystyle\lim_{t\to\infty}\int_c^t f(x)dx$ がともに収束するとき，広義積分 $\displaystyle\int_{-\infty}^{\infty} f(x)dx$ が収束する といい

$$\int_{-\infty}^{\infty} f(x)dx=\lim_{s\to-\infty}\int_s^c f(x)dx+\lim_{t\to\infty}\int_c^t f(x)dx$$

と定義する。

この定義は c の値のとり方に依存しない。

定義 $[a,\ b)$ 上，$(a,\ b]$ 上，$(a,\ b)$ 上の広義積分の収束性

半開区間 $[a,\ b)$ $(a<b)$ 上で連続な関数 $f(x)$ について，$\displaystyle\lim_{\varepsilon\to+0}\int_a^{b-\varepsilon} f(x)dx$ が存在する

とき，広義積分 $\displaystyle\int_a^b f(x)dx$ が収束する といい

$$\int_a^b f(x)dx=\lim_{\varepsilon\to+0}\int_a^{b-\varepsilon} f(x)dx$$

と定義する。

同様に，半開区間 $(a,\ b]$ $(a<b)$ についても，広義積分 $\displaystyle\int_a^b f(x)dx$ が収束することを定
義する。

更に，開区間 $(a,\ b)$ $(a<b)$ 上で連続な関数 $f(x)$ について，$a<c<b$ である c に対し
て，$\displaystyle\lim_{\varepsilon\to+0}\int_{a+\varepsilon}^c f(x)dx$, $\displaystyle\lim_{\varepsilon'\to+0}\int_c^{b-\varepsilon'} f(x)dx$ がともに収束するとき，広義積分 $\displaystyle\int_a^b f(x)dx$
が収束する といい

$$\int_a^b f(x)dx=\lim_{\varepsilon\to+0}\int_{a+\varepsilon}^c f(x)dx+\lim_{\varepsilon'\to+0}\int_c^{b-\varepsilon'} f(x)dx$$

と定義する。

この定義も c の値のとり方に依存しない。

閉区間 $[a,\ b]$ $(a<b)$ から $x=c$ を除いた，$[a,\ c)\cup(c,\ b]$ のように，区間内のいくつか
の点を除いた部分で連続な関数の積分を考えることもできる。

B　広義積分の収束判定条件

広義積分の値が具体的に求まることは稀であり，実際にはまず広義積分が収束するか判定
し，収束する場合に値（近似値）を求める。広義積分が収束するか判定する方法として次
のようなものがある。

優関数による広義積分の収束判定条件の定理

半開区間 $(a,\ b)$ $(a<b)$ 上で連続な関数 $f(x),\ g(x)$ について，次の 2 つの条件が成り立つとき，広義積分 $\displaystyle\int_a^b f(x)dx$ は収束する。

[1]　任意の $x\in(a,\ b]$ に対して $|f(x)|\leqq g(x)$ が成り立つ。

[2]　広義積分 $\displaystyle\int_a^b g(x)dx$ は収束する。

半開区間 $[a,\ b)$ や，有限でない区間，開区間，除外点を含む区間上で連続な関数についても，同様の定理が成り立つ。

また，上の定理の条件を満たす $g(x)$ を，関数 $f(x)$ の **優関数** という。

優関数による広義積分の収束判定条件の定理は，次の，関数の右側極限に関するコーシーの判定条件の定理（証明略）を用いて証明される。

定理　関数の右側極限に関するコーシーの判定条件の定理

区間 $(a,\ b]$ $(a<b)$ で定義されている関数 $f(x)$ について，右側極限 $\displaystyle\lim_{x\to a+0} f(x)$ が収束するための必要十分条件は，次の条件 $(*)$ が成り立つことである。

$(*)$　任意の正の実数 ε に対して，ある正の実数 δ が存在して，任意の $x\in(a,\ a+\delta)$，$y\in(a,\ a+\delta)$ について $|f(x)-f(y)|<\varepsilon$ が成り立つ。

先の定理の証明は，関数の右側極限に関するコーシーの判定条件の定理により，次のように示される。

証明　$F(t)=\displaystyle\int_t^b f(x)dx,\ G(t)=\int_t^b g(x)dx$ とする。

[2] より，極限 $\displaystyle\lim_{t\to a+0} G(t)$ は収束する。

よって，関数の右側極限に関するコーシーの判定条件の定理により，任意の正の実数 ε に対して，ある正の実数 δ が存在して，次を満たす。

$t\in(a,\ a+\delta)$，$s\in(a,\ a+\delta)$ ならば $|G(t)-G(s)|<\varepsilon$ が成り立つ。

このとき　$|F(t)-F(s)|=\left|\displaystyle\int_t^s f(x)dx\right|$

$\leqq\displaystyle\int_t^s |f(x)|\,dx$

$\leqq\displaystyle\int_t^s g(x)dx$　　　　◀[1] より

$=G(t)-G(s)<\varepsilon$

よって，再び関数の右側極限に関するコーシーの判定条件の定理により，極限 $\displaystyle\lim_{t\to a+0} F(t)$ は収束する。すなわち，広義積分 $\displaystyle\int_a^b f(x)dx$ は収束する。■

基本 例題 **064** 区間 $[a, \infty)$，$(-\infty, b]$ 上の広義積分 ★☆☆

次の広義積分の値を求めよ。

(1) $\displaystyle\int_2^\infty \frac{2}{x^2-1}\,dx$ (2) $\displaystyle\int_{-\infty}^0 xe^x\,dx$ ◢ p. 99 **基本事項A**

GUIDE & SOLUTION

これまで学んできた定積分は，閉区間上で考えられてきたが，例題のような区間 $[2, \infty)$ や $(-\infty, 0]$ 上ではこれまでとまったく同じように考えることはできない。

区間 $[a, \infty)$ 上で連続な関数 $f(x)$ について，$\displaystyle\lim_{t\to\infty}\int_a^t f(x)dx$ が収束するとき，広義積分 $\displaystyle\int_a^\infty f(x)dx$ が収束するという。区間 $(-\infty, b]$ 上についても同様である。

例題では「広義積分の値を求めよ」とあり，(1)，(2) とも収束するが，一般的には広義積分が収束するとは限らない。

解 答

(1) $\displaystyle\int_2^\infty \frac{2}{x^2-1}\,dx = \lim_{t\to\infty}\int_2^t \frac{2}{x^2-1}\,dx = \lim_{t\to\infty}\int_2^t \left(\frac{1}{x-1}-\frac{1}{x+1}\right)dx$

$\displaystyle\qquad = \lim_{t\to\infty}\left[\log\frac{x-1}{x+1}\right]_2^t = \lim_{t\to\infty}\log\frac{3(t-1)}{t+1}$

$\displaystyle\qquad = \lim_{t\to\infty}\log\frac{3\left(1-\dfrac{1}{t}\right)}{1+\dfrac{1}{t}} = \boldsymbol{\log 3}$

(2) $\displaystyle\int xe^x\,dx = xe^x - \int e^x\,dx$

$\qquad = xe^x - e^x + C$

$\qquad = e^x(x-1) + C$

よって $\displaystyle\int_{-\infty}^0 xe^x\,dx = \lim_{t\to\infty}\int_{-t}^0 xe^x\,dx = \lim_{t\to\infty}\left[e^x(x-1)\right]_{-t}^0$

$\displaystyle\qquad\qquad = \lim_{t\to\infty}\left(\frac{t}{e^t}+e^{-t}-1\right) = \boldsymbol{-1}$ ◀基本例題 044 (1) より。

PRACTICE … 49

(1) 広義積分 $\displaystyle\int_1^\infty \frac{4}{x^3}\,dx$ の値を求めよ。

(2) 広義積分 $\displaystyle\int_{-\infty}^0 \frac{dx}{\sqrt{1-x}}$ は収束するか調べよ。

基本　例題 065　区間 $[a, b)$, $(a, b]$, $(-\infty, \infty)$ 上の広義積分　★★☆

次の広義積分の値を求めよ。

(1) $\displaystyle\int_{-1}^{1}\frac{dx}{\sqrt{1-x}}$　　　　(2) $\displaystyle\int_{2}^{3}\frac{x}{\sqrt{x^2-4}}dx$　　　　(3) $\displaystyle\int_{-\infty}^{\infty}\frac{dx}{\cosh x}$

◢ p. 100 基本事項A

GUIDE & **S**OLUTION

(1) $\displaystyle\lim_{\varepsilon\to+0}\int_{-1}^{1-\varepsilon}\frac{dx}{\sqrt{1-x}}$ を計算する。　(2) $\displaystyle\lim_{\varepsilon\to+0}\int_{2+\varepsilon}^{3}\frac{x}{\sqrt{x^2-4}}dx$ を計算する。

(3) まず，不定積分 $\displaystyle\int\frac{dx}{\cosh x}$ について，$e^x=u$ とおく。

また，$\displaystyle\int_{-\infty}^{\infty}\frac{dx}{\cosh x}=\lim_{s\to-\infty}\int_{s}^{0}\frac{dx}{\cosh x}+\lim_{t\to\infty}\int_{0}^{t}\frac{dx}{\cosh x}$ として求める。

解答

(1) $\displaystyle\int_{-1}^{1}\frac{dx}{\sqrt{1-x}}=\lim_{\varepsilon\to+0}\int_{-1}^{1-\varepsilon}\frac{dx}{\sqrt{1-x}}=\lim_{\varepsilon\to+0}\Big[-2\sqrt{1-x}\Big]_{-1}^{1-\varepsilon}=\lim_{\varepsilon\to+0}2(\sqrt{2}-\sqrt{\varepsilon})=\boldsymbol{2\sqrt{2}}$

(2) $\displaystyle\int_{2}^{3}\frac{x}{\sqrt{x^2-4}}dx=\lim_{\varepsilon\to+0}\int_{2+\varepsilon}^{3}\frac{x}{\sqrt{x^2-4}}dx=\lim_{\varepsilon\to+0}\Big[\sqrt{x^2-4}\Big]_{2+\varepsilon}^{3}$

$\displaystyle\qquad=\lim_{\varepsilon\to+0}(\sqrt{5}-\sqrt{\varepsilon^2+4\varepsilon})=\boldsymbol{\sqrt{5}}$

(3) 不定積分 $\displaystyle\int\frac{dx}{\cosh x}$ について，$e^x=u$ とおくと　　$dx=\dfrac{du}{u}$

また　　$\dfrac{1}{\cosh x}=\dfrac{2}{e^x+e^{-x}}=\dfrac{2e^x}{e^{2x}+1}=\dfrac{2u}{u^2+1}$

よって　　$\displaystyle\int\frac{dx}{\cosh x}=\int\frac{2u}{u^2+1}\cdot\frac{1}{u}du=\int\frac{2}{u^2+1}du$

$\displaystyle\qquad\qquad=2\,\mathrm{Tan}^{-1}u+C=2\,\mathrm{Tan}^{-1}e^x+C$

ゆえに　　$\displaystyle\int_{-\infty}^{\infty}\frac{dx}{\cosh x}=\lim_{s\to-\infty}\int_{s}^{0}\frac{dx}{\cosh x}+\lim_{t\to\infty}\int_{0}^{t}\frac{dx}{\cosh x}$

$\displaystyle\qquad\qquad=\lim_{s\to-\infty}\Big[2\,\mathrm{Tan}^{-1}e^x\Big]_{s}^{0}+\lim_{t\to\infty}\Big[2\,\mathrm{Tan}^{-1}e^x\Big]_{0}^{t}=\frac{\pi}{2}+\frac{\pi}{2}=\boldsymbol{\pi}$

***P**RACTICE* … 50

(1) 次の広義積分は収束するか調べよ。

(ア) $\displaystyle\int_{1}^{2}\frac{dx}{\sqrt{x-1}}$　　　　(イ) $\displaystyle\int_{2}^{3}\frac{dx}{(2-x)^2}$　　　　(ウ) $\displaystyle\int_{0}^{1}\frac{\log x}{x}dx$

(2) 広義積分 $\displaystyle\int_{-1}^{2}\frac{dx}{\sqrt[3]{x}}$ の値を求めよ。

重要 **例題** **066**　複雑な部分分数分解を伴う広義積分の計算　★★★

広義積分により定義される関数 $F(x)=\displaystyle\int_0^\infty \frac{2xt^2}{(1+t^2)(1+x^2t^2)}\,dt\ (x>0)$ を求めよ。

◢ p. 99 **基本事項A**

GUIDE & SOLUTION

被積分関数の分数関数において，$t^2=z$ とおくと

$$\frac{2xt^2}{(1+t^2)(1+x^2t^2)}=\frac{2xz}{(1+z)(1+x^2z)}$$

となり，考えやすくなる。

この分数関数を部分分数に分解すると，A, B を x の式として

$$\frac{2xz}{(1+z)(1+x^2z)}=\frac{A}{1+z}+\frac{B}{1+x^2z}$$

となる。

解答

[1]　$x=1$ のとき　$F(1)=\displaystyle\lim_{u\to\infty}\int_0^u \frac{2t^2}{(1+t^2)^2}\,dt$

ここで　$\displaystyle\int \frac{2t^2}{(1+t^2)^2}\,dt=\int t\cdot\frac{2t}{(1+t^2)^2}\,dt=\int t\cdot\frac{(1+t^2)'}{(1+t^2)^2}\,dt$

$\qquad\qquad\qquad\qquad =t\left(-\frac{1}{1+t^2}\right)+\int \frac{dt}{1+t^2}=-\frac{t}{1+t^2}+\mathrm{Tan}^{-1}t+C$

よって　$F(1)=\displaystyle\lim_{u\to\infty}\int_0^u \frac{2t^2}{(1+t^2)^2}\,dt=\lim_{u\to\infty}\left[-\frac{t}{1+t^2}+\mathrm{Tan}^{-1}t\right]_0^u$

$\qquad\qquad =\displaystyle\lim_{u\to\infty}\left(-\frac{u}{1+u^2}+\mathrm{Tan}^{-1}u\right)=\frac{\pi}{2}$

◀ $\displaystyle\lim_{u\to\infty}\frac{u}{1+u^2}=\lim_{u\to\infty}\frac{1}{\frac{1}{u}+u}=0$

[2]　$0<x<1$, $1<x$ のとき

$$F(x)=\lim_{u\to\infty}\int_0^u \frac{2xt^2}{(1+t^2)(1+x^2t^2)}\,dt=\lim_{u\to\infty}\int_0^u \frac{2x}{x^2-1}\left(\frac{1}{1+t^2}-\frac{1}{1+x^2t^2}\right)dt$$

ここで　$\displaystyle\lim_{u\to\infty}\int_0^u \frac{dt}{1+t^2}=\lim_{u\to\infty}\left[\mathrm{Tan}^{-1}t\right]_0^u=\lim_{u\to\infty}\mathrm{Tan}^{-1}u=\frac{\pi}{2}$

また　$\displaystyle\lim_{u\to\infty}\int_0^u \frac{dt}{1+x^2t^2}=\lim_{u\to\infty}\int_0^u \frac{1}{x^2}\cdot\frac{dt}{\frac{1}{x^2}+t^2}=\lim_{u\to\infty}\left[\frac{\mathrm{Tan}^{-1}xt}{x}\right]_0^u=\frac{\pi}{2x}$

よって　$F(x)=\displaystyle\lim_{u\to\infty}\int_0^u \frac{2x}{x^2-1}\left(\frac{1}{1+t^2}-\frac{1}{1+x^2t^2}\right)dt=\frac{2x}{x^2-1}\left(\frac{\pi}{2}-\frac{\pi}{2x}\right)=\frac{\pi}{x+1}$

[2] において，$x=1$ を代入すると，[1] の値が得られるから

$$F(x)=\frac{\pi}{x+1}$$

基 本 例題 **067** 広義積分の収束判定 ★★☆

次の広義積分の収束と発散を判定せよ。

(1) $\displaystyle\int_0^1 \frac{dx}{x+x^3+x^5}$　　　　　(2) $\displaystyle\int_1^\infty \frac{1-\sin x}{x^3}dx$　　◢ *p.* 101 基本事項B

GUIDE & **S**OLUTION

(1) $0<x\leqq1$ において $0<x^5\leqq x^3\leqq x$ であるから

$$\frac{1}{x+x^3+x^5}\geqq\frac{1}{x+x+x}=\frac{1}{3x}$$

広義積分 $\displaystyle\int_0^1 \frac{dx}{3x}$ が ∞ に発散すれば，広義積分 $\displaystyle\int_0^1 \frac{dx}{x+x^3+x^5}$ も ∞ に発散する。

(2) $1\leqq x$ のとき，$|\sin x|\leqq1$ から $\dfrac{1-\sin x}{x^3}\leqq\dfrac{2}{x^3}$ であることを利用する。

広義積分 $\displaystyle\int_1^\infty \frac{2}{x^3}dx$ が収束すれば，広義積分 $\displaystyle\int_1^\infty \frac{1-\sin x}{x^3}dx$ も収束する。

このとき，関数 $\dfrac{2}{x^3}$ が関数 $\dfrac{1-\sin x}{x^3}$ の優関数になる。

解 答

(1) $0<x\leqq1$ において，$0<x^5\leqq x^3\leqq x$ であるから

$$\frac{1}{x+x^3+x^5}\geqq\frac{1}{x+x+x}=\frac{1}{3x}$$

ここで　$\displaystyle\int_0^1 \frac{dx}{3x}=\lim_{\varepsilon\to+0}\int_\varepsilon^1 \frac{dx}{3x}=\lim_{\varepsilon\to+0}\left[\frac{\log x}{3}\right]_\varepsilon^1$

$$=\lim_{\varepsilon\to+0}\left(-\frac{\log\varepsilon}{3}\right)=\infty$$

よって，広義積分 $\displaystyle\int_0^1 \frac{dx}{x+x^3+x^5}$ は **発散する**。

(2) $|\sin x|\leqq1$ から，$x\geqq1$ において　$\dfrac{1-\sin x}{x^3}\leqq\dfrac{2}{x^3}$

ここで　$\displaystyle\int_1^\infty \frac{2}{x^3}dx=\lim_{t\to\infty}\int_1^t \frac{2}{x^3}dx=\lim_{t\to\infty}\left[-\frac{1}{x^2}\right]_1^t$

$$=\lim_{t\to\infty}\left(1-\frac{1}{t^2}\right)=1$$

よって，広義積分 $\displaystyle\int_1^\infty \frac{1-\sin x}{x^3}dx$ は **収束する**。

PRACTICE … **51**

広義積分 $\displaystyle\int_1^\infty \frac{x}{x^3+5}dx$ が収束することを示せ。

▶4 積分法の応用

基本事項

A 曲線の長さ

定義 曲線の長さ

> 閉区間 $[a,\ b]$ $(a<b)$ を含む開区間で定義された2つの関数 $x(t),\ y(t)$ が C^1 級であるとする（ここでは独立変数を t としている）。$a \leqq t \leqq b$ のとき，座標平面上の点 $(x(t),\ y(t))$ が描く曲線を C とする。
>
> このとき，曲線 C の長さを，$\displaystyle\int_a^b \sqrt{\left\{\frac{d}{dt}x(t)\right\}^2 + \left\{\frac{d}{dt}y(t)\right\}^2}\, dt$ で定義する。

閉区間 $[a,\ b]$ $(a<b)$ における関数 $y=f(x)$ のグラフとして得られる曲線の長さは，

$\displaystyle\int_a^b \sqrt{1 + \left\{\frac{d}{dt}f(t)\right\}^2}\, dt$ で求められる。

B ベータ関数・ガンマ関数

広義積分を用いて新しい関数を定義することができる。

任意の正の実数 $p,\ q$ に対して，積分 $\displaystyle\int_0^1 x^{p-1}(1-x)^{q-1}dx$ を考える。

$0<p<1$ または $0<q<1$ のとき，関数 $x^{p-1}(1-x)^{q-1}$ が $x=0$ または $x=1$ で定義されないから，この積分は広義積分である。

よって，$0<p<1$ または $0<q<1$ において考える。

$$\int_0^1 x^{p-1}(1-x)^{q-1}dx = \int_0^{\frac{1}{2}} x^{p-1}(1-x)^{q-1}dx + \int_{\frac{1}{2}}^1 x^{p-1}(1-x)^{q-1}dx$$

と分けて考えると，例えば，$0<p<1$ で $0 \leqq x \leqq \dfrac{1}{2}$ の場合，$q>0$ より閉区間 $\left[0,\ \dfrac{1}{2}\right]$ 上で関数 $(1-x)^{q-1}$ は連続であるから，最大値・最小値の原理により最大値をもつ。

その最大値を M とすると，$(1-x)^{q-1} \leqq M$ であるから，$x^{p-1}(1-x)^{q-1} \leqq Mx^{p-1}$ となる。ここで，$0<p<1$ であるから

$$\lim_{\varepsilon \to +0}\int_\varepsilon^{\frac{1}{2}} Mx^{p-1}dx = \lim_{\varepsilon \to +0}\left[\frac{M}{p}x^p\right]_\varepsilon^{\frac{1}{2}} = \lim_{\varepsilon \to +0}\frac{M}{p}\left(\frac{1}{2^p} - \varepsilon^p\right) = \frac{M}{p \cdot 2^p}$$

優関数による広義積分の収束判定条件の定理により，$\displaystyle\int_0^{\frac{1}{2}} x^{p-1}(1-x)^{q-1}dx$ は収束する。

同様に，$\displaystyle\int_{\frac{1}{2}}^1 x^{p-1}(1-x)^{q-1}dx$ が収束するから，次の新しい関数を定義することができる。

<u>定義　ベータ関数</u>

任意の正の実数 p, q に対して

$$B(p,\ q)=\int_0^1 x^{p-1}(1-x)^{q-1}dx$$

を **ベータ関数** という。

<u>ベータ関数の性質の定理</u>

[1]　任意の正の実数 p, q について　　$B(p,\ q)>0$

[2]　$B(p,\ q)=B(q,\ p)$

[3]　$B(p,\ q+1)=\dfrac{q}{p}B(p+1,\ q)$

任意の正の実数 s に対して，積分 $\int_0^\infty e^{-x}x^{s-1}dx$ を考える。

積分区間が $[0,\ \infty)$ であるから，この積分は広義積分である。

また，$\int_0^\infty e^{-x}x^{s-1}dx=\int_0^1 e^{-x}x^{s-1}dx+\int_1^\infty e^{-x}x^{s-1}dx$ と分けて考えると，$0<s<1$ で $0<x\leqq1$ の場合，関数 $e^{-x}x^{s-1}$ は $x=0$ で定義されないから，$\int_0^1 e^{-x}x^{s-1}dx$ は広義積分になる。

$0<x\leqq1$ において，$e^{-x}<1$ であるから　　$e^{-x}x^{s-1}\leqq x^{s-1}$

ここで　　$\displaystyle\int_0^1 x^{s-1}dx=\lim_{\varepsilon\to+0}\int_\varepsilon^1 x^{s-1}dx=\lim_{\varepsilon\to+0}\left[\dfrac{x^s}{s}\right]_\varepsilon^1$

$$=\lim_{\varepsilon\to+0}\dfrac{1-\varepsilon^s}{s}=\dfrac{1}{s}$$

よって，優関数による広義積分の収束判定条件の定理により，$\int_0^1 e^{-x}x^{s-1}dx$ は収束する。

同様に，$x\geqq1$ のとき，s に対してある実数 L が存在して，$e^{-x}x^{s-1}\leqq Le^{-\frac{1}{2}x}$ が成り立つ。

ゆえに，上の場合と同様に $\int_1^\infty e^{-x}x^{s-1}dx$ が収束するから，次の新しい関数を定義することができる。

<u>定義　ガンマ関数</u>

任意の正の実数 s に対して

$$\Gamma(s)=\int_0^\infty e^{-x}x^{s-1}dx$$

を **ガンマ関数** という。

<u>ガンマ関数の性質の定理</u>

[1]　任意の正の実数 s について　　$\Gamma(s)>0$

[2]　任意の正の実数 s について　　$\Gamma(s+1)=s\Gamma(s)$

[3]　任意の自然数 n について　　$\Gamma(n)=(n-1)!$

基本 例題 **068** 媒介変数表示された曲線の長さ ★☆☆

次で与えられる曲線の長さを求めよ。

(1) $\begin{cases} x(t)=\sin t-t\cos t \\ y(t)=\cos t+t\sin t \end{cases}$ $(0\leqq t\leqq 2\pi)$ (2) $\begin{cases} x(t)=t-\sin t \\ y(t)=1-\cos t \end{cases}$ $(0\leqq t\leqq 2\pi)$

◢ p. 106 **基本事項A**

GUIDE & **S**OLUTION

(1), (2) とも，定義 $\displaystyle\int_a^b\sqrt{\left\{\frac{d}{dt}x(t)\right\}^2+\left\{\frac{d}{dt}y(t)\right\}^2}\,dt$ に従って求める。また，関数の定義式が $y=f(x)$ の形の曲線の長さは，$x(t)=t$, $y(t)=f(t)$ として上記の定義に代入した $\displaystyle\int_a^b\sqrt{1+\left\{\frac{d}{dt}f(t)\right\}^2}\,dt$ を計算することにより求められる（下の PRACTICE (2) を参照）。

なお，(2) の曲線をサイクロイドという。

解 答

(1) $\dfrac{dx}{dt}=\cos t-\cos t+t\sin t=t\sin t$, $\dfrac{dy}{dt}=-\sin t+\sin t+t\cos t=t\cos t$

よって，求める曲線の長さは

$$\int_0^{2\pi}\sqrt{\left(\frac{dx}{dt}\right)^2+\left(\frac{dy}{dt}\right)^2}\,dt=\int_0^{2\pi}\sqrt{(t\sin t)^2+(t\cos t)^2}\,dt=\int_0^{2\pi}t\,dt$$

$$=\left[\frac{t^2}{2}\right]_0^{2\pi}=\boldsymbol{2\pi^2}$$

(2) $\dfrac{dx}{dt}=1-\cos t$, $\dfrac{dy}{dt}=\sin t$

よって，求める曲線の長さは

$$\int_0^{2\pi}\sqrt{\left(\frac{dx}{dt}\right)^2+\left(\frac{dy}{dt}\right)^2}\,dt=\int_0^{2\pi}\sqrt{(1-\cos t)^2+\sin^2 t}\,dt$$

$$=\int_0^{2\pi}\sqrt{2(1-\cos t)}\,dt=\int_0^{2\pi}2\sin\frac{t}{2}\,dt$$

$$=\left[-4\cos\frac{t}{2}\right]_0^{2\pi}=\boldsymbol{8}$$

PRACTICE … **52**

(1) $\begin{cases} x(t)=2\cos^3 t \\ y(t)=2\sin^3 t \end{cases}$ $\left(0\leqq t\leqq\dfrac{\pi}{2}\right)$ で与えられる曲線の長さを求めよ。

(2) 双曲線余弦関数 $f(x)=\cosh x$ $(0\leqq x\leqq 1)$ のグラフとして得られる曲線の長さを求めよ。

基本 例題 **069** 極方程式で表示された曲線の長さ ★★☆

極座標 $(x, y)=(r\cos\theta, r\sin\theta)$ による方程式 $r=f(\theta)$ $(\alpha\leqq\theta\leqq\beta)$ で表示された曲線 C の長さ $l(C)$ は, $l(C)=\displaystyle\int_\alpha^\beta\sqrt{\{f(\theta)\}^2+\{f'(\theta)\}^2}\,d\theta$ で与えられることを示せ。

◢ *p.* 106 **基本事項A**

GUIDE & **S**OLUTION

極座標による方程式が与えられているから, 曲線 C は θ を媒介変数として, $(f(\theta)\cos\theta, f(\theta)\sin\theta)$ $(\alpha\leqq\theta\leqq\beta)$ と表示される。曲線の長さの定義に従って示す。

まず, $\dfrac{dx}{d\theta}$, $\dfrac{dy}{d\theta}$ を計算する。

解 答

曲線 C を θ により媒介変数表示すると

$$x(\theta)=f(\theta)\cos\theta, \quad y(\theta)=f(\theta)\sin\theta \quad (\alpha\leqq\theta\leqq\beta)$$

よって $\dfrac{dx}{d\theta}=f'(\theta)\cos\theta-f(\theta)\sin\theta, \quad \dfrac{dy}{d\theta}=f'(\theta)\sin\theta+f(\theta)\cos\theta$

ゆえに, 曲線 C の長さ $l(C)$ は

$$l(C)=\int_\alpha^\beta\sqrt{\left(\frac{dx}{d\theta}\right)^2+\left(\frac{dy}{d\theta}\right)^2}\,d\theta$$

$$=\int_\alpha^\beta\sqrt{\{f'(\theta)\cos\theta-f(\theta)\sin\theta\}^2+\{f'(\theta)\sin\theta+f(\theta)\cos\theta\}^2}\,d\theta$$

$$=\int_\alpha^\beta\sqrt{\{f(\theta)\}^2+\{f'(\theta)\}^2}\,d\theta \quad ■$$

補足 **極座標表示** 平面上に点 O と半直線 OX を定めると, この平面上の点 P の位置は, OP の長さ r と OX から OP へ測った角 θ の大きさで決まる。

ただし, θ は弧度法で表された一般角である。

このとき, 2 つの数の組 (r, θ) を, 点 P の極座標という。極座標が (r, θ) である点 P を P(r, θ) と書くことがある。また, 点 O を極, 半直線 OX を始線, θ を偏角という。極 O と異なる点 P の偏角 θ は, $0\leqq\theta<2\pi$ の範囲ではただ 1 通りに定まる。

なお, θ の範囲を制限しないこともある。極 O の極座標は $(0, \theta)$ とし, θ は任意の値と考える。

PRACTICE … **53**

曲線 $r=\dfrac{a}{1+\cos\theta}$ $\left(0\leqq\theta\leqq\dfrac{\pi}{2}, a>0\right)$ の曲線の長さを求めよ。

基本 例題 **070** ベータ関数の性質の定理の証明 ★★☆

ベータ関数 $B(p, q) = \displaystyle\int_0^1 x^{p-1}(1-x)^{q-1}dx$ について，下の

GUIDE & SOLUTION に示したベータ関数の性質の定理の [2]，[3] が成り

立つことを示せ。ただし，p，q は任意の正の実数とする。 ◢ *p*.107 基本事項B

GUIDE & **S**OLUTION

> **ベータ関数の性質の定理**
> [1] 任意の正の実数 p，q について　　$B(p, q) > 0$
> [2] $B(p, q) = B(q, p)$
> [3] $B(p, q+1) = \dfrac{q}{p}B(p+1, q)$
>
> [2] と [3] は，$1-x=t$ とおいて，[2] では置換積分法，[3] では部分積分法を利用
> して示す。なお，[1] は明らかに成り立つ。

解 答

$1-x=t$ とおくと，$x=1-t$ であるから　　$dx=-dt$
x と t の対応は右のようになる。
よって

x	$0 \longrightarrow 1$
t	$1 \longrightarrow 0$

$$\begin{aligned}
B(p, q) &= \int_0^1 x^{p-1}(1-x)^{q-1}dx \\
&= \int_1^0 (1-t)^{p-1}t^{q-1}\cdot(-1)dt \\
&= \int_0^1 t^{q-1}(1-t)^{p-1}dt \\
&= B(q, p)
\end{aligned}$$

ゆえに，[2] が成り立つ。
更に

$$\begin{aligned}
pB(p, q+1) &= p\int_0^1 x^{p-1}(1-x)^q dx \\
&= \Big[x^p(1-x)^q\Big]_0^1 + q\int_0^1 x^p(1-x)^{q-1}dx \\
&= qB(p+1, q)
\end{aligned}$$

ゆえに，$B(p, q+1) = \dfrac{q}{p}B(p+1, q)$ となるから，[3] が成り立つ。 ■

PRACTICE … **54**

ベータ関数 $B(p, q)$ について，$B\left(\dfrac{1}{2}, \dfrac{1}{2}\right) = \pi$ が成り立つことを示せ。

基本　例題 071　ガンマ関数の性質の定理の証明　★★☆

ガンマ関数 $\Gamma(s)=\displaystyle\int_0^\infty e^{-x}x^{s-1}dx$ について，下の GUIDE & SOLUTION に示したガンマ関数の性質の定理の [2]，[3] が成り立つことを示せ。ただし，s は任意の正の実数とする。

◢ p.107 基本事項 B

GUIDE & **S**OLUTION

ガンマ関数の性質の定理
[1]　任意の正の実数 s について　　$\Gamma(s)>0$
[2]　任意の正の実数 s について　　$\Gamma(s+1)=s\Gamma(s)$
[3]　任意の自然数 n について　　　$\Gamma(n)=(n-1)!$
[2] は部分積分法を利用して示す。[3] は [2] の特殊な場合である。
なお，[1] は明らかに成り立つ。

解答

$$\Gamma(s+1)=\int_0^\infty e^{-x}x^s\,dx$$

$$=\lim_{t\to\infty}\int_0^t e^{-x}x^s\,dx$$

$$=\lim_{t\to\infty}\left\{\Big[-e^{-x}x^s\Big]_0^t+\int_0^t e^{-x}sx^{s-1}\,dx\right\}$$

$$=\lim_{t\to\infty}\left(-\frac{t^s}{e^t}+s\int_0^t e^{-x}x^{s-1}\,dx\right)$$

$$=s\int_0^\infty e^{-x}x^{s-1}\,dx=s\Gamma(s)$$

ゆえに，[2] が成り立つ。
更に

$$\Gamma(1)=\int_0^\infty e^{-x}\,dx=\lim_{t\to\infty}\Big[-e^{-x}\Big]_0^t=\lim_{t\to\infty}(1-e^{-t})=1$$

よって，[2] から　　$\Gamma(n)=(n-1)!\,\Gamma(1)=(n-1)!$
ゆえに，[3] が成り立つ。　■

研究　途中で $\displaystyle\lim_{t\to\infty}\frac{t^s}{e^t}=0$ であることを用いたが，これはロピタルの定理を繰り返し用いることにより証明できる。

PRACTICE … 55

ガンマ関数 $\Gamma(s)=\displaystyle\int_0^\infty e^{-x}x^{s-1}dx$ について，$\Gamma\Big(\dfrac{1}{2}\Big)=2\displaystyle\int_0^\infty e^{-x^2}dx$ を示せ。

EXERCISES

28 次の不定積分を求めよ。

(1) $\displaystyle\int \frac{dx}{x^2(x+1)}$

(2) $\displaystyle\int \frac{1+\sin x}{\sin x(1+\cos x)}dx$

(3) $\displaystyle\int \frac{dx}{\tanh x}$

(4) $\displaystyle\int \mathrm{Tan}^{-1}x\,dx$

(5) $\displaystyle\int \tanh^2 x\,dx$

(6) $\displaystyle\int \frac{dx}{x^3+1}$

(7) $\displaystyle\int \frac{dx}{x^4-16}$

29 次の問いに答えよ。

(1) $y=\cosh x \ (x\geqq 0)$ の逆関数を求めよ。

(2) 不定積分 $\displaystyle\int \frac{dx}{\sqrt{x^2+1}}$ を，$x=\sinh t$ とおいて求めよ。

30 $I=\displaystyle\int_0^{\frac{\pi}{2}} e^x \sin x\,dx$，$J=\displaystyle\int_0^{\frac{\pi}{2}} e^x \cos x\,dx$ とするとき，次の問いに答えよ。

(1) 部分積分法を用いて，次の等式が成り立つことを示せ。
$$I+J=e^{\frac{\pi}{2}}, \quad I-J=1$$

(2) 定積分 $\displaystyle\int_0^{\frac{\pi}{2}} e^x \sin x\,dx$，$\displaystyle\int_0^{\frac{\pi}{2}} e^x \cos x\,dx$ の値をそれぞれ求めよ。

31 極限値 $\displaystyle\lim_{n\to\infty} \sum_{k=1}^{n} \left\{ \frac{1}{n}\cdot\left(\frac{k}{n}\right)^2 \right\}$ を求めよ。

32 次の広義積分の値を求めよ。

(1) $\displaystyle\int_1^2 \frac{2}{x\sqrt{x-1}}dx$

(2) $\displaystyle\int_0^\infty xe^{-x}dx$

(3) $\displaystyle\int_{-\infty}^\infty \frac{dx}{x^2+2x+2}$

33 広義積分 $\displaystyle\int_0^\infty \frac{xe^{-x}}{(1+e^{-x})^2}dx$ の値を求めよ。

34 広義積分 $\displaystyle\int_0^\infty e^{-x^2}dx$ が収束することを，広義積分の収束判定条件を利用して証明せよ。
ただし，$e^x>x$ は利用してよい。

35 放物線 $y=x^2$ の $x=0$ から $x=1$ の部分の長さを求めよ。

36 ベータ関数 $B(p,\,q)$ について，$B\left(\dfrac{3}{2},\ \dfrac{5}{2}\right)$ の値を求めよ。

37 ガンマ関数 $\Gamma(x)$ について，$\Gamma(1)=1$ を証明せよ。

!Hint **31** 区分求積法の問題。

34 $e^x>x$ から，$e^{x^2}>x^2$ が成り立つことを利用する。

第4章
関数（多変数）

1 ユークリッド空間
2 多変数関数とは
3 多変数関数の極限と連続性

例 題 一 覧

▶1 ユークリッド空間

基本事項

A ユークリッド空間

定義 *n*次元ユークリッド空間 R^n

> nを1以上の整数とする。実数n個の組全体の集合
> $$\{(x_1, x_2, \cdots\cdots, x_n) \mid x_i \in R \ (i=1, 2, \cdots\cdots, n)\}$$
> を **n次元ユークリッド空間** または単に **n次元空間** といい，R^nで表す。

$n=1$ のとき，R^1 は実数全体の集合Rそのもの，すなわち高校数学までの数直線（**実直線**という）を表すこととする。$n=2, 3$ のとき，R^2, R^3 は，高校数学までの座標平面，座標空間と同じものとみなすことができる。

なお，記号 R^n の上付きのnは，いわゆる数のn乗を表しているわけではないため，R^nを「アールのエヌじょう」とは読まず，通常，「アールエヌ」と読む。

B ユークリッド距離

数直線において，2点 P(p)，Q(q) の（数直線上の）距離は $|q-p|$ と定義されていた。また座標平面においては，三平方の定理（ピタゴラスの定理）をもとに，2点 P(p_1, p_2)，Q(q_1, q_2) の距離は $\sqrt{(q_1-p_1)^2+(q_2-p_2)^2}$ と定義されていた。座標空間についても同様の計算で，2点 P(p_1, p_2, p_3)，Q(q_1, q_2, q_3) の距離は $\sqrt{(q_1-p_1)^2+(q_2-p_2)^2+(q_3-p_3)^2}$ と定義されていた。これらの更なる一般化として，n次元ユークリッド空間内の2点間の距離を，次のように定義する。

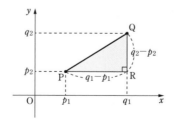
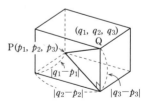

定義 2点間の距離

> R^n 内の2点 P(p_1, p_2, $\cdots\cdots$, p_n)，Q(q_1, q_2, $\cdots\cdots$, q_n) の距離を $d(\mathrm{P}, \mathrm{Q})$ で表し，次のように定義する。
> $$d(\mathrm{P}, \mathrm{Q})=\sqrt{(q_1-p_1)^2+(q_2-p_2)^2+\cdots\cdots+(q_n-p_n)^2}$$

以降，n 次元ユークリッド空間 R^n 内には，この d を用いて距離が定まっていると仮定する。このように R^n 内の 2 点 P，Q の組 (P, Q) に対して，距離として実数が対応することから，この d も 1 つの関数とみなすことができる。この関数 d を **ユークリッド距離関数** という。集合 R^n とユークリッド距離関数 d の組 (R^n, d) を，特に **ユークリッド距離空間** と呼ぶこともある。

距離の性質の定理

[1]　任意の $x\in\mathrm{R}^n$，$y\in\mathrm{R}^n$ について $d(x, y)\geqq0$ であり，$d(x, y)=0$ となるのは $x=y$ となるときに限る。

[2]　任意の $x\in\mathrm{R}^n$，$y\in\mathrm{R}^n$ について，$d(x, y)=d(y, x)$ が成り立つ。

[3]　任意の $x\in\mathrm{R}^n$，$y\in\mathrm{R}^n$，$z\in\mathrm{R}^n$ について，$d(x, z)\leqq d(x, y)+d(y, z)$ が成り立つ（三角不等式）。

座標平面上および座標空間内で成り立つ多くの定理・公式，例えば，内分点・外分点の座標の公式等は，一般に n 次元空間でも成り立つ。

直積集合

2 つの集合 A，B に対して，$x\in A$ と $y\in B$ の組 (x, y) 全体の集合を，A と B の **直積集合** といい，$A\times B$ と表す（直積集合は，デカルト積といわれることもある）。

すなわち，$A\times B=\{(a, b)\mid a\in A, b\in B\}$ のようになる。

直積集合について，例えば，次が成り立つ。

[1]　集合 A に対して，$A\times\varnothing=\varnothing\times A=\varnothing$　（$\varnothing$ は空集合）

[2]　集合 A，B，C に対して

(a)　$(A\cup B)\times C=(A\times C)\cup(B\times C)$　　　　(b)　$(A\cap B)\times C=(A\times C)\cap(B\times C)$

[3]　$A\subset X$，$B\subset Y$ のとき

$(X\times Y)-(A\times B)=((X-A)\times Y)\cup(X\times(Y-B))$

補足　[3] の $(X\times Y)-(A\times B)$ は，**差集合** を表す。

集合 P，Q に対し，P に属するが Q には属さない要素全体からなる集合を，P から Q を引いた差集合といい，$P-Q$ または $P\backslash Q$ と表す。

2 つ以上の集合 X_1，X_2，……，X_n の直積集合 $X_1\times X_2\times\cdots\cdots X_n$ も，同様に定義される。すなわち，$X_1\times X_2\times\cdots\cdots\times X_n=\{(x_1, x_2, \cdots\cdots, x_n)\mid x_1\in X_1, x_2\in X_2, \cdots\cdots, x_n\in X_n\}$ のようになる。

特に，1 つの集合 X の n 個の直積集合を X^n で表す。

$$X^n=\overbrace{X\times X\times\cdots\cdots\times X}^{n\text{個}}=\{(x_1, x_2, \cdots\cdots, x_n)\mid x_i\in X\ (i=1, 2, \cdots\cdots, n)\}$$

例えば，114 ページで定義した n 次元ユークリッド空間は，その要素が実数 n 個の組 $(x_1, x_2, \cdots\cdots, x_n)$ であるから，実数全体の集合 R の n 個の直積集合である。したがって，n 次元ユークリッド空間は R^n で表されるのである。

重要 例題 **072** ユークリッド距離の性質の定理の証明 ★★★

n 次元ユークリッド空間 R^n 内の2点 x, y 間の距離 $d(x, y)$ について，次の定理が成り立つことを証明せよ。

距離の性質の定理

[1] 任意の $x\in\mathrm{R}^n$, $y\in\mathrm{R}^n$ について $d(x, y)\geqq 0$ であり，$d(x, y)=0$ となるのは $x=y$ となるときに限る。

[2] 任意の $x\in\mathrm{R}^n$, $y\in\mathrm{R}^n$ について，$d(x, y)=d(y, x)$ が成り立つ。

[3] 任意の $x\in\mathrm{R}^n$, $y\in\mathrm{R}^n$, $z\in\mathrm{R}^n$ について，$d(x, z)\leqq d(x, y)+d(y, z)$ が成り立つ（三角不等式）。

*p.*114 **基本事項B**

GUIDE & SOLUTION

$a_1\in\mathrm{R}$, $a_2\in\mathrm{R}$, ……, $a_n\in\mathrm{R}$ とするとき，n 次元ユークリッド空間 R^n の点は $(a_1, a_2, ……, a_n)$ のような，n 個の実数の組である。

R^n 内の2点 $x(p_1, p_2, ……, p_n)$, $y(q_1, q_2, ……, q_n)$ の距離を $d(x, y)$ で表し，次のように定義する。

$$d(x, y)=\sqrt{(q_1-p_1)^2+(q_2-p_2)^2+……+(q_n-p_n)^2}$$

[3] は，シュワルツの不等式の証明に他ならない。

解答

$x_1\in\mathrm{R}$, $x_2\in\mathrm{R}$, ……, $x_n\in\mathrm{R}$, $y_1\in\mathrm{R}$, $y_2\in\mathrm{R}$, ……, $y_n\in\mathrm{R}$, $z_1\in\mathrm{R}$, $z_2\in\mathrm{R}$, ……, $z_n\in\mathrm{R}$ とし，$x(x_1, x_2, ……, x_n)$, $y(y_1, y_2, ……, y_n)$, $z(z_1, z_2, ……, z_n)$ とする。このとき

[1] $d(x, y)=\sqrt{\sum_{i=1}^{n}(x_i-y_i)^2}$
$\geqq 0$

$d(x, y)=0$ となるのは，任意の $1\leqq i\leqq n$ に対して，$(x_i-y_i)^2=0$ すなわち $x_i=y_i$ となるときに限り，このとき $x=y$ となる。

[2] $d(x, y)=\sqrt{\sum_{i=1}^{n}(x_i-y_i)^2}$
$=\sqrt{\sum_{i=1}^{n}(y_i-x_i)^2}=d(y, x)$

[3] $x_i-y_i=a_i$, $y_i-z_i=b_i$ $(i=1, 2, ……, n)$ とおくと，
$x_i-z_i=(x_i-y_i)+(y_i-z_i)=a_i+b_i$ であるから，示すべき不等式は

$$\sqrt{\sum_{i=1}^{n}(a_i+b_i)^2}\leqq\sqrt{\sum_{i=1}^{n}a_i{}^2}+\sqrt{\sum_{i=1}^{n}b_i{}^2} \quad ……①$$

である。

① の両辺を 2 乗して変形すると

$$2\sum_{i=1}^{n} a_i b_i \leqq 2\sqrt{\left(\sum_{i=1}^{n} a_i{}^2\right)\left(\sum_{i=1}^{n} b_i{}^2\right)}$$

両辺を 2 で割って 2 乗すると

$$\left(\sum_{i=1}^{n} a_i b_i\right)^2 \leqq \left(\sum_{i=1}^{n} a_i{}^2\right)\left(\sum_{i=1}^{n} b_i{}^2\right) \quad \cdots\cdots ②$$

ここで，t についての 2 次式 $\left(\sum_{i=1}^{n} a_i{}^2\right)t^2 + 2\left(\sum_{i=1}^{n} a_i b_i\right)t + \left(\sum_{i=1}^{n} b_i{}^2\right)$ を考えると

$$\left(\sum_{i=1}^{n} a_i{}^2\right)t^2 + 2\left(\sum_{i=1}^{n} a_i b_i\right)t + \left(\sum_{i=1}^{n} b_i{}^2\right) = \sum_{i=1}^{n}(a_i t + b_i)^2 \geqq 0 \quad \cdots\cdots ③$$

これは，すべての実数 t に対して成り立つ。

$\sum_{i=1}^{n} a_i{}^2 = A$ とおくと　　$A \geqq 0$

$A = 0$ のとき，$a_1 = a_2 = \cdots\cdots = a_n = 0$ であるから，② は成り立つ。

$A > 0$ のとき，$\sum_{i=1}^{n} b_i{}^2 = B$，$\sum_{i=1}^{n} a_i b_i = C$ とおくと

$$\sum_{i=1}^{n}(a_i t + b_i)^2 = At^2 + 2Ct + B = A\left(t + \frac{C}{A}\right)^2 + \frac{AB - C^2}{A}$$

$A > 0$ より $A\left(t + \dfrac{C}{A}\right)^2 \geqq 0$ であるから，すべての実数 t に対して ③ が成り立つとき

$$\frac{AB - C^2}{A} \geqq 0$$

よって　　$AB - C^2 \geqq 0$　　すなわち　　$C^2 \leqq AB$

ゆえに，② が成り立つ。

② が成り立てば，$2\sum_{i=1}^{n} a_i b_i \leqq 2\sqrt{\left(\sum_{i=1}^{n} a_i{}^2\right)\left(\sum_{i=1}^{n} b_i{}^2\right)}$ が成り立ち，更に ① が成り立つ。

したがって　　$d(x,\ z) \leqq d(x,\ y) + d(y,\ z)$ ■

PRACTICE … 56

(1) R^n 内で，$\{(0,\ \cdots\cdots,\ 0,\ x_k,\ 0,\ \cdots\cdots,\ 0) \mid x_k \in R\}$ $(1 \leqq k \leqq n)$ で定義される部分集合を座標軸という。R^4 には何本の座標軸があるか，またそれらすべての共通部分はどのような集合か，答えよ。

(2) R^5 内の 2 点 $(1,\ 1,\ 0,\ -1,\ 2)$，$(0,\ 3,\ -1,\ 2,\ 1)$ の距離を求めよ。

(3) 任意の実数 $a,\ b,\ c$ に対して，三角不等式 $|a-c| \leqq |a-b| + |b-c|$ が成り立つことを示せ。

2 多変数関数とは

基本事項

A 多変数関数の定義

定義 多変数関数

自然数 n について，$A \subset \mathrm{R}^n$ とし，$B \subset \mathrm{R}$ とする。$(x_1, x_2, \cdots\cdots, x_n) \in A$ を定めると，それに対応して $y \in B$ が必ず1つ定まるとき，この対応関係を

集合 A から集合 B への **多変数関数**

という。

多変数関数に対しても（1変数）関数と同様に，定義域，値域，像，合成関数等の用語が定義され，用いられる。

多変数関数は，これまでに学んだ（1変数）関数とはさまざまな面で異なることが多い。一方で，2変数関数で成り立つことの多くは一般の n 変数関数で成り立つ（$n \geq 3$）。

したがって，以降では主に2変数関数を扱っていく。

B 多変数関数のグラフ

2変数関数の定義域は2次元ユークリッド空間 R^2 内，すなわち，座標平面の部分集合である。また，その値域は実数の集合であり，R の部分集合である。

したがって，次のように関数のグラフを定義すると，それは3次元ユークリッド空間 R^3 内の部分集合，すなわち，座標空間内の図形になっている。

定義 多変数関数のグラフ

一般に，n 変数関数 $y = f(x_1, x_2, \cdots\cdots, x_n)$ のグラフとは，次で与えられる R^{n+1} 内の集合である。

$$\{(x_1, x_2, \cdots\cdots, x_n, y) \mid x_i \in \mathrm{R} \ (0 \leq i \leq n), \ y = f(x_1, x_2, \cdots\cdots, x_n) \in \mathrm{R}\}$$

特に，$n = 2$ の場合，2変数関数 $z = f(x, y)$ のグラフは

$$\{(x, y, z) \mid x \in \mathrm{R}, \ y \in \mathrm{R}, \ z = f(x, y) \in \mathrm{R}\} \subset \mathrm{R}^3$$

となり，座標空間内の図形である。

2変数関数のグラフは3次元ユークリッド空間内の図形となり，図示して視覚化することができる。

一方で，$n \geq 3$ の場合，n 変数関数のグラフは $n+1$ 次元ユークリッド空間内の図形となり図示できない。ただし，グラフは抽象的な高次元の図形（R^{n+1} の部分集合）として確かに存在する。

基本 例題 073 $z=x^2-y^2$ のグラフを平面 $z=4$ で切った切り口 ★☆☆

平面 $z=4$ を xy 平面と同一視するとき，2 変数関数 $f(x, y)=x^2-y^2$ のグラフを，平面 $z=4$ で切った切り口を xy 平面上に図示せよ。 ◢ p.118 基本事項A

GUIDE & SOLUTION

関数 $z=f(x, y)$ のグラフを平面 $z=k$ で切ったときの切り口を表す方程式は
$$z=k, \quad f(x, y)=k$$
である。

解 答

関数 $z=f(x, y)$ のグラフを平面 $z=4$ で切ったときの切り口を表す方程式は
$$z=4, \quad x^2-y^2=4$$
よって，$z=4$，$\dfrac{x^2}{2^2}-\dfrac{y^2}{2^2}=1$ から，切り口は平面 $z=4$ 上の

中心が点 $(0, 0, 4)$，焦点が $(\pm 2, 0, 4)$，
漸近線が直線 $(x, y, z)=(0, 0, 4)+t(1, \pm 1, 0)$ $(t \in \mathbb{R})$
の双曲線である。

よって，平面 $z=4$ で切った切り口を xy 平面上に図示すると，**下の図の太い実線** のようになる。

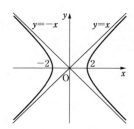

補足 ここでは，平面 $z=k$（k は定数）を xy 平面とみなしている。例えば，$x=k$ であれば yz 平面，$y=k$ であれば zx 平面とみなすことができる（このとき，いずれも k は定数）。

PRACTICE ··· 57

(1) 2 変数関数 $f(x, y)=e^{x+\sqrt{y}}$ について，点 $(3, 4)$ の像を求めよ。また，その定義域を答え，値域を求めよ。

(2) 平面 $z=1$ を xy 平面と同一視するとき，2 変数関数 $f(x, y)=\sqrt{4-x^2-y^2}$ のグラフを，平面 $z=1$ で切った切り口を xy 平面上に図示せよ。

基本 例題 074　点 $(x, y, f(x, y))$ と原点との距離の最小値　★☆☆

2変数関数 $f(x, y) = \sqrt{x^2 - 4x + y^4 + 5}$ のグラフ上の点 $\mathrm{P}(x, y, f(x, y))$ と，原点 $(0, 0, 0)$ との距離の最小値を求めよ。　◢ p. 114 基本事項A

GUIDE & SOLUTION

原点を O とすると，$\mathrm{OP}^2 = x^2 + y^2 + \{f(x, y)\}^2$ で，$\mathrm{OP} \geqq 0$ であるから，OP^2 が最小になるとき OP も最小になる。
OP^2 を x, y それぞれについて平方完成する。

解答

点 $\mathrm{P}(x, y, f(x, y))$ と原点 $\mathrm{O}(0, 0, 0)$ との距離 OP の平方は

$$\begin{aligned}
\mathrm{OP}^2 &= x^2 + y^2 + \{f(x, y)\}^2 \\
&= x^2 + y^2 + \left(\sqrt{x^2 - 4x + y^4 + 5}\right)^2 \\
&= 2x^2 - 4x + y^4 + y^2 + 5 \\
&= 2(x-1)^2 + \left(y^2 + \frac{1}{2}\right)^2 + \frac{11}{4}
\end{aligned}$$

$\mathrm{OP} \geqq 0$ であるから，OP^2 が最小になるとき OP も最小になる。

$x - 1 = 0$, $y^2 + \dfrac{1}{2} = \dfrac{1}{2}$ すなわち $x = 1$, $y = 0$ のとき，OP^2 は最小となり，このとき

$$f(1, 0) = \sqrt{2}$$

よって，$\mathrm{P}(1, 0, \sqrt{2})$ のとき，点 P と原点との距離は最小となり，その最小値は

$$\sqrt{(1-0)^2 + (0-0)^2 + (\sqrt{2}-0)^2} = \sqrt{3}$$

PRACTICE … 58

(1)　2変数関数 $f(x, y) = \sqrt{3x^2 + y^2 - 6y + 9}$ のグラフ上の点 $\mathrm{P}(x, y, f(x, y))$ と，定点 $\mathrm{A}(2, 1, 0)$ との距離を最小にする点 P の座標とその最小値を求めよ。

(2)　座標空間において，原点 O と定点 $\mathrm{A}\left(1, 1, \dfrac{1}{2}\right)$ および，2変数関数 $f(x, y) = 1 - x - y$ のグラフ上の点 $\mathrm{P}(x, y, f(x, y))$ を考えるとき，距離 $\mathrm{OP} + \mathrm{PA}$ が最小になるときの，点 P の座標を求めよ。

3 ▶ 多変数関数の極限と連続性

A　多変数関数の極限

1変数関数の極限を拡張して，$(x, y) \longrightarrow (a, b)$ のときの2変数関数 $f(x, y)$ の極限が α であることを，次のように定義する。

定義　$(x, y) \longrightarrow (a, b)$ のときの $f(x, y)$ の極限が α

任意の正の実数 ε に対して，ある正の実数 δ が存在して，$0 < d((x, y), (a, b)) < \delta$ を満たし，かつ，関数 $f(x, y)$ の定義域に含まれるすべての (x, y) について $|f(x, y) - \alpha| < \varepsilon$ が成り立つとき

$$(x, y) \longrightarrow (a, b) \text{ のときの関数 } f(x, y) \text{ の極限が } \alpha \text{ である}$$

または　　　関数 $f(x, y)$ は $(x, y) \longrightarrow (a, b)$ で α に収束する

という。このことを，次のように表す。

$$\lim_{(x,y)\to(a,b)} f(x, y) = \alpha \quad \text{または} \quad (x, y) \longrightarrow (a, b) \text{ のとき } f(x, y) \longrightarrow \alpha$$

1変数関数の極限と同様に，次の定理が成り立つ。

2変数関数の極限の性質の定理

2変数関数 $f(x, y)$, $g(x, y)$ および点 (a, b) について，$\displaystyle\lim_{(x, y)\to(a, b)} f(x, y) = \alpha$, $\displaystyle\lim_{(x, y)\to(a, b)} g(x, y) = \beta$ とする。

[1] $\displaystyle\lim_{(x, y)\to(a, b)} \{kf(x, y) + lg(x, y)\} = k\alpha + l\beta$　（k, l は定数）

[2] $\displaystyle\lim_{(x, y)\to(a, b)} f(x, y)g(x, y) = \alpha\beta$

[3] $\displaystyle\lim_{(x, y)\to(a, b)} \frac{f(x, y)}{g(x, y)} = \frac{\alpha}{\beta}$　（$\beta \neq 0$）

一般の n 変数関数の極限についても同様の定理が成り立つ。

B　多変数関数の連続性

2変数関数の連続性の定義は，1変数関数の連続性の定義と同様である。

定義　2変数関数の連続性

2変数関数 $f(x, y)$ について，その定義域を $S \subset \mathbb{R}^2$ とする。$(a, b) \in S$ のとき，**関数 $f(x, y)$ が点 (a, b) で連続である** とは，極限値 $\displaystyle\lim_{(x,y)\to(a,b)} f(x, y)$ が存在し，かつ，$\displaystyle\lim_{(x,y)\to(a,b)} f(x, y) = f(a, b)$ が成り立つことである。

更に，定義域内のすべての点で連続である関数を **連続関数** という。

2変数関数の四則演算と連続性の定理

2変数関数 $f(x, y)$, $g(x, y)$ が点 (a, b) でともに連続であるならば，次の関数も点 (a, b) で連続である。

ただし，k, l は定数であり，$\dfrac{f(x, y)}{g(x, y)}$ においては $g(a, b) \neq 0$ とする。

$$kf(x, y) + lg(x, y), \quad f(x, y)g(x, y), \quad \frac{f(x, y)}{g(x, y)}$$

関数の合成と連続性の定理

[1]　1変数関数 $f(t)$ と2変数関数 $g(x, y)$ があり，$g(x, y)$ の値域が $f(t)$ の定義域に含まれているとする。
　　このとき，関数 $f(t)$, $g(x, y)$ がともに連続であるならば，合成関数 $f(g(x, y))$ も連続である。

[2]　1変数関数 $g(s)$, $h(t)$ と2変数関数 $f(x, y)$ があり，$g(s)$, $h(t)$ の値域を S, T とするとき，集合 $\{(s, t) \mid s \in S, t \in T\}$ が $f(x, y)$ の定義域に含まれているとする。
　　このとき，関数 $g(s)$, $h(t)$, $f(x, y)$ がすべて連続であるならば，合成関数 $f(g(s), h(t))$ も連続である。

C　多変数関数の中間値の定理と最大値・最小値原理

2変数関数の中間値の定理を扱うために，次を定義する。

定義　弧状連結

領域 $S \subset \mathrm{R}^2$ が **弧状連結** であるとは，右の図のように，任意の2点 $\mathrm{P} \in S$, $\mathrm{Q} \in S$ が，S 内の弧，すなわち連続な関数で与えられる曲線によって結べることをいう。

ただし，上の定義はかなり直感的なものである。

2変数関数の中間値の定理

弧状連結な集合 $S \subset \mathrm{R}^2$ 上で2変数関数 $f(x, y)$ が連続で，$(a_1, a_2) \in S$, $(b_1, b_2) \in S$ において $f(a_1, a_2) \neq f(b_1, b_2)$ ならば，$f(a_1, a_2)$ と $f(b_1, b_2)$ の間の任意の値 k に対して

$$f(c_1, c_2) = k$$

を満たす点 $(c_1, c_2) \in S$ が少なくとも1つ存在する。

2 変数関数に関する最大値・最小値原理を扱うために，次を定義する。

定義　有界閉集合

$S \subset \mathrm{R}^2$ が，次の 2 つの条件を満たすとき，S は **有界閉集合** であるという。

[1]　ある実数 r が存在して，次を満たす（有界性）。
$$S \subset \{(x,\ y) \in \mathrm{R}^2 \mid x^2 + y^2 < r^2\}$$

[2]　任意の正の実数 ε に対して，次をともに満たす点 $(a,\ b)$ はすべて S に含まれる（閉集合性）。
$$\{(x,\ y) \in \mathrm{R}^2 \mid d((x,\ y),\ (a,\ b)) < \varepsilon\} \cap S \neq \varnothing$$
$$\{(x,\ y) \in \mathrm{R}^2 \mid d((x,\ y),\ (a,\ b)) < \varepsilon\} \cap \overline{S} \neq \varnothing$$

ただし，$\overline{S}$ は S の補集合 $\{(x,\ y) \in \mathrm{R}^2 \mid (x,\ y) \in S\}$ を表す。

上の閉集合性の条件を満たす点 $(a,\ b)$ を領域 S の **境界点** という。これは，数直線上の閉区間の端点を拡張した概念と考えることができる。

また，閉集合の定義にはさまざまなものがあるため注意が必要である。実際，先に開集合を定義してから，その補集合として閉集合を定義することが多い。ただし，どれか 1 つの定義を採用すると，他の定義はすべて同値である。

最大値・最小値原理

有界閉集合 $F \subset \mathrm{R}^2$ 上で連続な 2 変数関数 $f(x,\ y)$ は，F 上で最大値および最小値をもつ。すなわち，ある点 $(M_1,\ M_2) \in F$ が存在して，すべての $(x,\ y) \in F$ について $f(x,\ y) \leqq f(M_1,\ M_2)$ が成り立ち，また，ある点 $(m_1,\ m_2) \in F$ が存在して，すべての $(x,\ y) \in F$ について $f(m_1,\ m_2) \leqq f(x,\ y)$ が成り立つ。

以上の中間値の定理と最大値・最小値原理から，R^2 内の弧状連結な有界閉集合で定義された 2 変数連続関数の値域は閉区間であることがわかる。

上の定理を述べるために有界閉集合を定義したが，閉集合性の条件を満たす集合を **閉集合** という。

定義　開集合

領域 $S \subset \mathrm{R}^2$ が，次の条件を満たすとき，S を **開集合** という。領域 S 内の各点 $(a,\ b)$ に対して，ある正の実数 δ が存在して，次が成り立つ。
$$\{(x,\ y) \in \mathrm{R}^2 \mid d((x,\ y),\ (a,\ b)) < \delta\} \subset S$$

開集合と閉集合の定理

集合 $S \subset \mathrm{R}^2$ が閉集合であるための必要十分条件は，S の補集合が開集合であることである。

なお，R^2 内の弧状連結である集合を **領域** といい，特に開集合である場合は **開領域** という。

基本 例題 075 $(x, y) \to (1, 0)$ のとき $f(x, y)$ の極限が1の証明 ★★☆

2変数関数 $f(x, y) = x - y$ に対して，$\displaystyle\lim_{(x,y)\to(1,0)} f(x, y) = 1$ を示せ。

◢ p.121 基本事項A

GUIDE & SOLUTION

多変数関数の極限の定義 $(p.121)$ に従って，任意の正の実数 ε に対して，正の実数 δ をどのようにとるかがポイントになる。
$$|f(x, y) - 1| = |(x - y) - 1| = |(x - 1) - y|$$
であり，三角不等式の性質から
$$|(x - 1) - y| \leq |x - 1| + |y|$$
また，$0 < d((x, y), (1, 0)) < \delta$ を満たす (x, y) に対して $|x - 1| < \delta$，$|y| < \delta$ であることに着目する。

解答

任意の正の実数 ε に対して，$\delta = \dfrac{\varepsilon}{2}$ とする。

このとき，$0 < d((x, y), (1, 0)) < \delta$ を満たすすべての (x, y) に対して
$$|f(x, y) - 1| = |(x - y) - 1| = |(x - 1) - y|$$
$$\leq |x - 1| + |y|$$

ここで
$$|x - 1| = \sqrt{(x-1)^2} \leq \sqrt{(x-1)^2 + y^2}$$
$$= d((x, y), (1, 0)) < \delta$$
$$|y| = \sqrt{y^2} \leq \sqrt{(x-1)^2 + y^2}$$
$$= d((x, y), (1, 0)) < \delta$$

ゆえに
$$|f(x, y) - 1| \leq |x - 1| + |y|$$
$$< \frac{\varepsilon}{2} + \frac{\varepsilon}{2} = \varepsilon$$

よって，$0 < d((x, y), (1, 0)) < \delta$ を満たし，かつ，関数 $f(x, y)$ の定義域に含まれるすべての (x, y) について $|f(x, y) - 1| < \varepsilon$ が成り立つ。

したがって $\displaystyle\lim_{(x,y)\to(1,0)} f(x, y) = 1$ ■

PRACTICE … 59

2変数関数 $f(x, y) = 2x - 3y + 1$ に対して，$\displaystyle\lim_{(x,y)\to(1,-1)} f(x, y) = 6$ を示せ。

基本 例題 076　$(x, y) \longrightarrow (0, 0)$ のとき $f(x, y)$ が極限をもたない証明(1)　★★☆

2変数関数 $f(x, y) = \dfrac{x^3 + 2y^3}{2x^3 + y^3}$ は，$(x, y) \longrightarrow (0, 0)$ のとき極限をもたない

ことを示せ。　　　　　　　　　　　　　　　　　　　　◢ p.121 **基本事項A**

GUIDE & SOLUTION

　1変数関数の極限においては，正または負の方向からの近づけ方のみであるが，2変数関数の極限においては，無数の近づけ方が存在する。極限をもつということは，近づける方法によらずに一定の値に近づくということである。

　この問題のように，原点 $(0, 0)$ に近づけるとき，2変数関数が極限をもたないことを示すためには，まず原点を通る傾きが m の直線に沿って，点 (x, y) を原点に近づけてみよう。

　$x \neq 0$ である点 (x, mx) を $x \longrightarrow 0$ として原点に近づけたときに，極限が m の値に依存すれば，2変数関数は極限をもたない。

解 答

原点 $(0, 0)$ を通る直線 $\ell : y = mx$ に沿って，(x, y) を $(0, 0)$ に近づける。

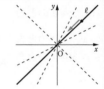

$x \neq 0$ のとき　　$f(x, mx) = \dfrac{(1 + 2m^3)x^3}{(2 + m^3)x^3} = \dfrac{1 + 2m^3}{2 + m^3}$

$x \longrightarrow 0$ のとき，$f(x, mx)$ は $\dfrac{1 + 2m^3}{2 + m^3}$ に収束する。

ところが，$\dfrac{1 + 2m^3}{2 + m^3}$ は，直線 ℓ の傾き，すなわち m の値に依存している。

実際，$m = 1$ のとき $\dfrac{1 + 2m^3}{2 + m^3} = 1$ であるが，$m = -1$ のとき $\dfrac{1 + 2m^3}{2 + m^3} = -1$ である。

したがって，(x, y) を $(0, 0)$ に近づけたとき，関数 $f(x, y)$ が近づく値は，(x, y) の $(0, 0)$ への近づけ方に依存する。

以上から，関数 $f(x, y)$ は $(x, y) \longrightarrow (0, 0)$ のとき極限をもたない。　■

INFORMATION

(x, y) を $(r\cos\theta, r\sin\theta)$ と極座標表示し，$r \longrightarrow 0$ としたときの
$f(r\cos\theta, r\sin\theta)$ の極限値が偏角 θ に依存することを示してもよい。

PRACTICE … 60

2変数関数 $f(x, y) = \dfrac{3x^2 - y^2}{x^2 + 2y^2}$ は，$(x, y) \longrightarrow (0, 0)$ のとき極限をもたないことを示せ。

基本 例題 077 $(x, y) \longrightarrow (0, 0)$ のとき $f(x, y)$ が極限をもたない証明(2) ★★☆

2変数関数 $f(x, y) = \dfrac{x^2 y}{x^4 + y^2}$ について，次の問いに答えよ。

(1) 直線 $y = mx$ $(m \neq 0)$ に沿って $(x, y) \longrightarrow (0, 0)$ と近づけたとき，関数 $f(x, y)$ が m の値によらず 0 に近づくことを示せ。

(2) 曲線 $y = mx^2$ $(m \neq 0)$ に沿って $(x, y) \longrightarrow (0, 0)$ と近づけたとき，関数 $f(x, y)$ は極限をもたないことを示せ。 ◢ p. 121 基本事項A

GUIDE & **S**OLUTION

(1) $f(x, mx)$ が $x \longrightarrow 0$ のときの極限が 0 に収束することを示す。
   ただし，この結果だけで $(x, y) \longrightarrow (0, 0)$ のとき，$f(x, y)$ が極限をもつと断定してはいけない。

(2) $f(x, mx^2)$ の $x \longrightarrow 0$ のときの極限が m の値に依存することを示す。

解 答

(1) $x \neq 0$ のとき $\qquad f(x, mx) = \dfrac{mx^3}{(x^2 + m^2)x^2} = \dfrac{mx}{x^2 + m^2}$

$x \longrightarrow 0$ のとき，$f(x, mx)$ は m の値によらず 0 に近づく。 ∎

(2) $x \neq 0$ のとき

$$f(x, mx^2) = \dfrac{mx^4}{(1 + m^2)x^4} = \dfrac{m}{1 + m^2}$$

$x \longrightarrow 0$ のとき，$f(x, mx^2)$ は $\dfrac{m}{1 + m^2}$ に収束する。

ところが，$\dfrac{m}{1 + m^2}$ は，m の値に依存している。

実際，$m = 1$ のとき $\dfrac{m}{1 + m^2} = \dfrac{1}{2}$ であるが，$m = -1$ のとき $\dfrac{m}{1 + m^2} = -\dfrac{1}{2}$ である。

したがって，(x, y) を $(0, 0)$ に近づけたとき，関数 $f(x, y)$ が近づく値は，(x, y) の $(0, 0)$ への近づけ方に依存する。

以上から，関数 $f(x, y)$ は $(x, y) \longrightarrow (0, 0)$ のとき極限をもたない。 ∎

PRACTICE … 61

2変数関数 $f(x, y) = \dfrac{2x^3 y}{x^6 + y^2}$ は，$(x, y) \longrightarrow (0, 0)$ のとき極限をもたないことを示せ。

基本 例題 **078** 場合分けのある2変数関数の連続性の判定 ★★☆

関数 $f(x,\ y)=\begin{cases} \dfrac{xy^2}{x^2+y^2} & ((x,\ y)\ne(0,\ 0)) \\ 0 & ((x,\ y)=(0,\ 0)) \end{cases}$ は R^2 で連続かどうか調べよ。

◢ p. 121 **基本事項 B**

GUIDE & SOLUTION

連続性が問題になるのは原点のみであるから，関数 $f(x,\ y)$ の原点での連続性を定義に従って考える。
また，関数 $f(x,\ y)$ が $(x,\ y)\longrightarrow(0,\ 0)$ のとき極限をもつことを示す際は，関数 $f(x,\ y)$ の近づく値が，$(x,\ y)$ の $(0,\ 0)$ への近づけ方に依存せずに一定の値に近づくことを示す。そこで，$(x,\ y)$ を $(r\cos\theta,\ r\sin\theta)$ と極座標表示し，$r\longrightarrow0$ としたときの $f(r\cos\theta,\ r\sin\theta)$ の極限値が偏角 θ に依存せずに 0 に収束することを示す。

(解答)

$(x,\ y)\ne(0,\ 0)$ のとき $x^2+y^2\ne0$ であるから，$(x,\ y)\ne(0,\ 0)$ において関数 $f(x,\ y)$ は確かに定義されている。
また，$(x,\ y)\ne(0,\ 0)$ のときの $f(x,\ y)$ は $x,\ y$ についての有理関数であるから，連続である。
$(x,\ y)$ を極座標表示して $(x,\ y)=(r\cos\theta,\ r\sin\theta)$ とすると，$(x,\ y)\ne(0,\ 0)$ では $r>0$ である。

このとき　$f(r\cos\theta,\ r\sin\theta)=\dfrac{r^3\cos\theta\sin^2\theta}{r^2(\cos^2\theta+\sin^2\theta)}=r\cos\theta\sin^2\theta$

ゆえに　$0\le|f(r\cos\theta,\ r\sin\theta)|=|r|\cos\theta\sin^2\theta|=|r||\cos\theta||\sin^2\theta|\le|r|$

$\lim\limits_{r\to0}r=0$ であるから　$\lim\limits_{r\to0}|f(r\cos\theta,\ r\sin\theta)|=0$　◀はさみうちの原理により。

これは，$r\longrightarrow0$ で偏角 θ に依存せず関数 $f(r\cos\theta,\ r\sin\theta)$ が 0 に収束することを示す。
よって　$\lim\limits_{(x,y)\to(0,0)}f(x,\ y)=0$

したがって，$\lim\limits_{(x,y)\to(0,0)}f(x,\ y)=f(0,\ 0)$ が成り立つから，関数 $f(x,\ y)$ は原点でも連続である。
以上から，関数 $f(x,\ y)$ は R^2 で **連続である**。

PRACTICE … 62

関数 $f(x,\ y)=\begin{cases} \dfrac{\sin(\sqrt{x^2+y^2})}{\sqrt{x^2+y^2}} & ((x,\ y)\ne(0,\ 0)) \\ 1 & ((x,\ y)=(0,\ 0)) \end{cases}$ は R^2 で連続かどうか調べよ。

重要 例題 **079** 合成関数 $g(f(x, y))$ が連続であることの証明　★★★

　2変数関数 $f(x, y)$ と1変数関数 $g(t)$ があり，$f(x, y)$ の値域が $g(t)$ の定義域に含まれているとする。このとき，関数 $f(x, y)$，$g(t)$ がともに連続であるならば，合成関数 $g(f(x, y))$ も連続であることを示せ。　◢ p.122 基本事項B

GUIDE & SOLUTION

　　(a, b) を関数 $f(x, y)$ の定義域内の点とするとき，
　　$\lim\limits_{(x,y)\to(a,b)} g(f(x, y))=g(f(a, b))$ となることを，$\varepsilon-\delta$ 論法を用いて示す。すなわち，任意の正の実数 ε に対して，$d((x, y), (a, b))<\delta$ を満たし，かつ，関数 $f(x, y)$ の定義域に含まれるすべての (x, y) について
　　$|g(f(x, y))-g(f(a, b))|<\varepsilon$ が成り立つことを示す。
　　まずは，関数 $f(x, y)$，$g(t)$ がともに連続であることを，定義に従って表す。

解答

関数 $f(x, y)$ の定義域を $S\subset\mathbb{R}^2$ とし，$(a, b)\in S$ とする。
$f(x, y)$ の値域が $g(t)$ の定義域に含まれ，$g(t)$ は連続であるから
　　　　$\lim\limits_{t\to f(a,b)} g(t)=g(f(a, b))$
よって，任意の正の実数 ε に対して，ある正の実数 δ' が存在して，$0<|t-f(a, b)|<\delta'$ を満たし，かつ，$g(t)$ の定義域に含まれるすべての t について $|g(t)-g(f(a, b))|<\varepsilon$ が成り立つ。
また，$f(x, y)$ は連続であるから　　　　$\lim\limits_{(x,y)\to(a,b)} f(x, y)=f(a, b)$
よって，上で定めた δ' に対して，ある正の実数 δ が存在して，$0<d((x, y), (a, b))<\delta$ を満たし，かつ，S に含まれるすべての (x, y) について $f(x, y)\neq f(a, b)$ ならば
$|f(x, y)-f(a, b)|<\delta'$ が成り立つ。
この不等式は，$f(x, y)=f(a, b)$ ならば明らかに成り立つ。
ゆえに，$0<d((x, y), (a, b))<\delta$ を満たし，かつ，S に含まれるすべての (x, y) について $|g(f(x, y))-g(f(a, b))|<\varepsilon$ が成り立つ。
したがって，$\lim\limits_{(x,y)\to(a,b)} g(f(x, y))=g(f(a, b))$ が成り立つから，$g(f(x, y))$ も連続である。　■

PRACTICE … 63

　1変数関数 $f(x)$，$g(y)$ と2変数関数 $h(s, t)$ があり，$f(x)$，$g(y)$ の値域をそれぞれ X，Y とするとき，集合 $\{(p, q) \mid p\in X, q\in Y\}$ が $h(s, t)$ の定義域に含まれているとする。このとき，関数 $f(x)$，$g(y)$，$h(s, t)$ がすべて連続であるならば，合成関数 $h(f(x), g(y))$ も連続であることを示せ。

基本 例題 **080** 方程式 $f(x, y)=0$ が解をもつ証明 (中間値の定理) ★★☆

方程式 $xy\log(x^2+y^2)-1=0$ が，$1\leqq x\leqq 2$ かつ $1\leqq y\leqq 2$ の範囲に少なくとも1つの解をもつことを示せ。ただし，集合 $\{(x, y)\in R^2 \mid 1\leqq x\leqq 2,\ 1\leqq y\leqq 2\}$ が弧状連結であることはわかっているものとする。 ◢ p. 122 **基本事項** C

Gᴜɪᴅᴇ & Sᴏʟᴜᴛɪᴏɴ

集合 $\{(x, y)\in R^2 \mid 1\leqq x\leqq 2,\ 1\leqq y\leqq 2\}$（$=S$ とおく）が弧状連結であるとは，集合 S 内の任意の2点が S 内の弧，すなわち連続な関数で与えられる曲線によって結べるということである。この定義から導かれる，p. 122 で扱った，2変数関数の中間値の定理を用いて証明する。まず，例えば $f(1, 1)$，$f(2, 2)$ を考える。

解答

$f(x, y)=xy\log(x^2+y^2)-1$，$S=\{(x, y)\in R^2 \mid 1\leqq x\leqq 2,\ 1\leqq y\leqq 2\}$ とすると，関数 $f(x, y)$ は S 上で連続である。また，$f(1, 1)=\log 2-1<0$，$f(2, 2)=4\log 8-1>0$ である。よって，中間値の定理により，方程式 $f(x, y)=0$ は $1\leqq x\leqq 2$ かつ $1\leqq y\leqq 2$ の範囲に少なくとも1つの解をもつ。 ■

研究 集合 $\{(x, y)\in R^2 \mid 1\leqq x\leqq 2,\ 1\leqq y\leqq 2\}$ は正方形領域であり，この領域内の任意の2点が領域内の弧である線分で結べるから，この領域は弧状連結である。下のPRACTICE の領域 D も同様。なお，弧状連結性の厳密な定義は次で与えられる。

定義 弧状連結性

[1] R^n の **弧** とは，閉区間 $[0, 1]$ 上の n 個の連続関数 $x_i=\sigma_i(t)$ $(i=1, 2, \dots\dots, n)$ によってパラメータ付けされた点 $\sigma(t)=(\sigma_1(t), \sigma_2(t), \dots\dots, \sigma_n(t))\in R^n$ の軌跡 $\sigma=\{\sigma(t) \mid 0\leqq t\leqq 1\}$ である（上の図）。このとき，$\sigma(0)$ を弧 σ の始点，$\sigma(1)$ を弧 σ の終点と呼び，これらを総称して弧 σ の端点という。

[2] R^n の弧 σ が，R^n の部分集合 S に含まれる，すなわち $\sigma\subset S$ であるとき，**σ は S 内の弧である** という。

[3] R^n の部分集合 S の任意の2点 $x\in S$，$y\in S$ について，x，y を端点とする S 内の弧 σ が少なくとも1つ存在するとき，**S は弧状連結である** という。

Pʀᴀᴄᴛɪᴄᴇ … 64

$D=\{(x, y)\in R^2 \mid x^2+y^2\leqq 1\}$ とする。方程式 $\sinh(x-1)+\cosh(y+1)=0$ が，領域 D 内に解をもつことを示せ。ただし，D が弧状連結であることはわかっているものとする。

重要 例題 **081** R²の部分集合が有界閉集合であることの証明 ★★★

R²の部分集合 $\{(x, y)\in R^2 \mid 0\leq x\leq 1,\ 0\leq y\leq 1\}$ が有界閉集合であることを示せ。

◢ *p.* 123 **基本事項**C

GUIDE & **S**OLUTION

p. 123 で扱った有界閉集合の定義の条件を満たすことを証明する。

なお，$S\subset R^2$ に対して，有界閉集合の定義における閉集合性，すなわち

「任意の正の実数 ε に対して，$\{(x, y)\in R^2 \mid d((x, y), (a, b))<\varepsilon\}\cap S\neq\varnothing$，$\{(x, y)\in R^2 \mid d((x, y), (a, b))<\varepsilon\}\cap\overline{S}\neq\varnothing$ をともに満たす点 (a, b) はすべて S に含まれる。」

を満たす点 (a, b) を領域 S の境界点という。

(解)(答)

$S=\{(x, y)\in R^2 \mid 0\leq x\leq 1,\ 0\leq y\leq 1\}$ とする。このとき　　$S\subset\{(x, y)\in R^2 \mid x^2+y^2<4\}$

よって，S は有界である。

次に，S のすべての境界点からなる集合が，次の集合 T の部分集合であることを示す。

$$T=\{(x, y)\in R^2 \mid 0\leq x\leq 1,\ y=0\}\cup\{(x, y)\in R^2 \mid 0\leq x\leq 1,\ y=1\}$$
$$\cup\{(x, y)\in R^2 \mid x=0,\ 0\leq y\leq 1\}\cup\{(x, y)\in R^2 \mid x=1,\ 0\leq y\leq 1\}$$

また，S における，T の補集合を $S\backslash T$ とする。

[I]　$(a, b)\in S\backslash T$ のとき

$\varepsilon=\min\{a, b, 1-a, 1-b\}$ とすると　　$\{(x, y)\in R^2 \mid d((x, y), (a, b))<\varepsilon\}\cap\overline{S}=\varnothing$

[II]　$(a, b)\in\overline{S}$ のとき

[1]　$a<0$ または $b<0$ のとき

$\varepsilon=\min\{|a|, |b|\}$ とすると　　$\{(x, y)\in R^2 \mid d((x, y), (a, b))<\varepsilon\}\cap S=\varnothing$

[2]　$a>0$ かつ $b>0$ のとき

$\varepsilon=\min\{|a-1|, |b-1|\}$ とすると　　$\{(x, y)\in R^2 \mid d((x, y), (a, b))<\varepsilon\}\cap S=\varnothing$

[3]　$a=0$ のとき

$\varepsilon=\min\{|b|, |b-1|\}$ とすると　　$\{(x, y)\in R^2 \mid d((x, y), (a, b))<\varepsilon\}\cap S=\varnothing$

[4]　$b=0$ のとき

$\varepsilon=\min\{|a|, |a-1|\}$ とすると　　$\{(x, y)\in R^2 \mid d((x, y), (a, b))<\varepsilon\}\cap S=\varnothing$

[I]，[II] から，T に含まれないすべての点は S の境界点ではない。

よって，S のすべての境界点からなる集合は T の部分集合である。　　◀対偶により。

以上から，S は有界閉集合である。　■

PRACTICE ··· **65**

R²の部分集合 $\{(x, y)\in R^2 \mid x^2+y^2\leq 1\}$ が閉集合であることを証明せよ。

重要 例題 082　R^2 の部分集合が開集合であることの証明　★★★

R^2 の部分集合 $\{(x,\ y)\in\mathrm{R}^2\,|\,x^2+y^2<1\}$ が開集合であることを示せ。

◢ *p.* 123 基本事項C

$\mathcal{G}$UIDE & $\mathcal{S}$OLUTION

$S=\{(x,\ y)\in\mathrm{R}^2\,|\,x^2+y^2<1\}$ とし，S が *p.* 123 で扱った開集合の定義を満たすことを示す。すなわち，S が次の条件を満たすことを示す。

　　領域 S 内の各点 $(a,\ b)$ に対して，ある正の実数 δ が存在して，
　　$\{(x,\ y)\in\mathrm{R}^2\,|\,d((x,\ y),\ (a,\ b))<\delta\}\subset S$ が成り立つ。

解 答

$S=\{(x,\ y)\in\mathrm{R}^2\,|\,x^2+y^2<1\}$ とする。

任意の $(a,\ b)\in S$ に対して，$\delta=1-\sqrt{a^2+b^2}$ とする。

ここで，$0\leq\sqrt{a^2+b^2}<1$ であるから

　　　　$\delta>0$

このとき

　　　　$\{(x,\ y)\in\mathrm{R}^2\,|\,d((x,\ y),\ (a,\ b))<\delta\}\subset S$

が成り立つ。

したがって，領域 S は開集合である。　∎

参考　$x\in\mathrm{R}^n$ と $\varepsilon>0$ に対して，$N(x,\ \varepsilon)=\{y\in\mathrm{R}^n\,|\,d(x,\ y)<\varepsilon\}$ と表記することにすると，解答中の領域 $\{(x,\ y)\in\mathrm{R}^2\,|\,d((x,\ y),\ (a,\ b))<\delta\}$ は次のように書くことができる。

　　　　$\{(x,\ y)\in\mathrm{R}^2\,|\,d((x,\ y),\ (a,\ b))<\delta\}=N((a,\ b),\ \delta)$

集合 $N(x,\ \varepsilon)$ を，x の ε 近傍 という。

この表記を用いると，$(x,\ y)\longrightarrow(a,\ b)$ のとき，関数 $f(x,\ y)$ の極限が α となることの定義の条件は次のように書ける。

「任意の正の実数 ε に対して，ある正の実数 δ が存在して，$(x,\ y)\in N((a,\ b),\ \delta)$ かつ $(x,\ y)\neq(a,\ b)$ を満たし，かつ，関数 $f(x,\ y)$ の定義域に含まれるすべての $(x,\ y)$ について $|f(x,\ y)-\alpha|<\varepsilon$ となる」

$\mathcal{P}$RACTICE … 66

R^2 の 1 点だけからなる部分集合は閉集合であることを示せ。

EXERCISES

38 以下の点の座標を求めよ。

(1) R^3 内の平面 $y=-2$ と平面 $z=3$ の共通部分に含まれている点で，原点との距離が $2\sqrt{5}$ となる点。

(2) (1)で求めた点から，zx 平面に下ろした垂線の足。

39 R^n 内の点 $P(x_1, x_2, \cdots\cdots, x_n)$，$Q(y_1, y_2, \cdots\cdots, y_n)$ に対して，点Pと点Qが一致するための必要十分条件は $d(P, Q)=0$ であることを示せ。

40 次の2変数関数の定義域を答え，値域を求めよ。

(1) $f(x, y)=\sqrt{1-x^2-y^2}$
(2) $f(x, y)=\dfrac{3y}{x^2-6}$

41 平面 $x=a$（a は定数）と yz 平面を同一視したとき，2変数関数 $f(x, y)=x^2+y^2+1$ のグラフを，平面 $x=a$ で切ったときの切り口を yz 平面上に図示せよ。

42 2変数関数 $f(x, y)=\dfrac{xy-x}{x^2+y^2-2y+1}$ は，$(x, y) \longrightarrow (0, 1)$ のとき極限をもたないことを示せ。

43 関数 $f(x, y)=\begin{cases} xy\log\sqrt{x^2+y^2} & ((x, y)\neq(0, 0)) \\ 0 & ((x, y)=(0, 0)) \end{cases}$ が R^2 で連続かどうか調べよ。

44 xy 平面から放物線 $y=x^2$ を除いた領域をDとし，Dにおいて定義された関数

$f(x, y)=\dfrac{y^2-2x}{x^2-y}$ を考える。D 内の点 (x, y) が曲線 $y^2(1-x)=x^2(1+x)$ に沿って原点に近づく場合を考えて，関数 $f(x, y)$ が $(x, y) \longrightarrow (0, 0)$ のとき極限をもたないことを示せ。

!Hint **38** (2) 与えられた点から下ろした垂線と与えられた直線または平面との交点を **垂線の足** という。

43 はさみうちの原理とロピタルの定理を利用。

第 5 章

微分（多変数）

1　多変数関数の微分（偏微分）
2　多変数関数の微分（全微分）
3　多変数関数の高次の偏微分
4　多変数関数の微分法の応用

例 題 一 覧

▶1 多変数関数の微分（偏微分）

基本事項

A　偏微分

定義　偏微分係数

定義域が点 (a, b) を含む，R^2 内の開領域である2変数関数 $f(x, y)$ について，$y=b$ を固定して極限値

$$\lim_{x \to a} \frac{f(x, b) - f(a, b)}{x - a} \qquad \text{または} \qquad \lim_{h \to 0} \frac{f(a+h, b) - f(a, b)}{h}$$

が存在するとき，その極限値を 関数 $f(x, y)$ の点 (a, b) における x についての

偏微分係数 といい，$\dfrac{\partial f}{\partial x}(a, b)$ または $f_x(a, b)$ と表す。

同様に，$x=a$ を固定して極限値

$$\lim_{y \to b} \frac{f(a, y) - f(a, b)}{y - b} \qquad \text{または} \qquad \lim_{h \to 0} \frac{f(a, b+h) - f(a, b)}{h}$$

が存在するとき，その極限値を 関数 $f(x, y)$ の点 (a, b) における y についての

偏微分係数 といい，$\dfrac{\partial f}{\partial y}(a, b)$ または $f_y(a, b)$ と表す。

2変数関数 $f(x, y)$ が点 (a, b) において，x についての偏微分係数と y についての偏微分係数をともにもつとき，**関数 $f(x, y)$ は点 (a, b) で偏微分可能である** という。

なお，∂ はラウンド，ラウンド・ディー等と読む。

B　偏導関数

定義　偏導関数

2変数関数 $f(x, y)$ が開領域 U のすべての点で x について偏微分可能であるとする。このとき，各点 $(a, b) \in U$ に対して，点 (a, b) における関数 $f(x, y)$ の x についての偏微分係数 $f_x(a, b)$ を対応させることで，U を定義域とする関数を新たに定めることができる。この関数を，**関数 $f(x, y)$ の x についての偏導関数** といい，次のように表す。

$$\frac{\partial f}{\partial x}(x, y) \qquad \text{または} \qquad f_x(x, y)$$

また，**関数 $f(x, y)$ の y についての偏導関数** も同様に定義し，次のように表す。

$$\frac{\partial f}{\partial y}(x, y) \qquad \text{または} \qquad f_y(x, y)$$

基本 例題 **083** 2変数関数の偏微分係数の計算 ★☆☆

次の 2 変数関数の点 (a, b) における偏微分係数 $\dfrac{\partial f}{\partial x}(a, b)$, $\dfrac{\partial f}{\partial y}(a, b)$ を求めよ。

(1) $f(x, y)=x^3-3xy+y^3$ 　　　　(2) $f(x, y)=xe^{x+y^2}$ ◢ p.134 基本事項A

GUIDE & **S**OLUTION

$\dfrac{\partial f}{\partial x}(a, b)$ とは $f(x, y)$ に $y=b$ を代入して得られる $f(x, b)$ を x で微分して $x=a$ を代入したものであり，$\dfrac{\partial f}{\partial y}(a, b)$ とは $f(x, y)$ に $x=a$ を代入して得られる $f(a, y)$ を y で微分して $y=b$ を代入したものである。

解 答

(1) $f(x, y)=x^3-3xy+y^3$ ……① とする。

① に $y=b$ を代入して 　　$f(x, b)=x^3-3bx+b^3$

x で微分すると 　$\dfrac{\partial f}{\partial x}(x, b)=3x^2-3b$ 　$x=a$ を代入して 　$\dfrac{\partial f}{\partial x}(a, b)=\boldsymbol{3a^2-3b}$

また，① に $x=a$ を代入して 　　$f(a, y)=a^3-3ay+y^3$

y で微分すると 　$\dfrac{\partial f}{\partial y}(a, y)=-3a+3y^2$ 　$y=b$ を代入して 　$\dfrac{\partial f}{\partial y}(a, b)=\boldsymbol{-3a+3b^2}$

(2) $f(x, y)=xe^{x+y^2}$ ……② とする。

② に $y=b$ を代入して 　　$f(x, b)=xe^{x+b^2}$

x で微分すると 　$\dfrac{\partial f}{\partial x}(x, b)=(1+x)e^{x+b^2}$ 　$x=a$ を代入して 　$\dfrac{\partial f}{\partial x}(a, b)=\boldsymbol{(1+a)e^{a+b^2}}$

また，② に $x=a$ を代入して 　　$f(a, y)=ae^{a+y^2}$

y で微分すると 　$\dfrac{\partial f}{\partial y}(a, y)=2aye^{a+y^2}$ 　$y=b$ を代入して 　$\dfrac{\partial f}{\partial y}(a, b)=\boldsymbol{2abe^{a+b^2}}$

PRACTICE … **67**

次の 2 変数関数の点 (a, b) における偏微分係数 $\dfrac{\partial f}{\partial x}(a, b)$, $\dfrac{\partial f}{\partial y}(a, b)$ を求めよ。

(1) $f(x, y)=y\cos(x^2+3y)$ 　　　　(2) $f(x, y)=\dfrac{y}{\sqrt{x^2+y^2}}$

基本 例題 084　2変数関数の偏導関数の計算　★☆☆

次の2変数関数 $f(x, y)$ について，偏導関数 $\dfrac{\partial f}{\partial x}(x, y)$, $\dfrac{\partial f}{\partial y}(x, y)$ を求めよ。

(1)　$f(x, y) = \dfrac{x-y}{x+y}$　　　　　(2)　$f(x, y) = \mathrm{Tan}^{-1}\dfrac{y}{x}$　$(x \neq 0)$

p. 134 基本事項B

GUIDE & SOLUTION

偏導関数 $\dfrac{\partial f}{\partial x}(x, y)$ は関数 $f(x, y)$ を，y を定数とみて x で微分して求め，偏導関数 $\dfrac{\partial f}{\partial y}(x, y)$ は関数 $f(x, y)$ を，x を定数とみて y で微分して求める。

下の解答のように，偏導関数の定義における，関数 $f(x, y)$ のグラフ上の各点 (a, b) で考える手順は形式的に省いてよい。

解答

(1)　$f(x, y) = \dfrac{x-y}{x+y}$ を，y を定数とみて x で微分して

$$\frac{\partial f}{\partial x}(x, y) = \frac{2y}{(x+y)^2}$$

同様に，$f(x, y) = \dfrac{x-y}{x+y}$ を，x を定数とみて y で微分して

$$\frac{\partial f}{\partial y}(x, y) = -\frac{2x}{(x+y)^2}$$

(2)　$f(x, y) = \mathrm{Tan}^{-1}\dfrac{y}{x}$ を，y を定数とみて x で微分して

$$\frac{\partial f}{\partial x}(x, y) = -\frac{y}{x^2+y^2}$$

同様に，$f(x, y) = \mathrm{Tan}^{-1}\dfrac{y}{x}$ を，x を定数とみて y で微分して

$$\frac{\partial f}{\partial y}(x, y) = \frac{x}{x^2+y^2}$$

PRACTICE … 68

次の2変数関数 $f(x, y)$ について，偏導関数 $\dfrac{\partial f}{\partial x}(x, y)$, $\dfrac{\partial f}{\partial y}(x, y)$ を求めよ。

(1)　$f(x, y) = \log\sqrt{3x^2+y}$

(2)　$f(x, y) = e^{-(x^2+y^2)}(\sin x + \cos y)$　$((x, y) \neq (0, 0))$

2 ▶ 多変数関数の微分（全微分）

基本事項

A 全微分

2変数関数において，2つの変数が同時に互いに依存しながら変化する場合の微分可能性を，次で定義する。

定義 2変数関数の全微分可能性

定義域が点 (a, b) を含む開領域 U である2変数関数 $f(x, y)$ について，ある定数 m, n が存在して次の等式を満たすとき，**関数 $f(x, y)$ は点 (a, b) で全微分可能である** という。

$$\lim_{(x,y)\to(a,b)} \frac{f(x, y)-\{m(x-a)+n(y-b)+f(a, b)\}}{\sqrt{(x-a)^2+(y-b)^2}}=0$$

更に，$f(x, y)$ が，U 内の任意の点 (a, b) で全微分可能であるとき，**関数 $f(x, y)$ は開領域 U 上で全微分可能である** という。

上の定義の式を1変数関数の場合の式と比較すると，分母の「$x-a$」が「$\sqrt{(x-a)^2+(y-b)^2}$」に変わっている。これは，数直線上の2点間の距離の拡張が平面上のユークリッド距離であることによる。

B 全微分可能性と偏微分係数

全微分可能性と偏微分係数の定理

定義域が点 (a, b) を含む開領域である2変数関数 $f(x, y)$ が点 (a, b) で全微分可能であるならば，点 (a, b) において偏微分係数 $f_x(a, b)$，$f_y(a, b)$ がともに存在し，次が成り立つ。

$$\lim_{(x,y)\to(a,b)} \frac{f(x, y)-\{f_x(a, b)(x-a)+f_y(a, b)(y-b)+f(a, b)\}}{\sqrt{(x-a)^2+(y-b)^2}}=0$$

この定理から，2変数関数 $f(x, y)$ が点 (a, b) で全微分可能であるならば，関数 $f(x, y)$ は点 (a, b) で偏微分可能である，すなわち，x についての偏微分係数 $f_x(a, b)$ と y についての偏微分係数 $f_y(a, b)$ がともに存在することがわかる。対偶を考えて，関数 $f(x, y)$ の点 (a, b) における偏微分係数が存在しないならば，関数 $f(x, y)$ は点 (a, b) で全微分可能でない。

C 接平面

定義 接平面

2変数関数 $f(x, y)$ が点 (a, b) で全微分可能であるとき，次の方程式で与えられる平面を，関数 $z = f(x, y)$ のグラフ上の点 $(a, b, f(a, b))$ における **接平面** という。
$$z = f_x(a, b)(x-a) + f_y(a, b)(y-b) + f(a, b)$$

D 全微分可能性と連続性

2変数関数 $f(x, y)$ が点 (a, b) で偏微分可能であっても，点 (a, b) で連続であるとは限らないが，点 (a, b) で全微分可能であるときは次が成り立つ。

全微分可能性と連続性の定理

2変数関数 $f(x, y)$ が点 (a, b) で全微分可能であるならば，関数 $f(x, y)$ は点 (a, b) で連続である。

全微分可能性と偏微分係数の定理により，2変数関数 $f(x, y)$ が点 (a, b) で全微分可能であるならば，関数 $f(x, y)$ は点 (a, b) において偏微分可能である。ところが，全微分可能性と連続性の定理から，その逆は成り立たないことがわかる。

E 偏導関数の連続性と全微分可能性

偏導関数の連続性と全微分可能性の定理

$f(x, y)$ を定義域が開領域 $U \subset \mathbb{R}^2$ を含む2変数関数とし，$(a, b) \in U$ とする。U上で関数 $f(x, y)$ の偏導関数 $f_x(x, y)$, $f_y(x, y)$ がともに存在し，それらが点 (a, b) で連続であるならば，関数 $f(x, y)$ は点 (a, b) で全微分可能である。

後で定義するように，関数 $f(x, y)$ の偏導関数 $f_x(x, y)$, $f_y(x, y)$ がともに存在し，それらが連続であるとき，関数 $f(x, y)$ を **C^1 級関数** という。
上の定理により，2変数関数 $f(x, y)$ について，次が成り立つ。

$$\boxed{f(x, y) \text{ が } C^1 \text{ 級}} \Longrightarrow \boxed{f(x, y) \text{ が全微分可能}} \Longrightarrow \boxed{f(x, y) \text{ が偏微分可能}}$$

2つの $\Longrightarrow$ について，それらの逆は成り立たない。

F 合成関数の微分

2変数関数と1変数関数との合成関数の微分の定理

$z = f(x, y)$ を，開領域 $U \subset \mathbb{R}^2$ 上で全微分可能な2変数関数とする。$x = \varphi(t)$, $y = \psi(t)$ を開区間 I 上で定義された微分可能な関数とし，すべての $t \in I$ について $(\varphi(t), \psi(t)) \in U$ であるとする。このとき，t についての関数 $f(\varphi(t), \psi(t))$ は I 上で微分可能であり，その導関数は次で与えられる。

$$\frac{d}{dt} f(\varphi(t), \psi(t)) = \frac{\partial}{\partial x} f(\varphi(t), \psi(t)) \cdot \frac{d}{dt}\varphi(t) + \frac{\partial}{\partial y} f(\varphi(t), \psi(t)) \cdot \frac{d}{dt}\psi(t)$$

上の等式を，独立変数を省略して従属変数のみで表すと

$$\frac{dz}{dt}=\frac{\partial z}{\partial x}\cdot\frac{dx}{dt}+\frac{\partial z}{\partial y}\cdot\frac{dy}{dt}$$

とみやすい形になる。ただし，この両辺の関数はともに t を独立変数とする関数であることに注意する。例えば，右辺を計算した際に，最終的に x, y の変数は残らない。

2変数関数と2変数関数との合成関数の微分の定理

$z=f(x, y)$ を，平面上の開領域 U 上で全微分可能な2変数関数とする。$x=\varphi(u, v)$，$y=\psi(u, v)$ を平面上の開領域 V 上で定義された偏微分可能な関数とし，すべての $(u, v)\in V$ について $(\varphi(u, v), \psi(u, v))\in U$ であるとする。

このとき，(u, v) についての2変数関数 $z=f(\varphi(u, v), \psi(u, v))$ は V 上で偏微分可能であり，その偏導関数は次で与えられる。

$$\frac{\partial}{\partial u}f(\varphi(u, v), \psi(u, v))=\frac{\partial}{\partial x}f(\varphi(u, v), \psi(u, v))\cdot\frac{\partial}{\partial u}\varphi(u, v)$$
$$+\frac{\partial}{\partial y}f(\varphi(u, v), \psi(u, v))\cdot\frac{\partial}{\partial u}\psi(u, v)$$

および

$$\frac{\partial}{\partial v}f(\varphi(u, v), \psi(u, v))=\frac{\partial}{\partial x}f(\varphi(u, v), \psi(u, v))\cdot\frac{\partial}{\partial v}\varphi(u, v)$$
$$+\frac{\partial}{\partial y}f(\varphi(u, v), \psi(u, v))\cdot\frac{\partial}{\partial v}\psi(u, v)$$

ヤコビ行列

独立変数を省略して従属変数のみで表された2変数関数と1変数関数との合成関数の微分の定理の等式 $\dfrac{dz}{dt}=\dfrac{\partial z}{\partial x}\cdot\dfrac{dx}{dt}+\dfrac{\partial z}{\partial y}\cdot\dfrac{dy}{dt}$ を，行列の積を用いて表すと

$$\frac{dz}{dt}=\begin{bmatrix}\dfrac{\partial z}{\partial x} & \dfrac{\partial z}{\partial y}\end{bmatrix}\begin{bmatrix}\dfrac{dx}{dt} \\ \dfrac{dy}{dt}\end{bmatrix}$$

となる。

また，独立変数を省略して従属変数のみで表された2変数関数と2変数関数との合成関数の微分の定理の等式 $\dfrac{\partial z}{\partial u}=\dfrac{\partial z}{\partial x}\cdot\dfrac{\partial x}{\partial u}+\dfrac{\partial z}{\partial y}\cdot\dfrac{\partial y}{\partial u}$, $\dfrac{\partial z}{\partial v}=\dfrac{\partial z}{\partial x}\cdot\dfrac{\partial x}{\partial v}+\dfrac{\partial z}{\partial y}\cdot\dfrac{\partial y}{\partial v}$ を，行列の積

を用いて表すと $\begin{bmatrix}\dfrac{\partial z}{\partial u} & \dfrac{\partial z}{\partial v}\end{bmatrix}=\begin{bmatrix}\dfrac{\partial z}{\partial x} & \dfrac{\partial z}{\partial y}\end{bmatrix}\begin{bmatrix}\dfrac{\partial x}{\partial u} & \dfrac{\partial x}{\partial v} \\ \dfrac{\partial y}{\partial u} & \dfrac{\partial y}{\partial v}\end{bmatrix}$

となる。

このように偏導関数を並べて作った行列を用いると，多変数関数の偏微分の計算をうまく表現できる。多変数関数の一般化である写像の微分においては，このような表し方が本質的である。一般に，このように偏導関数を並べて作った行列を，**ヤコビ行列** という。

基本 例題 **085** 2変数関数が全微分可能の証明(1) ★☆☆

(1) 2変数関数 $f(x, y)=x^2+y^2+4$ が点 $(0, 0)$ で全微分可能であることを示せ。

(2) 任意の定数 k に対して、2変数関数 $f(x, y)=x^2+y^2+k$ が点 $(1, 1)$ において全微分可能であることを示せ。 ◢ *p.* 137 **基本事項A**

GUIDE & SOLUTION

(1) $f_x(x, y)=2x$, $f_y(x, y)=2y$ より、$f_x(0, 0)=0$, $f_y(0, 0)=0$ であるから、$m=0$, $n=0$ とすると

$$\lim_{(x,y)\to(0,0)} \frac{f(x, y)-\{m(x-0)+n(y-0)+f(0, 0)\}}{\sqrt{(x-0)^2+(y-0)^2}} = \lim_{(x,y)\to(0,0)} \sqrt{x^2+y^2}=0$$

となり、関数 $f(x, y)$ が点 $(0, 0)$ で全微分可能であることを示せる。

(2) $f_x(x, y)=2x$, $f_y(x, y)=2y$ より、$f_x(1, 1)=2$, $f_y(1, 1)=2$ であるから、$m=2$, $n=2$ とすると

$$\lim_{(x,y)\to(1,1)} \frac{f(x, y)-\{m(x-1)+n(y-1)+f(1, 1)\}}{\sqrt{(x-1)^2+(y-1)^2}} = \lim_{(x,y)\to(1,1)} \sqrt{(x-1)^2+(y-1)^2}=0$$

となり、関数 $f(x, y)$ が点 $(1, 1)$ で全微分可能であることを示せる。

解 答

(1) $\displaystyle\lim_{(x,y)\to(0,0)} \frac{f(x, y)-\{0\cdot(x-0)+0\cdot(y-0)+f(0, 0)\}}{\sqrt{(x-0)^2+(y-0)^2}} = \lim_{(x,y)\to(0,0)} \frac{(x^2+y^2+4)-4}{\sqrt{x^2+y^2}}$

$$= \lim_{(x,y)\to(0,0)} \frac{x^2+y^2}{\sqrt{x^2+y^2}}$$

$$= \lim_{(x,y)\to(0,0)} \sqrt{x^2+y^2}=0$$

よって、関数 $f(x, y)$ は点 $(0, 0)$ で全微分可能である。 ■

(2) $\displaystyle\lim_{(x,y)\to(1,1)} \frac{f(x, y)-\{2(x-1)+2(y-1)+f(1, 1)\}}{\sqrt{(x-1)^2+(y-1)^2}}$

$$= \lim_{(x,y)\to(1,1)} \frac{(x^2+y^2+k)-\{2(x-1)+2(y-1)+(k+2)\}}{\sqrt{(x-1)^2+(y-1)^2}}$$

$$= \lim_{(x,y)\to(1,1)} \frac{x^2+y^2-2x-2y+2}{\sqrt{(x-1)^2+(y-1)^2}}$$

$$= \lim_{(x,y)\to(1,1)} \frac{(x-1)^2+(y-1)^2}{\sqrt{(x-1)^2+(y-1)^2}}$$

$$= \lim_{(x,y)\to(1,1)} \sqrt{(x-1)^2+(y-1)^2}=0$$

よって、任意の定数 k に対して、関数 $f(x, y)$ は点 $(1, 1)$ で全微分可能である。 ■

基本 例題 086　2変数関数が全微分可能の証明 (2) ★★☆

2変数関数 $f(x, y) = x + 2y^2 - 1$ が原点 $(0, 0)$ で全微分可能であることを示せ。

◢ $p.137$ 基本事項 A

GUIDE & SOLUTION

$f_x(x, y) = 1$, $f_y(x, y) = 4y$ より, $f_x(0, 0) = 1$, $f_y(0, 0) = 0$ であるから, $m = 1$, $n = 0$ とすると

$$\lim_{(x,y) \to (0,0)} \frac{f(x, y) - \{m(x-0) - n(y-0) + f(0, 0)\}}{\sqrt{(x-0)^2 + (y-0)^2}} = \lim_{(x,y) \to (0,0)} \frac{2y^2}{\sqrt{x^2+y^2}}$$

となる。

関数 $f(x, y)$ が点 $(0, 0)$ で全微分可能であることを示すためには,

$\displaystyle \lim_{(x,y) \to (0,0)} \frac{2y^2}{\sqrt{x^2+y^2}} = 0$ を示せばよい。

そこで, (x, y) を $(r\cos\theta, r\sin\theta)$ と極座標表示して, $\displaystyle \lim_{(x,y) \to (0,0)} \frac{2y^2}{\sqrt{x^2+y^2}} = 0$ を示す。

解 答

$$\lim_{(x,y) \to (0,0)} \frac{f(x, y) - \{1 \cdot (x-0) + 0 \cdot (y-0) + f(0, 0)\}}{\sqrt{(x-0)^2 + (y-0)^2}} = \lim_{(x,y) \to (0,0)} \frac{(x+2y^2-1) - (x-1)}{\sqrt{x^2+y^2}}$$

$$= \lim_{(x,y) \to (0,0)} \frac{2y^2}{\sqrt{x^2+y^2}}$$

ここで, $\displaystyle \lim_{(x,y) \to (0,0)} \frac{2y^2}{\sqrt{x^2+y^2}}$ を考えるために, (x, y) を極座標表示して $(r\cos\theta, r\sin\theta)$ とする。

$(x, y) \neq (0, 0)$ では $r > 0$ である。

$g(x, y) = \dfrac{2y^2}{\sqrt{x^2+y^2}}$ とすると

$$g(r\cos\theta, r\sin\theta) = \frac{2r^2\sin^2\theta}{r} = 2r\sin^2\theta$$

ここで, $0 \leq \sin^2\theta \leq 1$ であるから　　$0 \leq 2r\sin^2\theta \leq 2r$

$\displaystyle \lim_{r \to 0} 2r = 0$ であるから　　$\displaystyle \lim_{r \to 0} g(r\cos\theta, r\sin\theta) = 0$　　◀ はさみうちの原理により。

これは, $r \longrightarrow 0$ で偏角 θ に依存せずに関数 $g(r\cos\theta, r\sin\theta)$ が 0 に収束することを示している。

よって　　$\displaystyle \lim_{(x,y) \to (0,0)} \frac{2y^2}{\sqrt{x^2+y^2}} = 0$

ゆえに, 2変数関数 $f(x, y) = x + 2y^2 - 1$ は原点 $(0, 0)$ で全微分可能である。　■

基本 例題 **087** 空間の3点を通る平面の方程式 ★☆☆

3点 $A(1, -1, 0)$, $B(3, 1, 2)$, $C(3, 3, 0)$ を通る平面を P とするとき, P の方程式を求めよ。

GUIDE & **S**OLUTION

平面 P に垂直なベクトル (法線ベクトル) $\vec{q}$ を考えると, 平面 P 上の点 Q に対して $\vec{q} \perp \overrightarrow{AQ}$ から $\vec{q} \cdot \overrightarrow{AQ} = 0$ となる。これが, 求める平面のベクトル方程式である。これを成分で表して, 座標空間における方程式を求める。そこで, まず法線ベクトル $\vec{q}$ を求める。なお, 法線ベクトルは1つではない (無数に存在する)。

解答

平面 P の法線ベクトルを $\vec{q} = (l, m, n)$ とする。

$\vec{q} \perp \overrightarrow{AB}$, $\vec{q} \perp \overrightarrow{AC}$ から $\vec{q} \cdot \overrightarrow{AB} = 0$, $\vec{q} \cdot \overrightarrow{AC} = 0$

$\overrightarrow{AB} = (2, 2, 2)$, $\overrightarrow{AC} = (2, 4, 0)$ であるから

$$l + m + n = 0, \quad l + 2m = 0$$

ゆえに, $l = -2m$, $n = m$ であるから

$$\vec{q} = m(-2, 1, 1)$$

$\vec{q} \neq \vec{0}$ より, $m \neq 0$ であるから, $\vec{q} = (-2, 1, 1)$ とする。

したがって, 求める平面 P は, 点 $A(1, -1, 0)$ を通り, $\vec{q} = (-2, 1, 1)$ に垂直な平面であるから, その方程式は

$$-2(x-1) + 1 \cdot \{y-(-1)\} + 1 \cdot (z-0) = 0$$

すなわち $\quad \boldsymbol{2x - y - z - 3 = 0}$

別解 求める平面 P の方程式を $ax + by + cz + d = 0$ とする。

3点 A, B, C を通るから

$$a - b + d = 0 \quad \cdots\cdots ①$$
$$3a + b + 2c + d = 0 \quad \cdots\cdots ②$$
$$3a + 3b + d = 0 \quad \cdots\cdots ③$$

③－① から $\quad a = -2b \quad \cdots\cdots ④$

①, ④ から $\quad d = 3b \quad \cdots\cdots ⑤$

②, ④, ⑤ から $\quad c = b$

よって, 平面 P の方程式は $\quad -2bx + by + bz + 3b = 0$

$\vec{q} \neq \vec{0}$ より, $b \neq 0$ であるから $\quad \boldsymbol{2x - y - z - 3 = 0}$

PRACTICE ··· **69**

(1) $A(1, 1, 1)$, $B(2, -1, 3)$ を通り, $(-1, 2, 1)$ に平行な平面の方程式を求めよ。

(2) 3点 $(1, 2, 4)$, $(-2, 0, 3)$, $(4, 5, -2)$ を通る平面の方程式を求めよ。

基本 例題 088 接平面の方程式 ★☆☆

次の 2 変数関数 $z=f(x, y)$ のグラフ上の与えられた点における接平面の方程式を求めよ。ただし、関数 $f(x, y)$ が与えられた点で全微分可能であることはわかっているものとする。

(1) $f(x, y)=e^{xy}$, $(1, 1, e)$ (2) $f(x, y)=x\operatorname{Sin}^{-1}(x-y)$, $(1, 1, 0)$

◢ p. 138 **基本事項** C

GUIDE & SOLUTION

下の接平面の定義に従って、接平面の方程式を求める。

定義 **接平面**

2 変数関数 $f(x, y)$ が点 (a, b) で全微分可能であるとき、次の方程式で与えられる平面を、関数 $z=f(x, y)$ のグラフ上の点 $(a, b, f(a, b))$ における **接平面** という。

$$z=f_x(a, b)(x-a)+f_y(a, b)(y-b)+f(a, b)$$

解 答

(1) $f_x(x, y)=ye^{xy}$, $f_y(x, y)=xe^{xy}$

    よって $f_x(1, 1)=e$, $f_y(1, 1)=e$

    ゆえに、求める接平面の方程式は

$$z=e(x-1)+e(y-1)+e \quad \text{すなわち} \quad \boldsymbol{z=ex+ey-e}$$

(2) $f_x(x, y)=\operatorname{Sin}^{-1}(x-y)+\dfrac{x}{\sqrt{1-(x-y)^2}}$, $f_y(x, y)=-\dfrac{x}{\sqrt{1-(x-y)^2}}$

    よって $f_x(1, 1)=1$, $f_y(1, 1)=-1$

    ゆえに、求める接平面の方程式は

$$z=(x-1)-(y-1) \quad \text{すなわち} \quad \boldsymbol{z=x-y}$$

INFORMATION ●

関数 $z=f(x, y)$ のグラフ上の点 $(a, b, f(a, b))$ における接平面
$z=f_x(a, b)(x-a)+f_y(a, b)(y-b)+f(a, b)$ は、点 $(a, b, f(a, b))$ を通り、
$(f_x(a, b), f_y(a, b), -1)$ を法線ベクトルとする平面である。

PRACTICE … 70

関数 $z=2x^2+3y^2+k$ のグラフ上の点 $(a, 1, 1)$ における接平面の法線ベクトルの 1 つ
が $(8, 6, -1)$ であるとき、定数 a, k の値と接平面の方程式を求めよ。

基本 例題 089 偏微分可能，不連続，全微分不可能の証明 ★★☆

2 変数関数 $f(x, y) = \begin{cases} \dfrac{xy^2}{x^2+y^4} & ((x, y) \neq (0, 0)) \\ 0 & ((x, y) = (0, 0)) \end{cases}$ について，次を示せ。

(1) 関数 $f(x, y)$ が原点 $(0, 0)$ で偏微分可能である。

(2) 関数 $f(x, y)$ が原点 $(0, 0)$ で連続でない。

(3) 関数 $f(x, y)$ が原点 $(0, 0)$ で全微分可能でない。　　◢ p.138 基本事項 D

GUIDE & SOLUTION

(1) $f_x(0, 0)$, $f_y(0, 0)$ を計算し，原点 $(0, 0)$ での偏微分係数を求める。

(2) 定義に従って，$\displaystyle \lim_{(x,y)\to(0,0)} f(x, y) = f(0, 0)$ が成り立たないことにより示す。その際，$(x, y) \neq (0, 0)$ のときの関数 $f(x, y)$ の定義式の分母・分子ともに，y の次数が x の次数の 2 倍になっていることを踏まえて，(x, y) の $(0, 0)$ への近づけ方を考えるとよい。

(3) (2)から，全微分可能性と連続性の定理の対偶により示せ。

解 答

(1) $y=0$ のとき $f(x, 0)=0$ から　　$f_x(0, 0)=0$

$x=0$ のとき $f(0, y)=0$ から　　$f_y(0, 0)=0$

よって，関数 $f(x, y)$ は原点 $(0, 0)$ において偏微分可能である。　■

(2) 関数 $f(x, y) = \dfrac{xy^2}{x^2+y^4}$ の $(x, y) \longrightarrow (0, 0)$ のときの極限を考える。

原点 $(0, 0)$ を通る曲線 $x=my^2$ に沿って，(x, y) を $(0, 0)$ に近づける。

$y \neq 0$ のとき　　$f(my^2, y) = \dfrac{my^4}{(m^2+1)y^4} = \dfrac{m}{m^2+1}$

$y \longrightarrow 0$ のとき，$f(my^2, y)$ の値は $\dfrac{m}{m^2+1}$ に収束する。

ところが，$\dfrac{m}{m^2+1}$ は，m の値に依存している。

実際，$m=1$ のとき $\dfrac{m}{m^2+1} = \dfrac{1}{2}$ であるが，$m=0$ のとき $\dfrac{m}{m^2+1} = 0$ である。

よって，(x, y) を $(0, 0)$ に近づけたとき，関数 $f(x, y)$ が近づく値は，(x, y) の $(0, 0)$ への近づけ方に依存する。

したがって，関数 $f(x, y)$ は $(x, y) \longrightarrow (0, 0)$ のとき極限をもたない。

以上から，関数 $f(x, y)$ は原点 $(0, 0)$ で連続でない。　■

(3) (2)から，全微分可能性と連続性の定理の対偶により，関数 $f(x, y)$ は，原点 $(0, 0)$ で全微分可能でない。　■

基本 例題 **090** R² 上で全微分可能の証明と接平面の方程式 ★★☆

2 変数関数 $f(x, y) = \sin(x^2 + y^2)$ が R² 上で全微分可能であることを示し、関数 $z = f(x, y)$ のグラフ上の点 $\left(\sqrt{\dfrac{\pi}{6}}, \sqrt{\dfrac{\pi}{6}}, \dfrac{\sqrt{3}}{2} \right)$ における接平面の方程式を求めよ。

◢ *p.* 138 **基本事項 E**

GUIDE & **S**OLUTION

関数 $f(x, y)$ の偏導関数を求め、138 ページで扱った偏導関数の連続性と全微分可能性の定理により、関数 $f(x, y)$ が R² 上で全微分可能であることを示す。
接平面の方程式は基本例題 088 と同様に求める。

解 答

関数 $f(x, y)$ の偏導関数をそれぞれ求めると
$$f_x(x, y) = 2x \cos(x^2 + y^2)$$
$$f_y(x, y) = 2y \cos(x^2 + y^2)$$
これらはどちらも連続関数の積や合成関数であるから、R² で連続である。
よって、偏導関数の連続性と全微分可能性の定理により、関数 $f(x, y)$ は R² 上で全微分可能である。
また
$$f_x\left(\sqrt{\frac{\pi}{6}}, \sqrt{\frac{\pi}{6}} \right) = 2\sqrt{\frac{\pi}{6}} \cos\left(\left(\sqrt{\frac{\pi}{6}}\right)^2 + \left(\sqrt{\frac{\pi}{6}}\right)^2 \right) = \sqrt{\frac{\pi}{6}}$$
$$f_y\left(\sqrt{\frac{\pi}{6}}, \sqrt{\frac{\pi}{6}} \right) = 2\sqrt{\frac{\pi}{6}} \cos\left(\left(\sqrt{\frac{\pi}{6}}\right)^2 + \left(\sqrt{\frac{\pi}{6}}\right)^2 \right) = \sqrt{\frac{\pi}{6}}$$
よって、関数 $z = f(x, y)$ のグラフ上の点 $\left(\sqrt{\dfrac{\pi}{6}}, \sqrt{\dfrac{\pi}{6}}, \dfrac{\sqrt{3}}{2} \right)$ における接平面の方程式は
$$z = \sqrt{\frac{\pi}{6}}\left(x - \sqrt{\frac{\pi}{6}} \right) + \sqrt{\frac{\pi}{6}}\left(y - \sqrt{\frac{\pi}{6}} \right) + \frac{\sqrt{3}}{2}$$
すなわち $\quad z = \sqrt{\dfrac{\pi}{6}}\, x + \sqrt{\dfrac{\pi}{6}}\, y - \dfrac{\pi}{3} + \dfrac{\sqrt{3}}{2}$

PRACTICE … **71**

関数 $f(x, y) = e^{x^2 y^2}$ は R² 上で全微分可能であることを示し、関数 $z = f(x, y)$ のグラフ上の点 $(-1, 1, e)$ における接平面の方程式を求めよ。

基本 例題 **091** 原点で全微分可能で偏導関数が連続でない証明 ★★☆

次の 2 変数関数 $f(x, y)$ の偏導関数が，原点 $(0, 0)$ で連続でないことを示せ。

$$f(x, y) = \begin{cases} (x^2+y^2)\sin\dfrac{1}{x^2+y^2} & ((x, y) \neq (0, 0)) \\ 0 & ((x, y) = (0, 0)) \end{cases}$$

◢ p. 138 基本事項 E

GUIDE & **S**OLUTION

関数 $f(x, y)$ の x についての偏導関数 $f_x(x, y)$ が原点 $(0, 0)$ で連続でないことを示すために，$f_x(x, 0)$ を求める。その後，$x \neq 0$ のときの $f_x(x, 0)$ の極限を考える。関数 $f(x, y)$ の y についての偏導関数 $f_y(x, y)$ が原点 $(0, 0)$ で連続でないことも同様である。

解 答

関数 $f(x, y)$ の x についての偏導関数 $f_x(x, y)$ について考える。

$x \neq 0$，$y = 0$ のとき $\qquad f(x, 0) = x^2 \sin\dfrac{1}{x^2}$

よって $\qquad f_x(0, 0) = \lim_{x \to 0} \dfrac{f(x, 0) - f(0, 0)}{x - 0} = \lim_{x \to 0} x \sin\dfrac{1}{x^2}$

ここで，$x \neq 0$ のとき $0 \leqq \left| x \sin\dfrac{1}{x^2} \right| \leqq |x|$ であり，$\lim_{x \to 0} |x| = 0$ であるから

$$\lim_{x \to 0} x \sin\dfrac{1}{x^2} = 0$$

ゆえに $\qquad f_x(0, 0) = 0$

また，$x \neq 0$ のとき $\qquad f_x(x, 0) = 2x \sin\dfrac{1}{x^2} - \dfrac{2}{x} \cos\dfrac{1}{x^2}$

ここで，$x \longrightarrow 0$ のときの $f_x(x, 0)$ の極限を考えると，第 2 項目が発散するから，$f_x(x, 0)$ は $x \longrightarrow 0$ のとき収束しない。

ゆえに，偏導関数 $f_x(x, y)$ は原点 $(0, 0)$ で連続でない。

同様に，y についての偏導関数 $f_y(x, y)$ も原点 $(0, 0)$ で連続でない。

したがって，関数 $f(x, y)$ の偏導関数は連続でない。 ■

研究 与えられた関数 $f(x, y)$ に対し，$m = 0$，$n = 0$ とすると，簡単な計算により，

$$\lim_{(x,y) \to (0,0)} \dfrac{f(x, y) - \{mx + ny + f(0, 0)\}}{\sqrt{(x-0)^2 + (y-0)^2}} = 0$$

が成り立つ。

よって，関数 $f(x, y)$ は原点 $(0, 0)$ において全微分可能である。

これにより，関数が全微分可能であっても，その関数が C^1 級とは限らないことがわかる。

基本 例題 092 　2変数関数と1変数関数との合成関数の微分　★☆☆

$f(x, y)=e^{xy^2}$, $\varphi(t)=\sinh 2t$, $\psi(t)=\cosh t$ とする。$g(t)=f(\varphi(t), \psi(t))$ とするとき，導関数 $g'(t)$ を求めよ。

◢ *p.* 138 **基本事項 F**

GUIDE & SOLUTION

138 ページで扱った，2変数関数と1変数関数との合成関数の微分の定理を利用して求める。

その際，定理の仮定を満たしていることの確認を行う必要がある。

$\sinh 2t$, $\cosh t$ が R 上で微分可能であることは自明であるが，関数 $f(x, y)$ が R^2 上で全微分可能であることを確認する。

なお，$g(t)=e^{\varphi(t)\{\psi(t)\}^2}$ を，そのまま t で微分して求めることもできる。

解 答

関数 $f(x, y)$ の偏導関数をそれぞれ求めると

$$f_x(x, y)=y^2 e^{xy^2}$$
$$f_y(x, y)=2xy e^{xy^2}$$

これらはどちらも連続関数の積や合成関数であるから，R^2 で連続である。

よって，偏導関数の連続性と全微分可能性の定理により，関数 $f(x, y)$ は R^2 上で全微分可能である。

ここで　$\varphi'(t)=2\cosh 2t$

$\quad\quad\quad \psi'(t)=\sinh t$

したがって

$$g'(t)=\cosh^2 t\, e^{\sinh 2t \cosh^2 t}\cdot 2\cosh 2t+2\sinh 2t \cosh t\, e^{\sinh 2t \cosh^2 t}\cdot \sinh t$$
$$=e^{\sinh 2t \cosh^2 t}(2\cosh 2t \cosh^2 t+\sinh^2 2t)$$

別解 　$g(t)=e^{\sinh 2t \cosh^2 t}$ であるから

$$g'(t)=e^{\sinh 2t \cosh^2 t}(2\cosh 2t \cosh^2 t+\sinh 2t\cdot 2\cosh t \sinh t)$$
$$=e^{\sinh 2t \cosh^2 t}(2\cosh 2t \cosh^2 t+\sinh^2 2t)$$

PRACTICE … 72

$f(x, y)=\log(x^2+xy+y^2+1)$, $\varphi(t)=e^t+e^{-t}$, $\psi(t)=e^t-e^{-t}$ とする。$g(t)=f(\varphi(t), \psi(t))$ とするとき，導関数 $g'(t)$ を求めよ。

基本 例題 093 2変数関数と2変数関数との合成関数の微分 ★☆☆

$f(x, y) = \mathrm{Tan}^{-1}xy$, $\varphi(u, v) = u\cosh v$, $\psi(u, v) = u\tanh v$ とする。
$g(u, v) = f(\varphi(u, v), \psi(u, v))$ とするとき、$g_u(u, v)$, $g_v(u, v)$ を求めよ。

◢ p.139 基本事項F

GUIDE & SOLUTION

2変数関数と2変数関数との合成関数の微分の定理を適用して求める。その際、定理の仮定を満たしていることの確認を行う必要がある。
なお、$g(u, v) = f(\varphi(u, v), \psi(u, v))$ を、そのまま u, v で微分して求めることもできる。

解答

関数 $f(x, y)$ の偏導関数をそれぞれ求めると

$$f_x(x, y) = \frac{y}{1+x^2y^2}$$

$$f_y(x, y) = \frac{x}{1+x^2y^2}$$

これらはどちらも連続関数の積や商であり、$1+x^2y^2 \neq 0$ であるから、R^2 で連続である。よって、偏導関数の連続性と全微分可能性の定理により、関数 $f(x, y)$ は R^2 上で全微分可能である。

ここで $\varphi_u(u, v) = \cosh v$, $\varphi_v(u, v) = u\sinh v$,

$$\psi_u(u, v) = \tanh v, \quad \psi_v(u, v) = \frac{u}{\cosh^2 v}$$

したがって

$$g_u(u, v) = \frac{u\tanh v}{1+u^4\cosh^2 v\tanh^2 v}\cdot\cosh v + \frac{u\cosh v}{1+u^4\cosh^2 v\tanh^2 v}\cdot\tanh v$$

$$= \frac{2u\sinh v}{1+u^4\sinh^2 v}$$

$$g_v(u, v) = \frac{u\tanh v}{1+u^4\cosh^2 v\tanh^2 v}\cdot u\sinh v + \frac{u\cosh v}{1+u^4\cosh^2 v\tanh^2 v}\cdot\frac{u}{\cosh^2 v}$$

$$= \frac{u^2\cosh v}{1+u^4\sinh^2 v}$$

別解 $g(u, v) = \mathrm{Tan}^{-1}(u^2\sinh v)$ であるから

$$g_u(u, v) = \frac{2u\sinh v}{1+u^4\sinh^2 v}, \quad g_v(u, v) = \frac{u^2\cosh v}{1+u^4\sinh^2 v}$$

PRACTICE … 73

$f(x, y) = ye^{\sqrt{x^2+y^2}}$ として、$\varphi(u, v) = u\cos v$, $\psi(u, v) = u\sin v$ とする。
$g(u, v) = f(\varphi(u, v), \psi(u, v))$ とするとき、$g_u(u, v)$, $g_v(u, v)$ を求めよ。

3 多変数関数の高次の偏微分

A 高次の偏微分

2変数関数 $f(x, y)$ が偏導関数 $\dfrac{\partial}{\partial x}f(x, y)$, $\dfrac{\partial}{\partial y}f(x, y)$ をもち，それらがまた x と y について偏導関数をもつとする。

例えば，x についての偏導関数 $\dfrac{\partial}{\partial x}f(x, y)$ を，更に y で偏微分して得られる関数は

$$\frac{\partial}{\partial y}\left(\frac{\partial f}{\partial x}\right)(x, y)$$

と表される。これを $\dfrac{\partial^2}{\partial y\partial x}f(x, y)$ と表すこととする。

同様にして，関数 $f(x, y)$ の偏導関数 $\dfrac{\partial}{\partial x}f(x, y)$ を x で，$\dfrac{\partial}{\partial y}f(x, y)$ を x で，

$\dfrac{\partial}{\partial y}f(x, y)$ を y でそれぞれ偏微分して得られる関数を，順に

$$\frac{\partial^2}{\partial x^2}f(x, y),\ \ \frac{\partial^2}{\partial x\partial y}f(x, y),\ \ \frac{\partial^2}{\partial y^2}f(x, y)$$

と表すこととする。

$\dfrac{\partial^2}{\partial y\partial x}f(x, y)$ と合わせて，これら4つの関数を関数 $f(x, y)$ の **2次の偏導関数** または **第2次偏導関数** または **2階の偏導関数** という。

また，関数 $f(x, y)$ の偏導関数を $f_x(x, y)$ および $f_y(x, y)$ と表した場合には，例えば，x についての偏導関数 $f_x(x, y)$ を，更に y で偏微分して得られる関数は

$$\frac{\partial}{\partial y}f_x(x, y)=(f_x)_y(x, y)$$

と表される。これを $f_{xy}(x, y)$ と表すこととする。同様にして，$f_x(x, y)$ を x で，$f_y(x, y)$ を x で，$f_y(x, y)$ を y でそれぞれ偏微分して得られる関数を，順に

$$f_{xx}(x, y),\ \ f_{yx}(x, y),\ \ f_{yy}(x, y)$$

と表すこととする。

ここで，2通りの2次の偏導関数の表記における x と y の順番に注意する。例えば，$\dfrac{\partial^2}{\partial y\partial x}f(x, y)$ と $f_{xy}(x, y)$ はそれぞれ同じ関数を表しているが，$\dfrac{\partial^2}{\partial y\partial x}f(x, y)$ は

$\dfrac{\partial}{\partial y}\left(\dfrac{\partial f}{\partial x}\right)(x, y)$ の略記であるため y が左に書かれており，一方，$f_{xy}(x, y)$ は

$(f_x)_y(x, y)$ の略記であるため y が右に書かれている。

偏微分の順序交換の定理

開領域 U 上の 2 変数関数 $f(x, y)$ が 2 次の偏導関数 $f_{xy}(x, y)$, $f_{yx}(x, y)$ をもち，どちらも連続であるとする。
このとき

$$f_{xy}(x, y) = f_{yx}(x, y)$$

が成り立つ。

この定理は，平均値の定理を繰り返し適用し，$f_{xy}(x, y)$ と $f_{yx}(x, y)$ の連続性を用いることによって示される。この定理が適用できない場合には，偏微分の順序が交換できないこともある。

偏微分の順序交換の定理により，偏微分を繰り返して得られた偏導関数が連続ならば，偏微分を繰り返す順序を交換できる。

例えば，関数 $f(x, y)$ の 2 次の導関数 $f_{xy}(x, y)$ 等がすべて偏微分可能であり，得られた 8 個の関数 $f_{xxx}(x, y)$, $f_{xxy}(x, y)$, $f_{xyx}(x, y)$, $f_{xyy}(x, y)$, $f_{yxx}(x, y)$, $f_{yxy}(x, y)$, $f_{yyx}(x, y)$, $f_{yyy}(x, y)$ のうち，$f_{xxx}(x, y)$, $f_{yyy}(x, y)$ を除く 6 つの関数が連続であれば，次が成り立つ。

$$f_{xxy}(x, y) = f_{xyx}(x, y) = f_{yxx}(x, y)$$
$$f_{xyy}(x, y) = f_{yxy}(x, y) = f_{yyx}(x, y)$$

この 2 つの関数をそれぞれまとめて，次のように表す。

$$\frac{\partial^3}{\partial x^2 \partial y} f(x, y)$$

$$\frac{\partial^3}{\partial x \partial y^2} f(x, y)$$

高次偏導関数・C^n 級関数

n を 0 以上の整数とし，関数 $f(x, y)$ が開領域 U 上で偏微分可能であるとする。
開領域 U 上で関数 $f(x, y)$ を，n 回の偏微分を繰り返して得られる偏導関数を **n 次の偏導関数** という。
開領域 U 上で関数 $f(x, y)$ が n 次までの偏導関数をすべてもち，更にそれらがすべて U 上で連続であるとき，**関数 $f(x, y)$ は U 上で n 回連続微分可能である**，または，**C^n 級関数である** という。
開領域 U 上で関数 $f(x, y)$ がすべての次数の偏導関数をもち，更にそれらがすべて U 上で連続であるとき，**関数 $f(x, y)$ は U 上で無限回微分可能である**，または，**C^∞ 級関数である** という。

C^n 級関数においては，n 次までの偏導関数は x および y で偏微分した回数で決まる。
したがって，C^n 級関数 $f(x, y)$ を x で i 回，y で j 回（$i+j \le n$）偏微分したものは，

$\dfrac{\partial^{i+j}}{\partial x^i \partial y^j} f(x, y) = f_{\underbrace{x \cdots x}_{i\text{個}} \underbrace{y \cdots y}_{j\text{個}}}(x, y)$ と表される。

B　多変数関数のテイラーの定理

次の定理は，1変数関数のテイラーの定理の拡張である。

テイラーの定理（2変数関数）

$f(x, y)$ を開領域 $U \subset \mathbb{R}^2$ 上の C^n 級関数とし，$(a, b) \in U$ とする。また，$0 \leqq k \leqq n$ を満たす整数 k に対して，2変数関数 $F_k(x, y)$ を次のように定める。

$$F_k(x, y) = \sum_{i=0}^{k} {}_k C_i \left\{ \frac{\partial^k}{\partial x^i \partial y^{k-i}} f(a, b) \right\} (x-a)^i (y-b)^{k-i}$$

ただし，$k=0$ のときは，$F_0(x, y) = f(a, b)$（定数関数）とする。

このとき，点 $(x, y) \in U$ と点 (a, b) を結ぶ線分が開領域 U に含まれているならば，次が成り立つ。

$$f(x, y) = F_0(x, y) + F_1(x, y) + \frac{1}{2!} F_2(x, y) + \frac{1}{3!} F_3(x, y)$$

$$+ \cdots\cdots + \frac{1}{(n-1)!} F_{n-1}(x, y) + R_n(x, y)$$

ただし，$R_n(x, y)$ は $0 < \theta < 1$ を満たすある実数 θ を用いて，次のように表される関数である。

$$R_n(x, y) = \frac{1}{n!} \sum_{i=0}^{n} {}_n C_i \left\{ \frac{\partial^n}{\partial x^i \partial y^{n-i}} f(a+\theta(x-a), b+\theta(y-b)) \right\} (x-a)^i (y-b)^{n-i}$$

参考　上の $R_n(x, y)$ は，次のようにも書くことができる。

$$R_n(x, y) = \frac{1}{n!} \sum_{i=0}^{n} \binom{n}{i} f_{\underset{i個}{x\cdots\cdots x}\underset{n-i個}{y\cdots\cdots y}}(a+\theta(x-a), b+\theta(y-b))(x-a)^i (y-b)^{n-i}$$

この定理は，$g(t) = f(a+t(x-a), b+t(y-b))$ として，2変数関数と1変数関数との合成関数の微分の定理を適用しながら，1変数関数のマクローリン展開を計算することにより示される。

テイラーの定理において，$n=2$ とすると

$$f(x, y) = F_0(x, y) + F_1(x, y) + R_2(x, y)$$
$$= f(a, b) + f_x(a, b)(x-a) + f_y(a, b)(y-b) + R_2(x, y)$$

となり，接平面の方程式の右辺に剰余項 $R_2(x, y)$ がついている方程式が現れる。

したがって，$n=2$ の場合のこの定理は，(x, y) が (a, b) に十分近いとき，関数 $f(x, y)$ は1次関数 $z = f(a, b) + f_x(a, b)(x-a) + f_y(a, b)(y-b)$ で近似されることを示している。

また，テイラーの定理における最後の項 $R_n(x, y)$ を **剰余項** といい，関数 $f(x, y)$ をテイラーの定理により得られる形を，関数 $f(x, y)$ の **n 次のテイラー展開** という。更に，1変数関数の場合と同様に，点 $(0, 0)$ における n 次のテイラー展開を **n 次のマクローリン展開** という。

基本 例題 094 2変数関数の2次の偏導関数 ★☆☆

次の関数について，2次の偏導関数をすべて求めよ。

(1) $f(x, y) = x^4 - 2x^2y^2 - 3xy^2 + y^4$

(2) $f(x, y) = \tanh(x - y)$

◢ p.149 基本事項A

GUIDE & SOLUTION

2次の偏導関数 $f_{xx}(x, y)$ は偏導関数 $f_x(x, y)$ を更に x で偏微分したものであり，2次の偏導関数 $f_{xy}(x, y)$ は偏導関数 $f_x(x, y)$ を更に y で偏微分したものである。同様に，2次の偏導関数 $f_{yx}(x, y)$ は偏導関数 $f_y(x, y)$ を更に x で偏微分したものであり，2次の偏導関数 $f_{yy}(x, y)$ は偏導関数 $f_y(x, y)$ を更に y で偏微分したものである。

解 答

(1)
$$f_x(x, y) = 4x^3 - 4xy^2 - 3y^2$$
$$f_y(x, y) = -4x^2y - 6xy + 4y^3$$

$f_x(x, y)$ を x および y で偏微分して
$$f_{xx}(x, y) = 12x^2 - 4y^2, \quad f_{xy}(x, y) = -8xy - 6y$$

同様に，$f_y(x, y)$ を x および y で偏微分して
$$f_{yx}(x, y) = -8xy - 6y, \quad f_{yy}(x, y) = -4x^2 - 6x + 12y^2$$

(2)
$$f_x(x, y) = \frac{1}{\cosh^2(x - y)}$$
$$f_y(x, y) = -\frac{1}{\cosh^2(x - y)}$$

$f_x(x, y)$ を x および y で偏微分して
$$f_{xx}(x, y) = -\frac{2\tanh(x - y)}{\cosh^2(x - y)}, \quad f_{xy}(x, y) = \frac{2\tanh(x - y)}{\cosh^2(x - y)}$$

同様に，$f_y(x, y)$ を x および y で偏微分して
$$f_{yx}(x, y) = \frac{2\tanh(x - y)}{\cosh^2(x - y)}, \quad f_{yy}(x, y) = -\frac{2\tanh(x - y)}{\cosh^2(x - y)}$$

補足 (1), (2) ともに，$f_{xy}(x, y) = f_{yx}(x, y)$ が成り立っている。

PRACTICE … 74

2変数関数 $f(x, y) = \mathrm{Tan}^{-1}(y - x)$ について，2次の偏導関数 $f_{xy}(x, y)$，$f_{yx}(x, y)$ を求め，それらが一致することを確かめよ。

◢ p. 150 基本事項 A

基本 例題 **095** 関数 $x\sinh y$ が C^∞ 級関数であることの証明　★★☆

2 変数関数 $f(x,\ y)=x\sinh y$ が C^∞ 級関数であることを示せ。

GUIDE & SOLUTION

関数 $f(x,\ y)=x\sinh y$ の偏導関数を順に求めていくと

1 次の偏導関数　　$\dfrac{\partial}{\partial x}f(x,\ y)=\sinh y,\ \dfrac{\partial}{\partial y}f(x,\ y)=x\cosh y$

2 次の偏導関数　　$\dfrac{\partial^2}{\partial x^2}f(x,\ y)=0,\ \dfrac{\partial^2}{\partial x\partial y}f(x,\ y)=\cosh y,\ \dfrac{\partial^2}{\partial y^2}f(x,\ y)=x\sinh y$

これを続けて規則性を発見できると，具体的に高次偏導関数を求めることができる。

(解答)

$\dfrac{\partial}{\partial x}f(x,\ y)=\sinh y,\ \dfrac{\partial}{\partial y}f(x,\ y)=x\cosh y$ はともに連続である。

[1]　$n=2k$（k は正の整数）のとき

(ア)　$i=0$ に対し　　　　$\dfrac{\partial^n}{\partial x^i\partial y^{n-i}}f(x,\ y)=x\sinh y$

(イ)　$i=1$ に対し　　　　$\dfrac{\partial^n}{\partial x^i\partial y^{n-i}}f(x,\ y)=\cosh y$

(ウ)　2 以上の整数 i に対し　$\dfrac{\partial^n}{\partial x^i\partial y^{n-i}}f(x,\ y)=0$

いずれの場合も連続である。

[2]　$n=2k+1$（k は正の整数）のとき

(ア)　$i=0$ に対し　　　　$\dfrac{\partial^n}{\partial x^i\partial y^{n-i}}f(x,\ y)=x\cosh y$

(イ)　$i=1$ に対し　　　　$\dfrac{\partial^n}{\partial x^i\partial y^{n-i}}f(x,\ y)=\sinh y$

(ウ)　2 以上の整数 i に対し　$\dfrac{\partial^n}{\partial x^i\partial y^{n-i}}f(x,\ y)=0$

いずれの場合も連続である。

以上から，2 変数関数 $f(x,\ y)=x\sinh y$ は C^∞ 級関数である。　■

PRACTICE … 75

$f(x,\ y)$ が C^3 級関数のとき，次が成り立つことを示せ。

$$f_{xxy}(x,\ y)=f_{xyx}(x,\ y)=f_{yxx}(x,\ y)$$
$$f_{xyy}(x,\ y)=f_{yxy}(x,\ y)=f_{yyx}(x,\ y)$$

基本 例題 096 2変数関数の3次のマクローリン展開 ★☆☆

次の関数の3次のマクローリン展開を，剰余項を省略して求めよ。

(1) $f(x, y)=e^{-3x-2y}$ (2) $f(x, y)=(1+x)\cos y$

▲ p. 151 基本事項B

GUIDE & SOLUTION

テイラーの定理を適用して求める。なお，3次のマクローリン展開を剰余項を省略して求めるとは，与えられた関数の，2次までの多項式関数での近似を求めるということである。

(1), (2) とも，$f(0, 0)$, $f_x(0, 0)$, $f_y(0, 0)$, $f_{xx}(0, 0)$, $f_{xy}(0, 0)$, $f_{yx}(0, 0)$, $f_{yy}(0, 0)$ をそれぞれ順に求める。

解 答

(1)　　　　　$f(0, 0)=1$

また　　　　$f_x(x, y)=-3e^{-3x-2y}$, $f_y(x, y)=-2e^{-3x-2y}$

よって　　　$f_x(0, 0)=-3$, $f_y(0, 0)=-2$

更に　　　　$f_{xx}(x, y)=9e^{-3x-2y}$, $f_{xy}(x, y)=f_{yx}(x, y)=6e^{-3x-2y}$, $f_{yy}(x, y)=4e^{-3x-2y}$

ゆえに　　　$f_{xx}(0, 0)=9$, $f_{xy}(0, 0)=f_{yx}(0, 0)=6$, $f_{yy}(0, 0)=4$

したがって

$$f(x, y) \fallingdotseq 1-3x-2y+\frac{9}{2}x^2+6xy+2y^2$$

(2)　　　　　$f(0, 0)=1$

また　　　　$f_x(x, y)=\cos y$, $f_y(x, y)=-(1+x)\sin y$

よって　　　$f_x(0, 0)=1$, $f_y(0, 0)=0$

更に　　　　$f_{xx}(x, y)=0$, $f_{xy}(x, y)=f_{yx}(x, y)=-\sin y$, $f_{yy}(x, y)=-(1+x)\cos y$

ゆえに　　　$f_{xx}(0, 0)=0$, $f_{xy}(0, 0)=f_{yx}(0, 0)=0$, $f_{yy}(0, 0)=-1$

したがって

$$f(x, y) \fallingdotseq 1+x-\frac{1}{2}y^2$$

PRACTICE … 76

次の関数の3次のマクローリン展開を，剰余項を省略して求めよ。

(1) $f(x, y)=e^{xy}$ (2) $f(x, y)=\cos(x-2y)$

多変数関数の微分法の応用

1変数関数の極大・極小の定義の拡張として，次を定義する。

A 極値問題

関数の極大・極小

関数 $f(x, y)$ の定義域が開領域 U を含むとし，$(a, b) \in U$ とする。

[1] ある正の実数 δ が存在して，関数 $f(x, y)$ の定義域内の (x, y) が $d((a, b), (x, y)) < \delta$ かつ $(x, y) \neq (a, b)$ を満たして $f(x, y) < f(a, b)$ となるとき，関数 $f(x, y)$ は点 (a, b) で **極大** であるといい，$f(a, b)$ を **極大値** という。

[2] ある正の実数 δ が存在して，関数 $f(x, y)$ の定義域内の (x, y) が $d((a, b), (x, y)) < \delta$ かつ $(x, y) \neq (a, b)$ を満たして $f(x, y) > f(a, b)$ となるとき，関数 $f(x, y)$ は点 (a, b) で **極小** であるといい，$f(a, b)$ を **極小値** という。

極大値と極小値を合わせて **極値** という。

極値をとるための必要条件

開領域 $U \subset \mathbf{R}^2$ 上で偏微分可能な2変数関数 $f(x, y)$ が点 (a, b) で極大値または極小値をとるとき，$f_x(a, b) = f_y(a, b) = 0$ が成り立つ。

1変数関数の場合と同様に，上の定理の逆は成り立たない。すなわち，点 (a, b) で偏微分可能な関数 $f(x, y)$ について，$f_x(a, b) = f_y(a, b) = 0$ であっても，$f(a, b)$ が極値でないことがある。

次に，1変数関数の第2次導関数と極値の定理の拡張として，次が成り立つ。

2変数関数の極値判定の定理

開領域 $U \subset \mathbf{R}^2$ 上で C^2 級である2変数関数 $f(x, y)$ について，$(a, b) \in U$ において $f_x(a, b) = f_y(a, b) = 0$ が成り立つとする。極値を判定するための判別式として，$D = f_{xx}(a, b) f_{yy}(a, b) - \{f_{xy}(a, b)\}^2$ とすると，次が成り立つ。

[1] $D > 0$ のとき

  (a) $f_{xx}(a, b) > 0$ ならば，関数 $f(x, y)$ は点 (a, b) で極小値をとる。

  (b) $f_{xx}(a, b) < 0$ ならば，関数 $f(x, y)$ は点 (a, b) で極大値をとる。

[2] $D < 0$ のとき

  関数 $f(x, y)$ は点 (a, b) で極値をとらない。

上の定理において，$D = 0$ の場合は極値をとるかどうかわからない。極値をとる場合もとらない場合もありうる。

B 条件付き極値問題

ラグランジュの未定乗数法

2 変数関数 $f(x, y)$, $g(x, y)$ が R^2 内の開領域上で C^1 級であるとし，条件 $g(x, y)=0$ のもとで関数 $f(x, y)$ が点 (a, b) において極値をとるとする。
このとき，$g_x(a, b) \neq 0$ または $g_y(a, b) \neq 0$ が成り立つならば，ある実数 α が存在して，次を満たす。
$$f_x(a, b) - \alpha g_x(a, b) = 0, \quad f_y(a, b) - \alpha g_y(a, b) = 0$$

上の定理において，a, b, α が満たすべき関係式は，$f_x(a, b) - \alpha g_x(a, b) = 0$, $f_y(a, b) - \alpha g_y(a, b) = 0$, $g(a, b) = 0$ の 3 つある。$F(x, y, \lambda) = f(x, y) - \lambda g(x, y)$ とすると，上の満たすべき 3 つの関係式は $F_x(x, y, \lambda) = 0$, $F_y(x, y, \lambda) = 0$, $F_\lambda(x, y, \lambda) = 0$ となる。

このように関数 $F(x, y, \lambda)$ において λ を未定乗数とするため，この定理の方法は **ラグランジュの未定乗数法** と呼ばれる。

ラグランジュの未定乗数法の定理は，下の陰関数定理を用いて示される。

C 陰関数定理

定義 陰関数

2 つの変数 x, y の関係式 $F(x, y) = 0$ について，1 変数関数 $y = \varphi(x)$ が，その定義域内のすべての x について $F(x, \varphi(x)) = 0$ を満たすとき，関数 $y = \varphi(x)$ を関係式 $F(x, y) = 0$ の **陰関数** という。

1 つの関係式 $F(x, y) = 0$ に対して，複数の陰関数が存在することがある。
また，一般には，関係式 $F(x, y) = 0$ が陰関数をもつかどうかわからない。
次の定理は，一般の関係式 $F(x, y) = 0$ の陰関数の存在について，十分条件を与えている。

陰関数定理

2 変数関数 $F(x, y)$ が開領域 $U \subset R^2$ 上で C^1 級であるとし，点 (a, b) が $F(a, b) = 0$ および $F_y(a, b) \neq 0$ を満たすとする。
このとき，x 軸上の $x = a$ を含む開区間 I と，I 上で定義された 1 変数関数 $y = \varphi(x)$ が存在して，$b = \varphi(a)$ と次を満たす。
　　　　すべての $x \in I$ について，$F(x, \varphi(x)) = 0$ である。
更に，関数 $\varphi(x)$ は開区間 I 上で微分可能で，その導関数は次のようになる。
$$\varphi'(x) = -\frac{F_x(x, \varphi(x))}{F_y(x, \varphi(x))}$$

基本 例題 **097**　2変数関数の極値問題 (1)　★☆☆

2変数関数 $f(x, y) = x^2 - xy + y^2 + 3x - 3y$ の極値を求めよ。　◢ p. 155 基本事項A

GUIDE & **S**OLUTION

　2変数関数が極値をとるための必要条件から，まず極値をとる可能性のある点を絞る。その後，次の2変数関数の極値判定の定理を用いて極値をとる点を求め，極値を求める。

定理　**2変数関数の極値判定の定理**

　開領域 $U \subset \mathbb{R}^2$ 上で C^2 級である2変数関数 $f(x, y)$ について，$(a, b) \in U$ において $f_x(a, b) = f_y(a, b) = 0$ が成り立つとする。極値を判定するための判別式として，$D = f_{xx}(a, b)f_{yy}(a, b) - \{f_{xy}(a, b)\}^2$ とすると，次が成り立つ。

[1]　$D > 0$ のとき
　(a)　$f_{xx}(a, b) > 0$ ならば，関数 $f(x, y)$ は点 (a, b) で極小値をとる。
　(b)　$f_{xx}(a, b) < 0$ ならば，関数 $f(x, y)$ は点 (a, b) で極大値をとる。
[2]　$D < 0$ のとき
　関数 $f(x, y)$ は点 (a, b) で極値をとらない。

解 答

　　　　$f_x(x, y) = 2x - y + 3,\ f_y(x, y) = -x + 2y - 3$
$f_x(x, y) = f_y(x, y) = 0$ ならば
$$\begin{cases} 2x - y + 3 = 0 \\ -x + 2y - 3 = 0 \end{cases}$$
これを解くと　　$x = -1,\ y = 1$
よって，極値をとる可能性のある点は，$(-1, 1)$ のみである。　　◀ 2変数関数が極値をとる
また　　$f_{xx}(x, y) = 2,\ f_{xy}(x, y) = -1,\ f_{yy}(x, y) = 2$　　　ための必要条件から。
ゆえに，$D = f_{xx}(x, y)f_{yy}(x, y) - \{f_{xy}(x, y)\}^2$ とすると
　　　　$D = 2 \cdot 2 - (-1)^2 = 3 > 0$
更に　　$f_{xx}(-1, 1) = 2 > 0$
$f(-1, 1) = -3$ であるから，2変数関数の極値判定の定理により，関数 $f(x, y)$ は，点 $(-1, 1)$ で極小値 -3 をとる。

PRACTICE … **77**

次の問いに答えよ。
(1)　2変数関数 $f(x, y) = x^2 + 9y^2 - 4x - 18y + 11$ が，点 $(2, 1)$ で極小値 -2 をとることを示せ。
(2)　2変数関数 $f(x, y) = -xy(x + y - 2)$ の極値を求めよ。

重要 例題 098　2変数関数の極値問題(2)　★★★

関数 $f(x, y)=ax^2+2xy+y^2+x+2y+1$ の最小値を求めよ。　◢ p.155 基本事項A

GUIDE & **S**OLUTION

2変数関数が極値をとるための必要条件から，まず極値をとる可能性のある点を絞る。その後，2変数関数の極値判定の定理を用いて極値をとる点を求め，極値を求める。$a>1$ のとき，極小値を求めた後，その極小値が最小値となることを示すには，次のテイラーの定理を用いるとよい。

定理 **テイラーの定理（2変数関数）**

$f(x, y)$ を開領域 $U \subset \mathrm{R}^2$ 上の C^n 級関数とし，$(a, b) \in U$ とする。

また，$0 \leq k \leq n$ を満たす整数 k に対して，2変数関数 $F_k(x, y)$ を次のように定める。

$$F_k(x, y)=\sum_{i=0}^{k} {}_k\mathrm{C}_i\left\{\frac{\partial^k}{\partial x^i \partial y^{k-i}}f(a, b)\right\}(x-a)^i(y-b)^{k-i}$$

ただし，$k=0$ のときは，$F_0(x, y)=f(a, b)$（定数関数）とする。このとき，点 $(x, y) \in U$ と点 (a, b) を結ぶ線分が開領域 U に含まれているならば，次が成り立つ。

$$f(x, y)=F_0(x, y)+F_1(x, y)+\frac{1}{2!}F_2(x, y)+\frac{1}{3!}F_3(x, y)$$

$$+\cdots\cdots+\frac{1}{(n-1)!}F_{n-1}(x, y)+R_n(x, y)$$

ただし，$R_n(x, y)$ は $0<\theta<1$ を満たすある実数 θ を用いて，次のように表される関数である。

$$R_n(x, y)=\frac{1}{n!}\sum_{i=0}^{n} {}_n\mathrm{C}_i\left\{\frac{\partial^n}{\partial x^i \partial y^{n-i}}f(a+\theta(x-a), b+\theta(y-b))\right\}(x-a)^i(y-b)^{n-i}$$

解答

$$f_x(x, y)=2ax+2y+1$$
$$f_y(x, y)=2x+2y+2$$

$f_x(x, y)=f_y(x, y)=0$ ならば

$$\begin{cases} 2ax+2y+1=0 \\ 2x+2y+2=0 \end{cases} \cdots\cdots ①$$

[I]　$a=1$ のとき

① を満たす (x, y) は存在しないから，極値は存在せず，最小値はない。

[II]　$a \neq 1$ のとき

① を解くと　$x=\dfrac{1}{2(a-1)},\ y=\dfrac{-2a+1}{2(a-1)}$

よって，極値をとる可能性のある点は

$$\left(\frac{1}{2(a-1)}, \frac{-2a+1}{2(a-1)}\right)$$

◀ 2 変数関数が極値をとる
ための必要条件から。

のみである。

$\alpha=\dfrac{1}{2(a-1)}, \ \beta=\dfrac{-2a+1}{2(a-1)}$ とする。

また　　$f_{xx}(x, y)=2a$

　　　　$f_{xy}(x, y)=2$

　　　　$f_{yy}(x, y)=2$

ゆえに，$D=f_{xx}(x, y)f_{yy}(x, y)-\{f_{xy}(x, y)\}^2$ とすると

　　　　$D=2a\cdot2-2^2=4(a-1)$

[1]　$D>0$ すなわち $a>1$ のとき

$f_{xx}(x, y)>0$ であるから，2 変数関数の極値判定の定理により，関数 $f(x, y)$ は点 (α, β) で極小値をとる。

ここで　$f(\alpha, \beta)=a\left\{\dfrac{1}{2(a-1)}\right\}^2+2\cdot\dfrac{1}{2(a-1)}\cdot\dfrac{-2a+1}{2(a-1)}+\left\{\dfrac{-2a+1}{2(a-1)}\right\}^2$

$$+\dfrac{1}{2(a-1)}+2\cdot\dfrac{-2a+1}{2(a-1)}+1$$

$$=\dfrac{1}{4(1-a)}$$

更に，点 (α, β) における，関数 $f(x, y)$ のテイラー展開を考えると

$$f(x, y)=f(\alpha, \beta)+\frac{1}{2}\{2a(x-\alpha)^2+4(x-\alpha)(y-\beta)+2(y-\beta)^2\}$$

$$=f(\alpha, \beta)+a(x-\alpha)^2+2(x-\alpha)(y-\beta)+(y-\beta)^2$$

$$=f(\alpha, \beta)+(a-1)(x-\alpha)^2+\{(x-\alpha)+(y-\beta)\}^2$$

$$\geqq f(\alpha, \beta)$$

よって，極小値 $\dfrac{1}{4(1-a)}$ は最小値である。

[2]　$D<0$ すなわち $a<1$ のとき

2 変数関数の極値判定の定理により，関数 $f(x, y)$ の極値は存在せず，最小値はない。

以上から，関数 $f(x, y)$ は次のようになる。

　　　$a\leqq1$ のとき最小値はない；

　　　$a>1$ のとき点 $\left(\dfrac{1}{2(a-1)}, \dfrac{-2a+1}{2(a-1)}\right)$ で最小値 $\dfrac{1}{4(1-a)}$ をとる。

重要 例題 099 2変数関数の条件付き極値問題 ★★★

ラグランジュの未定乗数法を用いて，条件 $4x^2-y^2=4$ のもとで，関数 $f(x, y)=x^3+y$ の極値を与える点の候補を求めよ。 ◢ p.156 **基本事項B**

GUIDE & SOLUTION

$g(x, y)=4x^2-y^2-4$ として，ラグランジュの未定乗数法を適用する。

定理 **ラグランジュの未定乗数法**

2変数関数 $f(x, y)$，$g(x, y)$ が $\mathbb{R}^2$ 内の開領域上で C^1 級であるとし，条件 $g(x, y)=0$ のもとで関数 $f(x, y)$ が点 (a, b) において極値をとるとする。このとき，$g_x(a, b)\neq0$ または $g_y(a, b)\neq0$ が成り立つならば，ある実数 α が存在して，次を満たす。

$$f_x(a, b)-\alpha g_x(a, b)=0, \quad f_y(a, b)-\alpha g_y(a, b)=0$$

解答

$g(x, y)=4x^2-y^2-4$ とし，$F(x, y, \lambda)=f(x, y)-\lambda g(x, y)$ とする。
$F_x(x, y, \lambda)=3x^2-8\lambda x$，$F_y(x, y, \lambda)=1+2\lambda y$ であるから，$F_x(x, y, \lambda)=0$，$F_y(x, y, \lambda)=0$ ならば

$$\begin{cases} 3x^2-8\lambda x=0 & \cdots\cdots ① \\ 1+2\lambda y=0 & \cdots\cdots ② \end{cases}$$

また，$F_\lambda(x, y, \lambda)=-(4x^2-y^2-4)$ であるから，$F_\lambda(x, y, \lambda)=0$ ならば

$$4x^2-y^2=4 \qquad \cdots\cdots ③$$

② より，$\lambda\neq0$ であり $\quad y=-\dfrac{1}{2\lambda} \quad \cdots\cdots ④$

[1] $x=0$ のとき，③ を満たす y の値は存在しない。

[2] $x\neq0$ のとき，① から $\quad x=\dfrac{8}{3}\lambda \quad \cdots\cdots ⑤$

④，⑤ を ③ に代入して整理すると $\quad 1024\lambda^4-144\lambda^2-9=0$
ゆえに $\quad (4\lambda+\sqrt{3})(4\lambda-\sqrt{3})(64\lambda^2+3)=0$

$64\lambda^2+3\neq0$ であるから $\quad \lambda=\pm\dfrac{\sqrt{3}}{4}$

$\lambda=\dfrac{\sqrt{3}}{4}$ のとき $\quad (x, y)=\left(\dfrac{2\sqrt{3}}{3}, -\dfrac{2\sqrt{3}}{3}\right)$

$\lambda=-\dfrac{\sqrt{3}}{4}$ のとき $\quad (x, y)=\left(-\dfrac{2\sqrt{3}}{3}, \dfrac{2\sqrt{3}}{3}\right)$

以上から，条件 $4x^2-y^2=4$ のもとで，$f(x, y)=x^3+y$ の極値を与える点の候補は

$$\left(\pm\dfrac{2\sqrt{3}}{3}, \mp\dfrac{2\sqrt{3}}{3}\right) \text{（複号同順）}$$

参考 点 $\left(\dfrac{2\sqrt{3}}{3},\ -\dfrac{2\sqrt{3}}{3}\right)$ を P，点 $\left(-\dfrac{2\sqrt{3}}{3},\ \dfrac{2\sqrt{3}}{3}\right)$ を Q とする。

$g_y(x,\ y)=-2y$ より，$g_y\left(\pm\dfrac{2\sqrt{3}}{3},\ \mp\dfrac{2\sqrt{3}}{3}\right)\neq0$ であるから，2 点 P，Q の近傍で定まる $g(x,\ y)=0$ の陰関数 $y(x)$ は存在する。

$g(x,\ y)=0$ を x で微分すると

$$8x-2yy'(x)=0$$

よって　　　$y'(x)=\dfrac{4x}{y(x)}$

ゆえに，2 点 P，Q において

$$y'\left(\pm\dfrac{2\sqrt{3}}{3}\right)=-4$$

$8x-2yy'(x)=0$ を x で微分すると

$$8-2\{y'(x)\}^2-2yy''(x)=0$$

よって　　　点 P において　　$y''\left(\dfrac{2\sqrt{3}}{3}\right)=6\sqrt{3}$

　　　　　　点 Q において　　$y''\left(-\dfrac{2\sqrt{3}}{3}\right)=-6\sqrt{3}$

$h(x)=f(x,\ y(x))$ とすると，$h'(x)=3x^2+y'(x)$ であるから，2 点 P，Q において

$$h'\left(\pm\dfrac{2\sqrt{3}}{3}\right)=0$$

また，$h''(x)=6x+y''(x)$ であるから

　　　　　　点 P において　　$h''\left(\dfrac{2\sqrt{3}}{3}\right)=10\sqrt{3}>0$

　　　　　　点 Q において　　$h''\left(-\dfrac{2\sqrt{3}}{3}\right)=-10\sqrt{3}<0$

よって，関数 $f(x,\ y)$ は，点 P で極小値 $\dfrac{2\sqrt{3}}{9}$ をとり，点 Q で極大値 $-\dfrac{2\sqrt{3}}{9}$ をとる。

研究 条件関数 $4x^2-y^2=4$ のグラフ上の点を媒介変数表示すると

$$x=\dfrac{1}{\cos\theta},\ y=2\tan\theta\ \left(0\leqq\theta<\dfrac{\pi}{2},\ \dfrac{\pi}{2}<\theta<\dfrac{3}{2}\pi,\ \dfrac{3}{2}\pi<\theta<2\pi\right)$$

このとき　　$f\left(\dfrac{1}{\cos\theta},\ 2\tan\theta\right)=\dfrac{1}{\cos^3\theta}+2\tan\theta$

$g(\theta)=\dfrac{1}{\cos^3\theta}+2\tan\theta$ とすると

$$g'(\theta)=\dfrac{-(\sin\theta-2)(2\sin\theta+1)}{\cos^4\theta}$$

$g'(\theta)=0$ とすると

$$\theta=\frac{7}{6}\pi,\ \frac{11}{6}\pi$$

関数 $g(\theta)$ の増減表は次のようになる。

θ	0	…	$\frac{\pi}{2}$	…	$\frac{7}{6}\pi$	…	$\frac{3}{2}\pi$	…	$\frac{11}{6}\pi$	…	2π
$g'(\theta)$		+		+	0	−		−	0	+	
$g(\theta)$	1	↗		↗	極大 $-\dfrac{2\sqrt{3}}{9}$	↘		↘	極小 $\dfrac{2\sqrt{3}}{9}$	↗	

よって

$$\theta=\frac{7}{6}\pi\ \text{すなわち点}\ \left(-\frac{2\sqrt{3}}{3},\ \frac{2\sqrt{3}}{3}\right)\text{で極大値}\ -\frac{2\sqrt{3}}{9}$$

$$\theta=\frac{11}{6}\pi\ \text{すなわち点}\ \left(\frac{2\sqrt{3}}{3},\ -\frac{2\sqrt{3}}{3}\right)\text{で極小値}\ \frac{2\sqrt{3}}{9}$$

をとる。

補足 関数 $4x^2-y^2=4$ と関数 $x^3+y=\dfrac{2\sqrt{3}}{9}$, $x^3+y=-\dfrac{2\sqrt{3}}{9}$ のグラフを図示すると，

次のように 2 点 $\left(\pm\dfrac{2\sqrt{3}}{3},\ \mp\dfrac{2\sqrt{3}}{3}\right)$（複号同順）で接していることがわかる。

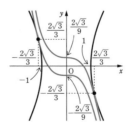

ラグランジュの未定乗数法を用いて，条件 $x^2+xy+y^2=1$ のもとで，関数 $f(x,\ y)=3x+y$ の極値を与える点の候補を求めよ。

基本 例題 100 C^2 級関数の陰関数の微分 ★☆☆

$f(x, y)$ を C^2 級関数，$f(a, b)=0$，$f_y(a, b) \neq 0$ とし，点 (a, b) の近傍で定義される $f(x, y)=0$ の陰関数を $y=\varphi(x)$ とする。このとき，$\varphi(x)$ は 2 回微分可能であり，次の等式が成り立つことを示せ。

$$\varphi''(x) = -\frac{f_{xx}f_y{}^2 - 2f_{xy}f_xf_y + f_{yy}f_x{}^2}{f_y{}^3}$$

ただし，右辺に現れる偏導関数には，すべて $(x, \varphi(x))$ が代入されているとする。

◢◢◢ p. 156 基本事項 C

GUIDE & SOLUTION

問題文の $\varphi'(x)$ の右辺において，例えば f_{xx} は $f_{xx}(x, \varphi(x))$ を表す。すべてに $(x, \varphi(x))$ を書くと，長くなるため省略した形で表している。

陰関数定理により得られる

$$\varphi'(x) = -\frac{f_x(x, \varphi(x))}{f_y(x, \varphi(x))}$$

を，2 変数関数と 1 変数関数との合成関数の微分の定理を用いて x で微分する。

解 答

陰関数定理により　　$\varphi'(x) = -\dfrac{f_x}{f_y}$

x で微分すると　　$\varphi''(x) = -\dfrac{\left(\dfrac{d}{dx}f_x\right)f_y - f_x\left(\dfrac{d}{dx}f_y\right)}{f_y{}^2}$

ここで　　$\dfrac{d}{dx}f_x = f_{xx}\dfrac{dx}{dx} + f_{xy}\dfrac{dy}{dx} = f_{xx} + f_{xy}\varphi'(x)$

$\dfrac{d}{dx}f_y = f_{yx}\dfrac{dx}{dx} + f_{yy}\dfrac{dy}{dx} = f_{yx} + f_{yy}\varphi'(x)$

更に，$f_{xy} = f_{yx}$ であるから

$\varphi''(x) = -\dfrac{\{f_{xx} + f_{xy}\varphi'(x)\}f_y - f_x\{f_{yx} + f_{yy}\varphi'(x)\}}{f_y{}^2}$

$= -\dfrac{f_{xx}f_y + f_{xy}\{\varphi'(x)f_y - f_x\} - f_xf_{yy}\varphi'(x)}{f_y{}^2}$

$= -\dfrac{f_{xx}f_y + f_{xy}\left\{\left(-\dfrac{f_x}{f_y}\right)f_y - f_x\right\} - f_xf_{yy}\left(-\dfrac{f_x}{f_y}\right)}{f_y{}^2}$

$= -\dfrac{f_{xx}f_y{}^2 - 2f_{xy}f_xf_y + f_{yy}f_x{}^2}{f_y{}^3}$ ∎

重要 例題 101 陰関数の微分係数，円の接線・法線 ★★★

陰関数定理を用いて，次の問いに答えよ。

(1) $F(x, y)=x^3-2xy+y^3=0$ の陰関数を $\varphi(x)$ とするとき，$\varphi'(1)$ を求めよ。

(2) 円 $F(x, y)=x^2+y^2-r^2=0$ 上の点 (a, b) における，この円の接線と法線の方程式を求めよ。ただし，$F_x(a, b)\neq0$，$F_y(a, b)\neq0$ であるとする。

◢ *p.*156 **基本事項**C

GUIDE & SOLUTION

(1) 陰関数の定理が成り立つための仮定を確認して，陰関数の定理を適用する。
なお，関数 $F(x, y)=0$ の陰関数が $y=\varphi(x)$ であるとき，その導関数は

$$\varphi'(x)=-\frac{F_x(x, \varphi(x))}{F_y(x, \varphi(x))}$$

のようになる。

(2) 曲線 $F(x, y)=0$ 上の点 (a, b) におけるこの曲線の

接線の方程式は $\quad y=-\dfrac{F_x(a, b)}{F_y(a, b)}(x-a)+b$

法線の方程式は $\quad y=\dfrac{F_y(a, b)}{F_x(a, b)}(x-a)+b$

で表される。

解 答

(1) $F(x, y)$ を2変数関数とみて偏導関数を求めると

$$F_x(x, y)=3x^2-2y$$
$$F_y(x, y)=3y^2-2x$$

陰関数定理を適用するための仮定は

$$F_y(x, y)\neq0 \qquad すなわち \qquad 3y^2-2x\neq0 \quad\cdots\cdots ①$$

これが満たされているとき，陰関数定理により

$$\varphi'(x)=-\frac{3x^2-2y}{3y^2-2x}$$

$x=1$ のとき $\quad F(1, y)=1-2y+y^3=(y-1)(y^2+y-1)$

よって，$F(1, y)=0$ より $\quad y=1, \dfrac{-1\pm\sqrt{5}}{2}$

ゆえに $\quad (x, y)=(1, 1), \left(1, \dfrac{-1\pm\sqrt{5}}{2}\right)$

これらは ① を満たす。

したがって，陰関数 $\varphi(x)$ は

$$\varphi(1)=1 \qquad または \qquad \varphi(1)=\frac{-1+\sqrt{5}}{2} \qquad または \qquad \varphi(1)=\frac{-1-\sqrt{5}}{2}$$

を満たす。

$$\varphi'(1) = -\frac{3 \cdot 1^2 - 2\varphi(1)}{3\{\varphi(1)\}^2 - 2 \cdot 1} \quad \text{であるから}$$

[1]　$\varphi(1) = 1$ のとき　　　　　　$\boldsymbol{\varphi'(1) = -1}$

[2]　$\varphi(1) = \dfrac{-1+\sqrt{5}}{2}$ のとき　　$\boldsymbol{\varphi'(1) = \dfrac{5+7\sqrt{5}}{10}}$

[3]　$\varphi(1) = \dfrac{-1-\sqrt{5}}{2}$ のとき　　$\boldsymbol{\varphi'(1) = \dfrac{5-7\sqrt{5}}{10}}$

(2)　$F(x,\ y) = 0$ の陰関数を $\varphi(x)$ とする。

$F(x,\ y)$ を 2 変数関数とみて偏導関数を求めると

　　　$F_x(x,\ y) = 2x$

　　　$F_y(x,\ y) = 2y$

陰関数定理を適用するための仮定は

　　　$F_y(x,\ y) \neq 0$　　すなわち　　$y \neq 0$

ゆえに，陰関数定理により，$F_y(a,\ b) \neq 0$ すなわち $b \neq 0$ を満たす点 $(a,\ b)$ において

　　　$\varphi'(a) = -\dfrac{a}{b}$

よって，求める接線の方程式は

$$y = -\frac{a}{b}(x-a) + b \quad \text{すなわち} \quad \boldsymbol{y = -\frac{a}{b}x + \frac{r^2}{b}} \qquad \triangleleft a^2+b^2=r^2 \text{ より。}$$

また，$F_x(a,\ b) \neq 0$, $F_y(a,\ b) \neq 0$ すなわち $a \neq 0$, $b \neq 0$ を満たす点 $(a,\ b)$ において

　　　$-\dfrac{1}{\varphi'(a)} = \dfrac{b}{a}$

よって，求める法線の方程式は

$$y = \frac{b}{a}(x-a) + b \quad \text{すなわち} \quad \boldsymbol{y = \frac{b}{a}x}$$

補足　円の法線はその中心を通る。また，$F_y(x,\ y) = 0$ すなわち $y = 0$ のとき，円 $F(x,\ y) = 0$ 上の点の座標は $(\pm r,\ 0)$ である。よって，条件 $F_y(a,\ b) \neq 0$ により，点 $(\pm r,\ 0)$ を除外していることになる。点 $(\pm r,\ 0)$ における接線は y 軸に平行になる。更に，$F_x(x,\ y) = 0$ すなわち $x = 0$ のとき，円 $F(x,\ y) = 0$ 上の点の座標は $(0,\ \pm r)$ である。よって，条件 $F_x(a,\ b) \neq 0$ により，点 $(0,\ \pm r)$ を除外していることになる。点 $(0,\ \pm r)$ における法線は y 軸になる。

PRACTICE … 79

(1)　$F(x,\ y) = x^2 - y^2 + 1 = 0$ の陰関数を求めよ。

(2)　$F(x,\ y) = x - 4xy + 3y^2 + 9 = 0$ の陰関数を $\varphi(x)$ とするとき，$\varphi'(-3)$ を求めよ。

(3)　曲線 $F(x,\ y) = x^2 - y^2 - 1 = 0$ 上の点 $(\sqrt{2},\ -1)$ における，この曲線の接線と法線の方程式を求めよ。

基本 例題 **102** ライプニッツの法則の証明　★★☆

p, q を実数とするとき，$p\dfrac{\partial}{\partial x}+q\dfrac{\partial}{\partial y}$ を，偏微分可能な関数 $f(x, y)$ に対して $pf_x(x, y)+qf_y(x, y)$ を対応させる微分作用素と呼ぶことにする。また，D, E が微分作用素であるとき，微分作用素 DE を次で定義する。

関数 $f(x, y)$ に対して　$DEf(x, y)=D(Ef(x, y))$

$D=E$ のときは，$DE=D^2$ と書くことにする。

a, b を実数として，$a\dfrac{\partial}{\partial x}+b\dfrac{\partial}{\partial y}$ を C^{∞} 級関数に作用する微分作用素とするとき，次の等式が成り立つことを示せ。

$$\left(a\frac{\partial}{\partial x}+b\frac{\partial}{\partial y}\right)^n=\sum_{k=0}^{n}{}_n C_k\, a^k\, b^{n-k}\frac{\partial^n}{\partial x^k\partial y^{n-k}}$$

GUIDE & SOLUTION

$n=2$ のときで小手調べすると

$$\left(a\frac{\partial}{\partial x}+b\frac{\partial}{\partial y}\right)^2 f=\left(a\frac{\partial}{\partial x}+b\frac{\partial}{\partial y}\right)\left(a\frac{\partial f}{\partial x}+b\frac{\partial f}{\partial y}\right)$$

$$=a^2\frac{\partial^2 f}{\partial x^2}+ab\frac{\partial^2 f}{\partial x\partial y}+ba\frac{\partial^2 f}{\partial y\partial x}+b^2\frac{\partial^2 f}{\partial y^2}$$

$$=a^2\frac{\partial^2 f}{\partial x^2}+2ab\frac{\partial^2 f}{\partial x\partial y}+b^2\frac{\partial^2 f}{\partial y^2}$$

（最後の式変形では，偏微分の順序交換の定理を用いた）

f を取り外して，「微分作用素についての等式」としてみれば，$n=2$ のとき成り立つことがわかる。このように，微分作用素になっても順序交換が成り立つから，やっていることは二項展開と同じである。証明方法は数学的帰納法による。

なお，例題の等式は **ライプニッツの法則** と呼ばれている。

解 答

数学的帰納法で示す。

$$\left(a\frac{\partial}{\partial x}+b\frac{\partial}{\partial y}\right)^n=\sum_{k=0}^{n}{}_n C_k\, a^k\, b^{n-k}\frac{\partial^n}{\partial x^k\partial y^{n-k}}\quad\cdots\cdots Ⓐ$$

とする。

[1]　$n=1$ のとき

$$(右辺)=\sum_{k=0}^{1}{}_1 C_k\, a^k\, b^{1-k}\frac{\partial}{\partial x^k\partial y^{1-k}}$$

$$=a\frac{\partial}{\partial x}+b\frac{\partial}{\partial y}$$

よって，Ⓐ は成り立つ。

[2]　$n=m$ のとき, Ⓐ が成り立つ, すなわち

$$\left(a\frac{\partial}{\partial x}+b\frac{\partial}{\partial y}\right)^m=\sum_{k=0}^{m} {}_m\mathrm{C}_k\, a^k\, b^{m-k}\frac{\partial^m}{\partial x^k \partial y^{m-k}}$$

と仮定する。

$n=m+1$ のときを考えると, この仮定から

$$\left(a\frac{\partial}{\partial x}+b\frac{\partial}{\partial y}\right)^{m+1}=\left(a\frac{\partial}{\partial x}+b\frac{\partial}{\partial y}\right)\left(a\frac{\partial}{\partial x}+b\frac{\partial}{\partial y}\right)^m=\left(a\frac{\partial}{\partial x}+b\frac{\partial}{\partial y}\right)\sum_{k=0}^{m} {}_m\mathrm{C}_k\, a^k\, b^{m-k}\frac{\partial^m}{\partial x^k \partial y^{m-k}}$$

$$=\sum_{k=0}^{m} {}_m\mathrm{C}_k\, a^{k+1}\, b^{m-k}\frac{\partial^{m+1}}{\partial x^{k+1} \partial y^{m-k}}+\sum_{k=0}^{m} {}_m\mathrm{C}_k\, a^k\, b^{m-k+1}\frac{\partial^{m+1}}{\partial x^k \partial y^{m-k+1}}$$

$$=\sum_{k=1}^{m+1} {}_m\mathrm{C}_{k-1}\, a^k\, b^{m-k+1}\frac{\partial^{m+1}}{\partial x^k \partial y^{m-k+1}}+\sum_{k=0}^{m} {}_m\mathrm{C}_k\, a^k\, b^{m-k+1}\frac{\partial^{m+1}}{\partial x^k \partial y^{m-k+1}}$$

$$=b^{m+1}\frac{\partial^{m+1}}{\partial y^{m+1}}+\sum_{k=1}^{m} ({}_m\mathrm{C}_k+{}_m\mathrm{C}_{k-1})a^k\, b^{m-k+1}\frac{\partial^{m+1}}{\partial x^k \partial y^{m-k+1}}+a^{m+1}\frac{\partial^{m+1}}{\partial x^{m+1}}$$

$$=b^{m+1}\frac{\partial^{m+1}}{\partial y^{m+1}}+\sum_{k=1}^{m} {}_{m+1}\mathrm{C}_k\, a^k\, b^{m-k+1}\frac{\partial^{m+1}}{\partial x^k \partial y^{m-k+1}}+a^{m+1}\frac{\partial^{m+1}}{\partial x^{m+1}}$$

$$=\sum_{k=0}^{m+1} {}_{m+1}\mathrm{C}_k\, a^k\, b^{m-k+1}\frac{\partial^{m+1}}{\partial x^k \partial y^{m-k+1}}$$

よって, $n=m+1$ のときも Ⓐ は成り立つ。

[1], [2] から, すべての自然数 n について Ⓐ が成り立つ。　∎

INFORMATION

$f_x(x, y)=\dfrac{\partial}{\partial x}f(x, y)$ とは, もともとの関数 $f(x, y)$ に, $\dfrac{\partial}{\partial x}$ というものが (左から) 作用して, その結果として得られたものである, という見方をすることができる。ここでは「$\dfrac{\partial}{\partial x}$」という数でも関数でもないものが, 何らかの実体的なものとして考えられる。「$\dfrac{\partial}{\partial y}$」についても同様に考えられる。これらは関数に対して「(偏) 微分する」という作用を施すものであることから, **(偏) 微分作用素** と呼ばれる。

このような考え方をすると, 非常に便利であることが多い。例えば, 実数 a, b について $a\dfrac{\partial}{\partial x}+b\dfrac{\partial}{\partial y}$ という作用素を考えることができるが, これは関数 $f(x, y)$ に対して, $af_x(x, y)+bf_y(x, y)$ を対応させる作用素である。このように, 微分作用素を単独で扱い, それらの間の演算を行うことで, より柔軟性の高い微分の計算を整合的に行うことができる。

また, 関数に対してその 2 次の偏導関数を対応させることは, 微分作用素 $\dfrac{\partial}{\partial x}$, $\dfrac{\partial}{\partial y}$ を 2 回合成することに他ならないから, 例えば $\dfrac{\partial^2}{\partial x^2}=\left(\dfrac{\partial}{\partial x}\right)^2$ が成り立つ。3 つ以上の微分作用素の積についても同様である。

基本　例題 103　ラプラス作用素の変数変換　★★☆

微分作用素 $\varDelta = \dfrac{\partial^2}{\partial x^2} + \dfrac{\partial^2}{\partial y^2}$ を，変数変換 $x = r\cos\theta$，$y = r\sin\theta$ で変換する

と，$\varDelta = \dfrac{\partial^2}{\partial r^2} + \dfrac{1}{r} \cdot \dfrac{\partial}{\partial r} + \dfrac{1}{r^2} \cdot \dfrac{\partial^2}{\partial \theta^2}$ と書けることを示せ。

GUIDE & SOLUTION

微分作用素 $\varDelta$ は関数 $f(x, y)$ に，次のように作用する。
$$\varDelta f(x, y) = f_{xx}(x, y) + f_{yy}(x, y)$$
$f(x, y) = f(r\cos\theta, r\sin\theta) = g(r, \theta)$ とし，$\dfrac{\partial g}{\partial r}$，$\dfrac{\partial g}{\partial \theta}$ を計算する。次に，$\dfrac{\partial^2 g}{\partial r^2}$，

$\dfrac{\partial^2 g}{\partial \theta^2}$ を計算する。そして，$\dfrac{\partial g}{\partial r}$，$\dfrac{\partial^2 g}{\partial r^2}$，$\dfrac{\partial^2 g}{\partial \theta^2}$ を $\dfrac{\partial^2 g}{\partial r^2} + \dfrac{1}{r} \cdot \dfrac{\partial g}{\partial r} + \dfrac{1}{r^2} \cdot \dfrac{\partial^2 g}{\partial \theta^2}$ に代入

し，$\dfrac{\partial^2 f}{\partial x^2} + \dfrac{\partial^2 f}{\partial y^2}$ が得られることを示す。

解答

$f(x, y) = f(r\cos\theta, r\sin\theta) = g(r, \theta)$ とする。

このとき　　$\dfrac{\partial g}{\partial r} = \dfrac{\partial f}{\partial x}\cos\theta + \dfrac{\partial f}{\partial y}\sin\theta$，$\dfrac{\partial g}{\partial \theta} = -\dfrac{\partial f}{\partial x}r\sin\theta + \dfrac{\partial f}{\partial y}r\cos\theta$

更に　$\dfrac{\partial^2 g}{\partial r^2} = \dfrac{\partial^2 f}{\partial x^2}\cos^2\theta + 2\dfrac{\partial^2 f}{\partial x \partial y}\sin\theta\cos\theta + \dfrac{\partial^2 f}{\partial y^2}\sin^2\theta$

$\dfrac{\partial^2 g}{\partial \theta^2} = r^2\left(\dfrac{\partial^2 f}{\partial x^2}\sin^2\theta - 2\dfrac{\partial^2 f}{\partial x \partial y}\sin\theta\cos\theta + \dfrac{\partial^2 f}{\partial y^2}\cos^2\theta\right) - r\left(\dfrac{\partial f}{\partial x}\cos\theta + \dfrac{\partial f}{\partial y}\sin\theta\right)$

したがって

$\dfrac{\partial^2 g}{\partial r^2} + \dfrac{1}{r} \cdot \dfrac{\partial g}{\partial r} + \dfrac{1}{r^2} \cdot \dfrac{\partial^2 g}{\partial \theta^2}$

$= \dfrac{\partial^2 f}{\partial x^2}\cos^2\theta + 2\dfrac{\partial^2 f}{\partial x \partial y}\sin\theta\cos\theta + \dfrac{\partial^2 f}{\partial y^2}\sin^2\theta + \dfrac{1}{r}\left(\dfrac{\partial f}{\partial x}\cos\theta + \dfrac{\partial f}{\partial y}\sin\theta\right)$

$\quad + \dfrac{1}{r^2}\left\{r^2\left(\dfrac{\partial^2 f}{\partial x^2}\sin^2\theta - 2\dfrac{\partial^2 f}{\partial x \partial y}\sin\theta\cos\theta + \dfrac{\partial^2 f}{\partial y^2}\cos^2\theta\right) - r\left(\dfrac{\partial f}{\partial x}\cos\theta + \dfrac{\partial f}{\partial y}\sin\theta\right)\right\}$

$= \dfrac{\partial^2 f}{\partial x^2} + \dfrac{\partial^2 f}{\partial y^2}$ ■

INFORMATION

微分作用素 $\varDelta = \dfrac{\partial^2}{\partial x^2} + \dfrac{\partial^2}{\partial y^2}$ を（2変数の）ラプラス作用素 といい，$\varDelta f = 0$ を満たす

関数 $f(x, y)$ を 調和関数 という。調和関数は，数学のみならず物理学においても

重要な関数である。

EXERCISES

45 次の関数 $f(x, y)$ の点 $(1, 1)$ における偏微分係数を求めよ。

(1) $f(x, y) = x^5 + 3xy^2 + 2y^6 + 2$ (2) $f(x, y) = \mathrm{Tan}^{-1} xy^2$

46 次の関数 $f(x, y)$ の 2 次までの偏導関数をすべて求めよ。

(1) $f(x, y) = \dfrac{2x}{x+y}$ (2) $f(x, y) = y \cosh(1+x)$

47 $\vec{v} = (p, q)$ とするとき, 2 変数関数 $f(x, y)$ の定義域内の点 (a, b) について,

$\displaystyle \lim_{t \to 0} \frac{f(a+tp,\ b+tq) - f(a,\ b)}{t}$ を関数 $f(x, y)$ の点 (a, b) における $\vec{v}$ 方向の方向微分係数という。ただし, 通常, $p^2 + q^2 = 1$ とする。

$\vec{v} = \left(\dfrac{\sqrt{2}}{2},\ \dfrac{\sqrt{2}}{2} \right)$ とするとき, 2 変数関数 $f(x, y) = x^2 + y^2$ の定義域内の点 $(1, 1)$ における, $\vec{v}$ 方向の方向微分係数を求めよ。

48 次の問いに答えよ。

(1) 関数 $f(x, y) = \sin(2x+y)\cos(x-2y)$ は R^2 上で全微分可能であることを示せ。また, 点 $(\pi, \pi, 0)$ における $z = f(x, y)$ の接平面の方程式を求めよ。

(2) 関数 $f(x, y) = e^x \sin y$ が R^2 上で全微分可能であることを示し, そのグラフ上の点 $\left(-\log\pi,\ \dfrac{\pi}{2},\ \dfrac{1}{\pi} \right)$ における接平面の方程式を求めよ。

49 次の問いに答えよ。

(1) $f(x, y) = (1+xy)^2$, $\varphi(u, v) = u+v$, $\psi(u, v) = u-v$ とする。
$g(u, v) = f(\varphi(u, v),\ \psi(u, v))$ とするとき, $g_u(u, v)$, $g_v(u, v)$ を求めよ。

(2) $f(x, y) = \sin(x^2+y^2)$, $\varphi(u, v) = u^2+v^2$, $\psi(u, v) = 2uv$ とする。
$g(u, v) = f(\varphi(u, v),\ \psi(u, v))$ とするとき, $g_u(u, v)$, $g_v(u, v)$ を求めよ。

(3) 関数 $f(x, y) = \log(x+2y)$ に対して, 合成関数 $f(u\cos v,\ u\sin v)$ の偏導関数 $f_u(u\cos v,\ u\sin v)$, $f_v(u\cos v,\ u\sin v)$ を求めよ。

! Hint   **48** 偏導関数の連続性と全微分可能性の定理を利用する。
         49 2 変数関数と 2 変数関数との合成関数の微分の定理を利用する。

EXERCISES

50 関数 $f(x, y) = (x^2 + y^2) \mathrm{Tan}^{-1} \dfrac{y}{x}$ に対し，等式 $\dfrac{\partial^2 f}{\partial x^2} + \dfrac{\partial^2 f}{\partial y^2} = 4 \mathrm{Tan}^{-1} \dfrac{y}{x}$ が成り立つことを示せ。

51 関数 $f(x, y) = \sinh xy$ の 3 次のマクローリン展開を，剰余項を省略して求めよ。

52 次の関数の 3 次のマクローリン展開を，剰余項まで求めよ。
  (1)　$f(x, y) = e^{3x+y}$ (2)　$f(x, y) = e^x \log(1+y)$

53 $0 \leqq x \leqq 2\pi$，$0 \leqq y \leqq 2\pi$ において，関数 $f(x, y) = \sin x + 2\cos y$ の極値を求めよ。

54 四角形 ABCD が，AB＝BC＝CD＝a (>0) を満たすとする。このとき，四角形 ABCD の面積が最大となるときの辺 DA の長さを求めよ。

55 ラグランジュの未定乗数法を用いて，条件 $x^3 + y^3 - 3xy = 0$ のもとで，関数 $f(x, y) = x + y$ の極値を求めよ。

56 次の関数が調和関数であることを示せ。
  (1)　$f(x, y) = e^x(x\sin y + y\cos y)$ (2)　$g(x, y) = \mathrm{Tan}^{-1} \dfrac{y}{x}$
  (3)　$h(x, y) = \log(1 + 2x + x^2 + y^2)$

! **Hint** **50** $u(x, y) = x^2 + y^2$，$v(x, y) = \mathrm{Tan}^{-1} \dfrac{y}{x}$ として，2 変数関数と 2 変数関数との合成関数の微分の定理を利用する。
     52 3 次の剰余項まで求めるため，3 次までの偏導関数を求める。
     53 2 変数関数の極値判定の定理を用いる。
     54 四角形 ABCD の面積を考える際，△ABC と △CDA に分けて考えるとよい。∠ABC＝θ_1，∠DCA＝θ_2 等として，△ABC と △CDA の面積をそれぞれ表す。その後，2 変数関数の極値判定の定理を用いる。
     56 基本例題 103 を参照。

積分（多変数）

例　題　一　覧

1 重積分

基本事項

A 平面上の長方形領域での積分

定義 長方形領域

領域 $\{(x,\ y)\in\mathrm{R}^2\,|\,a\leqq x\leqq b,\ c\leqq y\leqq d\}\subset\mathrm{R}^2$ を **長方形領域** といい，$[a,\ b]\times[c,\ d]$ で表す。
すなわち
$$[a,\ b]\times[c,\ d]=\{(x,\ y)\in\mathrm{R}^2\,|\,a\leqq x\leqq b,\ c\leqq y\leqq d\}$$
この領域は，その各辺が座標軸に平行な長方形である
閉領域である。

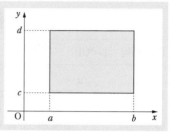

$D=[a,\ b]\times[c,\ d]$ とし，$f(x,\ y)$ を領域 D 上で定義された，$f(x,\ y)\geqq 0$ を満たす関数とする。
閉区間 $[a,\ b]$，$[c,\ d]$ を，次を満たす実数列 $\{a_i\}$，$\{c_j\}$ を用いて，より小さい区間に分割する。
$$a=a_0<a_1<a_2<\cdots\cdots<a_{n-1}<a_n=b$$
$$c=c_0<c_1<c_2<\cdots\cdots<c_{m-1}<c_m=d$$

この閉区間の分割を用いて，長方形領域 D を，次のような nm 個の小長方形領域 D_{ij} に分割する。
$$\begin{aligned}D_{ij}&=[a_i,\ a_{i+1}]\times[c_j,\ c_{j+1}]\\&=\{(x,\ y)\,|\,a_i\leqq x\leqq a_{i+1},\ c_j\leqq y\leqq c_{j+1}\}\end{aligned}$$
ただし，$0\leqq i\leqq n-1$，$0\leqq j\leqq m-1$ とする。
次に，各 $i=0,\ 1,\ \cdots\cdots,\ n-1$ と各
$j=0,\ 1,\ \cdots\cdots,\ m-1$ について，各小長方形領域 D_{ij} における関数 $f(x,\ y)$ の最小値を m_{ij}，最大値を M_{ij} とする（最大値・最小値がない場合は，上限・下限という概念を用いて考える）。

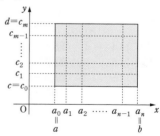

すなわち，次のように定める。
$$m_{ij}=\min\{f(x,\ y)\,|\,(x,\ y)\in D_{ij}\}$$
$$M_{ij}=\max\{f(x,\ y)\,|\,(x,\ y)\in D_{ij}\}$$
このとき，各小長方形領域 D_{ij} の面積は $(a_{i+1}-a_i)(c_{j+1}-c_j)$ であることから

$$m_{ij}(a_{i+1}-a_i)(c_{j+1}-c_j),\ M_{ij}(a_{i+1}-a_i)(c_{j+1}-c_j)$$

は，それぞれ各小長方形領域 D_{ij} を底面とする，高さが m_{ij}, M_{ij} である角柱の体積を表す（図1）。

このもとで，次の和を定める。

$$s=\sum_{i=0}^{n-1}\sum_{j=0}^{m-1}m_{ij}(a_{i+1}-a_i)(c_{j+1}-c_j)$$

$$S=\sum_{i=0}^{n-1}\sum_{j=0}^{m-1}M_{ij}(a_{i+1}-a_i)(c_{j+1}-c_j)$$

このとき，次の不等式が成り立っていると考えられる。

$$s\leqq(図2の曲面の下の部分の体積)\leqq S$$

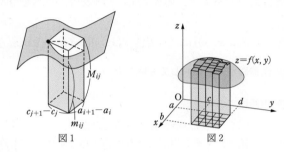

図1　　　　　図2

これらを踏まえて，次を定義する。

<u>定義　2変数関数の積分可能性と定積分</u>

> 先に定めた長方形領域 D に対して，小長方形領域による分割をとり直して，より細かな分割を考えるとき，（任意の分割に対して）上で定めた s と S の極限が存在して一致するならば，**関数 $f(x, y)$ は長方形領域 D 上で積分可能**（より正確にはリーマン積分可能）**である** という。
>
> また，このときの極限値を
>
> $$\iint_D f(x,\ y)dxdy$$
>
> と書いて，長方形領域 D における関数 $f(x, y)$ の **重積分** という。

また，$f(x, y)\leqq 0$ の場合には，1変数関数の場合と同様に，$\mathbb{R}^3$ 内の xy 平面の下方にある領域の体積を負として，同様に考える。これによって，一般の2変数関数 $f(x, y)$ に対しても積分可能性の概念および重積分が定義される。

<u>長方形領域上の連続関数の積分可能性の定理</u>

> 長方形領域 $D=[a, b]\times[c, d]$ 上で連続な2変数関数 $f(x, y)$ は，領域 D 上で積分可能である。

1変数関数の定積分の性質の定理の拡張として，次の定理が成り立つ。

<u>2変数関数の重積分の性質</u>

> [1]　2変数関数 $f(x, y)$ が長方形領域 D 上で積分可能であり，領域 D が有限個の小長方形領域 $D_1,$ ……, D_r に分割されているとする。ただし，$i \neq j$ に対し，各長方形領域 $D_i,$ D_j の内部の共通部分は空集合であるとする。このとき，任意の i $(0 \leqq i \leqq r)$ に対して，関数 $f(x, y)$ は各長方形領域 D_i 上でも積分可能であり，次が成り立つ。
>
> $$\iint_D f(x, y)dxdy = \iint_{D_1} f(x, y)dxdy + \cdots\cdots + \iint_{D_r} f(x, y)dxdy$$
>
> [2]　2変数関数 $f(x, y)$, $g(x, y)$ が長方形領域 D 上で積分可能であるとする。このとき，任意の実数 k, l に対して，関数 $kf(x, y) + lg(x, y)$ も積分可能であり，次が成り立つ。
>
> $$\iint_D \{kf(x, y) + lg(x, y)\}dxdy = k\iint_D f(x, y)dxdy + l\iint_D g(x, y)dxdy$$

上の性質は，一般の面積確定領域に対しても成り立つ。

B　平面上の一般の領域での積分

有界閉領域 $D \subset \mathbb{R}^2$ に対して，領域 D が有界であることから，十分大きな長方形領域 R で領域 D をその内部に含むものが存在する。このとき，領域 R 上で定義される次の関数 $f_D(x, y)$ を考える（このような関数を，有界閉領域 D の特性関数ということもある）。

$$f_D(x, y) = \begin{cases} 1 & ((x, y) \in D) \\ 0 & ((x, y) \notin D) \end{cases}$$

関数 $f_D(x, y)$ が積分可能であるとき，**有界閉領域 D は面積確定である** という。

<u>定義　面積確定領域上の重積分</u>

> 有界閉領域 $D \subset \mathbb{R}^2$ が面積確定であるとし，R を，領域 D を内部に含む十分大きな長方形領域とする。領域 D 上で定義された2変数関数 $f(x, y)$ に対して，領域 R 上で定義される次の関数を考える。
>
> $$\tilde{f}(x, y) = \begin{cases} f(x, y) & (x, y) \in D \\ 0 & (x, y) \notin D \end{cases}$$
>
> $\tilde{f}(x, y)$ が領域 R 上で積分可能であるとき，**関数 $f(x, y)$ は領域 D 上で積分可能である** といい
>
> $$\iint_D f(x, y)dxdy = \iint_R \tilde{f}(x, y)dxdy$$

と定義する。

基本 例題 **104** 長方形領域上で積分可能の証明 ★☆☆

2変数関数 $f(x, y)=1-x+y$ が長方形領域 $[a, b]\times[c, d]$ 上で積分可能であることを，$[a, b]$，$[c, d]$ を分割した小長方形上の四角柱の体積の極限を考えることにより示せ。

◢ p.173 **基本事項A**

GUIDE & SOLUTION

例えば，区間 $[a, b]$ を n 分割，$[c, d]$ を m 分割して nm 個の小長方形領域に分割し，それぞれの小長方形を底面とする角柱の体積を考える。

解 答

区間 $[a, b]$，$[c, d]$ を，次を満たす実数列 $\{p_i\}$，$\{q_j\}$ を用いて，より小さい区間に分割する。

$$a=p_0<p_1<p_2<\cdots\cdots<p_{n-1}<p_n=b$$
$$c=q_0<q_1<q_2<\cdots\cdots<q_{m-1}<q_m=d$$

このとき，$D_{ij}=[p_i, p_{i+1}]\times[q_j, q_{j+1}]$
$$=\{(x, y)\mid p_i\leqq x\leqq p_{i+1}, q_j\leqq y\leqq q_{j+1}\}$$

$(0\leqq i\leqq n-1, 0\leqq j\leqq m-1)$ とする。

D_{ij} における $f(x, y)$ の最小値を m_{ij}，D_{ij} における $f(x, y)$ の最大値を M_{ij}，すなわち
$$m_{ij}=\min\{f(x, y)\mid (x, y)\in D_{ij}\}, M_{ij}=\max\{f(x, y)\mid (x, y)\in D_{ij}\}$$

とすると
$$m_{ij}=f(p_{i+1}, q_j)=1-p_{i+1}+q_j$$
$$M_{ij}=f(p_i, q_{j+1})=1-p_i+q_{j+1}$$

更に，$s=\displaystyle\sum_{i=0}^{n-1}\sum_{j=0}^{m-1}m_{ij}(p_{i+1}-p_i)(q_{j+1}-q_j)$, $S=\displaystyle\sum_{i=0}^{n-1}\sum_{j=0}^{m-1}M_{ij}(p_{i+1}-p_i)(q_{j+1}-q_j)$ とすると

$$s=\sum_{i=0}^{n-1}\sum_{j=0}^{m-1}(1-p_{i+1}+q_j)(p_{i+1}-p_i)(q_{j+1}-q_j)$$
$$S=\sum_{i=0}^{n-1}\sum_{j=0}^{m-1}(1-p_i+q_{j+1})(p_{i+1}-p_i)(q_{j+1}-q_j)$$

よって
$$S-s=\sum_{i=0}^{n-1}\sum_{j=0}^{m-1}\{(p_{i+1}-p_i)+(q_{j+1}-q_j)\}(p_{i+1}-p_i)(q_{j+1}-q_j)$$

分割を細かくしていくと，$|p_{i+1}-p_i|$，$|q_{j+1}-q_j|$ は小さくなり，0 に収束する。

したがって，分割を細かくしていくと，$S-s$ は 0 に収束するから，s と S の極限値は一致する。

以上から，関数 $f(x, y)$ は長方形領域 $[a, b]\times[c, d]$ 上で積分可能である。 ■

基本 例題 105 重積分の計算 (区分求積法利用) ★☆☆

2 変数関数 $f(x, y) = y$ と長方形領域 $D = [0, 1] \times [1, 2]$ について，1 変数関数の区分求積法を利用して $\iint_D f(x, y)dxdy$ を計算せよ。　◢ p.173 基本事項A

GUIDE & SOLUTION

関数 $f(x, y) = y$ は領域 D 上で連続であるから，関数 $f(x, y)$ は領域 D 上で積分可能である。そこで，問題文の指示通り，例えば閉区間 $[0, 1]$，$[1, 2]$ の n 等分の分割を考え，1 変数関数の区分求積法を利用して計算する。

解 答

閉区間 $[0, 1]$，$[1, 2]$ を，次を満たす実数列 $\{x_i\}$，$\{y_j\}$ を用いて，n 等分に分割する。

$$0 = x_0 < x_1 < x_2 < \cdots\cdots < x_{n-1} < x_n = 1$$
$$1 = y_0 < y_1 < y_2 < \cdots\cdots < y_{n-1} < y_n = 2$$

このとき　$x_i = \dfrac{i}{n}$　$(0 \leq i \leq n)$　　　　◀ $x_i = 0 + i \cdot \dfrac{1-0}{n}$

$\qquad\qquad y_j = 1 + \dfrac{j}{n}$　$(0 \leq j \leq n)$　　　　◀ $y_j = 1 + j \cdot \dfrac{2-1}{n}$

よって

$$\iint_D f(x, y)dxdy = \lim_{n\to\infty} \sum_{i=0}^{n-1} \sum_{j=0}^{n-1} f(x_i, y_j) \cdot \frac{2-1}{n} \cdot \frac{1-0}{n}$$

$$= \lim_{n\to\infty} \sum_{i=0}^{n-1} \left\{ \sum_{j=0}^{n-1} f(x_i, y_j) \cdot \frac{2-1}{n} \right\} \cdot \frac{1-0}{n}$$

$$= \lim_{n\to\infty} \sum_{i=0}^{n-1} \left(\sum_{j=0}^{n-1} y_j \cdot \frac{1}{n} \right) \cdot \frac{1}{n}$$

$$= \lim_{n\to\infty} \sum_{i=0}^{n-1} \left\{ \sum_{j=0}^{n-1} \left(1 + \frac{j}{n} \right) \cdot \frac{1}{n} \right\} \cdot \frac{1}{n}$$

$$= \lim_{n\to\infty} \sum_{i=0}^{n-1} \frac{3n-1}{2n} \cdot \frac{1}{n}$$

$$= \lim_{n\to\infty} \frac{3 - \dfrac{1}{n}}{2} = \frac{3}{2}$$

PRACTICE … 80

2 変数関数 $f(x, y) = x$ と長方形領域 $D = [0, 1] \times [0, 1]$ について，1 変数関数の区分求積法を利用して $\iint_D f(x, y)dxdy$ を計算せよ。

基本 例題 106 重積分の計算 $(f(x, y)=3x-2y)$ ★★☆

基本例題 105，PRACTICE 80 を利用して，$\displaystyle\iint_{[0,1]\times[0,2]}(3x-2y)dxdy$ を計算せよ。

p. 174 基本事項A

GUIDE & SOLUTION

2 変数関数の重積分の性質を用いて，まず積分領域を分割し，次に被積分関数を分けて，基本例題 105，PRACTICE 80 で求めた重積分の値を代入する。

なお，それらで計算していない重積分は，基本例題 105，PRACTICE 80 と同様にして計算する。

解答

$$\iint_{[0,1]\times[0,2]}(3x-2y)dxdy$$
$$=\iint_{[0,1]\times[0,1]}(3x-2y)dxdy+\iint_{[0,1]\times[1,2]}(3x-2y)dxdy$$
$$=3\iint_{[0,1]\times[0,1]}x\,dxdy-2\iint_{[0,1]\times[0,1]}y\,dxdy+3\iint_{[0,1]\times[1,2]}x\,dxdy-2\iint_{[0,1]\times[1,2]}y\,dxdy$$

ここで　$\displaystyle\iint_{[0,1]\times[0,1]}y\,dxdy=\iint_{[0,1]\times[0,1]}x\,dxdy=\frac{1}{2}$

また，閉区間 $[0, 1]$，$[1, 2]$ を，次を満たす実数列 $\{x_i\}$，$\{y_j\}$ を用いて，n 等分に分割する。

$$0=x_0<x_1<x_2<\cdots\cdots<x_{n-1}<x_n=1$$
$$1=y_0<y_1<y_2<\cdots\cdots<y_{n-1}<y_n=2$$

このとき　$\displaystyle x_i=\frac{i}{n},\ y_j=1+\frac{j}{n}\quad(0\le i\le n,\ 0\le j\le n)$

$f(x, y)=x$ とすると

$$\iint_{[0,1]\times[1,2]}f(x, y)dxdy=\lim_{n\to\infty}\sum_{j=0}^{n-1}\sum_{i=0}^{n-1}f(x_i, y_j)\cdot\frac{1-0}{n}\cdot\frac{2-1}{n}$$
$$=\lim_{n\to\infty}\sum_{j=0}^{n-1}\left\{\sum_{i=0}^{n-1}f(x_i, y_j)\cdot\frac{1-0}{n}\right\}\cdot\frac{2-1}{n}$$
$$=\lim_{n\to\infty}\sum_{j=0}^{n-1}\left(\sum_{i=0}^{n-1}x_i\cdot\frac{1}{n}\right)\cdot\frac{1}{n}=\lim_{n\to\infty}\sum_{j=0}^{n-1}\left(\sum_{i=0}^{n-1}\frac{i}{n}\cdot\frac{1}{n}\right)\cdot\frac{1}{n}$$
$$=\lim_{n\to\infty}\sum_{j=0}^{n-1}\frac{n-1}{2n}\cdot\frac{1}{n}=\lim_{n\to\infty}\frac{1-\frac{1}{n}}{2}=\frac{1}{2}$$

よって　$\displaystyle\iint_{[0,1]\times[0,2]}(3x-2y)dxdy$

$$=3\iint_{[0,1]\times[0,1]}x\,dxdy-2\iint_{[0,1]\times[0,1]}y\,dxdy+3\iint_{[0,1]\times[1,2]}x\,dxdy-2\iint_{[0,1]\times[1,2]}y\,dxdy$$
$$=3\cdot\frac{1}{2}-2\cdot\frac{1}{2}+3\cdot\frac{1}{2}-2\cdot\frac{3}{2}=-1$$

基本 例題 **107** 面積確定領域上の重積分の性質 ★★☆

$D=\{(x, y) \mid 1 \leqq x \leqq 3, \ 1 \leqq y \leqq 2\} \cup \{(x, y) \mid 1 \leqq x \leqq 2, \ 1 \leqq y \leqq 3\}$
とする。長方形領域 $R=[1, 3] \times [1, 3]$ 上で連続な
関数 $f(x, y)$ が領域 D 上で積分可能であるとき，次
が成り立つことを示せ。

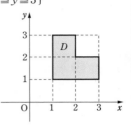

(1) $\displaystyle\iint_D f(x, y)dxdy$

$\quad =\displaystyle\iint_{[1,2] \times [1,3]} f(x, y)dxdy + \iint_{[2,3] \times [1,2]} f(x, y)dxdy$

(2) $\displaystyle\iint_D f(x, y)dxdy = \iint_R f(x, y)dxdy - \iint_{[2,3] \times [2,3]} f(x, y)dxdy$

◢ p.174 **基本事項B**

GUIDE & SOLUTION

(1) $\tilde{f}(x, y)=\begin{cases} f(x, y) & ((x, y) \in D) \\ 0 & ((x, y) \in D) \end{cases}$ とすると，関数 $\tilde{f}(x, y)$ は長方形領域 R 上

で積分可能であり，$\displaystyle\iint_D f(x, y)dxdy = \iint_R \tilde{f}(x, y)dxdy$ が成り立つ。このもと
で，2変数関数の重積分の性質により，長方形領域 R を有限個の小長方形領域に
分割して示す。

(2) 関数 $f(x, y)$ は長方形領域 R 上で連続であるから，長方形領域上の連続関数
の積分可能性の定理により，関数 $f(x, y)$ は長方形領域 R 上で積分可能である。
これを用いて，(1)と同様にして示す。

解 答

$R_1=[1, 2] \times [1, 3]$, $R_2=[2, 3] \times [1, 2]$, $R_3=[2, 3] \times [2, 3]$ とする。

(1) 関数 $f(x, y)$ は領域 D 上で積分可能であるから

$$\tilde{f}(x, y)=\begin{cases} f(x, y) & ((x, y) \in D) \\ 0 & ((x, y) \in D) \end{cases}$$

とすると，関数 $\tilde{f}(x, y)$ は領域 R 上で積分可能であり，次が成り立つ。

$$\iint_D f(x, y)dxdy = \iint_R \tilde{f}(x, y)dxdy$$

◀面積確定領域上の重積分
の定義により。

したがって

$\displaystyle\iint_D f(x, y)dxdy$

$=\displaystyle\iint_R \tilde{f}(x, y)dxdy$

$=\displaystyle\iint_{R_1 \cup R_2 \cup R_3} \tilde{f}(x, y)dxdy$

$$= \iint_{R_1} \tilde{f}(x, y)dxdy + \iint_{R_2} \tilde{f}(x, y)dxdy + \iint_{R_3} \tilde{f}(x, y)dxdy$$

◀2変数関数の重積分の性質により。

$$= \iint_{R_1} f(x, y)dxdy + \iint_{R_2} f(x, y)dxdy + \iint_{R_3} 0\,dxdy$$

$$= \iint_{[1,2]\times[1,3]} f(x, y)dxdy + \iint_{[2,3]\times[1,2]} f(x, y)dxdy \quad ■$$

(2)　関数 $f(x, y)$ は領域 R 上で連続であるから，関数 $f(x, y)$ は領域 R 上で積分可能である。

◀長方形領域上の連続関数の積分可能性の定理により。

よって

$$\iint_{R} f(x, y)dxdy = \iint_{R_1} f(x, y)dxdy + \iint_{R_2} f(x, y)dxdy$$
$$+ \iint_{R_3} f(x, y)dxdy$$

◀2変数関数の重積分の性質により。

$$= \iint_{D} f(x, y)dxdy + \iint_{R_3} f(x, y)dxdy$$

◀2変数関数の重積分の性質により。

したがって

$$\iint_{D} f(x, y)dxdy = \iint_{R} f(x, y)dxdy - \iint_{[2,3]\times[2,3]} f(x, y)dxdy \quad ■$$

INFORMATION ●

173 ページで，長方形領域上の連続関数の積分可能性の定理を扱ったが，その一般形として次の定理が成り立つ。

定理　**面積確定領域上の連続関数の積分可能性の定理**

面積確定領域上で連続な 2 変数関数 $f(x, y)$ は，その領域上で積分可能である。

PRACTICE … 81

2 変数関数 $f(x, y)$，$g(x, y)$ が領域 $D \subset \mathbb{R}^2$ 上で積分可能であり，

$$\iint_{D} \{2f(x, y) + g(x, y)\}dxdy = 5, \quad \iint_{D} \{3f(x, y) - 4g(x, y)\}dxdy = 13 \ であるとき，$$

$$\iint_{D} f(x, y)dxdy, \quad \iint_{D} g(x, y)dxdy \ の値を求めよ。$$

2 ▶ 重積分の計算

基本事項

A 累次積分

長方形領域上での累次積分の定理

長方形領域 $[a, b] \times [c, d]$ 上で連続な2変数関数 $f(x, y)$ を考える。

[1] 関数 $f(x, y)$ の変数 y を定数とみなして得られる（独立変数を x とする）関数 $F_1(x)$ は，閉区間 $[a, b]$ 上で連続であり積分可能である。

[2] 上の関数 $F_1(x)$ を閉区間 $[a, b]$ 上で x について積分して得られる関数

$$F_2(y) = \int_a^b F_1(x)dx = \int_a^b f(x, y)dx$$

は，残った変数 y についての関数として，閉区間 $[c, d]$ 上で連続であり積分可能である。

[3] 上の y を独立変数とする関数 $F_2(y)$ を閉区間 $[c, d]$ 上で積分したとき，次の等式が成り立つ。

$$\iint_{[a,b]\times[c,d]} f(x, y)dxdy = \int_c^d F_2(y)dy = \int_c^d \left\{ \int_a^b f(x, y)dx \right\} dy$$

更に，x と y の役割（順番）を逆にしても同様のことが成り立ち，最後に得られる次の等式も成り立つ。

$$\iint_{[a,b]\times[c,d]} f(x, y)dxdy = \int_a^b \left\{ \int_c^d f(x, y)dy \right\} dx$$

上の定理の $\int_c^d \left\{ \int_a^b f(x, y)dx \right\} dy$, $\int_a^b \left\{ \int_c^d f(x, y)dy \right\} dx$ のような，変数ごとの積分を繰り返して得られる積分を **累次積分** という。

2つの1変数関数のグラフで挟まれた領域上での重積分を，累次積分を用いて計算することができる。

2つの1変数関数のグラフで挟まれた領域上での累次積分の定理

2つの1変数関数 $y = \varphi(x)$, $y = \psi(x)$ が閉区間 $[a, b]$ 上で連続であり，更に，任意の $x \in [a, b]$ について $\varphi(x) \leqq \psi(x)$ であるとする。

$D = \{(x, y) \mid a \leqq x \leqq b, \ \varphi(x) \leqq y \leqq \psi(x)\}$ 上で連続な2変数関数 $f(x, y)$ の重積分について，次の等式が成り立つ。

$$\iint_D f(x, y)dxdy = \int_a^b \left\{ \int_{\varphi(x)}^{\psi(x)} f(x, y)dy \right\} dx$$

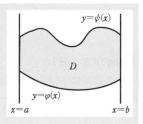

B　重積分の変数変換（置換積分）

重積分の変数変換は 1 変数関数の置換積分法の拡張である。長方形の変換について，次の定理が成り立つ。

変換された平行四辺形の面積の定理

変換 $\begin{cases} x=au+cv \\ y=bu+dv \end{cases}$（このような変換を **線形変換** または **1次変換** という）によって，

uv 平面上の長方形領域 $E=[0,\ 1]\times[0,\ 1]$ は，下の図のような xy 平面上の平行四辺形 D に写される。

その平行四辺形 D の 4 つの頂点は，$(0,\ 0)$，$(a,\ b)$，$(c,\ d)$，$(a+c,\ b+d)$ であり，その面積は $|ad-bc|$ である。

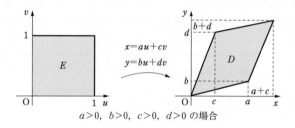

$a>0,\ b>0,\ c>0,\ d>0$ の場合

上の定理を踏まえると，次の公式が得られる。

重積分の変数変換の公式

$x=\varphi(u,\ v)$，$y=\psi(u,\ v)$ は，$u,\ v$ を独立変数とし，それぞれ $x,\ y$ を従属変数とする C^1 級の 2 変数関数で，次の 2 つの条件を満たすとする。

[1]　uv 平面上の有界閉領域 E を xy 平面上の有界閉領域 D に写す。

[2]　有界閉領域 D の内部の点 $(x,\ y)$ と有界閉領域 E の内部の点 $(u,\ v)$ が 1 対 1 に対応する（領域 D および E の内部とは，領域 D および E から境界点を除いた集合である）。

このとき，領域 D 上で積分可能な 2 変数関数 $f(x,\ y)$ の重積分について，次の等式が成り立つ。

$$\iint_D f(x,\ y)dxdy=\iint_E f(\varphi(u,\ v),\ \psi(u,\ v))|J(u,\ v)|dudv$$

ただし，$J(u,\ v)$ は次で定義される 2 変数関数であり，任意の $(u,\ v)\in E$ で $J(u,\ v)\neq0$ とする。

$$J(u,\ v)=\frac{\partial\varphi}{\partial u}(u,\ v)\cdot\frac{\partial\psi}{\partial v}(u,\ v)-\frac{\partial\varphi}{\partial v}(u,\ v)\cdot\frac{\partial\psi}{\partial u}(u,\ v)$$

基本 例題 108 長方形領域上での累次積分 ★☆☆

次の重積分を計算せよ。

(1) $\displaystyle\iint_{[0,1]\times[0,1]}(2x^2+xy)dxdy$

(2) $\displaystyle\iint_{[0,1]\times[0,1]}e^{x+y}\sinh y\,dxdy$

(3) $\displaystyle\iint_{\left[0,\frac{\pi}{3}\right]\times\left[0,\frac{1}{2}\right]}\sin x\,\mathrm{Cos}^{-1}y\,dxdy$

◢ *p.180* **基本事項A**

GUIDE & SOLUTION

長方形領域上での累次積分の定理を適用する。この定理により，x についての積分と y についての積分のうち，どちらから計算しても同じ解答が得られる。

なお，(3) の $\mathrm{Cos}^{-1}y$ の積分は，90 ページの基本例題 056 (2) の結果を利用する。

解 答

(1) $\displaystyle\iint_{[0,1]\times[0,1]}(2x^2+xy)dxdy$

$\displaystyle=\int_0^1\left\{\int_0^1(2x^2+xy)dx\right\}dy=\int_0^1\left[\frac{2}{3}x^3+\frac{y}{2}x^2\right]_{x=0}^{x=1}dy$　　　◀ x で積分する。

$\displaystyle=\int_0^1\left(\frac{2}{3}+\frac{y}{2}\right)dy=\left[\frac{2}{3}y+\frac{y^2}{4}\right]_{y=0}^{y=1}=\boldsymbol{\frac{11}{12}}$　　　◀ y で積分する。

別解　$\displaystyle\iint_{[0,1]\times[0,1]}(2x^2+xy)dxdy$

$\displaystyle=\int_0^1\left\{\int_0^1(2x^2+xy)dy\right\}dx=\int_0^1\left[2x^2y+\frac{x}{2}y^2\right]_{y=0}^{y=1}dx$　　　◀ y で積分する。

$\displaystyle=\int_0^1\left(2x^2+\frac{x}{2}\right)dx=\left[\frac{2}{3}x^3+\frac{x^2}{4}\right]_{x=0}^{x=1}=\boldsymbol{\frac{11}{12}}$　　　◀ x で積分する。

(2) $\displaystyle\iint_{[0,1]\times[0,1]}e^{x+y}\sinh y\,dxdy$

$\displaystyle=\int_0^1\left\{\int_0^1\frac{1}{2}e^x(e^{2y}-1)dx\right\}dy=\int_0^1\left[\frac{1}{2}e^x(e^{2y}-1)\right]_{x=0}^{x=1}dy$　　　◀ x で積分する。

$\displaystyle=\int_0^1\frac{e-1}{2}(e^{2y}-1)dy=\left[\frac{e-1}{2}\left(\frac{e^{2y}}{2}-y\right)\right]_{y=0}^{y=1}=\boldsymbol{\frac{e^3-e^2-3e+3}{4}}$　　　◀ y で積分する。

別解　$\displaystyle\iint_{[0,1]\times[0,1]}e^{x+y}\sinh y\,dxdy$

$\displaystyle=\int_0^1\left\{\int_0^1\frac{1}{2}e^x(e^{2y}-1)dy\right\}dx=\int_0^1\left[\frac{1}{2}e^x\left(\frac{e^{2y}}{2}-y\right)\right]_{y=0}^{y=1}dx$　　　◀ y で積分する。

$\displaystyle=\int_0^1\frac{e^2-3}{4}e^x dx=\left[\frac{e^2-3}{4}e^x\right]_{x=0}^{x=1}=\boldsymbol{\frac{e^3-e^2-3e+3}{4}}$　　　◀ x で積分する。

(3) $\displaystyle\iint_{[0,\frac{\pi}{3}]\times[0,\frac{1}{2}]}\sin x\,\mathrm{Cos}^{-1}y\,dxdy$

$=\displaystyle\int_0^{\frac{1}{2}}\Bigl(\int_0^{\frac{\pi}{3}}\sin x\,\mathrm{Cos}^{-1}y\,dx\Bigr)dy=\int_0^{\frac{1}{2}}\Bigl[-\cos x\,\mathrm{Cos}^{-1}y\Bigr]_{x=0}^{x=\frac{\pi}{3}}dy$　◀ x で積分する。

$=\displaystyle\int_0^{\frac{1}{2}}\frac{1}{2}\mathrm{Cos}^{-1}y\,dy=\Bigl[\frac{1}{2}(y\,\mathrm{Cos}^{-1}y-\sqrt{1-y^2})\Bigr]_{y=0}^{y=\frac{1}{2}}=\frac{\pi}{12}-\frac{\sqrt{3}}{4}+\frac{1}{2}$　◀ y で積分する。

別解　$\displaystyle\iint_{[0,\frac{\pi}{3}]\times[0,\frac{1}{2}]}\sin x\,\mathrm{Cos}^{-1}y\,dxdy$

$=\displaystyle\int_0^{\frac{\pi}{3}}\Bigl(\int_0^{\frac{1}{2}}\sin x\,\mathrm{Cos}^{-1}y\,dy\Bigr)dx=\int_0^{\frac{\pi}{3}}\Bigl[\sin x(y\,\mathrm{Cos}^{-1}y-\sqrt{1-y^2})\Bigr]_{y=0}^{y=\frac{1}{2}}dx$ ◀ y で積分する。

$=\displaystyle\int_0^{\frac{\pi}{3}}\Bigl(\frac{\pi}{6}-\frac{\sqrt{3}}{2}+1\Bigr)\sin x\,dx=\Bigl[\Bigl(\frac{\sqrt{3}}{2}-\frac{\pi}{6}-1\Bigr)\cos x\Bigr]_{x=0}^{x=\frac{\pi}{3}}$　◀ x で積分する。

$=\displaystyle\frac{\pi}{12}-\frac{\sqrt{3}}{4}+\frac{1}{2}$

参考　(2), (3) は次のように考えることもできる。

(2) $\displaystyle\iint_{[0,1]\times[0,1]}e^{x+y}\sinh y\,dxdy$

$=\displaystyle\Bigl(\int_0^1 e^x\,dx\Bigr)\cdot\Bigl(\int_0^1\frac{e^{2y}-1}{2}\,dy\Bigr)$

$=\displaystyle\Bigl(\Bigl[e^x\Bigr]_{x=0}^{x=1}\Bigr)\cdot\Bigl\{\Bigl[\frac{1}{2}\Bigl(\frac{e^{2y}}{2}-y\Bigr)\Bigr]_{y=0}^{y=1}\Bigr\}$

$=\displaystyle\frac{e^3-e^2-3e+3}{4}$

(3) $\displaystyle\iint_{[0,\frac{\pi}{3}]\times[0,\frac{1}{2}]}\sin x\,\mathrm{Cos}^{-1}y\,dxdy$

$=\displaystyle\Bigl(\int_0^{\frac{\pi}{3}}\sin x\,dx\Bigr)\cdot\Bigl(\int_0^{\frac{1}{2}}\mathrm{Cos}^{-1}y\,dy\Bigr)$

$=\displaystyle\Bigl(\Bigl[-\cos x\Bigr]_{x=0}^{x=\frac{\pi}{3}}\Bigr)\cdot\Bigl(\Bigl[y\,\mathrm{Cos}^{-1}y-\sqrt{1-y^2}\Bigr]_{y=0}^{y=\frac{1}{2}}\Bigr)$

$=\displaystyle\frac{\pi}{12}-\frac{\sqrt{3}}{4}+\frac{1}{2}$

PRACTICE … 82

次の重積分を計算せよ。

(1) $\displaystyle\iint_{[0,1]\times[0,1]}(x+y)^3\,dxdy$

(2) $\displaystyle\iint_{[0,\frac{\pi}{4}]\times[0,\frac{\pi}{3}]}\sin 2x\,dxdy$

(3) $\displaystyle\iint_{[0,1]\times[0,1]}\cosh x\,\mathrm{Sin}^{-1}y\,dxdy$

基本 例題 **109** 曲線間領域上での累次積分 ★☆☆

次の重積分を計算せよ。

$$\iint_D x^2 y \, dx dy, \quad D=\{(x, \ y) \mid x^2+y^2 \leqq 1, \ y \geqq 0\}$$

◢ *p.* 180 **基本事項A**

GUIDE & **S**OLUTION

$D=\{(x, \ y) \mid -1 \leqq x \leqq 1, \ 0 \leqq y \leqq \sqrt{1-x^2}\}$ と書けるから，2つの関数のグラフで挟まれた領域上での累次積分の定理を用いて求める。

まず y について積分し，次に x について積分する。

$D=\{(x, \ y) \mid -\sqrt{1-y^2} \leqq x \leqq \sqrt{1-y^2}, \ 0 \leqq y \leqq 1\}$ と書けることから，まず x について積分し，次に y について積分してもよいが，途中の計算は面倒である。

2変数関数の累次積分を考える際，まずどちらの変数について積分するのか，事前によく考えよう。

解 答

$D=\{(x, \ y) \mid -1 \leqq x \leqq 1, \ 0 \leqq y \leqq \sqrt{1-x^2}\}$ と書けるから

$$\iint_D x^2 y \, dx dy = \int_{-1}^1 \left(\int_0^{\sqrt{1-x^2}} x^2 y \, dy \right) dx$$

$$= \int_{-1}^1 \left[\frac{x^2}{2} y^2 \right]_{y=0}^{y=\sqrt{1-x^2}} dx$$

$$= \int_{-1}^1 \frac{x^2(1-x^2)}{2} dx$$

$$= \int_0^1 (x^2-x^4) dx$$

$$= \left[\frac{x^3}{3} - \frac{x^5}{5} \right]_{x=0}^{x=1} = \frac{2}{15}$$

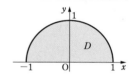

◁ $\displaystyle\int_{-a}^a$ 奇関数は 0
偶関数は 2 倍。

参考 領域 D 上の積分は，変数変換 $x=r\cos\theta, \ y=r\sin\theta$ によって，長方形領域 $E=[0, \ 1] \times [0, \ \pi]$ 上の積分となる。

このとき $\quad |J(r, \ \theta)|=r$

$x^2 y = r^3 \cos^2\theta \sin\theta$ から

$$\iint_D x^2 y \, dx dy = \iint_E r^3 \cos^2\theta \sin\theta \cdot r \, dr d\theta$$

となる。

PRACTICE … **83**

次の重積分を計算せよ。

$$\iint_D (x+y) dx dy, \quad D=\{(x, \ y) \mid x \leqq y \leqq \sqrt{x}\}$$

基本 例題 **110** 一般の四角形上での累次積分　★★☆

次の重積分を計算せよ。

$$\iint_D (x+y)dxdy, \quad D=\left\{(x,\ y)\ \middle|\ y\geqq\frac{1}{3}x,\ y\geqq 3x-8,\ y\leqq 2x,\ y\leqq\frac{2}{3}x+\frac{4}{3}\right\}$$

◢◢ *p.* 180 **基本事項** A

GUIDE & SOLUTION

2変数関数の重積分の性質により，領域 D を分割して求めるとよい。

なお，領域 D が次のように表されることを踏まえて，領域 D を分割するとよい。

$$D=\left\{(x,\ y)\ \middle|\ 0\leqq x\leqq 1,\ \frac{1}{3}x\leqq y\leqq 2x\right\}\cup\left\{(x,\ y)\ \middle|\ 1\leqq x\leqq 3,\ \frac{1}{3}x\leqq y\leqq\frac{2}{3}x+\frac{4}{3}\right\}$$

$$\cup\left\{(x,\ y)\ \middle|\ 3\leqq x\leqq 4,\ 3x-8\leqq y\leqq\frac{2}{3}x+\frac{4}{3}\right\}$$

変数変換によって，2辺が直交する四角形上での積分に帰着させることにより求めることもできる。

解 答

$$\iint_D (x+y)dxdy$$

$$=\int_0^1\left\{\int_{\frac{1}{3}x}^{2x}(x+y)dy\right\}dx+\int_1^3\left\{\int_{\frac{1}{3}x}^{\frac{2}{3}x+\frac{4}{3}}(x+y)dy\right\}dx$$

$$+\int_3^4\left\{\int_{3x-8}^{\frac{2}{3}x+\frac{4}{3}}(x+y)dy\right\}dx$$

$$=\int_0^1\left[xy+\frac{y^2}{2}\right]_{y=\frac{1}{3}x}^{y=2x}dx+\int_1^3\left[xy+\frac{y^2}{2}\right]_{y=\frac{1}{3}x}^{y=\frac{2}{3}x+\frac{4}{3}}dx+\int_3^4\left[xy+\frac{y^2}{2}\right]_{y=3x-8}^{y=\frac{2}{3}x+\frac{4}{3}}dx$$

$$=\int_0^1\frac{65}{18}x^2dx+\int_1^3\left(\frac{x^2}{2}+\frac{20}{9}x+\frac{8}{9}\right)dx+\int_3^4\left(-\frac{119}{18}x^2+\frac{308}{9}x-\frac{280}{9}\right)dx$$

$$=\left[\frac{65}{54}x^3\right]_{x=0}^{x=1}+\left[\frac{x^3}{6}+\frac{10}{9}x^2+\frac{8}{9}x\right]_{x=1}^{x=3}+\left[-\frac{119}{54}x^3+\frac{154}{9}x^2-\frac{280}{9}x\right]_{x=3}^{x=4}$$

$$=\frac{65}{54}+15+\frac{385}{54}=\boldsymbol{\frac{70}{3}}$$

参考　GUIDE & SOLUTION で触れた変数変換を用いる解法について，例えば，2直線 $y=\frac{1}{3}x,\ y=3x-8$ の交点の位置ベクトル $(3,\ 1)$ を単位ベクトル $(1,\ 0)$ に，2直線 $y=2x,\ y=\frac{2}{3}x+\frac{4}{3}$ の交点の位置ベクトル $(1,\ 2)$ を単位ベクトル $(0,\ 1)$ にそれぞれ対応させるような変数変換を用いて考えればよい。

基本 例題 **111** 3重積分の計算 ★★☆

次の重積分を計算せよ。

$$\iiint_D (x^2+y^2+z^2)dxdydz, \quad D=\{(x, y, z) \mid x^2+y^2+z^2 \leqq 1\}$$

◢ *p.* 180 基本事項A

GUIDE & SOLUTION

　2変数関数の重積分と同様に，3変数関数の重積分も考えることができる。3変数関数の重積分においても累次積分を計算すればよい。重積分の性質により

$$\iiint_D (x^2+y^2+z^2)dxdydz=\iiint_D x^2dxdydz+\iiint_D y^2dxdydz+\iiint_D z^2dxdydz$$

と変形できることに着目し，更に対称性により，

$$\iiint_D x^2dxdydz=\iiint_D y^2dxdydz=\iiint_D z^2dxdydz$$ が成り立つことを利用する。

解答

$$\iiint_D (x^2+y^2+z^2)dxdydz=\iiint_D x^2dxdydz+\iiint_D y^2dxdydz+\iiint_D z^2dxdydz$$

ここで，対称性により

$$\iiint_D x^2dxdydz=\iiint_D y^2dxdydz=\iiint_D z^2dxdydz$$

よって，$\iiint_D x^2dxdydz$ を求める。

$$\iiint_D x^2dxdydz=\int_{-1}^{1}\left\{\int_{-\sqrt{1-x^2}}^{\sqrt{1-x^2}}\left(\int_{-\sqrt{1-x^2-y^2}}^{\sqrt{1-x^2-y^2}}x^2dz\right)dy\right\}dx$$

$$=\int_{-1}^{1}\left(\int_{-\sqrt{1-x^2}}^{\sqrt{1-x^2}}2x^2\sqrt{1-x^2-y^2}\,dy\right)dx$$

$$=\int_{-1}^{1}2x^2\left(\int_{-\sqrt{1-x^2}}^{\sqrt{1-x^2}}\sqrt{1-x^2-y^2}\,dy\right)dx$$

$$=\int_{-1}^{1}2x^2\cdot\frac{\pi}{2}(1-x^2)dx$$

$$=2\pi\int_{0}^{1}(x^2-x^4)dx$$

$$=2\pi\left[\frac{x^3}{3}-\frac{x^5}{5}\right]_{x=0}^{x=1}=\frac{4}{15}\pi$$

◀ 半径 $\sqrt{1-x^2}$ の半円の面積に等しい。

◀ $\int_{-a}^{a}$ 奇関数は 0　偶関数は 2 倍。

したがって　$\iiint_D (x^2+y^2+z^2)dxdydz=\frac{4}{15}\pi\cdot3=\frac{4}{5}\pi$

参考　一般の n 変数関数 $f(x_1, x_2, \cdots\cdots, x_n)$ の，有界閉領域 $D\subset R^2$ における積分

$$\iint\cdots\cdots\int_D f(x_1, x_2, \cdots\cdots, x_n)dx_1dx_2\cdots\cdots dx_n$$ を **多重積分** という。

次の重積分を計算せよ。

(1) $\displaystyle\iint_D (x+y)^2 e^{x-y}\,dxdy$, $D=\{(x,\ y)\mid 0\leqq x+y\leqq 2,\ 0\leqq x-y\leqq 2\}$

(2) $\displaystyle\iint_D xy^2\,dxdy$, $D=\{(x,\ y)\mid x\geqq 0,\ y\geqq 0,\ x^2+y^2\leqq 1\}$ ◢ *p.* 181 基本事項B

GUIDE & SOLUTION

181 ページで扱った重積分の変数変換の公式により計算する。

(1) 変数変換 $x=u+v$, $y=-u+v$ を考える。

　このとき，$|J(u,\ v)|=|1\cdot 1-1\cdot(-1)|=2$ であり，領域 D 上の積分は，長方形領域 $[0,\ 1]\times[0,\ 1]$ 上の積分となる。

　このような変数変換を，**線形変換** という。

(2) 変数変換 $x=r\cos\theta$, $y=r\sin\theta$ を考える。

　このとき，$|J(r,\ \theta)|=|\cos\theta\cdot r\cos\theta-(-r\sin\theta)\cdot\sin\theta|=r$ であり，領域 D 上の積分は，長方形領域 $[0,\ 1]\times\left[0,\ \dfrac{\pi}{2}\right]$ 上の積分となる。

　このような変数変換を，**極座標変換** という。

解 答

(1) 領域 D 上の積分は，変数変換 $x=u+v$, $y=-u+v$ によって，長方形領域 $E=[0,\ 1]\times[0,\ 1]$ 上の積分となる。

　このとき　　$|J(u,\ v)|=2$

　よって

$$\iint_D (x+y)^2 e^{x-y}\,dxdy=\iint_E \{(u+v)+(-u+v)\}^2 e^{\{(u+v)-(-u+v)\}}\cdot 2\,dudv$$

$$=\iint_E 8v^2 e^{2u}\,dudv=\int_0^1\left(\int_0^1 8v^2 e^{2u}\,du\right)dv$$

$$=\int_0^1\left[4v^2 e^{2u}\right]_{u=0}^{u=1}dv=\int_0^1 4(e^2-1)v^2\,dv$$

$$=\left[\frac{4}{3}(e^2-1)v^3\right]_{v=0}^{v=1}=\frac{4}{3}(e^2-1)$$

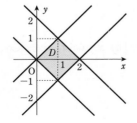 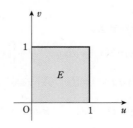

(2) 領域D上の積分は，変数変換 $x=r\cos\theta$，$y=r\sin\theta$ によって，長方形領域

$E=[0,\ 1]\times\left[0,\ \dfrac{\pi}{2}\right]$ 上の積分となる。

このとき　　$|J(r,\ \theta)|=r$

$xy^2=r^3\sin^2\theta\cos\theta$ から

$$\iint_D xy^2\,dxdy=\iint_E r^3\sin^2\theta\cos\theta\cdot r\,drd\theta$$

$$=\int_0^{\frac{\pi}{2}}\left(\int_0^1 r^4\sin^2\theta\cos\theta\,dr\right)d\theta$$

$$=\int_0^{\frac{\pi}{2}}\left[\frac{r^5}{5}\sin^2\theta\cos\theta\right]_{r=0}^{r=1}d\theta=\int_0^{\frac{\pi}{2}}\frac{\sin^2\theta}{5}\cdot(\sin\theta)'\,d\theta$$

$$=\left[\frac{\sin^3\theta}{15}\right]_{\theta=0}^{\theta=\frac{\pi}{2}}=\frac{1}{15}$$

|別解|　次のように考えることもできる。

$$\iint_D xy^2\,dx\,dy=\iint_E r^3\sin^2\theta\cos\theta\cdot r\,drd\theta$$

$$=\left(\int_0^1 r^4\,dr\right)\cdot\left(\int_0^{\frac{\pi}{2}}\sin^2\theta\cos\theta\,d\theta\right)$$

$$=\left(\left[\frac{r^5}{5}\right]_{r=0}^{r=1}\right)\cdot\left(\left[\frac{\sin^3\theta}{3}\right]_{\theta=0}^{\theta=\frac{\pi}{2}}\right)=\boldsymbol{\frac{1}{15}}$$

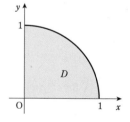
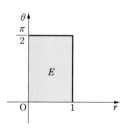

Practice … 84

次の重積分を計算せよ。

(1) $\displaystyle\iint_D (x-y)\sin 2(x+y)\,dxdy$，$D=\left\{(x,\ y)\ \middle|\ 0\leqq x+y\leqq\pi,\ -\dfrac{\pi}{2}\leqq x-y\leqq\dfrac{\pi}{2}\right\}$

(2) $\displaystyle\iint_D e^{x^2+y^2}\,dxdy$，$D=\{(x,\ y)\mid y\geqq 0,\ x^2+y^2\leqq 4\}$

(3) $\displaystyle\iint_D xy\,dxdy$，$D=\{(x,\ y)\mid x\geqq 0,\ y\geqq 0,\ x^2+y^2\leqq 5\}$

基本　例題　**113**　種々の重積分の計算　★☆☆

以下の領域 D を図示し，与えられた重積分を計算せよ。

(1)　$D=\{(x, y) \mid 0\leqq x\leqq 1, \ 2\leqq y\leqq 3\}, \ \displaystyle\iint_D (x^3-x^2y+y^2)dxdy$

(2)　$D=\{(x, y) \mid x^2\leqq y\leqq x+2\}, \ \displaystyle\iint_D (x+2y)dxdy$

(3)　$D=\{(x, y) \mid x\leqq y\leqq x+2, \ 3x\leqq y\leqq 3x+4\}, \ \displaystyle\iint_D (y-x)dxdy$

(4)　$D=\{(x, y) \mid 1\leqq x^2+y^2\leqq 4, \ y\geqq 0\}, \ \displaystyle\iint_D (x+y)dxdy$　　　◢ *p.* 181 **基本事項**B

GUIDE & SOLUTION

(1)　長方形領域上での累次積分の定理を用いて求める。
(2)　2つの関数のグラフで挟まれた領域上での累次積分の定理を用いて求める。
(3)　領域 D は平行四辺形である。変数変換により，長方形領域に帰着させて考える。
(4)　極座標変換を用いて考える。

解　答

(1)　領域 D は右の図のようになる。ただし，境界線を含む。

このとき

$$\iint_D (x^3-x^2y+y^2)dxdy$$
$$=\int_2^3\left\{\int_0^1 (x^3-x^2y+y^2)dx\right\}dy=\int_2^3\left[\frac{x^4}{4}-\frac{y}{3}x^3+y^2x\right]_{x=0}^{x=1}dy$$
$$=\int_2^3\left(\frac{1}{4}-\frac{y}{3}+y^2\right)dy=\left[\frac{y}{4}-\frac{y^2}{6}+\frac{y^3}{3}\right]_{y=2}^{y=3}=\frac{\mathbf{23}}{\mathbf{4}}$$

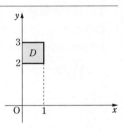

別解　$\displaystyle\iint_D (x^3-x^2y+y^2)dxdy=\int_0^1\left\{\int_2^3 (x^3-x^2y+y^2)dy\right\}dx=\int_0^1\left[x^3y-\frac{x^2}{2}y^2+\frac{y^3}{3}\right]_{y=2}^{y=3}dx$

$$=\int_0^1\left(x^3-\frac{5}{2}x^2+\frac{19}{3}\right)dx=\left[\frac{x^4}{4}-\frac{5}{6}x^3+\frac{19}{3}x\right]_{x=0}^{x=1}=\frac{\mathbf{23}}{\mathbf{4}}$$

(2)　領域 D は右の図のようになる。ただし，境界線を含む。

このとき

$$\iint_D (x+2y)dxdy$$
$$=\int_{-1}^2\left\{\int_{x^2}^{x+2} (x+2y)dy\right\}dx$$
$$=\int_{-1}^2\left[xy+y^2\right]_{y=x^2}^{y=x+2}dx$$
$$=\int_{-1}^2 (-x^4-x^3+2x^2+6x+4)dx$$

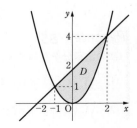

$$=\left[-\frac{x^5}{5}-\frac{x^4}{4}+\frac{2}{3}x^3+3x^2+4x\right]_{x=-1}^{x=2}=\frac{333}{20}$$

(3) 領域 D は右の図のようになる。ただし，境界線を含む。

領域 D 上の積分は，変数変換 $x=\frac{1}{2}u-\frac{1}{2}v$, $y=\frac{3}{2}u-\frac{1}{2}v$

によって，長方形領域 $E=[0,\ 2]\times[0,\ 4]$ 上の積分となる。

このとき $\quad |J(u,\ v)|=\frac{1}{2}$

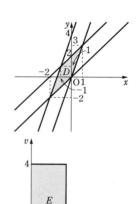

よって

$$\iint_D (y-x)dxdy$$

$$=\iint_E\left\{\left(\frac{3}{2}u-\frac{1}{2}v\right)-\left(\frac{1}{2}u-\frac{1}{2}v\right)\right\}\cdot\frac{1}{2}\,dudv$$

$$=\iint_E\frac{u}{2}\,dudv=\int_0^4\left(\int_0^2\frac{u}{2}\,du\right)dv$$

$$=\int_0^4\left[\frac{u^2}{4}\right]_{u=0}^{u=2}dv=\int_0^4 dv=\mathbf{4}$$

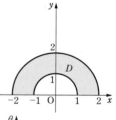

(4) 領域 D は右の図のようになる。ただし，境界線を含む。

領域 D 上の積分は，変数変換 $x=r\cos\theta$, $y=r\sin\theta$ によっ

て，長方形領域 $E=[1,\ 2]\times[0,\ \pi]$ 上の積分となる。

このとき $\quad |J(r,\ \theta)|=r$

$x+y=r(\cos\theta+\sin\theta)$ から

$$\iint_D (x+y)dxdy=\iint_E r(\cos\theta+\sin\theta)\cdot r\,drd\theta$$

$$=\int_0^\pi\left\{\left[\frac{r^3}{3}(\cos\theta+\sin\theta)\right]_{r=1}^{r=2}\right\}d\theta$$

$$=\int_0^\pi\frac{7}{3}(\cos\theta+\sin\theta)d\theta$$

$$=\left[\frac{7}{3}(\sin\theta-\cos\theta)\right]_{\theta=0}^{\theta=\pi}=\frac{14}{3}$$

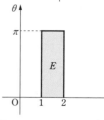

別解　次のように考えることもできる。

$$\iint_D (x+y)dxdy=\iint_E r(\cos\theta+\sin\theta)\cdot r\,drd\theta=\left(\int_1^2 r^2 dr\right)\cdot\left\{\int_0^\pi(\cos\theta+\sin\theta)d\theta\right\}$$

$$=\left(\left[\frac{r^3}{3}\right]_{r=1}^{r=2}\right)\cdot\left\{\left[\sin\theta-\cos\theta\right]_{\theta=0}^{\theta=\pi}\right\}=\frac{14}{3}$$

PRACTICE $\cdots$ 85

次の重積分を計算せよ。

(1) $\displaystyle\iint_D (x+y)dxdy$, $D=\left\{(x,\ y)\ \middle|\ \frac{1}{2}x+\frac{1}{2}\leqq y\leqq\frac{1}{2}x+3,\ 3x-7\leqq y\leqq 3x-2\right\}$

(2) $\displaystyle\iint_D \sqrt{x^2+y^2}\,dxdy$, $D=\{(x,\ y)\mid x^2+y^2\leqq x\}$

3 ▶ 重積分の応用

基本事項

A 図形の面積と体積

定義　平面図形の面積

有界閉領域 $D \subset \mathbb{R}^2$ に対して，2変数定数関数 $f(x, y)=1$ が領域 D 上で積分可能であるとき，**領域 D は面積確定である** という。また，そのときの重積分 $\iint_D 1\,dxdy$ を **領域 D の面積** と定義する。

同様に，領域 $V \subset \mathbb{R}^3$ に対して **体積確定** という概念を定義することができ，そのときの3重積分 $\iiint_V 1\,dxdydz$ を **領域 V の体積** と定義する。

B 曲面積

定義　座標空間 $\mathbb{R}^3$ の曲面と曲面積

uv 平面上の有界閉領域 U 上で定義された3つの2変数関数 $x(u, v)$，$y(u, v)$，$z(u, v)$ が，それぞれ領域 U の内部で C^1 級であるとする。
点 (u, v) が領域 U 上を動くとき，点 $(x(u, v), y(u, v), z(u, v))$ が描く軌跡 $\{(x(u, v), y(u, v), z(u, v)) \mid (u, v) \in U\} \subset \mathbb{R}^3$ を $\mathbb{R}^3$ の **曲面** といい，曲面の面積を **曲面積** という。

座標空間 $\mathbb{R}^3$ の曲面の曲面積の公式

uv 平面上の有界閉領域 U 上で定義された3つの関数 $x(u, v)$，$y(u, v)$，$z(u, v)$ が領域 U の内部で C^1 級であり，曲面 S を定義しているとする。このとき，曲面 S の曲面積は次で与えられる。

$$\iint_U \sqrt{(y_u z_v - z_u y_v)^2 + (z_u x_v - x_u z_v)^2 + (x_u y_v - y_u x_v)^2}\,dudv$$

特に，座標空間 $\mathbb{R}^3$ の曲面が2変数関数 $z=f(x, y)$ のグラフである場合，次のように曲面積が求められる。

2変数関数のグラフの曲面積の公式

有界閉領域 $U \subset \mathbb{R}^2$ 上で定義された C^1 級の2変数関数 $z=f(x, y)$ のグラフ $\{(x, y, z) \mid (x, y) \in U, z=f(x, y)\}$ の曲面積は，次で与えられる。

$$\iint_U \sqrt{\{f_x(x, y)\}^2 + \{f_y(x, y)\}^2 + 1}\,dxdy$$

基本 例題 **114** 重積分による平面図形の面積の計算(1) ★☆☆

次の曲線や直線で囲まれた領域の面積を，重積分を用いて求めよ。

(1) 放物線 $x=y^2+1$，直線 $x=5$ (2) 曲線 $y=\sqrt{4-\dfrac{4}{9}x^2}$，$x$ 軸

▲ *p.* 191 **基本事項A**

GUIDE & **S**OLUTION

(1) 放物線 $x=y^2+1$ と直線 $x=5$ で囲まれた領域を D_1 とすると，
$D_1=\{(x,\ y)\mid y^2+1\leqq x\leqq 5,\ -2\leqq y\leqq 2\}$ と書ける。定義に従って，$\displaystyle\iint_{D_1}1\,dxdy$ を計算する。

(2) 曲線 $y=\sqrt{4-\dfrac{4}{9}x^2}$ と x 軸で囲まれた領域を D_2 とすると，
$D_2=\left\{(x,\ y)\ \middle|\ -3\leqq x\leqq 3,\ 0\leqq y\leqq\sqrt{4-\dfrac{4}{9}x^2}\right\}$ と書ける。計算は，(1) と同様。

解 答

(1) 放物線 $x=y^2+1$ と直線 $x=5$ で囲まれた領域を D_1 とすると
$$D_1=\{(x,\ y)\mid y^2+1\leqq x\leqq 5,\ -2\leqq y\leqq 2\}$$
よって，領域 D_1 の面積は

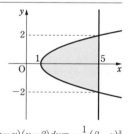

$$\iint_{D_1}1\,dxdy=\int_{-2}^{2}\left(\int_{y^2+1}^{5}dx\right)dy$$
$$=\int_{-2}^{2}(4-y^2)dy=-\int_{-2}^{2}(y+2)(y-2)dy$$
$$=-\left(-\frac{1}{6}\right)\{2-(-2)\}^3=\frac{32}{3}$$

◀ $\displaystyle\int_{\alpha}^{\beta}(y-\alpha)(y-\beta)dy=-\frac{1}{6}(\beta-\alpha)^3$

(2) 曲線 $y=\sqrt{4-\dfrac{4}{9}x^2}$ と x 軸で囲まれた領域を D_2 とすると
$$D_2=\left\{(x,\ y)\ \middle|\ -3\leqq x\leqq 3,\ 0\leqq y\leqq\sqrt{4-\frac{4}{9}x^2}\right\}$$
よって，領域 D_2 の面積は

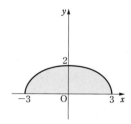

$$\iint_{D_2}1\,dxdy=\int_{-3}^{3}\left(\int_{0}^{\sqrt{4-\frac{4}{9}x^2}}dy\right)dx=\int_{-3}^{3}\sqrt{4-\frac{4}{9}x^2}\,dx$$
$$=\frac{2}{3}\int_{-3}^{3}\sqrt{9-x^2}\,dx=\frac{2}{3}\cdot\frac{9}{2}\pi=3\pi$$

PRACTICE … **86**

曲線 $4\left(x^2-\dfrac{1}{2}\right)^2+\dfrac{y^2}{4}=1$ で囲まれた領域の面積を，重積分を用いて求めよ。

例題 **115**　重積分による平面図形の面積の計算(2)　★★★

曲線 $(x^2+y^2)(4x^2+y^2)-y^3=0$ で囲まれた領域の面積を，重積分を用いて求めよ。

p. 191 基本事項A

GUIDE & SOLUTION

直交座標 (x, y) のままで考えても，面積は求められそうにない。そのため，極座標 (r, θ) に変換するとよい。なお，途中で積分区間の端点で連続となるように被積分関数を定める必要がある。その後は，連続関数の積分可能性の定理により定積分を求めることができる。

解答

$f(x, y)=(x^2+y^2)(4x^2+y^2)-y^3$ とし，曲線 $f(x, y)=0$ で囲まれた領域を D，領域 D の面積を S とする。

$f(-x, y)=f(x, y)$ であるから，曲線 $f(x, y)=0$ は y 軸に関して対称である。

更に　　$y \geqq 0$　　　　　　　　◀ $y^3=(x^2+y^2)(4x^2+y^2) \geqq 0$ より。

$x=r\cos\theta$, $y=r\sin\theta$, $x^2+y^2=r^2$ を方程式に代入すると

$$r^2\{4(r\cos\theta)^2+(r\sin\theta)^2\}-(r\sin\theta)^3=0$$

よって　　$r=\dfrac{\sin^3\theta}{4\cos^2\theta+\sin^2\theta}$

また，$y \geqq 0$ から　　$0 \leqq \theta \leqq \pi$

ゆえに，$D=\left\{(r, \theta) \,\middle|\, 0 \leqq r \leqq \dfrac{\sin^3\theta}{4\cos^2\theta+\sin^2\theta}, \ 0 \leqq \theta \leqq \pi\right\}$ と書ける。

ここで　　$|J(r, \theta)|=r$　　　　◀ $|J(r, \theta)|=\left|\dfrac{\partial x}{\partial r} \cdot \dfrac{\partial y}{\partial \theta}-\dfrac{\partial x}{\partial \theta} \cdot \dfrac{\partial y}{\partial r}\right|=r$

したがって　　$S=\displaystyle\iint_D dxdy=\int_0^\pi\left(\int_0^{\frac{\sin^3\theta}{4\cos^2\theta+\sin^2\theta}} r\,dr\right)d\theta$

$$=\int_0^\pi\left[\frac{r^2}{2}\right]_{r=0}^{r=\frac{\sin^3\theta}{4\cos^2\theta+\sin^2\theta}}d\theta=\int_0^\pi\frac{1}{2}\left(\frac{\sin^3\theta}{4\cos^2\theta+\sin^2\theta}\right)^2 d\theta$$

$$=\int_0^{\frac{\pi}{2}}\frac{\sin^6\theta}{(4\cos^2\theta+\sin^2\theta)^2}d\theta$$

ここで，$0 \leqq \theta < \dfrac{\pi}{2}$ のとき

$$\frac{\sin^6\theta}{(4\cos^2\theta+\sin^2\theta)^2}=\frac{\tan^4\theta\sin^2\theta}{(4+\tan^2\theta)^2}=\frac{\tan^6\theta}{(4+\tan^2\theta)^2(1+\tan^2\theta)}$$

◀ $\sin^2\theta=\tan^2\theta\cos^2\theta$
$=\dfrac{\tan^2\theta}{1+\tan^2\theta}$

また，$\theta=\dfrac{\pi}{2}$ のとき

$$\frac{\sin^6\theta}{(4\cos^2\theta+\sin^2\theta)^2}=1$$

更に　$\displaystyle\lim_{\theta\to\frac{\pi}{2}-0}\frac{\tan^6\theta}{(4+\tan^2\theta)^2(1+\tan^2\theta)}=\lim_{\theta\to\frac{\pi}{2}-0}\frac{1}{\left(\dfrac{4}{\tan^2\theta}+1\right)^2\left(\dfrac{1}{\tan^2\theta}+1\right)}=1$

よって, $g(\theta)=\begin{cases}\dfrac{\tan^6\theta}{(4+\tan^2\theta)^2(1+\tan^2\theta)} & \left(0\leqq\theta<\dfrac{\pi}{2}\right)\\ 1 & \left(\theta=\dfrac{\pi}{2}\right)\end{cases}$　とすると, 関数 $g(\theta)$ は $0\leqq\theta\leqq\dfrac{\pi}{2}$ 上

で連続であるから, 連続関数の積分可能性の定理により, 関数 $g(\theta)$ は $0\leqq\theta\leqq\dfrac{\pi}{2}$ 上で積分可能である。

ゆえに　　$S=\displaystyle\int_0^{\frac{\pi}{2}}g(\theta)d\theta$

$\tan\theta=t$ とおくと, $dt=\dfrac{d\theta}{\cos^2\theta}=(1+\tan^2\theta)d\theta=(1+t^2)d\theta$ より　　$d\theta=\dfrac{dt}{1+t^2}$

したがって　　$\begin{aligned}S&=\lim_{s\to\infty}\int_0^s\frac{t^6}{(4+t^2)^2(1+t^2)}\cdot\frac{1}{1+t^2}dt\\ &=\lim_{s\to\infty}\int_0^s\frac{t^6}{(4+t^2)^2(1+t^2)^2}dt\\ &=\lim_{s\to\infty}\int_0^s\left\{-\frac{64}{9(4+t^2)^2}+\frac{16}{27(4+t^2)}-\frac{1}{9(1+t^2)^2}+\frac{11}{27(1+t^2)}\right\}dt\end{aligned}$

ここで, $I_n=\displaystyle\int\frac{dt}{(4+t^2)^n}$, $J_n=\displaystyle\int\frac{dt}{(1+t^2)^n}$ とすると

$\qquad I_1=\dfrac{1}{2}\mathrm{Tan}^{-1}\dfrac{t}{2}+C_1$　（C_1 は積分定数）

$\qquad J_1=\mathrm{Tan}^{-1}t+C_2$　（C_2 は積分定数）

また　　$\begin{aligned}I_n&=\int\frac{dt}{(4+t^2)^n}\\ &=\frac{t}{(4+t^2)^n}-\int t\left\{-\frac{2nt}{(4+t^2)^{n+1}}\right\}dt\\ &=\frac{t}{(4+t^2)^n}+2n\int\left\{\frac{4+t^2}{(4+t^2)^{n+1}}-\frac{4}{(4+t^2)^{n+1}}\right\}dt\\ &=\frac{t}{(4+t^2)^n}+2n\int\frac{dt}{(4+t^2)^n}-8n\int\frac{dt}{(4+t^2)^{n+1}}\\ &=\frac{t}{(4+t^2)^n}+2nI_n-8nI_{n+1}\end{aligned}$

よって, $I_{n+1}=\dfrac{t}{8n(4+t^2)^n}+\dfrac{2n-1}{8n}I_n$ であるから

$\qquad I_2=\dfrac{t}{8(4+t^2)}+\dfrac{1}{8}I_1=\dfrac{t}{8(4+t^2)}+\dfrac{1}{16}\mathrm{Tan}^{-1}\dfrac{t}{2}+C_3$　（C_3 は積分定数）

更に　　　　$J_n = \dfrac{t}{(1+t^2)^n} - \displaystyle\int t\left\{-\dfrac{2nt}{(1+t^2)^{n+1}}\right\}dt$

$= \dfrac{t}{(1+t^2)^n} + 2n\displaystyle\int\left\{\dfrac{1+t^2}{(1+t^2)^{n+1}} - \dfrac{1}{(1+t^2)^{n+1}}\right\}dt$

$= \dfrac{t}{(1+t^2)^n} + 2n\displaystyle\int\dfrac{dt}{(1+t^2)^n} - 2n\int\dfrac{dt}{(1+t^2)^{n+1}}$

$= \dfrac{t}{(1+t^2)^n} + 2nJ_n - 2nJ_{n+1}$

よって，$J_{n+1} = \dfrac{t}{2n(1+t^2)^n} + \dfrac{2n-1}{2n}J_n$ であるから

$J_2 = \dfrac{t}{2(1+t^2)} + \dfrac{1}{2}J_1 = \dfrac{t}{2(1+t^2)} + \dfrac{1}{2}\mathrm{Tan}^{-1}t + C_4$　　（C_4 は積分定数）

ゆえに　　$\displaystyle\lim_{s\to\infty}\int_0^s\dfrac{dt}{4+t^2} = \lim_{s\to\infty}\left[\dfrac{1}{2}\mathrm{Tan}^{-1}\dfrac{t}{2}\right]_0^s = \lim_{s\to\infty}\dfrac{1}{2}\mathrm{Tan}^{-1}\dfrac{s}{2} = \dfrac{1}{2}\cdot\dfrac{\pi}{2} = \dfrac{\pi}{4}$

$\displaystyle\lim_{s\to\infty}\int_0^s\dfrac{dt}{(4+t^2)^2} = \lim_{s\to\infty}\left[\dfrac{t}{8(4+t^2)} + \dfrac{1}{16}\mathrm{Tan}^{-1}\dfrac{t}{2}\right]_0^s = \lim_{s\to\infty}\left\{\dfrac{s}{8(4+s^2)} + \dfrac{1}{16}\mathrm{Tan}^{-1}\dfrac{s}{2}\right\}$

$= \displaystyle\lim_{s\to\infty}\left\{\dfrac{1}{8\left(\dfrac{4}{s}+s\right)} + \dfrac{1}{16}\mathrm{Tan}^{-1}\dfrac{s}{2}\right\} = \dfrac{1}{16}\cdot\dfrac{\pi}{2} = \dfrac{\pi}{32}$

$\displaystyle\lim_{s\to\infty}\int_0^s\dfrac{dt}{1+t^2} = \lim_{s\to\infty}\left[\mathrm{Tan}^{-1}t\right]_0^s = \lim_{s\to\infty}\mathrm{Tan}^{-1}s = \dfrac{\pi}{2}$

$\displaystyle\lim_{s\to\infty}\int_0^s\dfrac{dt}{(1+t^2)^2} = \lim_{s\to\infty}\left[\dfrac{t}{2(1+t^2)} + \dfrac{1}{2}\mathrm{Tan}^{-1}t\right]_0^s = \lim_{s\to\infty}\left\{\dfrac{s}{2(1+s^2)} + \dfrac{1}{2}\mathrm{Tan}^{-1}s\right\}$

$= \displaystyle\lim_{s\to\infty}\left\{\dfrac{1}{2\left(\dfrac{1}{s}+s\right)} + \dfrac{1}{2}\mathrm{Tan}^{-1}s\right\} = \dfrac{1}{2}\cdot\dfrac{\pi}{2} = \dfrac{\pi}{4}$

したがって

$$S = \lim_{s\to\infty}\int_0^s\left\{-\dfrac{64}{9(4+t^2)^2} + \dfrac{16}{27(4+t^2)} - \dfrac{1}{9(1+t^2)^2} + \dfrac{11}{27(1+t^2)}\right\}dt$$

$$= -\dfrac{64}{9}\cdot\dfrac{\pi}{32} + \dfrac{16}{27}\cdot\dfrac{\pi}{4} - \dfrac{1}{9}\cdot\dfrac{\pi}{4} + \dfrac{11}{27}\cdot\dfrac{\pi}{2} = \boldsymbol{\dfrac{11}{108}\pi}$$

参考　与えられた領域の概形は下の図の斜線部分のようになる。ただし，境界線を含む。

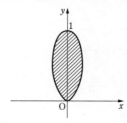

例題 **116** 重積分による空間図形の体積の計算(1) ★★☆

次の図形の体積を，重積分を用いて求めよ。
(1) R^3 内の原点が中心，半径が 1 の球体の $x\geqq0$ の部分。
(2) R^3 内の xy 平面上の原点が中心の単位円を底面とし，高さが 1 である円柱。

p.191 基本事項A

GUIDE & SOLUTION

(1) 考える図形をBとすると
$$B=\{(x,\ y,\ z)\mid 0\leqq x\leqq1,\ y=r\cos\theta,\ z=r\sin\theta,\ 0\leqq r\leqq\sqrt{1-x^2},\ 0\leqq\theta\leqq2\pi\}$$
と書ける。よって，定義に従って $\displaystyle\iiint_B dxdydz$ を計算する。

(2) 考える図形をVとすると
$$V=\{(x,\ y)\mid x=r\cos\theta,\ y=r\sin\theta,\ 0\leqq r\leqq1,\ 0\leqq\theta\leqq2\pi,\ 0\leqq z\leqq1\}$$ と書ける。
よって，定義に従って $\displaystyle\iiint_V dxdydz$ を計算する。

解 答

(1) R^3 内の原点が中心，半径が 1 の球体の $x\geqq0$ の部分をBとすると
$$B=\{(x,\ y,\ z)\mid 0\leqq x\leqq1,\ y=r\cos\theta,\ z=r\sin\theta,$$
$$0\leqq r\leqq\sqrt{1-x^2},\ 0\leqq\theta\leqq2\pi\}$$

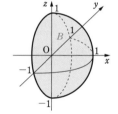

ここで
$$D_1=\{(y,\ z)\mid y=r\cos\theta,\ z=r\sin\theta,\ 0\leqq r\leqq\sqrt{1-x^2},\ 0\leqq\theta\leqq2\pi\}$$
とすると，$|J(r,\ \theta)|=r$ であるから，求める体積は
$$\iiint_B 1\,dxdydz=\int_0^1\left(\iint_{D_1}1\,dydz\right)dx$$
$$=\int_0^1\left\{\int_0^{2\pi}\left(\int_0^{\sqrt{1-x^2}}r\,dr\right)d\theta\right\}dx$$
$$=\int_0^1\left(\int_0^{2\pi}\left[\frac{r^2}{2}\right]_{r=0}^{r=\sqrt{1-x^2}}d\theta\right)dx$$
$$=\int_0^1\left(\int_0^{2\pi}\frac{1-x^2}{2}d\theta\right)dx$$
$$=\int_0^1\pi(1-x^2)dx$$
$$=\left[\pi\left(x-\frac{x^3}{3}\right)\right]_{x=0}^{x=1}$$
$$=\frac{2}{3}\pi$$

別解 $\displaystyle\iiint_B 1\,dxdydz = \int_0^1\!\left(\iint_{D_1} 1\,dydz\right)dx$

$\qquad\qquad = \left(\int_0^{2\pi}d\theta\right)\cdot\left\{\int_0^1\!\left(\int_0^{\sqrt{1-x^2}} r\,dr\right)dx\right\}$

$\qquad\qquad = 2\pi\int_0^1\!\left[\dfrac{r^2}{2}\right]_{r=0}^{r=\sqrt{1-x^2}}dx$

$\qquad\qquad = 2\pi\int_0^1\dfrac{1-x^2}{2}\,dx$

$\qquad\qquad = 2\pi\left[\dfrac{x}{2}-\dfrac{x^3}{6}\right]_{x=0}^{x=1} = \dfrac{2}{3}\pi$

(2) $\mathbf{R}^3$ 内の xy 平面上の原点中心の単位円を底面とし，高さが 1 である円柱を V とすると

$\qquad V = \{(x,\ y,\ z)\,|\,x=r\cos\theta,\ y=r\sin\theta,\ 0\leqq r\leqq1,\ 0\leqq\theta\leqq2\pi,\ 0\leqq z\leqq1\}$

ここで，$D_2 = \{(x,\ y)\,|\,x=r\cos\theta,\ y=r\sin\theta,\ 0\leqq r\leqq1,\ 0\leqq\theta\leqq2\pi\}$ とすると，

$|J(r,\ \theta)| = r$ であるから，求める体積は

$\displaystyle\iiint_V 1\,dxdydz = \int_0^1\!\left(\iint_{D_2} dxdy\right)dz = \int_0^1\!\left\{\int_0^{2\pi}\!\left(\int_0^1 r\,dr\right)d\theta\right\}dz$

$\qquad\qquad = \int_0^1\!\left(\int_0^{2\pi}\!\left[\dfrac{r^2}{2}\right]_{r=0}^{r=1}d\theta\right)dz = \int_0^1\!\left(\int_0^{2\pi}\dfrac{1}{2}\,d\theta\right)dz$

$\qquad\qquad = \int_0^1 \pi\,dz = \pi$

別解 $\displaystyle\iiint_V 1\,dxdydz = \left(\iint_{D_2} dxdy\right)\cdot\left(\int_0^1 dz\right)$

$\qquad\qquad = \left(\int_0^1 r\,dr\right)\cdot\left(\int_0^{2\pi}d\theta\right)\cdot\left(\int_0^1 dz\right)$

$\qquad\qquad = \left(\left[\dfrac{r^2}{2}\right]_{r=0}^{r=1}\right)\cdot 2\pi\cdot 1 = \pi$

別解 $E = \{(x,\ y)\,|-\sqrt{1-x^2}\leqq y\leqq0\}$，$F = \{(x,\ y)\,|\,0\leqq y\leqq\sqrt{1-x^2}\}$ とすると

$\displaystyle\iiint_V 1\,dxdydz = \int_0^1\!\left(\iint_E dxdy + \iint_F dxdy\right)dz$

$\qquad\qquad = \int_0^1\!\left\{\int_{-1}^1\!\left(\int_{-\sqrt{1-x^2}}^0 dy\right)dx + \int_{-1}^1\!\left(\int_0^{\sqrt{1-x^2}} dy\right)dx\right\}dz$

$\qquad\qquad = \int_0^1\!\left(2\int_{-1}^1\sqrt{1-x^2}\,dx\right)dz$

$\qquad\qquad = \int_0^1 2\cdot\dfrac{\pi}{2}\,dz = \pi$

PRACTICE … 87

曲面 $x^{\frac{2}{3}}+y^{\frac{2}{3}}+z^{\frac{2}{3}}=a^{\frac{2}{3}}$ $(a>0)$ で囲まれた領域の体積を，重積分を用いて求めよ。

基本 例題 **117** 重積分による空間図形の体積の計算 (2) ★★☆

曲面 $\sqrt{\dfrac{x}{a}}+\sqrt{\dfrac{y}{b}}+\sqrt{\dfrac{z}{c}}=1$ $(a>0,\ b>0,\ c>0)$ で囲まれた領域の体積を，重積分を用いて求めよ。

◢ *p.* 191 **基本事項A**

GUIDE & **S**OLUTION

与えられた領域を W とし，定義に従って $\displaystyle\iiint_W 1\,dxdydz$ を計算する。その際，変数変換を用いると計算を簡略化できる。

解 答

与えられた領域を W，求める体積を V とする。

曲面の方程式を z について解くと　　$z=c\left(1-\sqrt{\dfrac{x}{a}}-\sqrt{\dfrac{y}{b}}\right)^2$

$D=\left\{(x,\ y)\ \middle|\ \sqrt{\dfrac{x}{a}}+\sqrt{\dfrac{y}{b}}\leqq 1\right\}$ とすると

$$V=\iiint_W 1\,dxdydz=\iint_D\left\{\int_0^{c\left(1-\sqrt{\frac{x}{a}}-\sqrt{\frac{y}{b}}\right)^2}dz\right\}dxdy=\iint_D c\left(1-\sqrt{\dfrac{x}{a}}-\sqrt{\dfrac{y}{b}}\right)^2 dxdy$$

ここで，領域 D 上の積分は，変数変換 $x=ar^2\cos^4\theta,\ y=br^2\sin^4\theta$ によって，長方形領域 $[0,\ 1]\times\left[0,\ \dfrac{\pi}{2}\right]$ 上の積分となる。このとき　　$|J(r,\ \theta)|=8abr^3\sin^3\theta\cos^3\theta$

$c\left(1-\sqrt{\dfrac{x}{a}}-\sqrt{\dfrac{y}{b}}\right)^2=c(1-r)^2$ から

$$V=\iint_D c\left(1-\sqrt{\dfrac{x}{a}}-\sqrt{\dfrac{y}{b}}\right)^2 dxdy=\int_0^1\left\{\int_0^{\frac{\pi}{2}}c(1-r)^2\cdot 8abr^3\sin^3\theta\cos^3\theta\,d\theta\right\}dr$$

$$=\int_0^1 8abcr^3(1-r)^2\left\{\int_0^{\frac{\pi}{2}}\sin^3\theta(1-\sin^2\theta)\cos\theta\,d\theta\right\}dr$$

$$=8abc\int_0^1(r^3-2r^4+r^5)\left\{\int_0^{\frac{\pi}{2}}(\sin^3\theta-\sin^5\theta)\cdot(\sin\theta)'\,d\theta\right\}dr$$

$$=8abc\int_0^1(r^3-2r^4+r^5)\left[\dfrac{\sin^4\theta}{4}-\dfrac{\sin^6\theta}{6}\right]_{\theta=0}^{\theta=\frac{\pi}{2}}dr=8abc\int_0^1\dfrac{1}{12}(r^3-2r^4+r^5)\,dr$$

$$=\dfrac{2}{3}abc\left[\dfrac{r^4}{4}-\dfrac{2}{5}r^5+\dfrac{r^6}{6}\right]_{r=0}^{r=1}=\dfrac{\boldsymbol{abc}}{\boldsymbol{90}}$$

PRACTICE … **88**

次の領域の体積を，重積分を用いて求めよ。

$\left\{(x,\ y,\ z)\ \middle|\ \sqrt[3]{\dfrac{x}{a}}+\sqrt[3]{\dfrac{y}{b}}+\sqrt[3]{\dfrac{z}{c}}\leqq 1,\ x\geqq 0,\ y\geqq 0,\ z\geqq 0\right\}$ $(a>0,\ b>0,\ c>0)$

重要 例題 **118** カバリエリの原理（直円柱，半球，円錐の体積） ★★★

直円柱 ABCD があり，半球 BCE，円錐 AEDF が下の図のように内接している。このとき，半球 BCE と円錐 AEDF の体積の和が直円柱 ABCD の体積に等しいことを，次のカバリエリの原理により示せ。
また，積分の定義に従って，直円柱 ABCD，半球 BCE，円錐 AEDF の体積を求めることによっても同様のことを示せ。

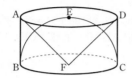 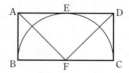

定理 **カバリエリの原理**

$V \subset \mathrm{R}^3$ を，体積確定な有界閉領域とし，$V \subset \{(x,\ y,\ z)\,|\,a \leqq z \leqq b\}$ とする。V の，平面 $z=t\ (a \leqq t \leqq b)$ による断面が面積確定な有界閉領域で，その面積を $S(t)$ とすると，$\displaystyle\iiint_V 1\,dxdydz = \int_a^b S(t)\,dt$ が成り立つ。

◢ p. 191 基本事項 A

GUIDE & SOLUTION

直円柱 ABCD の底面 BC と平行で，点 F からの距離が t の平面を α とすると，平面 α による直円柱 ABCD，半球 BCE，円錐 AEDF の断面はすべて円になる。
そこで，直円柱 ABCD の底面の円の半径を r とし，平面 α による直円柱 ABCD，半球 BCE，円錐 AEDF の断面の断面積をそれぞれ求める。
これでカバリエリの原理による証明を行うことができる。

解 答

直円柱 ABCD の底面の円の半径を r とする。
点 E は，円錐 AEDF の底面の円の中心である。
また，点 F は半球 BCE の中心であり，円錐 AEDF の頂点でもある。
更に，直円柱 ABCD の底面 BC と平行で，点 F からの距離が t の平面による直円柱 ABCD，半球 BCE，円錐 AEDF の断面の円を，それぞれ C_1，C_2，C_3 とする。

　円 C_1 は半径 r の円であるから，その面積は　　πr^2

　円 C_2 は半径 $\sqrt{r^2-t^2}$ の円であるから，その面積は　　$\pi(\sqrt{r^2-t^2})^2 = \pi(r^2-t^2)$

　円 C_3 は半径 t の円であるから，その面積は　　πt^2

よって，円 C_2，C_3 の面積の和は
$$\pi(r^2-t^2) + \pi t^2 = \pi r^2$$

これは円 C_1 の面積に等しいから，カバリエリの原理により，半球 BCE と円錐 AEDF の体積の和は直円柱 ABCD の体積に等しい。

次に，点 F を原点とし，直線 BC を x 軸，点 F を通り直線 BC に直交する平面 BC 上の直線を y 軸，直線 EF を z 軸とする座標空間を考える。

ただし，点 E の z 座標は正であるものとする。

このとき，直円柱 ABCD は $\{(x,\ y,\ z)\mid x^2+y^2\leqq r^2,\ 0\leqq z\leqq r\}$，半球 BCE は $\{(x,\ y,\ z)\mid x^2+y^2\leqq r^2-z^2,\ 0\leqq z\leqq r\}$，円錐 AEDF は $\{(x,\ y,\ z)\mid x^2+y^2\leqq z^2,\ 0\leqq z\leqq r\}$ と表される。

$P=\{(x,\ y,\ z)\mid x^2+y^2\leqq r^2,\ 0\leqq z\leqq r\}$，$Q=\{(x,\ y,\ z)\mid x^2+y^2\leqq r^2-z^2,\ 0\leqq z\leqq r\}$，

$R=\{(x,\ y,\ z)\mid x^2+y^2\leqq z^2,\ 0\leqq z\leqq r\}$，直円柱 ABCD，半球 BCE，円錐 AEDF の体積をそれぞれ V_1，V_2，V_3 とすると

$$V_1=\iiint_P 1\,dxdydz$$

$$V_2=\iiint_Q 1\,dxdydz$$

$$V_3=\iiint_R 1\,dxdydz$$

[1]　V_1 について

　$G=\{(x,\ y)\mid x^2+y^2\leqq r^2\}$ とすると

$$V_1=\iiint_P 1\,dxdydz=\iint_G\left(\int_0^r dz\right)dxdy$$
$$=\iint_G r\,dxdy$$

領域 G 上の積分は，変数変換 $x=l\cos\alpha$，$y=l\sin\alpha$ によって，長方形領域 $[0,\ r]\times[0,\ 2\pi]$ 上の積分となる。

このとき　　$|J(l,\ \alpha)|=l$

よって　　　$V_1=\displaystyle\iint_G r\,dxdy$

$$=\int_0^r\left(\int_0^{2\pi} rl\,d\alpha\right)dl$$
$$=\int_0^r 2\pi rl\,dl$$
$$=\Big[\pi rl^2\Big]_{l=0}^{l=r}=\pi r^3$$

[2]　V_2 について

　$H=\{(x,\ y)\mid x^2+y^2\leqq r^2-z^2\}$ とすると

$$V_2=\iiint_Q 1\,dxdydz=\int_0^r\left(\iint_H 1\,dxdy\right)dz$$

領域 H 上の積分は，変数変換 $x=m\cos\beta$，$y=m\sin\beta$ によって，長方形領域 $[0,\ \sqrt{r^2-z^2}\,]\times[0,\ 2\pi]$ 上の積分となる。

このとき $|J(m,\ \beta)|=m$

よって $V_2=\displaystyle\int_0^r\left(\iint_H 1\,dxdy\right)dz$

$\qquad\qquad =\displaystyle\int_0^r\left\{\int_0^{\sqrt{r^2-z^2}}\left(\int_0^{2\pi} m\,d\beta\right)dm\right\}dz$

$\qquad\qquad =\displaystyle\int_0^r\left(\int_0^{\sqrt{r^2-z^2}} 2\pi m\,dm\right)dz$

$\qquad\qquad =\displaystyle\int_0^r\left[\pi m^2\right]_{m=0}^{m=\sqrt{r^2-z^2}}dz$

$\qquad\qquad =\displaystyle\int_0^r\pi(r^2-z^2)\,dz$

$\qquad\qquad =\left[\pi\left(r^2z-\dfrac{z^3}{3}\right)\right]_{z=0}^{z=r}=\dfrac{2}{3}\pi r^3$

[3]　V_3 について

$I=\{(x,\ y)\mid x^2+y^2\leqq z^2\}$ とすると

$$V_3=\iiint_R 1\,dxdydz=\int_0^r\left(\iint_I 1\,dxdy\right)dz$$

領域 I 上の積分は，変数変換 $x=n\cos\gamma,\ y=n\sin\gamma$ によって，長方形領域 $[0,\ z]\times[0,\ 2\pi]$ 上の積分となる。

このとき $|J(n,\ \gamma)|=n$

よって $V_3=\displaystyle\int_0^r\left(\iint_I 1\,dxdy\right)dz$

$\qquad\qquad =\displaystyle\int_0^r\left\{\int_0^z\left(\int_0^{2\pi} n\,d\gamma\right)dn\right\}dz$

$\qquad\qquad =\displaystyle\int_0^r\left(\int_0^z 2\pi n\,dn\right)dz$

$\qquad\qquad =\displaystyle\int_0^r\left[\pi n^2\right]_{n=0}^{n=z}dz$

$\qquad\qquad =\displaystyle\int_0^r\pi z^2\,dz$

$\qquad\qquad =\left[\dfrac{\pi}{3}z^3\right]_{z=0}^{z=r}=\dfrac{\pi}{3}r^3$

[1], [2], [3] から $V_1=V_2+V_3$　∎

別解　V_1 を求める際，次のように考えることもできる。

$$V_1=\iiint_P 1\,dxdydz=\left(\iint_G dxdy\right)\cdot\left(\int_0^r dz\right)=r\iint_G dxdy$$

参考　フランチェスコ・ボナヴェントゥーラ・カバリエリ

（Francesco Bonaventura Cavalieri, 1598–1647）

イタリアの数学者。indivisibilia（不可分者）という概念に基づく独自の求積法を発見し，微分積分学の理論形成に大きな影響を及ぼした。

基本 例題 **119** 曲面の表示とその曲面積 ★★☆

R^3 内の原点中心，半径 3 の球面のうち，xy 平面より上側の部分（ただし，境界を含む）について，次の問いに答えよ。

(1) 与えられた曲面を $\{x(u, v),\ y(u, v),\ z(u, v) \mid (u, v) \in U\}$ のように表せ。

(2) 与えられた曲面の曲面積を求めよ。 ◀ *p.* 191 **基本事項B**

GUIDE & SOLUTION

(2) 座標空間 R^3 の曲面の曲面積の公式を用いる。$f(x, y) = \sqrt{9 - x^2 - y^2}$ のグラフの一部の曲面積と考えて，2 変数関数のグラフの曲面積の公式を用いることもできるが，この方針では後で扱う広義の重積分を用いなければならない。

解答

(1) $\left\{ 3\cos v \cos u,\ 3\cos v \sin u,\ 3\sin v \ \middle|\ 0 \leqq u \leqq 2\pi,\ 0 \leqq v \leqq \dfrac{\pi}{2} \right\}$

(2) $x(u, v) = 3\cos v \cos u,\ y(u, v) = 3\cos v \sin u,\ z(u, v) = 3\sin v$ とする。

$x_u(u, v) = -3\cos v \sin u,\ x_v(u, v) = -3\sin v \cos u,\ y_u(u, v) = 3\cos v \cos u,$
$y_v(u, v) = -3\sin v \sin u,\ z_u(u, v) = 0,\ z_v(u, v) = 3\cos v$ であるから

$\{y_u(u, v)z_v(u, v) - z_u(u, v)y_v(u, v)\}^2 + \{z_u(u, v)x_v(u, v) - x_u(u, v)z_v(u, v)\}^2$
$$+ \{x_u(u, v)y_v(u, v) - y_u(u, v)x_v(u, v)\}^2$$

$= \{3\cos v \cos u \cdot 3\cos v - 0 \cdot (-3\sin v \sin u)\}^2$
$$+ \{0 \cdot (-3\sin v \cos u) - (-3\cos v \sin u) \cdot 3\cos v\}^2$$
$$+ \{(-3\cos v \sin u) \cdot (-3\sin v \sin u) - 3\cos v \cos u \cdot (-3\sin v \cos u)\}^2$$

$= 81\cos^4 v(\cos^2 u + \sin^2 u) + 81\cos^2 v \sin^2 v(\sin^2 u + \cos^2 u)^2$

$= 81\cos^2 v(\cos^2 v + \sin^2 v) = 81\cos^2 v$

よって，求める曲面積を S とすると

$$S = \int_0^{2\pi} \left(\int_0^{\frac{\pi}{2}} \sqrt{81\cos^2 v}\ dv \right) du = \int_0^{2\pi} \Big[9\sin v \Big]_{v=0}^{v=\frac{\pi}{2}} du = \int_0^{2\pi} 9\,du = \mathbf{18\pi}$$

別解 $S = \left(\int_0^{2\pi} du \right) \cdot \left(\int_0^{\frac{\pi}{2}} \sqrt{81\cos^2 v}\ dv \right) = 2\pi \Big[9\sin v \Big]_{v=0}^{v=\frac{\pi}{2}} = \mathbf{18\pi}$

別解 $f(x, y) = \sqrt{9 - x^2 - y^2}$ とすると，与えられた曲面は関数 $f(x, y)$ のグラフのうち，xy 平面より上側の部分（ただし，境界を含む）である。

$f_x(x, y) = -\dfrac{x}{\sqrt{9 - x^2 - y^2}},\ f_y(x, y) = -\dfrac{y}{\sqrt{9 - x^2 - y^2}}$ より，

$D = \{(x, y) \mid x^2 + y^2 \leqq 9\}$ とすると

$$S=\iint_D \sqrt{\left(-\frac{x}{\sqrt{9-x^2-y^2}}\right)^2+\left(-\frac{y}{\sqrt{9-x^2-y^2}}\right)^2+1}\,dxdy$$

$$=\iint_D \sqrt{\frac{x^2}{9-x^2-y^2}+\frac{y^2}{9-x^2-y^2}+1}\,dxdy$$

$$=\iint_D \frac{3}{\sqrt{9-x^2-y^2}}\,dxdy$$

また，$K_n=\left\{(x,\ y)\ \middle|\ 0\leqq x^2+y^2\leqq\left(3-\dfrac{1}{n}\right)^2\right\}$ とすると，

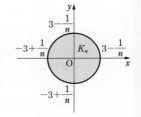

$\{K_n\}$ は領域 D の近似列である。

領域 K_n 上の積分は，変数変換 $x=r\cos\theta$，
$y=r\sin\theta$ によって，長方形領域

$\left[0,\ 3-\dfrac{1}{n}\right]\times[0,\ 2\pi]$ 上の積分となる。

このとき　　$|J(r,\ \theta)|=r$

$I_n=\displaystyle\iint_{K_n}\frac{3}{\sqrt{9-x^2-y^2}}\,dxdy$ とすると，$\dfrac{3}{\sqrt{9-x^2-y^2}}=\dfrac{3}{\sqrt{9-r^2}}$ から

$$I_n=\int_0^{2\pi}\left(\int_0^{3-\frac{1}{n}}\frac{3}{\sqrt{9-r^2}}\cdot r\,dr\right)d\theta$$

$$=\int_0^{2\pi}\left(\int_0^{3-\frac{1}{n}}\frac{3r}{\sqrt{9-r^2}}\,dr\right)d\theta$$

$$=\int_0^{2\pi}\left[-3\sqrt{9-r^2}\right]_{r=0}^{r=3-\frac{1}{n}}d\theta$$

$$=\int_0^{2\pi}3\left\{3-\sqrt{9-\left(3-\frac{1}{n}\right)^2}\right\}d\theta$$

$$=6\pi\left\{3-\sqrt{9-\left(3-\frac{1}{n}\right)^2}\right\}$$

$\displaystyle\lim_{n\to\infty}I_n=18\pi$ であるから　　$S=\displaystyle\iint_D\frac{3}{\sqrt{9-x^2-y^2}}\,dxdy=\boldsymbol{18\pi}$

[補足]　I_n の計算は次のように考えてもよい。

$$I_n=\left(\int_0^{2\pi}d\theta\right)\cdot\left(\int_0^{3-\frac{1}{n}}\frac{3r}{\sqrt{9-r^2}}\,dr\right)$$

$$=2\pi\left[-3\sqrt{9-r^2}\right]_{r=0}^{r=3-\frac{1}{n}}=6\pi\left\{3-\sqrt{9-\left(3-\frac{1}{n}\right)^2}\right\}$$

PRACTICE … 89

領域 $U=\{(u,\ v)\mid u^2+v^2\leqq 2\}$ を定義域とする 2 変数関数 $x(u,\ v)=u+v$，
$y(u,\ v)=u-v$，$z(u,\ v)=uv$ が定める曲面 $S\subset\mathbb{R}^3$ の曲面積を求めよ。

基本 例題 **120** 1変数関数のグラフの回転面の曲面積 ★★☆

次の曲面の曲面積を求めよ。

(1) 関数 $y=2\sqrt{x}$ $(1\leqq x\leqq 2)$ のグラフを x 軸の周りに1回転してできる曲面。

(2) 関数 $y=\cosh x$ $(-1\leqq x\leqq 1)$ のグラフを x 軸の周りに1回転してできる曲面。

◢ p.191 基本事項B

GUIDE & SOLUTION

(1) 次の **1変数関数のグラフの回転面の曲面積の公式** により求める。

1変数関数 $y=f(x)$ が，閉区間 $[a, b]$ 上において $f(x)\geqq 0$ であり，開区間 (a, b) 上で C^1 級であるとする。この関数 $y=f(x)$ のグラフを x 軸の周りに1回転してできる曲面の曲面積は，$2\pi\displaystyle\int_a^b f(x)\sqrt{1+\{f'(x)\}^2}\,dx$ で与えられる。

閉区間 $[a, b]$ 上で $f(x)$ が負の値をとる場合も，絶対値をつけて $|f(x)|$ として計算すれば，同様に求められる。

(2) (1)と同様にして求める。また，$\cosh^2 x-\sinh^2 x=1$ を利用する。

解 答

(1) $\dfrac{dy}{dx}=\dfrac{1}{\sqrt{x}}$

よって，求める面積を S_1 とすると

$$S_1=2\pi\int_1^2 2\sqrt{x}\cdot\sqrt{1+\left(\frac{1}{\sqrt{x}}\right)^2}\,dx=4\pi\int_1^2\sqrt{x+1}\,dx$$

$$=4\pi\left[\frac{2}{3}(x+1)^{\frac{3}{2}}\right]_1^2=\frac{8(3\sqrt{3}-2\sqrt{2})}{3}\pi$$

(2) $\dfrac{dy}{dx}=\sinh x$

よって，求める曲面積を S_2 とすると

$$S_2=2\pi\int_{-1}^1\cosh x\sqrt{1+(\sinh x)^2}\,dx=2\pi\int_{-1}^1\cosh^2 x\,dx$$

◀ $\cosh^2 x=1+\sinh^2 x$

$$=4\pi\int_0^1\cosh^2 x\,dx=4\pi\int_0^1\frac{e^{2x}+e^{-2x}+2}{4}\,dx$$

◀ $\displaystyle\int_{-a}^a$　奇関数は 0
偶関数は 2 倍。

$$=4\pi\left[\frac{e^{2x}}{8}-\frac{e^{-2x}}{8}+\frac{x}{2}\right]_0^1=\frac{\pi}{2}\left(e^2-\frac{1}{e^2}+4\right)$$

PRACTICE … 90

関数 $y=\cos x$ $(0\leqq x\leqq\pi)$ のグラフを x 軸の周りに1回転してできる曲面の曲面積を求めよ。

広義の重積分とその応用

A　広義の重積分

R^2 内の領域の列 $\{K_n\}$ $(n=1,\ 2,\ \cdots\cdots)$ が，次の 4 つの条件をすべて満たすとき，$\{K_n\}$ $(\boldsymbol{n=1,\ 2,\ \cdots\cdots})$ は**領域 D を近似する** ということにする。

[1]　$K_1 \subset K_2 \subset \cdots\cdots \subset K_n \subset \cdots\cdots$

[2]　すべての自然数 n について，$K_n \subset D$ となる。

[3]　すべての自然数 n について，K_n は R^2 内の有界閉領域である。

[4]　領域 D に含まれる任意の有界閉集合 F について，十分に大きい n をとると $F \subset K_n$ となる。

定義　広義の重積分

> 領域 $D \subset R^2$ を定義域に含む 2 変数関数 $f(x,\ y)$ が，次の条件を満たすとき，関数 $\boldsymbol{f(x,\ y)}$ は**領域 D 上で広義積分可能である** という。
>
> [1]　領域 D を近似する平面上の領域の列 $\{K_n\}$ で，次を満たすものが少なくとも 1 つ存在する。
>
> 　　すべての自然数 n について，領域 K_n 上で関数 $f(x,\ y)$ は積分可能であり，その重積分の極限値 $\displaystyle\lim_{n\to\infty}\iint_{K_n} f(x,\ y)dxdy$ が存在する。
>
> [2]　上の条件を満たすような任意の領域の列に対して，それに対する関数 $f(x,\ y)$ の重積分の極限値は一致する。

$f(x,\ y) \geqq 0$ の場合の広義の重積分

> 広義の重積分の定義の設定のもとで，領域 D 上で常に $f(x,\ y) \geqq 0$，または，常に $f(x,\ y) \leqq 0$ が成り立つとき，定義の条件 [1] が成り立つならば，条件 [2] は常に成り立つ。すなわち，「すべての自然数 n について，領域 K_n 上で関数 $f(x,\ y)$ は積分可能であり，その重積分の極限値 $\displaystyle\lim_{n\to\infty}\iint_{K_n} f(x,\ y)dxdy$ が存在する」という条件を満たすような任意の領域の列に対して，それに対する関数 $f(x,\ y)$ の重積分の極限値は一致する。

B　ガウス積分

ガウス積分

> $\displaystyle\int_{-\infty}^{\infty} e^{-x^2}dx = \sqrt{\pi}$ が成り立つ。また，$\displaystyle\int_{0}^{\infty} e^{-x^2}dx = \frac{\sqrt{\pi}}{2}$ も成り立つ。

基本 例題 **121** 広義の重積分の計算 ★★☆

領域 $D=\{(x,\ y)\mid x\geqq0,\ y\geqq0\}$ において，2変数関数

$f(x,\ y)=\dfrac{1}{(1+x^2)(1+y^2)}$ が広義積分可能であることを示し，

$\displaystyle\iint_D f(x,\ y)dxdy$ を求めよ。 ◢ *p.*205 **基本事項A**

GUIDE & SOLUTION

$K_n=\{(x,\ y)\mid 0\leqq x\leqq n,\ 0\leqq y\leqq n\}$ とすると，$\{K_n\}$ は領域 D の近似列である。そこで，$I_n=\displaystyle\iint_{K_n} f(x,\ y)dxdy$ として I_n を計算し，その後 $\displaystyle\lim_{n\to\infty} I_n$ を求める。

$\displaystyle\int\dfrac{dx}{1+x^2}=\mathrm{Tan}^{-1}x+C$（$C$ は積分定数）を利用（52 ページ参照）。

解 答

$K_n=\{(x,\ y)\mid 0\leqq x\leqq n,\ 0\leqq y\leqq n\}$ とすると，$\{K_n\}$ は領域 D の近似列である。

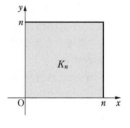

このとき，$I_n=\displaystyle\iint_{K_n}\dfrac{dxdy}{(1+x^2)(1+y^2)}$ とすると

$$I_n=\iint_{K_n}\dfrac{dxdy}{(1+x^2)(1+y^2)}=\int_0^n\left\{\int_0^n\dfrac{dx}{(1+x^2)(1+y^2)}\right\}dy$$

$$=\int_0^n\left[\dfrac{\mathrm{Tan}^{-1}x}{1+y^2}\right]_{x=0}^{x=n}dy=\int_0^n\dfrac{\mathrm{Tan}^{-1}n}{1+y^2}dy$$

$$=\left[\mathrm{Tan}^{-1}n\,\mathrm{Tan}^{-1}y\right]_{y=0}^{y=n}=(\mathrm{Tan}^{-1}n)^2$$

$\displaystyle\lim_{n\to\infty}I_n=\left(\dfrac{\pi}{2}\right)^2=\dfrac{\pi^2}{4}$ であるから，関数 $f(x,\ y)=\dfrac{1}{(1+x^2)(1+y^2)}$ は領域 D 上で広義積分可能である。 ■

また $\displaystyle\iint_D f(x,\ y)dxdy=\dfrac{\pi^2}{4}$

補足 I_n の計算は次のように考えてもよい。

$$I_n=\left(\int_0^n\dfrac{dx}{1+x^2}\right)\cdot\left(\int_0^n\dfrac{dy}{1+y^2}\right)=\left(\left[\mathrm{Tan}^{-1}x\right]_{x=0}^{x=n}\right)\cdot\left(\left[\mathrm{Tan}^{-1}y\right]_{y=0}^{y=n}\right)=(\mathrm{Tan}^{-1}n)^2$$

PRACTICE … 91

領域 $D=\{(x,\ y)\mid x\geqq1,\ y\geqq1\}$ において，2変数関数 $f(x,\ y)=\dfrac{xy}{(x^2+y^2)^3}$ が広義積分可能であることを示し，$\displaystyle\iint_D f(x,\ y)dxdy$ を求めよ。

基本 例題 122　極座標変換を用いる重積分の計算　★★☆

領域 $D=\{(x, y) \mid 0 < x^2 + y^2 \leqq 1\}$ において，2変数関数 $f(x, y)=(x^2+y^2)^2$ が積分可能であることを示し，$\iint_D f(x, y)dxdy$ を求めよ。　◢ p. 181 基本事項B

GUIDE & SOLUTION

$\tilde{f}(x, y)=\begin{cases} f(x, y) & ((x, y) \in D) \\ 0 & ((x, y)=(0, 0)) \end{cases}$，$\overline{D}=\{(x, y) \mid x^2+y^2 \leqq 1\}$ とすると，

$\tilde{f}(x, y)=(x^2+y^2)^2$ $((x, y) \in \overline{D})$ であり，関数 $\tilde{f}(x, y)$ は領域 $\overline{D}$ 上で連続である。よって，関数 $\tilde{f}(x, y)$ は領域 $\overline{D}$ 上で積分可能である。更に，面積確定領域上の重積分の定義により，関数 $f(x, y)$ は領域 D 上で積分可能であり，次が成り立つ。

$$\iint_D f(x, y)dxdy = \iint_{\overline{D}} \tilde{f}(x, y)dxdy = \iint_{\overline{D}} (x^2+y^2)^2 dxdy$$

解 答

$\tilde{f}(x, y)=\begin{cases} f(x, y) & ((x, y) \in D) \\ 0 & ((x, y)=(0, 0)) \end{cases}$，$\overline{D}=\{(x, y) \mid x^2+y^2 \leqq 1\}$ とすると

$$\tilde{f}(x, y)=(x^2+y^2)^2 \quad ((x, y) \in \overline{D})$$

関数 $\tilde{f}(x, y)$ は領域 $\overline{D}$ 上で連続であるから，関数 $\tilde{f}(x, y)$ は領域 $\overline{D}$ 上で積分可能である。

よって，関数 $f(x, y)$ は領域 D 上で積分可能であり，次が成り立つ。　◀面積確定領域上の重積分の定義により。

$$\iint_D f(x, y)dxdy = \iint_{\overline{D}} \tilde{f}(x, y)dxdy = \iint_{\overline{D}} (x^2+y^2)^2 dxdy$$

領域 $\overline{D}$ 上の積分は，変数変換 $x=r\cos\theta$，$y=r\sin\theta$ によって，長方形領域 $[0, 1] \times [0, 2\pi]$ 上の積分となる。

このとき　$|J(r, \theta)|=r$

$(x^2+y^2)^2=r^4$ から　$\displaystyle \iint_D f(x, y)dxdy = \iint_{\overline{D}} (x^2+y^2)^2 dxdy = \int_0^{2\pi} \left(\int_0^1 r^4 \cdot r\, dr \right) d\theta$

$$= \int_0^{2\pi} \left[\frac{r^6}{6} \right]_{r=0}^{r=1} d\theta = \int_0^{2\pi} \frac{1}{6} d\theta = \frac{\pi}{3}$$

補足　次のように考えることもできる。

$$\iint_D f(x, y)dxdy = \left(\int_0^{2\pi} d\theta \right) \cdot \left(\int_0^1 r^4 \cdot r\, dr \right) = 2\pi \left[\frac{r^6}{6} \right]_{r=0}^{r=1} = \frac{\pi}{3}$$

PRACTICE … 92

領域 $D=\{(x, y) \mid x \geqq 0, y \geqq 0, 0 < x^2+y^2 \leqq 1\}$ において，2変数関数

$f(x, y)=\dfrac{1}{\sqrt{x^2+y^2}}$ が広義積分可能であることを示し，$\iint_D f(x, y)dxdy$ を求めよ。

基本 例題 **123** 文字定数を含む広義の重積分の計算 ★★☆

$a>0$, $b>0$, m を 2 以上の整数とするとき，次の広義積分を計算せよ。

$$\iint_D \frac{dxdy}{(a^2x^2+b^2y^2+1)^m}, \quad D=\{(x, y) \mid x\geqq0, \ y\geqq0\}$$

◢ p. 205 **基本事項A**

GUIDE & SOLUTION

被積分関数を踏まえると，領域 D の近似列は，
$K_n=\{(x, y) \mid x\geqq0, \ y\geqq0, \ a^2x^2+b^2y^2\leqq n^2\}$ として，$\{K_n\}$ を考えればよいと予想できる。その後，領域 K_n 上の広義積分を考えることになるが，変数変換
$x=\dfrac{r}{a}\cos\theta$, $y=\dfrac{r}{b}\sin\theta$ によって，長方形領域 $[0, n]\times\left[0, \dfrac{\pi}{2}\right]$ 上の積分となる。

解答

$K_n=\{(x, y) \mid x\geqq0, \ y\geqq0, \ a^2x^2+b^2y^2\leqq n^2\}$ とすると，$\{K_n\}$ は領域 D の近似列である。

領域 K_n 上の積分は，変数変換 $x=\dfrac{r}{a}\cos\theta$, $y=\dfrac{r}{b}\sin\theta$ によって，長方形領域 $[0, n]\times\left[0, \dfrac{\pi}{2}\right]$ 上の積分となる。

このとき $|J(r, \theta)|=\dfrac{r}{ab}$

$I_n=\iint_{K_n} \dfrac{dxdy}{(a^2x^2+b^2y^2+1)^m}$ とすると，$\dfrac{1}{(a^2x^2+b^2y^2+1)^m}=\dfrac{1}{(r^2+1)^m}$ から

$$I_n=\int_0^{\frac{\pi}{2}}\left\{\int_0^n \frac{1}{(r^2+1)^m}\cdot\frac{r}{ab}\,dr\right\}d\theta=\int_0^{\frac{\pi}{2}}\left[\frac{1}{2ab(1-m)(r^2+1)^{m-1}}\right]_{r=0}^{r=n}d\theta$$

$$=\int_0^{\frac{\pi}{2}}\frac{1}{2ab(m-1)}\left\{1-\frac{1}{(n^2+1)^{m-1}}\right\}d\theta=\frac{\pi}{4ab(m-1)}\left\{1-\frac{1}{(n^2+1)^{m-1}}\right\}$$

$\lim\limits_{n\to\infty}I_n=\dfrac{\pi}{4ab(m-1)}$ であるから $\iint_D \dfrac{dxdy}{(a^2x^2+b^2y^2+1)^m}=\boldsymbol{\dfrac{\pi}{4ab(m-1)}}$

補足 I_n の計算は次のように考えてもよい。

$$I_n=\left(\int_0^{\frac{\pi}{2}}\frac{1}{ab}\,d\theta\right)\cdot\left\{\int_0^n\frac{r}{(r^2+1)^m}\,dr\right\}$$

$$=\frac{\pi}{2ab}\left[\frac{1}{2(1-m)(r^2+1)^{m-1}}\right]_{r=0}^{r=n}$$

$$=\frac{\pi}{4ab(m-1)}\left\{1-\frac{1}{(n^2+1)^{m-1}}\right\}$$

基本　例題 **124**　2変数関数のグラフの曲面積（広義の重積分利用）　★★☆

領域 $D=\{(x,\ y)\mid -\sqrt{x-x^2}\leqq y\leqq\sqrt{x-x^2}\}$ を定義域とする 2 変数関数
$z=2\sqrt{x}$ のグラフの曲面積を求めよ。　◢ p. 205 **基本事項 A**

GUIDE & SOLUTION

2 変数関数グラフの曲面積の公式を用いて求める。
$K_n=\left\{(x,\ y)\ \middle|\ \dfrac{1}{n}\leqq x\leqq 1,\ -\sqrt{x-x^2}\leqq y\leqq\sqrt{x-x^2}\right\}$ とすると，$\{K_n\}$ は領域 D の近似列である。

解 答

$f(x,\ y)=2\sqrt{x}$ とすると　　$f_x(x,\ y)=\dfrac{1}{\sqrt{x}},\ f_y(x,\ y)=0$

求める曲面積を S とすると

$$S=\iint_D\sqrt{\left(\dfrac{1}{\sqrt{x}}\right)^2+0^2+1}\ dxdy=\iint_D\sqrt{\dfrac{1}{x}+1}\ dxdy$$

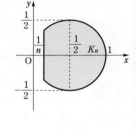

ここで，$K_n=\left\{(x,\ y)\ \middle|\ \dfrac{1}{n}\leqq x\leqq 1,\ -\sqrt{x-x^2}\leqq y\leqq\sqrt{x-x^2}\right\}$ と
すると，$\{K_n\}$ は領域 D の近似列である。

$I_n=\iint_{K_n}\sqrt{\dfrac{1}{x}+1}\ dxdy$ とすると

$$\begin{aligned}
I_n&=\iint_{K_n}\sqrt{\dfrac{1}{x}+1}\ dxdy\\
&=\int_{\frac{1}{n}}^1\left(\int_{-\sqrt{x-x^2}}^{\sqrt{x-x^2}}\sqrt{\dfrac{1}{x}+1}\ dy\right)dx\\
&=\int_{\frac{1}{n}}^1\sqrt{\dfrac{1}{x}+1}\cdot 2\sqrt{x-x^2}\ dx=2\int_{\frac{1}{n}}^1\sqrt{1-x^2}\ dx\\
&=2\left(\dfrac{1}{2}\mathrm{Cos}^{-1}\dfrac{1}{n}-\dfrac{1}{2n}\sqrt{1-\dfrac{1}{n^2}}\right)=\mathrm{Cos}^{-1}\dfrac{1}{n}-\dfrac{1}{n}\sqrt{1-\dfrac{1}{n^2}}
\end{aligned}$$

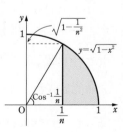

$\displaystyle\lim_{n\to\infty}I_n=\dfrac{\pi}{2}$ であるから　　$S=\iint_D\sqrt{\dfrac{1}{x}+1}\ dxdy=\dfrac{\pi}{2}$

PRACTICE … 93

(1) 191 ページの 2 変数関数のグラフの曲面積の公式を，R^3 内の曲面の曲面積の公式
を適用して計算することにより導け。

(2) 曲面 $z=axy\ (a>0)$ の，円柱 $x^2+y^2\leqq r^2\ (r>0)$ の内側にある部分（境界を含む）
の曲面積を求めよ。

基本 例題 **125** ガウス積分 ★★☆

次の問いに答えよ。

(1) 等式 $\displaystyle\int_{-\infty}^{\infty}\frac{1}{\sqrt{2\pi}\,\sigma}e^{-\frac{(x-\mu)^2}{2\sigma^2}}dx=1$ を示せ。

(2) 広義積分 $\displaystyle\int_{0}^{\infty}x^2e^{-x^2}dx$ の値を求めよ。

◢ p.205 **基本事項B**

GUIDE & **S**OLUTION

(1) $y=\dfrac{x-\mu}{\sqrt{2}\,\sigma}$ と置換すると，ガウス積分 $\displaystyle\int_{-\infty}^{\infty}e^{-x^2}dx\ (=\sqrt{\pi}\,)$ が現れる。

(2) $x^2e^{-x^2}=x\cdot\left(-\dfrac{1}{2}e^{-x^2}\right)'$ と考えて，部分積分法を用いる。また，極限

$\displaystyle\lim_{t\to\infty}\left(-\dfrac{1}{2}\cdot\dfrac{t}{e^{t^2}}\right)$ が出てくるが，これはロピタルの定理を用いて考える。

一方，e^{-x^2} が偶関数であることから，$\displaystyle\int_{0}^{\infty}e^{-x^2}dx=\dfrac{1}{2}\int_{-\infty}^{\infty}e^{-x^2}dx=\dfrac{\sqrt{\pi}}{2}$ となる。

解　答

(1) $y=\dfrac{x-\mu}{\sqrt{2}\,\sigma}$ とおくと，$dx=\sqrt{2}\,\sigma\,dy$ であるから

$$\int_{-\infty}^{\infty}\frac{1}{\sqrt{2\pi}\,\sigma}e^{-\frac{(x-\mu)^2}{2\sigma^2}}dx=\int_{-\infty}^{\infty}\frac{1}{\sqrt{2\pi}\,\sigma}e^{-y^2}\cdot\sqrt{2}\,\sigma\,dy=\frac{1}{\sqrt{\pi}}\int_{-\infty}^{\infty}e^{-y^2}dy=\frac{1}{\sqrt{\pi}}\cdot\sqrt{\pi}=1 \quad ■$$

(2) $\displaystyle\int_{0}^{\infty}x^2e^{-x^2}dx=\lim_{t\to\infty}\int_{0}^{t}x^2e^{-x^2}dx=\lim_{t\to\infty}\int_{0}^{t}x\cdot\left(-\frac{1}{2}e^{-x^2}\right)'dx$

$\qquad\qquad\qquad =\displaystyle\lim_{t\to\infty}\left(\left[-\frac{1}{2}xe^{-x^2}\right]_{0}^{t}+\int_{0}^{t}\frac{1}{2}e^{-x^2}dx\right)$ ◀部分積分法。

ここで，$\displaystyle\lim_{t\to\infty}\frac{t}{e^{t^2}}$ について　　　$\displaystyle\lim_{t\to\infty}t=\infty$　かつ　$\displaystyle\lim_{t\to\infty}e^{t^2}=\infty$

$t>0$ において　　$(e^{t^2})'=2te^{t^2}\neq0$　　　　また　　$\displaystyle\lim_{t\to\infty}\frac{(t)'}{(e^{t^2})'}=\lim_{t\to\infty}\frac{1}{2te^{t^2}}=0$

よって，ロピタルの定理により，$\displaystyle\lim_{t\to\infty}\frac{t}{e^{t^2}}=0$ であるから

$$\lim_{t\to\infty}\left[-\frac{1}{2}xe^{-x^2}\right]_{0}^{t}=\lim_{t\to\infty}\left(-\frac{1}{2}\cdot\frac{t}{e^{t^2}}\right)=0$$

更に　　　$\displaystyle\lim_{t\to\infty}\int_{0}^{t}\frac{1}{2}e^{-x^2}dx=\frac{1}{2}\int_{0}^{\infty}e^{-x^2}dx=\frac{1}{2}\cdot\frac{\sqrt{\pi}}{2}=\frac{\sqrt{\pi}}{4}$

以上から　　$\displaystyle\int_{0}^{\infty}x^2e^{-x^2}dx=\frac{\sqrt{\pi}}{4}$

基本 例題 **126** ガンマ関数による広義積分の表示 ★★☆

次の広義積分をガンマ関数で表せ。

(1) $\displaystyle\int_0^1 \sqrt[3]{t\log\frac{1}{t}}\, dt$ (2) $\displaystyle\int_0^\infty e^{-t^{2x+2}} t^x\, dt$ $(x>0)$

◢ *p.205* **基本事項 B**

GUIDE & SOLUTION

(1) $\log\dfrac{1}{t}=u$ とおくと，$t=e^{-u}$ から，$\sqrt[3]{t\log\dfrac{1}{t}}=\sqrt[3]{e^{-u}u}=e^{-\frac{u}{3}}u^{\frac{1}{3}}$ となり，ガンマ関数で表せそうである。更に，ガンマ関数の定義を踏まえて置換するとよい。

(2) ガンマ関数の定義 $\Gamma(s)=\displaystyle\int_0^\infty e^{-x}x^{s-1}dx$（$s$ は任意の正の実数）を踏まえて，$e^{-t^{2x+2}}$ の指数をみると，$t^{2x+2}=w$ と置換すればよいと予想できる。

解 答

(1) $\log\dfrac{1}{t}=u$ とおくと，$t=e^{-u}$ から $\quad dt=-e^{-u}du$

よって $\displaystyle\int_0^1\sqrt[3]{t\log\frac{1}{t}}\,dt=\int_\infty^0\sqrt[3]{e^{-u}u}\cdot(-e^{-u})du=\int_0^\infty e^{-\frac{4}{3}u}u^{\frac{1}{3}}du$

$\dfrac{4}{3}u=v$ とおくと，$u=\dfrac{3}{4}v$ から $\quad du=\dfrac{3}{4}dv$

ゆえに $\displaystyle\int_0^1\sqrt[3]{t\log\frac{1}{t}}\,dt=\int_0^\infty e^{-\frac{4}{3}u}u^{\frac{1}{3}}du=\int_0^\infty e^{-v}\left(\frac{3}{4}v\right)^{\frac{1}{3}}\cdot\frac{3}{4}dv$

$\displaystyle=\frac{3}{4}\sqrt[3]{\frac{3}{4}}\int_0^\infty e^{-v}v^{\frac{1}{3}}dv=\frac{3}{4}\sqrt[3]{\frac{3}{4}}\int_0^\infty e^{-v}v^{\frac{4}{3}-1}dv$

$\displaystyle=\frac{3}{4}\sqrt[3]{\frac{3}{4}}\,\Gamma\left(\frac{4}{3}\right)=\frac{3}{4}\sqrt[3]{\frac{3}{4}}\,\Gamma\left(\frac{1}{3}+1\right)$

$\displaystyle=\frac{3}{4}\sqrt[3]{\frac{3}{4}}\cdot\frac{1}{3}\Gamma\left(\frac{1}{3}\right)=\frac{1}{4}\sqrt[3]{\frac{3}{4}}\,\Gamma\left(\frac{1}{3}\right)$ ◀$\Gamma(s+1)=s\Gamma(s)$

(2) $t^{2x+2}=w$ とおくと，$t=w^{\frac{1}{2x+2}}$ から $\quad dt=\dfrac{w^{-\frac{2x+1}{2x+2}}}{2x+2}dw$

よって $\displaystyle\int_0^\infty e^{-t^{2x+2}}t^x\,dt=\int_0^\infty e^{-w}\left(w^{\frac{1}{2x+2}}\right)^x\cdot\frac{w^{-\frac{2x+1}{2x+2}}}{2x+2}dw=\frac{1}{2x+2}\int_0^\infty e^{-w}w^{-\frac{1}{2}}dw$

$\displaystyle=\frac{1}{2x+2}\int_0^\infty e^{-w}w^{\frac{1}{2}-1}dw=\frac{1}{2x+2}\Gamma\left(\frac{1}{2}\right)$

INFORMATION

$\Gamma\left(\dfrac{1}{2}\right)=\sqrt{\pi}$ を用いると $\displaystyle\int_0^\infty e^{-t^{2x+2}}t^x\,dt=\frac{\sqrt{\pi}}{2x+2}$ となり，ガンマ関数を用いなくても表すことができる。

重要 例題 **127** ベータ関数とガンマ関数の基本性質　★★★

次の問いに答えよ。

(1) $a>-1$，$b>-1$ について，等式 $\displaystyle\int_0^{\frac{\pi}{2}} \sin^a\theta \cos^b\theta\, d\theta=\frac{1}{2}B\left(\frac{a+1}{2},\ \frac{b+1}{2}\right)$ が成り立つことを示せ。

(2) 等式 $\displaystyle\int_{-\infty}^{\infty} e^{-x^2}dx=\sqrt{\pi}$ を用いて，等式 $\varGamma\left(\dfrac{1}{2}\right)=\sqrt{\pi}$ が成り立つことを示せ。

(3) 任意の自然数 n について，等式 $\varGamma\left(n-\dfrac{1}{2}\right)=\dfrac{(2n-3)!!}{2^{n-1}}\sqrt{\pi}$ が成り立つことを示せ。ただし，奇数の自然数 n について，$n!!=n(n-2)\cdots\cdots 1$ であり，$(-1)!!=1$ とする。

◢ p.205 **基本事項B**

GUIDE & SOLUTION

(1) $B(p,\ q)=\displaystyle\int_0^1 x^{p-1}(1-x)^{q-1}dx$（$p$，$q$ は任意の正の実数）より，$x=\sin^2\theta$ と置換して示す。

(2) $\varGamma\left(\dfrac{1}{2}\right)=\displaystyle\int_0^{\infty} e^{-x}x^{-\frac{1}{2}}dx$ より，$x=t^2$ と置換して示す。

(3) ガンマ関数の基本性質 $\varGamma(s+1)=s\varGamma(s)$（$s$ は任意の正の実数）を用いて示す。

解答

(1) 任意の正の実数 p，q について

$$B(p,\ q)=\int_0^1 x^{p-1}(1-x)^{q-1}dx$$

$x=\sin^2\theta$ とおくと　$dx=2\sin\theta\cos\theta\, d\theta$

x と θ の対応は右のようになる。

x	$0 \longrightarrow 1$
θ	$0 \longrightarrow \dfrac{\pi}{2}$

$$\begin{aligned}B(p,\ q)&=\int_0^1 x^{p-1}(1-x)^{q-1}dx\\&=\int_0^{\frac{\pi}{2}}\sin^{2(p-1)}\theta(1-\sin^2\theta)^{q-1}\cdot 2\sin\theta\cos\theta\, d\theta\\&=2\int_0^{\frac{\pi}{2}}\sin^{2p-1}\theta\cos^{2q-1}\theta\, d\theta\end{aligned}$$

ここで，$2p-1=a$，$2q-1=b$ とおくと，$p=\dfrac{a+1}{2}$，$q=\dfrac{b+1}{2}$ であるから，示すべき等式が成り立つ。■

(2) $\varGamma\left(\dfrac{1}{2}\right)=\displaystyle\int_0^{\infty} e^{-x}x^{-\frac{1}{2}}dx$

$x=t^2$ とおくと　$dx=2t\, dt$

よって $\quad \Gamma\left(\dfrac{1}{2}\right)=\displaystyle\int_0^\infty e^{-x}x^{-\frac{1}{2}}dx=\int_0^\infty e^{-t^2}\cdot\dfrac{1}{t}\cdot 2t\,dt=2\int_0^\infty e^{-t^2}dt$

ここで，e^{-t^2} は偶関数であるから $\quad\displaystyle\int_{-\infty}^\infty e^{-t^2}dt=2\int_0^\infty e^{-t^2}dt$ $\quad$ ◀ $e^{-(-t)^2}=e^{-t^2}$ より。

ゆえに $\quad \Gamma\left(\dfrac{1}{2}\right)=2\displaystyle\int_0^\infty e^{-t^2}dt=\int_{-\infty}^\infty e^{-t^2}dt=\sqrt{\pi}$ $\quad$ ■

(3) 数学的帰納法で示す。

$\Gamma\left(n-\dfrac{1}{2}\right)=\dfrac{(2n-3)!!}{2^{n-1}}\sqrt{\pi}$ $\quad$ …… Ⓐ とする。

[1] $n=1$ のとき，(2) より，Ⓐ は成り立つ。

[2] $n=k$ のとき，Ⓐ が成り立つ，すなわち，$\Gamma\left(k-\dfrac{1}{2}\right)=\dfrac{(2k-3)!!}{2^{k-1}}\sqrt{\pi}$ と仮定する。

$\quad$ $n=k+1$ のときを考えると，この仮定から

$$\Gamma\left(k+\dfrac{1}{2}\right)=\Gamma\left(\left(k-\dfrac{1}{2}\right)+1\right)=\left(k-\dfrac{1}{2}\right)\Gamma\left(k-\dfrac{1}{2}\right)$$ $\quad$ ◀ $\Gamma(s+1)=s\Gamma(s)$

$$=\dfrac{2k-1}{2}\cdot\dfrac{(2k-3)!!}{2^{k-1}}\sqrt{\pi}=\dfrac{(2k-1)!!}{2^k}\sqrt{\pi}=\dfrac{\{2(k+1)-3\}!!}{2^{(k+1)-1}}\sqrt{\pi}$$

[1]，[2] から，任意の自然数 n について，Ⓐ は成り立つ。 $\quad$ ■

研究 $\quad$ ガンマ関数とベータ関数について，等式 $B(p,\ q)=\dfrac{\Gamma(p)\Gamma(q)}{\Gamma(p+q)}$ $\ (p,\ q$ は任意の正の実数) が成り立つ。

$\quad$ この証明は次の通りである。

$\quad$ $f(x,\ y)=4e^{-x^2-y^2}x^{2p-1}y^{2q-1}$，$D=\{(x,\ y)\,|\,x\geqq 0,\ y\geqq 0\}$ とし，領域 D 上での関数 $f(x,\ y)$ の積分を考える。

$\quad$ ここで，$J_n=\{(x,\ y)\,|\,x\geqq 0,\ y\geqq 0,\ x^2+y^2\leqq n\}$，

$K_n=\{(x,\ y)\,|\,0\leqq x\leqq n,\ 0\leqq y\leqq n\}$ とすると，$\{J_n\}$，$\{K_n\}$ はともに領域 D の近似列である。

$\quad$ 領域 J_n 上の積分は，変数変換 $x=r\cos\theta$，$y=r\sin\theta$ によって，長方形領域 $E=[0,\ n]\times\left[0,\ \dfrac{\pi}{2}\right]$ 上の積分となる。

$\quad$ このとき $\quad |J(r,\ \theta)|=r$

$4e^{-x^2-y^2}x^{2p-1}y^{2q-1}=4e^{-r^2}r^{2p+2q-2}\cos^{2p-1}\theta\sin^{2q-1}\theta$ から

$$\iint_{J_n}f(x,\ y)dxdy=\iint_E 4e^{-r^2}r^{2p+2q-2}\cos^{2p-1}\theta\sin^{2q-1}\theta\cdot r\,dr\,d\theta$$

$$=\left(\int_0^n 2e^{-r^2}r^{2p+2q-1}dr\right)\cdot\left(\int_0^{\frac{\pi}{2}}2\cos^{2p-1}\theta\sin^{2q-1}\theta\,d\theta\right)$$

$r^2=t$ とおくと $\quad dr=\dfrac{dt}{2\sqrt{t}}$

r と t の対応は右のようになる。
よって

r	$0 \longrightarrow n$
t	$0 \longrightarrow n^2$

$$\iint_{J_n} f(x,\ y)dxdy = \left(\int_0^n 2e^{-r^2}r^{2p+2q-1}dr\right) \cdot \left(\int_0^{\frac{\pi}{2}} 2\cos^{2p-1}\theta \sin^{2q-1}\theta\, d\theta\right)$$

$$= \left(\int_0^{n^2} 2e^{-t}t^{p+q-\frac{1}{2}} \cdot \frac{1}{2\sqrt{t}}dt\right) \cdot \left(\int_0^{\frac{\pi}{2}} 2\cos^{2p-1}\theta \sin^{2q-1}\theta\, d\theta\right)$$

$$= \left(\int_0^{n^2} e^{-t}t^{p+q-1}dt\right) \cdot \left(2\int_0^{\frac{\pi}{2}} \cos^{2p-1}\theta \sin^{2q-1}\theta\, d\theta\right)$$

ゆえに，例題の (1) の結果も合わせて　　　$\displaystyle \lim_{n\to\infty}\iint_{J_n} f(x,\ y)dxdy = \Gamma(p+q)B(p,\ q)$

次に，領域 K_n 上の積分を考えると

$$\iint_{K_n} f(x,\ y)dxdy = \left(\int_0^n 2e^{-x^2}x^{2p-1}dx\right) \cdot \left(\int_0^n 2e^{-y^2}y^{2q-1}dy\right)$$

$x^2 = u$，$y^2 = v$ とおくと　　　$dx = \dfrac{du}{2\sqrt{u}}$，$dy = \dfrac{dv}{2\sqrt{v}}$

x と u，y と v の対応はそれぞれ
右のようになる。
よって

x	$0 \longrightarrow n$
u	$0 \longrightarrow n^2$

y	$0 \longrightarrow n$
v	$0 \longrightarrow n^2$

$$\iint_{K_n} f(x,\ y)dxdy = \left(\int_0^n 2e^{-x^2}x^{2p-1}dx\right) \cdot \left(\int_0^n 2e^{-y^2}y^{2q-1}dy\right)$$

$$= \left(\int_0^{n^2} 2e^{-u}u^{p-\frac{1}{2}} \cdot \frac{1}{2\sqrt{u}}du\right) \cdot \left(\int_0^{n^2} 2e^{-v}v^{q-\frac{1}{2}} \cdot \frac{1}{2\sqrt{v}}dv\right)$$

$$= \left(\int_0^{n^2} e^{-u}u^{p-1}du\right) \cdot \left(\int_0^{n^2} e^{-v}v^{q-1}dv\right)$$

ゆえに　　　$\displaystyle \lim_{n\to\infty}\iint_{K_n} f(x,\ y)dxdy = \Gamma(p)\Gamma(q)$

したがって，$\Gamma(p+q)B(p,\ q) = \Gamma(p)\Gamma(q)$ となるから，$\Gamma(p+q) > 0$ より，示すべき等式が成り立つ。　■

この等式と例題の (1) から，$a > -1$，$b > -1$ について，等式

$$\int_0^{\frac{\pi}{2}} \sin^a\theta \cos^b\theta\, d\theta = \frac{\Gamma\left(\dfrac{a+1}{2}\right)\Gamma\left(\dfrac{b+1}{2}\right)}{2\Gamma\left(\dfrac{a+b+2}{2}\right)}$$ が成り立つ。

PRACTICE … 94

次の積分の値を求めよ。

(1) $\displaystyle\int_0^{\frac{\pi}{2}} \sin^3\theta \cos^4\theta\, d\theta$　　　(2) $\displaystyle\int_0^{\frac{\pi}{2}} \sin^6\theta \cos^8\theta\, d\theta$　　　(3) $\displaystyle\int_0^{\pi} \sin^8\theta \cos^8\theta\, d\theta$

EXERCISES

57 次の重積分を計算せよ。

(1) $\displaystyle\iint_D xy^2\,dxdy,\quad D=[0,\ 1]\times[-1,\ 0]$

(2) $\displaystyle\iint_D x\,dxdy,\quad D=\{(x,\ y)\,|\,0\leqq x\leqq2,\ 0\leqq y\leqq x^2\}$

(3) $\displaystyle\iint_D e^{x+y}\,dxdy,\quad D=\{(x,\ y)\,|\,0\leqq x\leqq1,\ x\leqq y\leqq1\}$

(4) $\displaystyle\iint_D 2x^2y\,dxdy,\quad D=\{(x,\ y)\,|\,x^2+y^2\leqq1,\ y\geqq0\}$

58 変数変換を用いて，次の重積分を計算せよ。

(1) $\displaystyle\iint_D (x+y)e^{x-y}\,dxdy,\quad D=\{(x,\ y)\,|\,0\leqq x+y\leqq2,\ 0\leqq x-y\leqq2\}$

(2) $\displaystyle\iint_D \log(1+x^2+y^2)\,dxdy,\quad D=\{(x,\ y)\,|\,x^2+y^2\leqq1,\ x\geqq0,\ y\geqq0\}$

59 次の媒介変数表示された曲面の曲面積を求めよ。

(1) $(x,\ y,\ z)=(u,\ u-v,\ u+v)\quad(0\leqq u\leqq1,\ 0\leqq v\leqq1)$

(2) $(x,\ y,\ z)=(r\cos\theta,\ r\sin\theta,\ \theta)\quad(0\leqq r\leqq1,\ 0\leqq\theta\leqq2\pi)$

60 曲面 $z=x^2+y^2$ の，円柱 $x^2+y^2\leqq a^2$ $(a>0)$ の内側にある部分 (境界を含む) の曲面積を求めよ。

61 曲面 $z=\sqrt{2xy}$ の $0\leqq x\leqq1,\ 0\leqq y\leqq1$ を満たす部分の曲面積を求めよ。

62 曲面 $z=x^2+y^2$ と平面 $z=4x$ で囲まれた領域の体積を求めよ。

63 曲線 $y=\sinh x$ の $0\leqq x\leqq1$ の部分を x 軸の周りに 1 回転してできる回転体の体積を，重積分を用いて求めよ。

! Hint **58** (1) 変数変換 $x=u+v,\ y=-u+v$ を考える。
(2) 変数変換 $x=r\cos\theta,\ y=r\sin\theta$ を考える。
61 2 変数関数のグラフの曲面積の公式により求めるが，広義積分になる。
62 与えられた領域は $\{(x,\ y,\ z)\,|\,x^2+y^2\leqq z\leqq4x\}$ と書ける。
63 回転体は $\{(x,\ y,\ z)\,|\,0\leqq x\leqq1,\ y^2+z^2=\sinh^2x\}$ と書ける。

EXERCISES

64 次の領域 D を図示し，与えられた重積分を計算せよ。

$$D=\{(x,\ y)\mid 0<x\leqq3,\ 0\leqq y\leqq x\}$$

$$\iint_D \frac{x}{x^2+y^2}\,dxdy$$

65 次の広義積分を計算せよ。

(1) $\displaystyle\iint_D e^{-x^2}dxdy,\ \ D=\{(x,\ y)\mid 0\leqq y\leqq x\}$

(2) $\displaystyle\iint_D \log(x^2+y^2)dxdy,\ \ D=\{(x,\ y)\mid 0<x^2+y^2\leqq4\}$

66 $0<\alpha<1$ のとき，次の広義積分を計算せよ。

$$\iint_D \frac{dxdy}{(x^2+y^2)^\alpha},\ \ D=\{(x,\ y)\mid x\geqq0,\ y\geqq0,\ 0<x^2+y^2\leqq1\}$$

67 $\alpha>0$ のとき，等式 $\displaystyle\int_0^1 \frac{x^{\alpha-1}}{\sqrt{1-x^{2\alpha}}}dx=\frac{\pi}{2\alpha}$ を示せ。

68 次の広義積分の収束と発散を判定せよ。

$$\iint_D \frac{y^2-x^2}{(x^2+y^2)^2}dxdy,\ \ D=\{(x,\ y)\mid 0\leqq x\leqq1,\ 0\leqq y\leqq1,\ (x,\ y)\neq(0,\ 0)\}$$

! Hint　**64**　$K_n=\left\{(x,\ y)\ \middle|\ \dfrac{1}{n}\leqq x\leqq3,\ 0\leqq y\leqq x\right\}$ とすると，$\{K_n\}$ は領域 D の近似列である。

65 (2) $\displaystyle\lim_{n\to\infty}\frac{\log n}{n}=0$ を利用する。

66 $K_n=\left\{(x,\ y)\ \middle|\ x\geqq0,\ y\geqq0,\ \dfrac{1}{n^2}\leqq x^2+y^2\leqq1\right\}$ とすると，$\{K_n\}$ は領域 D の近似列である。
更に，変数変換 $x=r\cos\theta,\ y=r\sin\theta$ を考える。

67 $x^{2\alpha}=t$ とおいて，置換積分法を利用する。

68 $D=\{(x,\ y)\mid x\geqq0,\ y\geqq0,\ 0<x^2+y^2\leqq1\}\cup\{(x,\ y)\mid 0\leqq x\leqq1,\ 0\leqq y\leqq1,\ x^2+y^2\geqq1\}$ と書けることに着目する。

PRACTICE の解答

・本文各章の PRACTICE 全問について，問題文を再掲し，詳解，証明を載せた。
・最終の答などは太字にしてある。証明の最後には ■ を付した。

01　関数と対応関係 (関数のグラフ)　★☆☆

次の式で決まる x から y への対応関係のうち，y が x の関数になるもののグラフをかけ。

(1) $y=2^x$　　　(2) $y^2=\sqrt[3]{x}$　　　(3) $y=\sin x$　　　(4) $|y|=\sqrt[3]{x}$

関数になるのは (1) と (3) で，グラフは下の図のようになる。

(1)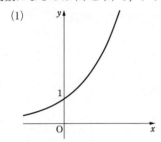

(3)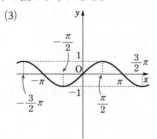

02　関数の定義域と値域　★☆☆

(1)　次の関数の定義域を答え，値域を求めよ。

(ア)　$f(x)=-\dfrac{2}{x}-1$　　　　　　　(イ)　$g(x)=\dfrac{2x+7}{x+3}$

(2)　定義域を $\{x \mid x \leqq 1\}$ とする関数 $f(x)=\sqrt{1-x}$ について，定義域内の $x=a$ の f による像 $f(a)$ が $\dfrac{1}{2} \leqq f(a)<3$ を満たすような実数 a の値の範囲を求めよ。

(1)　(ア)　**定義域は**　$\{x \mid x \neq 0\}$

次に，$y \neq -1$ を満たす任意の実数 y に対して，$x=-\dfrac{2}{y+1}$ とすると，$x \neq 0$ となる。

よって，$y \neq -1$ を満たす任意の実数 y に対して，$y=f(x)$ となる定義域内の x が存在する。

また，常に $f(x) \neq -1$ であるから，$f(x)=-1$ となる定義域内の x は存在しない。

よって，**値域は**　$\{y \mid y \neq -1\}$

(イ)　**定義域は**　$\{x \mid x \neq -3\}$

次に，$y \neq 2$ を満たす任意の実数 y に対して，$x=\dfrac{-3y+7}{y-2}$ とする。

このとき，$x=-3+\dfrac{1}{y-2}$ であるから，$x\neq-3$ となる。

よって，$y\neq2$ を満たす任意の実数 y に対して，$y=g(x)$ となる定義域内の x が存在する。

また　　$g(x)=\dfrac{2x+7}{x+3}=2+\dfrac{1}{x+3}$

ゆえに，常に $g(x)\neq2$ であるから，$g(x)=2$ となる定義域内の x は存在しない。

よって，**値域は**　　$\{y\,|\,y\neq2\}$

(2)　定義域内の $x=a\ (a\leqq1)$ に対して　　$f(a)=\sqrt{1-a}$

よって，$\dfrac{1}{2}\leqq\sqrt{1-a}\leqq3$ を満たすとすると，$\dfrac{1}{4}\leqq1-a<9$ から　　$-8<a\leqq\dfrac{3}{4}$

03　文字定数を含む関数の逆関数の存在　　　　　　　　★★☆

> a を正の定数として，$-\dfrac{1}{2}\leqq x\leqq\dfrac{-1+\sqrt{1+a^2}}{2}$ において定義される関数
>
> $f(x)=\dfrac{-a+\sqrt{a^2-4x-4x^2}}{2}$ を考える。
>
> (1)　$f(x)$ の逆関数を $g(x)$ とするとき，$g(x)$ を求めよ。
> (2)　$f(x)$ と $g(x)$ が一致するために a が満たすべき条件を求めよ。

(1)　$f(x)=\dfrac{-a+\sqrt{1+a^2-(2x+1)^2}}{2}$ より　　$y=f(x)$ ……① $\left(-\dfrac{1}{2}\leqq x\leqq\dfrac{-1+\sqrt{1+a^2}}{2}\right)$

の値域は　　$-\dfrac{a}{2}\leqq y\leqq\dfrac{-a+\sqrt{1+a^2}}{2}$ ……②

① を x について解くと　　$x=\dfrac{-1+\sqrt{1-4ay-4y^2}}{2}$

x と y を入れ替えて　　$y=\dfrac{-1+\sqrt{1-4ax-4x^2}}{2}$

よって　　$g(x)=\dfrac{-1+\sqrt{1-4ax-4x^2}}{2}$ $\left(-\dfrac{a}{2}\leqq x\leqq\dfrac{-a+\sqrt{1+a^2}}{2}\right)$

(2)　$f(x)$ と $g(x)$ が一致するための必要十分条件は，次が成り立つことである。

[1]　$f(x)$ と $g(x)$ の定義域が一致する。
[2]　定義域のすべての x の値に対して，$f(x)=g(x)$ が成り立つ。

[1] より　　$-\dfrac{1}{2}=-\dfrac{a}{2}$ ……③　かつ　$\dfrac{-1+\sqrt{1+a^2}}{2}=\dfrac{-a+\sqrt{1+a^2}}{2}$ ……④

③ より，$a=1$ であり，このとき ④ は成り立つ。

[2] について，$a=1$ のとき $\dfrac{-a+\sqrt{a^2-4x-4x^2}}{2}=\dfrac{-1+\sqrt{1-4ax-4x^2}}{2}$ は x の恒等式となる。

したがって，求める条件は　　$a=1$

04　合成関数の結合法則の証明等　　★☆☆

次の問いに答えよ。
(1)　$f(x)=2x-1$, $g(x)=3x+4$, $h(x)=x^2$ とするとき，$(f \circ g)(x) \neq (g \circ f)(x)$,
$(h \circ (g \circ f))(x)=((h \circ g) \circ f)(x)$ を確かめよ。
(2)　3 つの関数 $y=p(x)$, $z=q(y)$, $w=r(z)$ に対して，合成関数
$(r \circ (q \circ p))(x)=((r \circ q) \circ p)(x)$ が成り立つことを示せ。

(1)　　　　　　　$(f \circ g)(x)=f(g(x))=f(3x+4)=2(3x+4)-1=6x+7$
　　　　　　　　$(g \circ f)(x)=g(f(x))=g(2x-1)=3(2x-1)+4=6x+1$
よって　　　$(f \circ g)(x) \neq (g \circ f)(x)$
更に　　　$(h \circ (g \circ f))(x)=h((g \circ f)(x))=h(g(f(x)))=h(6x+1)=(6x+1)^2$
また　　　$(h \circ g)(x)=h(g(x))=(3x+4)^2$
よって　　　$((h \circ g) \circ f)(x)=(h \circ g)(f(x))=(h \circ g)(2x-1)=\{3(2x-1)+4\}^2=(6x+1)^2$
ゆえに　　　$(h \circ (g \circ f))(x)=((h \circ g) \circ f)(x)$
(2)　　　　　　　$(r \circ (q \circ p))(x)=r((q \circ p)(x))=r(q(p(x)))=r(q(y))=r(z)=w$
　　　　　　　　$((r \circ q) \circ p)(x)=(r \circ q)(p(x))=(r \circ q)(y)=r(q(y))=r(z)=w$
よって　　　$(r \circ (q \circ p))(x)=((r \circ q) \circ p)(x)$　■

05　関数 $f(x)=x^2$ の $x \longrightarrow -2$ のときの極限　　★★★

$x \longrightarrow -2$ のとき $f(x)=x^2$ の極限が 4 であることを，下の関数の極限の定義に従って示すとき，$|x^2-4|$ が一般の正の実数 ε でおさえられるとして，正の実数 δ をどのようにとればよいかを答えよ。
定義　任意の正の実数 ε に対して，ある正の実数 δ が存在して，$0<|x-a|<\delta$ を満たし，かつ，$f(x)$ の定義域に含まれるすべての x について $|f(x)-\alpha|<\varepsilon$ が成り立つとき，この値 α を，$x \longrightarrow a$ のときの関数 $f(x)$ の極限または極限値という。

$\delta=\min\left\{1, \dfrac{\varepsilon}{5}\right\}$ ととればよい。

このとき，$0<|x+2|<\delta$ を満たすすべての x に対して，$|x+2|<1$ であるから
$$|x-2|=|(x+2)-4| \leqq |x+2|+4<1+4=5$$
また，$|x+2|<\dfrac{\varepsilon}{5}$ であるから

$$|x^2-4|=|x+2||x-2|<\dfrac{\varepsilon}{5} \cdot 5=\varepsilon$$

よって　　　$\lim_{x \to -2} x^2=4$

06　場合分けのある関数の極限　　　　　　　　　　　　　　★★☆

関数 $f(x)=\begin{cases} x^2+2x+2 & (x\geqq-1) \\ -x^2-2x-2 & (x<-1) \end{cases}$ は，$x\longrightarrow-1$ で 1 および -1 に収束しないことを示せ。

[1]　1 に収束しないことを示す。

　　$\varepsilon=1$ とする。

　　任意の正の実数 δ に対して，$0<|x+1|<\delta$ を満たす x として，$x=-1-\dfrac{\delta}{2}$ が存在する。

　　この x に対して　　$|f(x)-1|=|(-x^2-2x-2)-1|=|x^2+2x+3|=|(x+1)^2+2|>1=\varepsilon$

　　よって，$x\longrightarrow-1$ のとき，関数 $f(x)$ は 1 に収束しない。

[2]　-1 に収束しないことを示す。

　　$\varepsilon=1$ とする。

　　任意の正の実数 δ に対して，$0<|x+1|<\delta$ を満たす x として，$x=-1+\dfrac{\delta}{2}$ が存在する。

　　この x に対して　　$|f(x)-(-1)|=|(x^2+2x+2)+1|=|x^2+2x+3|=|(x+1)^2+2|>1=\varepsilon$

　　よって，$x\longrightarrow-1$ のとき，関数 $f(x)$ は -1 に収束しない。

以上から，題意は示された。　■

07　関数の大小関係と極限の性質の証明等　　　　　　　　　　★★★

(1)　関数 $f(x)$，$g(x)$ の定義域が開区間 I を含み，$a\in I$ である実数 a について，$\displaystyle\lim_{x\to a}f(x)=\alpha$，$\displaystyle\lim_{x\to a}g(x)=\beta$ とする。このとき，次が成り立つことを示せ。

　　関数 $h(x)$ の定義域が開区間 I を含み，すべての $x\in I$ について
　　$f(x)\leqq h(x)\leqq g(x)$ かつ $\alpha=\beta$ ならば $\displaystyle\lim_{x\to a}h(x)=\alpha$ である。

(2)　極限 $\displaystyle\lim_{x\to 0}x\sin\dfrac{1}{x}$ を求めよ。

(1)　ε を任意の正の実数とする。

　　$\displaystyle\lim_{x\to a}f(x)=\alpha$ であるから，上の ε に対して，ある正の実数 δ_1 が存在して，

　　$0<|x-a|<\delta_1$ を満たし，かつ，I に含まれるすべての x について $|f(x)-\alpha|<\varepsilon$ が成り立つ。

　　$\displaystyle\lim_{x\to a}g(x)=\alpha$ であるから，上の ε に対して，ある正の実数 δ_2 が存在して，

　　$0<|x-a|<\delta_2$ を満たし，かつ，I に含まれるすべての x について $|g(x)-\alpha|<\varepsilon$ が成り立つ。

　　$|f(x)-\alpha|<\varepsilon$ から　　$-\varepsilon<f(x)-\alpha<\varepsilon$　　　$|g(x)-\alpha|<\varepsilon$ から　　$-\varepsilon<g(x)-\alpha<\varepsilon$

　　また，$f(x)\leqq h(x)\leqq g(x)$ から　　$f(x)-\alpha\leqq h(x)-\alpha\leqq g(x)-\alpha$

　　よって，上の ε に対して，$\delta=\min\{\delta_1,\ \delta_2\}$ とすると，$0<|x-a|<\delta$ を満たし，かつ，

I に含まれるすべての x について $-\varepsilon < h(x)-\alpha < \varepsilon$ すなわち $|h(x)-\alpha| < \varepsilon$ が成り立つ。

以上から $\displaystyle\lim_{x\to a}h(x)=\alpha$ ∎

(2)　$x \neq 0$ のとき，$0 \leq \left|\sin\dfrac{1}{x}\right| \leq 1$ であるから $\quad 0 \leq \left|x\sin\dfrac{1}{x}\right| \leq |x|$

$\displaystyle\lim_{x\to 0}|x|=0$ より，$\displaystyle\lim_{x\to 0}\left|x\sin\dfrac{1}{x}\right|=0$ であるから $\quad \displaystyle\lim_{x\to 0}x\sin\dfrac{1}{x}=\boldsymbol{0}$

08　関数の発散，片側極限　★★☆

[ ] をガウス記号とするとき，次の問いに答えよ。

(1)　片側極限 $\displaystyle\lim_{x\to -1+0}\dfrac{[x]}{x+1}$，$\displaystyle\lim_{x\to -1-0}\dfrac{[x]}{x+1}$ をそれぞれ求めよ。

(2)　関数 $f(x)=[x]-[2x]$ について，$x\longrightarrow 2+0$ と $x\longrightarrow 2-0$ の片側極限を調べ，$\displaystyle\lim_{x\to 2}f(x)$ が存在するか答えよ。

(1)　$x\longrightarrow -1+0$ のとき，$-1<x<0$ としてよいから

$\qquad [x]=-1,\ 0<x+1<1$ で $\quad x+1\longrightarrow 0$

よって $\quad \displaystyle\lim_{x\to -1+0}\dfrac{[x]}{x+1}=-\infty$

また，$x\longrightarrow -1-0$ のとき，$-2 \leq x < -1$ としてよいから

$\qquad [x]=-2,\ -1 \leq x+1 < 0$ で $\quad x+1\longrightarrow 0$

よって $\quad \displaystyle\lim_{x\to -1-0}\dfrac{[x]}{x+1}=\infty$

(2)　$x\longrightarrow 2+0$ のとき，$2<x<\dfrac{5}{2}$ としてよいから $\quad 4<2x<5$

よって，$x\longrightarrow 2+0$ のとき，$[x]=2,\ [2x]=4$ から $\quad \displaystyle\lim_{x\to 2+0}f(x)=2-4=-2$

$x\longrightarrow 2-0$ のとき，$\dfrac{3}{2}<x<2$ としてよいから $\quad 3<2x<4$

よって，$x\longrightarrow 2-0$ のとき，$[x]=1,\ [2x]=3$ から $\quad \displaystyle\lim_{x\to 2-0}f(x)=1-3=-2$

したがって，$\displaystyle\lim_{x\to 2+0}f(x)=\lim_{x\to 2-0}f(x)$ であるから，$\displaystyle\lim_{x\to 2}f(x)$ は存在する。

09　関数 $f(x)$ が $x\longrightarrow -\infty$ で β に収束することの証明　★★☆

関数 $f(x)$ が $x\longrightarrow -\infty$ で β に収束することを，例題 010 で示したような関数の極限の定義に従って述べよ。また，その定義に従って，$x\longrightarrow -\infty$ で $f(x)=e^x$ が 0 に収束することを証明せよ。

任意の正の実数 ε に対して，ある正の実数 M が存在して，$x<-M$ を満たし，かつ，関数 $f(x)$ の定義域に含まれるすべての x について $|f(x)-\beta|<\varepsilon$ が成り立つ。

次に，ε を任意の正の実数とする。

[1] $\varepsilon \geqq 1$ のとき

　$M=1$ とすると，$x<-M$ を満たし，かつ，関数 $f(x)=e^x$ の定義域に含まれるすべて

　の x について 　　$|f(x)-0|=e^x<\dfrac{1}{e}<1\leqq\varepsilon$

[2] $0<\varepsilon<1$ のとき

　$M=-\log\varepsilon$ とすると，$x<-M$ を満たし，かつ，関数 $f(x)=e^x$ の定義域に含まれる

　すべての x について 　　$|f(x)-0|=e^x<e^{-M}=e^{\log\varepsilon}=\varepsilon$

[1]，[2] から，任意の正の実数 ε に対して，ある正の実数 M が存在して，$x<-M$ を満たし，かつ，関数 $f(x)=e^x$ の定義域に含まれるすべての x について $|e^x|<\varepsilon$ が成り立つ。よって，関数 $f(x)=e^x$ は $x\longrightarrow-\infty$ で 0 に収束する。 ■

10　　関数の発散の定義　　★★★

> 関数 $f(x)$ が $x\longrightarrow a$ で正の無限大に発散することを，厳密に定義すると
> 「任意の正の実数 M に対して，ある正の実数 δ が存在して，$0<|x-a|<\delta$ を満たし，かつ，$f(x)$ の定義域に含まれるすべての x について $f(x)>M$ が成り立つ」となる。
> 負の無限大に発散するときも同様に定義されることにより，$\displaystyle\lim_{x\to-2}\left\{-\dfrac{1}{(x+2)^2}\right\}=-\infty$
> であることを証明せよ。

$f(x)=-\dfrac{1}{(x+2)^2}$ とする。

$x\neq-2$ のとき，任意の正の実数 M に対して，$\delta=\sqrt{\dfrac{1}{M}}$ とする。

このとき，$0<|x+2|<\delta$ を満たし，かつ，関数 $f(x)$ の定義域 $x\neq-2$ に含まれるすべての x について

$0<(x+2)^2<\dfrac{1}{M}$ から 　　$f(x)=-\dfrac{1}{(x+2)^2}<-M$

よって 　　$\displaystyle\lim_{x\to-2}\left\{-\dfrac{1}{(x+2)^2}\right\}=-\infty$ ■

11　　$x\longrightarrow\infty$，$x\longrightarrow-\infty$ のときの関数の極限　　★☆☆

> 次の関数の $x\longrightarrow\infty$ および $x\longrightarrow-\infty$ のときの極限を求めよ。
>
> (1) $\dfrac{2|x|-1}{4x+3}$ 　　　(2) $\dfrac{\sqrt{1+x^2}-1}{2x}$ 　　　(3) $\dfrac{|\cos x|}{e^x}$

(1) $\displaystyle\lim_{x\to\infty}\dfrac{2|x|-1}{4x+3}=\lim_{x\to\infty}\dfrac{2x-1}{4x+3}=\lim_{x\to\infty}\dfrac{2-\dfrac{1}{x}}{4+\dfrac{3}{x}}=\dfrac{2}{4}=\dfrac{1}{2}$

$$\lim_{x \to -\infty} \frac{2|x|-1}{4x+3} = \lim_{x \to -\infty} \frac{-2x-1}{4x+3} = \lim_{x \to -\infty} \frac{-2-\dfrac{1}{x}}{4+\dfrac{3}{x}} = \frac{-2}{4} = -\frac{1}{2}$$

(2) $\displaystyle \lim_{x \to \infty} \frac{\sqrt{1+x^2}-1}{2x} = \lim_{x \to \infty} \frac{\sqrt{\dfrac{1}{x^2}+1}-\dfrac{1}{x}}{2} = \frac{1}{2}$

$\displaystyle \lim_{x \to -\infty} \frac{\sqrt{1+x^2}-1}{2x} = \lim_{x \to -\infty} \frac{-\sqrt{\dfrac{1}{x^2}+1}-\dfrac{1}{x}}{2} = \frac{-1}{2} = -\frac{1}{2}$

(3) 数列 $\{a_n\}$, $\{b_n\}$ を次で定める。

$$a_n = \frac{\pi}{2} - 2n\pi, \quad b_n = -2n\pi \quad (n=1, 2, 3, \cdots\cdots)$$

$\cos a_n = 0$ であるから $\qquad \displaystyle \lim_{n \to \infty} f(a_n) = 0$

$\cos b_n = 1$ であるから $\qquad \displaystyle \lim_{n \to \infty} f(b_n) = \lim_{n \to \infty} e^{2n\pi} = \infty$

よって，$\displaystyle \lim_{x \to -\infty} \frac{|\cos x|}{e^x}$ は 存在しない。

12 極限値から関数の係数決定 ★★☆

等式 $\displaystyle \lim_{x \to 8} \frac{ax^2+bx+8}{\sqrt[3]{x}-2} = 36$ が成り立つように，定数 a, b の値を定めよ。

$\displaystyle \lim_{x \to 8} \frac{ax^2+bx+8}{\sqrt[3]{x}-2} = 36$ $\cdots\cdots$ ① が成り立つとする。

$\displaystyle \lim_{x \to 8} (\sqrt[3]{x}-2) = 0$ であるから $\qquad \displaystyle \lim_{x \to 8} (ax^2+bx+8) = 0$

ゆえに $\qquad 64a + 8b + 8 = 0$

よって $\qquad b = -8a-1$ $\cdots\cdots$ ②

このとき $\qquad \displaystyle \lim_{x \to 8} \frac{ax^2+bx+8}{\sqrt[3]{x}-2} = \lim_{x \to 8} \frac{ax^2-(8a+1)x+8}{\sqrt[3]{x}-2}$

$\displaystyle \qquad\qquad\qquad\qquad = \lim_{x \to 8} \frac{(ax-1)(x-8)}{\sqrt[3]{x}-2}$

$\displaystyle \qquad\qquad\qquad\qquad = \lim_{x \to 8} (ax-1)(\sqrt[3]{x^2}+2\sqrt[3]{x}+4)$

$\qquad\qquad\qquad\qquad = 12(8a-1)$

ゆえに，$12(8a-1) = 36$ のとき ① が成り立つ。

よって，$8a-1=3$ から $\qquad a = \dfrac{1}{2}$

このとき，② から $\qquad b = -5$

したがって $\qquad a = \dfrac{1}{2}$, $b = -5$

13 $x=1$ における関数の連続性の判定 ★★☆

次の関数 $f(x)$ が $x=1$ で連続であるかどうかを調べよ。

(1) $y=\sqrt{2-x^2}$　　　　　　　　　　　(2) $y=[x-1]$　$[\ \ ]$ はガウス記号

(1) $\displaystyle \lim_{x \to 1} f(x)=\lim_{x \to 1}\sqrt{2-x^2}=1,\ f(1)=1$

よって，$\displaystyle \lim_{x \to 1} f(x)=f(1)$ が成り立つから，関数 $f(x)$ は $x=1$ で **連続である**。

(2) $0 \le x<1$ のとき $[x-1]=-1$，$1 \le x<2$ のとき，$[x-1]=0$

よって $\displaystyle \lim_{x \to 1-0} f(x)=-1,\ \lim_{x \to 1+0} f(x)=0$

ゆえに，$\displaystyle \lim_{x \to 1+0} f(x) \ne \lim_{x \to 1-0} f(x)$ となり，$\displaystyle \lim_{x \to 1} f(x)$ が存在しないから，関数 $f(x)$ は

$x=1$ で **連続でない**。

14 合成関数の連続性 ★★☆

関数 $y=\sqrt{\log x-1}$ が $x=a$ で連続となるような定数 a の値の範囲を求めよ。

$f(x)=\log x-1$，$g(x)=\sqrt{x}$ とすると，これらの合成関数が存在するとき，

$(g \circ f)(x)=\sqrt{\log x-1}$ となる。関数 $f(x)$ は $x>0$ で連続であり，関数 $g(x)$ は $x \ge 0$ で連続であるから，関数 $y=\sqrt{\log x-1}$ が $x=a$ で連続となるための条件は，$f(a)$ が関数 $g(x)$ の定義域に含まれることから $f(a) \ge 0$

よって $\log a-1 \ge 0$

すなわち，$\log a \ge 1$ から $a \ge e$

したがって，求める定数 a の値の範囲は $a \ge e$

15 関数が $x=0$ で連続になる条件 ★★☆

a，b を定数とし，すべての実数 x に対して定義された関数

$$f(x)=\begin{cases} \dfrac{a(2e^{\frac{1}{x}}-e^{-\frac{1}{x}})}{e^{\frac{1}{x}}+2e^{-\frac{1}{x}}}+b\,\mathrm{Tan}^{-1}\dfrac{1}{x} & (x \ne 0) \\ \pi & (x=0) \end{cases}$$
が連続であるように定数 a，b を定めよ。

$\displaystyle \lim_{x \to +0} f(x)=\lim_{x \to +0}\left\{\frac{a(2e^{\frac{1}{x}}-e^{-\frac{1}{x}})}{e^{\frac{1}{x}}+2e^{-\frac{1}{x}}}+b\,\mathrm{Tan}^{-1}\frac{1}{x}\right\}=\lim_{x \to +0}\left\{\frac{a(2-e^{-\frac{2}{x}})}{1+2e^{-\frac{2}{x}}}+b\,\mathrm{Tan}^{-1}\frac{1}{x}\right\}=2a+\frac{\pi}{2}b$

$\displaystyle \lim_{x \to -0} f(x)=\lim_{x \to -0}\left\{\frac{a(2e^{\frac{1}{x}}-e^{-\frac{1}{x}})}{e^{\frac{1}{x}}+2e^{-\frac{1}{x}}}+b\,\mathrm{Tan}^{-1}\frac{1}{x}\right\}=\lim_{x \to -0}\left\{\frac{a(2e^{\frac{2}{x}}-1)}{e^{\frac{2}{x}}+2}+b\,\mathrm{Tan}^{-1}\frac{1}{x}\right\}=-\frac{1}{2}a-\frac{\pi}{2}b$

関数 $f(x)$ が $x=0$ で連続であるとき $\displaystyle \lim_{x \to +0} f(x)=\lim_{x \to -0} f(x)=f(0)$

よって $2a+\dfrac{\pi}{2}b=-\dfrac{1}{2}a-\dfrac{\pi}{2}b=\pi$

これを解いて　　$a=\dfrac{4}{3}\pi$, $b=-\dfrac{10}{3}$

16　代数関数であることの証明　　★☆☆

> 関数 $f(x)=\sqrt[3]{x^2+1}+2x$ が代数関数であることを示せ。

$f(x)=\sqrt[3]{x^2+1}+2x$ を変形すると　　$f(x)-2x=\sqrt[3]{x^2+1}$

両辺を 3 乗すると　　$\{f(x)-2x\}^3=x^2+1$

すなわち　　　　　　　$\{f(x)\}^3-6x\{f(x)\}^2+12x^2f(x)-8x^3-x^2-1=0$

よって，X の 3 次方程式 $X^3-6xX^2+12x^2X-8x^3-x^2-1=0$ は $X=f(x)$ を解としてもつから，関数 $f(x)=\sqrt[3]{x^2+1}+2x$ は代数関数である。　■

17　指数・対数関数のグラフ，極限　　★☆☆

(1)　次の関数のグラフをかけ。

　(ア)　$f(x)=-2^{x+1}$ 　　　　　　　　　(イ)　$y=-\log_2(x+1)$

(2)　次の極限値を求めよ。

　(ア)　$\displaystyle\lim_{x\to\infty} x\{\log(x+1)-\log x\}$ 　　　(イ)　$\displaystyle\lim_{x\to 0}\dfrac{e^x-e^{-x}}{x}$

(1)　グラフは下の図のようになる。

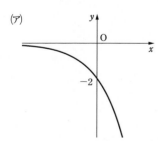

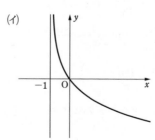

(2)　(ア)　$\displaystyle\lim_{x\to\infty} x\{\log(x+1)-\log x\}=\lim_{x\to\infty} x\log\dfrac{x+1}{x}$

$$=\lim_{x\to\infty}\log\left(1+\dfrac{1}{x}\right)^x=\log e=\mathbf{1}$$

　(イ)　$\displaystyle\lim_{x\to 0}\dfrac{e^x-e^{-x}}{x}=\lim_{x\to 0}\left(\dfrac{e^x-1}{x}+\dfrac{e^{-x}-1}{-x}\right)$

　　ここで，$e^x-1=t$ とおくと，$x=\log(1+t)$ で，$x\longrightarrow 0$ のとき $t\longrightarrow 0$ である。

よって $\displaystyle\lim_{x\to 0}\frac{e^x-1}{x}=\lim_{t\to 0}\frac{t}{\log(1+t)}$

$\displaystyle =\lim_{t\to 0}\frac{1}{\log(1+t)^{\frac{1}{t}}}=\frac{1}{\log e}=1$

同様に $\displaystyle\lim_{x\to 0}\frac{e^{-x}-1}{-x}=1$

したがって $\displaystyle\lim_{x\to 0}\frac{e^x-e^{-x}}{x}=1+1=\boldsymbol{2}$

18 三角関数を含む関数の極限 ★★☆

次の極限を求めよ。

(1) $\displaystyle\lim_{x\to -\infty}\frac{\cos x}{x}$ (2) $\displaystyle\lim_{x\to 0}\frac{\tan x}{x^{\circ}}$ (3) $\displaystyle\lim_{x\to\frac{1}{4}}\frac{\tan\pi x-1}{4x-1}$

(1) $0\leqq|\cos x|\leqq 1$ であるから，$x\neq 0$ のとき

$$0\leqq\left|\frac{\cos x}{x}\right|\leqq\frac{1}{|x|}$$

$\displaystyle\lim_{x\to -\infty}\frac{1}{|x|}=0$ より，$\displaystyle\lim_{x\to -\infty}\left|\frac{\cos x}{x}\right|=0$ であるから

$$\lim_{x\to -\infty}\frac{\cos x}{x}=0$$

(2) x° を弧度法で表すと $\dfrac{\pi}{180}x$ であるから

$\displaystyle\lim_{x\to 0}\frac{\tan x}{x^{\circ}}=\lim_{x\to 0}\frac{\tan x}{\dfrac{\pi}{180}x}=\lim_{x\to 0}\frac{1}{\cos x}\cdot\frac{\sin x}{x}\cdot\frac{180}{\pi}$

$\displaystyle =1\cdot 1\cdot\frac{180}{\pi}=\boldsymbol{\frac{180}{\pi}}$

(3) $x-\dfrac{1}{4}=t$ とおくと，$x\longrightarrow\dfrac{1}{4}$ のとき $t\longrightarrow 0$ であるから

$\displaystyle\lim_{x\to\frac{1}{4}}\frac{\tan\pi x-1}{4x-1}=\lim_{t\to 0}\frac{\tan\pi\left(t+\dfrac{1}{4}\right)-1}{4t}=\lim_{t\to 0}\frac{\dfrac{\tan\pi t+\tan\dfrac{\pi}{4}}{1-\tan\pi t\cdot\tan\dfrac{\pi}{4}}-1}{4t}$

$\displaystyle =\lim_{t\to 0}\frac{\tan\pi t}{2t(1-\tan\pi t)}=\lim_{t\to 0}\frac{1}{2}\cdot\frac{\sin\pi t}{\pi t}\cdot\frac{\pi}{\cos\pi t}\cdot\frac{1}{1-\tan\pi t}$

$\displaystyle =\frac{1}{2}\cdot 1\cdot\frac{\pi}{1}\cdot\frac{1}{1}=\boldsymbol{\frac{\pi}{2}}$

19　三角関数と逆三角関数のグラフ等　★☆☆

(1)　次の実数 θ に対して，三角関数 $\sin\theta$，$\cos\theta$，$\tan\theta$ の値を求めよ。

(ア)　$\theta=\dfrac{11}{6}\pi$ 　　　　(イ)　$\theta=\dfrac{7}{8}\pi$ 　　　　(ウ)　$\theta=-\dfrac{7}{12}\pi$

(2)　次の逆三角関数のグラフをかけ。

(ア)　$y=-\mathrm{Sin}^{-1}x$ 　　　　(イ)　$y=\mathrm{Cos}^{-1}2x$ 　　　　(ウ)　$y=1+\mathrm{Tan}^{-1}x$

(1)　(ア)　$\sin\dfrac{11}{6}\pi=-\dfrac{1}{2}$，$\cos\dfrac{11}{6}\pi=\dfrac{\sqrt{3}}{2}$，$\tan\dfrac{11}{6}\pi=-\dfrac{\sqrt{3}}{3}$

(イ)　$\sin\dfrac{7}{8}\pi>0$ であるから

$$\sin\dfrac{7}{8}\pi=\sqrt{\dfrac{1-\cos\dfrac{7}{4}\pi}{2}}=\sqrt{\dfrac{1-\dfrac{\sqrt{2}}{2}}{2}}=\dfrac{\sqrt{2-\sqrt{2}}}{2}$$

$\cos\dfrac{7}{8}\pi<0$ であるから

$$\cos\dfrac{7}{8}\pi=-\sqrt{\dfrac{1+\cos\dfrac{7}{4}\pi}{2}}=-\sqrt{\dfrac{1+\dfrac{\sqrt{2}}{2}}{2}}=-\dfrac{\sqrt{2+\sqrt{2}}}{2}$$

また　$\tan\dfrac{7}{8}\pi=\dfrac{\sin\dfrac{7}{8}\pi}{\cos\dfrac{7}{8}\pi}=-\sqrt{\dfrac{2-\sqrt{2}}{2+\sqrt{2}}}=-\sqrt{\dfrac{(2-\sqrt{2})^2}{2}}=1-\sqrt{2}$

(ウ)　$\sin\left(-\dfrac{7}{12}\pi\right)<0$ であるから

$$\sin\left(-\dfrac{7}{12}\pi\right)=-\sqrt{\dfrac{1-\cos\left(-\dfrac{7}{6}\pi\right)}{2}}=-\sqrt{\dfrac{1-\left(-\dfrac{\sqrt{3}}{2}\right)}{2}}=-\dfrac{\sqrt{2+\sqrt{3}}}{2}$$

$$=-\dfrac{\sqrt{4+2\sqrt{3}}}{2\sqrt{2}}=-\dfrac{\sqrt{2}(\sqrt{3}+1)}{4}=-\dfrac{\sqrt{6}+\sqrt{2}}{4}$$

$\cos\left(-\dfrac{7}{12}\pi\right)<0$ であるから

$$\cos\left(-\dfrac{7}{12}\pi\right)=-\sqrt{\dfrac{1+\cos\left(-\dfrac{7}{6}\pi\right)}{2}}=-\sqrt{\dfrac{1-\dfrac{\sqrt{3}}{2}}{2}}=-\dfrac{\sqrt{2-\sqrt{3}}}{2}$$

$$=-\dfrac{\sqrt{4-2\sqrt{3}}}{2\sqrt{2}}=-\dfrac{\sqrt{2}(\sqrt{3}-1)}{4}=-\dfrac{\sqrt{6}-\sqrt{2}}{4}$$

また　$\tan\left(-\dfrac{7}{12}\pi\right)=\dfrac{\sin\left(-\dfrac{7}{12}\pi\right)}{\cos\left(-\dfrac{7}{12}\pi\right)}=\dfrac{\sqrt{6}+\sqrt{2}}{\sqrt{6}-\sqrt{2}}=\dfrac{\sqrt{3}+1}{\sqrt{3}-1}=\dfrac{(\sqrt{3}+1)^2}{2}=2+\sqrt{3}$

(2) グラフは下の図のようになる。

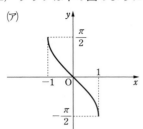

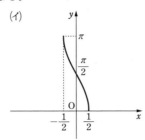

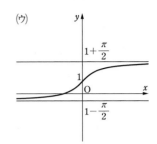

20 逆三角関数の値 ★☆☆

次の値を求めよ。

(1) $\mathrm{Cos}^{-1}\left(-\dfrac{1}{2}\right)$ 　　(2) $\mathrm{Tan}^{-1}\sqrt{3}$ 　　(3) $\mathrm{Sin}^{-1}\left(\cos\left(\mathrm{Tan}^{-1}\dfrac{1}{\sqrt{3}}\right)\right)$

(1) $\mathrm{Cos}^{-1}\left(-\dfrac{1}{2}\right)=\alpha$ とおくと 　　$\cos\alpha=-\dfrac{1}{2}$

$0\leqq\alpha\leqq\pi$ から 　　$\alpha=\dfrac{2}{3}\pi$

(2) $\mathrm{Tan}^{-1}\sqrt{3}=\beta$ とおくと 　　$\tan\beta=\sqrt{3}$

$-\dfrac{\pi}{2}<\beta<\dfrac{\pi}{2}$ から 　　$\beta=\dfrac{\pi}{3}$

(3) $\mathrm{Tan}^{-1}\dfrac{1}{\sqrt{3}}=\gamma$ とおくと 　　$\tan\gamma=\dfrac{1}{\sqrt{3}}$

$-\dfrac{\pi}{2}<\gamma<\dfrac{\pi}{2}$ から 　　$\gamma=\dfrac{\pi}{6}$

$\cos\dfrac{\pi}{6}=\dfrac{\sqrt{3}}{2}$ であるから 　　$\mathrm{Sin}^{-1}\left(\cos\left(\mathrm{Tan}^{-1}\dfrac{1}{\sqrt{3}}\right)\right)=\mathrm{Sin}^{-1}\dfrac{\sqrt{3}}{2}$

$\mathrm{Sin}^{-1}\dfrac{\sqrt{3}}{2}=\delta$ とおくと 　　$\sin\delta=\dfrac{\sqrt{3}}{2}$

$-\dfrac{\pi}{2}\leqq\delta\leqq\dfrac{\pi}{2}$ から 　　$\delta=\dfrac{\pi}{3}$

21 逆三角関数を含む等式の証明 ★★★

(1) $\mathrm{Tan}^{-1}(-x)=-\mathrm{Tan}^{-1}x$ が成り立つことを示せ。

(2) $t\in[0,\,1]$ について，$\cos(\mathrm{Cos}^{-1}t+\mathrm{Sin}^{-1}t)=0$ が成り立つことを示せ。

(1) $\mathrm{Tan}^{-1}(-x)=\alpha$, $\mathrm{Tan}^{-1}x=\beta$ とおくと 　　$\tan\alpha=-x$, $\tan\beta=x$

よって 　　$-\tan\alpha=\tan\beta$

また 　　$-\tan\alpha=\tan(-\alpha)$

ゆえに $\quad \tan(-\alpha)=\tan\beta$

$-\dfrac{\pi}{2}<\alpha<\dfrac{\pi}{2}$, $-\dfrac{\pi}{2}<\beta<\dfrac{\pi}{2}$ であるから $\quad -\alpha=\beta \quad$ すなわち $\quad \alpha=-\beta$

したがって $\quad \mathrm{Tan}^{-1}(-x)=-\mathrm{Tan}^{-1}x$ ■

(2) 加法定理により

$$\cos(\mathrm{Cos}^{-1}t+\mathrm{Sin}^{-1}t)=\cos(\mathrm{Cos}^{-1}t)\cos(\mathrm{Sin}^{-1}t)-\sin(\mathrm{Cos}^{-1}t)\sin(\mathrm{Sin}^{-1}t)$$

ここで, $0\leqq\mathrm{Sin}^{-1}t\leqq\dfrac{\pi}{2}$ より, $\cos(\mathrm{Sin}^{-1}t)\geqq0$ であるから

$$\cos(\mathrm{Sin}^{-1}t)=\sqrt{1-\sin^2(\mathrm{Sin}^{-1}t)}=\sqrt{1-t^2}$$

また, $0\leqq\mathrm{Cos}^{-1}t\leqq\dfrac{\pi}{2}$ より, $\sin(\mathrm{Cos}^{-1}t)\geqq0$ であるから

$$\sin(\mathrm{Cos}^{-1}t)=\sqrt{1-\cos^2(\mathrm{Cos}^{-1}t)}=\sqrt{1-t^2}$$

よって $\quad \cos(\mathrm{Cos}^{-1}t+\mathrm{Sin}^{-1}t)=t\cdot\sqrt{1-t^2}-\sqrt{1-t^2}\cdot t=0$ ■

22 双曲線関数の性質の証明 ★☆☆

(1) 下の, 双曲線関数の性質 1. と 3. を証明せよ。

(2) 次の等式が成り立つことを証明せよ。

    [1] $\quad \sinh 2x=2\sinh x\cosh x$ [2] $\quad \cosh 2x=2\cosh^2x-1=2\sinh^2x+1$

    [3] $\quad \tanh 2x=\dfrac{2\tanh x}{1+\tanh^2x}$

双曲線関数の性質

1. $\cosh^2x-\sinh^2x=1$

2. $1-\tanh^2x=\dfrac{1}{\cosh^2x}$

3. $\sinh(\alpha\pm\beta)=\sinh\alpha\cosh\beta\pm\cosh\alpha\sinh\beta$ （複号同順）

4. $\cosh(\alpha\pm\beta)=\cosh\alpha\cosh\beta\pm\sinh\alpha\sinh\beta$ （複号同順）

(1) 1. の証明 $\quad \cosh^2x-\sinh^2x=\left(\dfrac{e^x+e^{-x}}{2}\right)^2-\left(\dfrac{e^x-e^{-x}}{2}\right)^2$

$$=\dfrac{e^{2x}+e^{-2x}+2}{4}-\dfrac{e^{2x}+e^{-2x}-2}{4}=\dfrac{4}{4}=1 \quad ■$$

3. の証明 $\quad \sinh\alpha\cosh\beta\pm\cosh\alpha\sinh\beta$

$$=\dfrac{e^\alpha-e^{-\alpha}}{2}\cdot\dfrac{e^\beta+e^{-\beta}}{2}\pm\dfrac{e^\alpha+e^{-\alpha}}{2}\cdot\dfrac{e^\beta-e^{-\beta}}{2}$$

$$=\dfrac{(e^\alpha-e^{-\alpha})(e^\beta+e^{-\beta})}{4}\pm\dfrac{(e^\alpha+e^{-\alpha})(e^\beta-e^{-\beta})}{4}$$

$$=\dfrac{\{e^{\alpha+\beta}+e^{\alpha-\beta}-e^{-(\alpha-\beta)}-e^{-(\alpha+\beta)}\}\pm\{e^{\alpha+\beta}-e^{\alpha-\beta}+e^{-(\alpha-\beta)}-e^{-(\alpha+\beta)}\}}{4}$$

$$=\dfrac{e^{(\alpha\pm\beta)}-e^{-(\alpha\pm\beta)}}{2}=\sinh(\alpha\pm\beta) \quad （複号同順） ■$$

(2) [1] $2\sinh x\cosh x=2\left(\dfrac{e^x-e^{-x}}{2}\right)\cdot\left(\dfrac{e^x+e^{-x}}{2}\right)=\dfrac{(e^x-e^{-x})(e^x+e^{-x})}{2}$

$$=\dfrac{e^{2x}-e^{-2x}}{2}=\sinh 2x \quad ■$$

[2] $2\cosh^2 x-1=2\left(\dfrac{e^x+e^{-x}}{2}\right)^2-1=\dfrac{(e^x+e^{-x})^2-2}{2}$

$$=\dfrac{e^{2x}+e^{-2x}}{2}=\cosh 2x$$

また，(1) より $\cosh^2 x=\sinh^2 x+1$ であるから

$$2\cosh^2 x-1=2(\sinh^2 x+1)-1=2\sinh^2 x+1 \quad ■$$

[3] $\dfrac{2\tanh x}{1+\tanh^2 x}=2\cdot\dfrac{e^x-e^{-x}}{e^x+e^{-x}}\div\left\{1+\left(\dfrac{e^x-e^{-x}}{e^x+e^{-x}}\right)^2\right\}$

$$=2\cdot\dfrac{e^x-e^{-x}}{e^x+e^{-x}}\div\dfrac{2(e^{2x}+e^{-2x})}{(e^x+e^{-x})^2}$$

$$=\dfrac{(e^x-e^{-x})(e^x+e^{-x})}{e^{2x}+e^{-2x}}$$

$$=\dfrac{e^{2x}-e^{-2x}}{e^{2x}+e^{-2x}}=\tanh 2x \quad ■$$

23　多項式関数の導関数 ★☆☆

n を任意の自然数，p，q を実数の定数とし，$p \neq 0$ とするとき，関数
$f(x)=(px+q)^n$ の導関数 $f'(x)$ を求めよ。

$x=a$ における関数 $f(x)$ の微分係数を求めると

$$f'(a)=\lim_{x \to a}\frac{(px+q)^n-(pa+q)^n}{x-a}$$

$$=\lim_{x \to a}\frac{\{(px+q)-(pa+q)\}\overbrace{\{(px+q)^{n-1}+(px+q)^{n-2}(pa+q)+\cdots\cdots+(pa+q)^{n-1}\}}^{n 項}}{x-a}$$

$$=\lim_{x \to a}p\{(px+q)^{n-1}+(px+q)^{n-2}(pa+q)+\cdots\cdots+(pa+q)^{n-1}\}$$

$$=p \cdot n(pa+q)^{n-1}=np(pa+q)^{n-1}$$

よって，求める導関数 $f'(x)$ は　　$f'(x)=np(px+q)^{n-1}$

24　対数関数 $\log_a x$ の導関数 ★☆☆

a を 1 ではない正の定数とするとき，$\log_a x=\dfrac{\log x}{\log a}$ であることを用いて，

$f(x)=\log_a x$ の導関数が $f'(x)=\dfrac{1}{x \log a}$ となることを証明せよ。

$$f'(x)=\lim_{h \to 0}\frac{\log_a(x+h)-\log_a x}{h}=\lim_{h \to 0}\frac{\dfrac{\log(x+h)}{\log a}-\dfrac{\log x}{\log a}}{h}$$

$$=\lim_{h \to 0}\frac{1}{h \log a}\log\left(1+\frac{h}{x}\right)=\lim_{h \to 0}\frac{1}{x \log a}\log\left(1+\frac{h}{x}\right)^{\frac{1}{h}\cdot x}$$

$$=\frac{1}{x \log a}\log e=\frac{1}{x \log a}　■$$

25　双曲線正接関数の導関数 ★☆☆

双曲線正接関数 $f(x)=\tanh x$ の導関数が $f'(x)=\dfrac{1}{\cosh^2 x}$ となることを証明せよ。

$$f'(x)=\lim_{h \to 0}\frac{\tanh(x+h)-\tanh x}{h}$$

$$=\lim_{h \to 0}\frac{\dfrac{e^{(x+h)}-e^{-(x+h)}}{e^{(x+h)}+e^{-(x+h)}}-\dfrac{e^x-e^{-x}}{e^x+e^{-x}}}{h}$$

$$=\lim_{h \to 0}\frac{\dfrac{e^{2(x+h)}-1}{e^{2(x+h)}+1}-\dfrac{e^{2x}-1}{e^{2x}+1}}{h}$$

$$=\lim_{h\to 0}\frac{\{e^{2(x+h)}-1\}(e^{2x}+1)-(e^{2x}-1)\{e^{2(x+h)}+1\}}{h\{e^{2(x+h)}+1\}(e^{2x}+1)}$$

$$=\lim_{h\to 0}\frac{2e^{2x}}{\{e^{2(x+h)}+1\}(e^{2x}+1)}\cdot 2\cdot\frac{e^{2h}-1}{2h}$$

ここで，$h\longrightarrow 0$ のとき $2h\longrightarrow 0$ であるから　　$\displaystyle\lim_{h\to 0}\frac{e^{2h}-1}{2h}=1$

よって　　$\displaystyle f'(x)=\lim_{h\to 0}\frac{2e^{2x}}{\{e^{2(x+h)}+1\}(e^{2x}+1)}\cdot 2\cdot\frac{e^{2h}-1}{2h}$

$$=\frac{2e^{2x}}{(e^{2x}+1)^2}\cdot 2\cdot 1=\left(\frac{2e^x}{e^{2x}+1}\right)^2$$

$$=\frac{1}{\left(\dfrac{e^x+e^{-x}}{2}\right)^2}=\frac{1}{\cosh^2 x}\quad\blacksquare$$

26　　関数の連続性，微分可能性　　　　　　★★☆

(1) 関数 $f(x)$ が $x=a$ で微分可能であるとき，$\displaystyle\lim_{x\to a}\frac{f(x+ph)-f(x+h)}{h}$ を，$f'(a)$，p を用いて表せ。ただし，p は 0 でない実数の定数とする。

(2) 関数 $f(x)=\begin{cases}x^2\cos\dfrac{1}{x} & (x\neq 0)\\ 0 & (x=0)\end{cases}$ は $x=0$ で連続か，また微分可能か調べよ。

(1)　$\displaystyle\lim_{x\to a}\frac{f(x+ph)-f(x+h)}{h}=\lim_{x\to a}\left\{\frac{f(x+ph)-f(x)}{h}-\frac{f(x+h)-f(x)}{h}\right\}$

$$=\lim_{x\to a}\left\{p\cdot\frac{f(x+ph)-f(x)}{ph}-\frac{f(x+h)-f(x)}{h}\right\}$$

$$=pf'(a)-f'(a)=(p-1)f'(a)$$

(2)　$x\neq 0$ のとき，$0\leq\left|\cos\dfrac{1}{x}\right|\leq 1$ であるから　　$0\leq\left|x^2\cos\dfrac{1}{x}\right|\leq|x^2|$

$\displaystyle\lim_{x\to 0}|x^2|=0$ より，$\displaystyle\lim_{x\to 0}\left|x^2\cos\frac{1}{x}\right|=0$ であるから　　$\displaystyle\lim_{x\to 0}x^2\cos\frac{1}{x}=0$

よって，$\displaystyle\lim_{x\to 0}f(x)=f(0)$ が成り立つから，関数 $f(x)$ は **$x=0$ で連続である。**

次に　　$\displaystyle\lim_{x\to 0}\frac{f(x)-f(0)}{x}=\lim_{x\to 0}x\cos\frac{1}{x}$

$x\neq 0$ のとき，$0\leq\left|\cos\dfrac{1}{x}\right|\leq 1$ であるから　　$0\leq\left|x\cos\dfrac{1}{x}\right|\leq|x|$

$\displaystyle\lim_{x\to 0}|x|=0$ より，$\displaystyle\lim_{x\to 0}\left|x-\cos\frac{1}{x}\right|=0$ であるから　　$\displaystyle\lim_{x\to 0}x\cos\frac{1}{x}=0$

よって，$\displaystyle\lim_{x\to 0}\frac{f(x)-f(0)}{x}$ が存在するから，関数 $f(x)$ は **$x=0$ で微分可能である。**

27 与えられた点を通る接線の方程式等　★☆☆

> (1) 関数 $f(x)=x^8-x^6+3$ のグラフ上の点 $(1,\ 3)$ における接線の方程式を求めよ。
> (2) 曲線 $y=\sqrt{x}$ について，点 $(-8,\ -1)$ を通る接線の方程式と接点の座標を求めよ。

(1) $f'(x)=8x^7-6x^5$ であるから　　$f'(1)=2$
よって，求める接線の方程式は　　$y=2(x-1)+3$
すなわち　　$y=2x+1$

(2) $y'=\dfrac{1}{2\sqrt{x}}$ であるから，接点の座標を $(a,\ \sqrt{a})\ (a>0)$ とすると，接線の方程式は

$$y=\frac{1}{2\sqrt{a}}(x-a)+\sqrt{a}$$

すなわち　　$y=\dfrac{1}{2\sqrt{a}}x+\dfrac{\sqrt{a}}{2}$

この接線が点 $(-8,\ -1)$ を通るとき　　$-1=-\dfrac{4}{\sqrt{a}}+\dfrac{\sqrt{a}}{2}$

両辺に $2\sqrt{a}$ を掛けて　　$-2\sqrt{a}=-8+a$
整理すると　　$a+2\sqrt{a}-8=0$
ゆえに　　$(\sqrt{a}+4)(\sqrt{a}-2)=0$
$\sqrt{a}+4>0$ であるから，$\sqrt{a}-2=0$ より　　$\sqrt{a}=2$
よって　　$a=4$

したがって，求める接線の方程式は　　$y=\dfrac{1}{4}x+1$

また，接点の座標は　　$(4,\ 2)$

28 商の微分公式の証明　★☆☆

> 区間 I 上で微分可能な2つの関数 $f(x),\ g(x)\ (g(x)\neq0)$ について
> (1) $\dfrac{f(x)}{g(x)}-\dfrac{f(a)}{g(a)}=\dfrac{-f(x)\{g(x)-g(a)\}+\{f(x)-f(a)\}g(x)}{g(x)g(a)}$
> が成り立つことを示せ。
> (2) (1)を利用して，商の導関数の公式
> $$\left\{\frac{f(x)}{g(x)}\right\}'=\frac{f'(x)g(x)-f(x)g'(x)}{\{g(x)\}^2}$$
> を示せ。

(1) $\dfrac{f(x)}{g(x)}-\dfrac{f(a)}{g(a)}=\dfrac{f(x)g(a)-f(a)g(x)}{g(x)g(a)}$

$$= \frac{-f(x)g(x)+f(x)g(a)+f(x)g(x)-f(a)g(x)}{g(x)g(a)}$$

$$= \frac{-f(x)\{g(x)-g(a)\}+\{f(x)-f(a)\}g(x)}{g(x)g(a)} \quad \blacksquare$$

(2) (1)から

$$\left\{\frac{f(x)}{g(x)}\right\}' = \lim_{h\to 0} \frac{\dfrac{f(x+h)}{g(x+h)} - \dfrac{f(x)}{g(x)}}{h}$$

$$= \lim_{h\to 0} \frac{\dfrac{-f(x+h)\{g(x+h)-g(x)\}+\{f(x+h)-f(x)\}g(x+h)}{g(x+h)g(x)}}{h}$$

$$= \lim_{h\to 0} \frac{\dfrac{f(x+h)-f(x)}{h}\cdot g(x+h)-f(x+h)\cdot\dfrac{g(x+h)-g(x)}{h}}{g(x+h)g(x)}$$

$$= \frac{f'(x)g(x)-f(x)g'(x)}{\{g(x)\}^2} \quad \blacksquare$$

29 合成関数の微分（定理の利用） ★☆☆

(1) 例題 033 の関数 $f(x)$, $g(x)$ に対して $(f\circ g)(x)$ を，それぞれ微分せよ。

(2) $f(x)=x^2$, $g(x)=\log_2 x$, $h(x)=\tanh x$ に対して合成関数 $(h\circ g\circ f)(x)$ を微分せよ。

(1) $\{(\boldsymbol{f}\circ\boldsymbol{g})(\boldsymbol{x})\}' = f'(g(x))g'(x) = -\dfrac{2}{\cos^3 x}\cdot(-\sin x) = \dfrac{2\sin\boldsymbol{x}}{\cos^3\boldsymbol{x}}$

$\{(\boldsymbol{f}\circ\boldsymbol{g})(\boldsymbol{x})\}' = f'(g(x))g'(x) = \dfrac{1}{\cosh x}\cdot\sinh x = \tanh\boldsymbol{x}$

(2) $g(f(x))=\log_2 x^2 = 2\log_2 x$, $f'(x)=2x$, $g'(x)=\dfrac{1}{x\log 2}$, $h'(x)=\dfrac{1}{\cosh^2 x}$

よって $\{(\boldsymbol{h}\circ\boldsymbol{g}\circ\boldsymbol{f})(\boldsymbol{x})\}' = h'(g(f(x)))g'(f(x))f'(x)$

$$= \frac{1}{\cosh^2(2\log_2 x)}\cdot\frac{1}{x^2\log 2}\cdot 2x = \frac{2}{\log 2\cdot x\cosh^2(2\log_2 x)}$$

30 逆正弦関数，逆正接関数の導関数 ★☆☆

逆正弦関数 $\mathrm{Sin}^{-1}x$ $(-1<x<1)$，逆正接関数 $\mathrm{Tan}^{-1}x$ $(-\infty<x<\infty)$ の導関数を，それぞれ求めよ。

[1] $\mathrm{Sin}^{-1}x$ $(-1<x<1)$ の導関数

$y=\sin x$ に対して，$x=\mathrm{Sin}^{-1}y$ である。

$-1<y<1$ において，$x=\mathrm{Sin}^{-1}y$ の値域は $\quad -\dfrac{\pi}{2}<x<\dfrac{\pi}{2}$

逆関数の微分の定理から $\dfrac{d}{dy}\mathrm{Sin}^{-1}y=\dfrac{1}{(\sin x)'}=\dfrac{1}{\cos x}$

$-\dfrac{\pi}{2}<x<\dfrac{\pi}{2}$ より，$\cos x>0$ であるから $\cos x=\sqrt{1-\sin^2 x}=\sqrt{1-y^2}$

よって，$\dfrac{d}{dy}\mathrm{Sin}^{-1}y=\dfrac{1}{\sqrt{1-y^2}}$ であるから，変数 y を x に形式的に書き直して

$$\dfrac{d}{dx}\mathrm{Sin}^{-1}x=\dfrac{1}{\sqrt{1-x^2}}$$

別解 $y=\mathrm{Sin}^{-1}x$ とおくと $x=\sin y$

ゆえに，$\dfrac{dx}{dy}=\cos y$ から $\dfrac{dy}{dx}=\dfrac{1}{\dfrac{dx}{dy}}=\dfrac{1}{\cos y}$

$-1<x<1$ において，$-\dfrac{\pi}{2}<y<\dfrac{\pi}{2}$ であるから $\cos y=\sqrt{1-\sin^2 y}=\sqrt{1-x^2}$

よって $\dfrac{d}{dx}\mathrm{Sin}^{-1}x=\dfrac{1}{\sqrt{1-x^2}}$

[2] $\mathrm{Tan}^{-1}x\ (-\infty<x<\infty)$ の導関数

$y=\tan x$ に対して，$x=\mathrm{Tan}^{-1}y$ である。

逆関数の微分の定理から $\dfrac{d}{dy}\mathrm{Tan}^{-1}y=\dfrac{1}{(\tan x)'}=\cos^2 x=\dfrac{1}{1+\tan^2 x}=\dfrac{1}{1+y^2}$

変数 y を x に形式的に書き直して $\dfrac{d}{dx}\mathrm{Tan}^{-1}x=\dfrac{1}{1+x^2}$

別解 $y=\mathrm{Tan}^{-1}x$ とおくと $x=\tan y$

ゆえに，$\dfrac{dx}{dy}=\dfrac{1}{\cos^2 y}$ から $\dfrac{dy}{dx}=\dfrac{1}{\dfrac{dx}{dy}}=\cos^2 y=\dfrac{1}{1+\tan^2 y}=\dfrac{1}{1+x^2}$

よって $\dfrac{d}{dx}\mathrm{Tan}^{-1}x=\dfrac{1}{1+x^2}$

31 $f(x)=|x^3|$ が C^2 級関数である証明等 ★☆☆

(1) 対数関数 $f(x)=\log x\ (x>0)$ と逆正弦関数 $g(x)=\mathrm{Sin}^{-1}x\ (-1<x<1)$ について，第 3 次導関数まで求めよ。

(2) $f(x)=|x^3|$ が C^2 級関数であることを証明せよ。

(1) $f'(x)=\dfrac{1}{x},\ f''(x)=-\dfrac{1}{x^2},\ f'''(x)=\dfrac{2}{x^3}$

また $g'(x)=\dfrac{1}{\sqrt{1-x^2}}$

$$g''(x)=-\dfrac{(\sqrt{1-x^2})'}{(\sqrt{1-x^2})^2}=-\dfrac{-\dfrac{x}{\sqrt{1-x^2}}}{1-x^2}=\dfrac{x}{(1-x^2)\sqrt{1-x^2}}$$

$$g'''(x) = \frac{x' \cdot (1-x^2)^{\frac{3}{2}} - x \cdot \{(1-x^2)^{\frac{3}{2}}\}'}{\{(1-x^2)^{\frac{3}{2}}\}^2}$$

$$= \frac{(1-x^2)^{\frac{3}{2}} - x\{-3x(1-x^2)^{\frac{1}{2}}\}}{(1-x^2)^3} = \frac{2x^2+1}{(1-x^2)^2\sqrt{1-x^2}}$$

(2) $x>0$ のとき $f(x)=x^3$ であるから，関数 $f(x)$ は $x>0$ において連続である。

$x<0$ のとき $f(x)=-x^3$ であるから，関数 $f(x)$ は $x<0$ において連続である。

また　　$f(0)=0$

更に，$\displaystyle\lim_{x\to+0}f(x)=\lim_{x\to-0}f(x)=0$ であるから　　$\displaystyle\lim_{x\to0}f(x)=0$

よって，$\displaystyle\lim_{x\to0}f(x)=f(0)$ であるから，関数 $f(x)$ は $x=0$ において連続である。

$x>0$ のとき $f(x)=x^3$ であるから　　　$f'(x)=3x^2$

よって，関数 $f'(x)$ は $x>0$ において連続である。

$x<0$ のとき $f(x)=-x^3$ であるから　　$f'(x)=-3x^3$

よって，関数 $f'(x)$ は $x<0$ において連続である。

また

$$\lim_{x\to+0}\frac{f(x)-f(0)}{x-0}=\lim_{x\to+0}x^2=0, \quad \lim_{x\to-0}\frac{f(x)-f(0)}{x-0}=\lim_{x\to-0}(-x^2)=0$$

ゆえに，$\displaystyle\lim_{x\to+0}\frac{f(x)-f(0)}{x-0}=\lim_{x\to-0}\frac{f(x)-f(0)}{x-0}=0$ であるから，関数 $f(x)$ は $x=0$ において微分可能であり，$f'(0)=0$ である。

更に，$\displaystyle\lim_{x\to+0}f'(x)=\lim_{x\to-0}f'(x)=0$ であるから　　$\displaystyle\lim_{x\to0}f'(x)=0$

よって，$\displaystyle\lim_{x\to0}f'(x)=f'(0)$ であるから，関数 $f'(x)$ は $x=0$ において連続である。

$x>0$ のとき $f'(x)=3x^2$ であるから　　　$f''(x)=6x$

よって，関数 $f''(x)$ は $x>0$ において連続である。

$x<0$ のとき $f'(x)=-3x^2$ であるから　　$f''(x)=-6x$

よって，関数 $f''(x)$ は $x<0$ において連続である。

また

$$\lim_{x\to+0}\frac{f'(x)-f'(0)}{x-0}=\lim_{x\to+0}3x=0, \quad \lim_{x\to-0}\frac{f'(x)-f'(0)}{x-0}=\lim_{x\to-0}(-3x)=0$$

ゆえに，$\displaystyle\lim_{x\to+0}\frac{f'(x)-f'(0)}{x-0}=\lim_{x\to-0}\frac{f'(x)-f'(0)}{x-0}=0$ であるから，関数 $f'(x)$ は $x=0$ において微分可能であり，$f''(0)=0$ である。

更に，$\displaystyle\lim_{x\to+0}f''(x)=\lim_{x\to-0}f''(x)=0$ であるから　　$\displaystyle\lim_{x\to0}f''(x)=0$

よって，$\displaystyle\lim_{x\to0}f''(x)=f''(0)$ であるから，関数 $f''(x)$ は $x=0$ において連続である。

したがって，$f(x)=|x^3|$ は C^2 級関数である。　∎

32 関数が極小値をとることの証明 ★★☆

関数 $f(x)=\begin{cases} -\cosh(x+1) & (x\neq-1) \\ -3 & (x=-1) \end{cases}$ が, $x=-1$ で極小値 -3 をとることを示せ。

関数 $f(x)$ は, $x\neq-1$ において微分可能であり $\qquad f'(x)=-\sinh(x+1)=\dfrac{e^{-(x+1)}-e^{x+1}}{2}$

よって $\quad x<-1$ のとき, $e^{-(x+1)}>e^{x+1}$ から $\qquad f'(x)>0$

$\qquad\qquad x>-1$ のとき, $e^{-(x+1)}<e^{x+1}$ から $\qquad f'(x)<0$

ゆえに, 関数 $f(x)$ は $x<-1$ で単調に増加し, $x>-1$ で単調に減少する。

よって, $\delta=\log(3+2\sqrt{2})$ とすると

[1] $-1-\delta<x<-1$ のとき $\qquad f(x)>f(-1-\delta)=-3$

[2] $-1<x<-1+\delta$ のとき $\qquad f(x)>f(-1+\delta)=-3$

$f(-1)=-3$ であるから, $x\in(-1-\delta,\ -1+\delta)$ かつ $x\neq-1$ を満たすすべての x について $f(-1)<f(x)$ が成り立つ。

したがって, 関数 $f(x)$ は $x=-1$ において極小値 -3 をとる。 ■

参考 この PRACTICE において, 解答では $\delta=\log(3+2\sqrt{2})$ としたが, δ として $\log(3+2\sqrt{2})$ 以下の正の実数をとれば, 何であっても示すことができる。

33 関数が単調増加関数である証明 ★☆☆

$f(x)=\cosh x$ の増減を調べよ。

$f'(x)=\sinh x$

$f'(x)=0$ とすると $\quad x=0$

関数 $f(x)$ の増減表は右のようになる。

よって, 双曲線余弦関数 $f(x)=\cosh x$ は,

$x\leqq0$ で単調に減少し, $x\geqq0$ で単調に増加する。

x	$\cdots$	0	$\cdots$
$f'(x)$	$-$	0	$+$
$f(x)$	$\searrow$	極小 1	$\nearrow$

34 上に凸である関数の性質 ★★★

(1) a, b を実数とし, 関数 $f(x)$ が a, b を含む区間で第 2 次導関数 $f''(x)$ をもち, $f''(x)<0$ を満たすものとする。このとき, $0\leqq t\leqq1$ に対して, $tf(a)+(1-t)f(b)\leqq f(ta+(1-t)b)$ が成り立つことを示せ。

(2) 関数 $f(x)$ が $f''(x)<0$ を満たすとき, $\dfrac{1}{n}\sum_{i=1}^{n}f(x_i)\leqq f\left(\dfrac{1}{n}\sum_{i=1}^{n}x_i\right)$ が成り立つことを, (1)を用いて示せ。

(3) $f(x)=\log x$ に(2)の結果を適用することにより, n 個の正の実数 x_1, x_2, $\cdots$, x_n に対して, $\dfrac{x_1+x_2+\cdots+x_n}{n}\geqq\sqrt[n]{x_1x_2\cdots x_n}$ (n は自然数) が成り立つことを示せ。

(1)　$tf(a)+(1-t)f(b) \leqq f(ta+(1-t)b)$　……① とする。

　[Ⅰ]　$a=b$ のとき，不等式 ① において，等号が成り立つ。

　[Ⅱ]　$a \neq b$ のとき，$a<b$ としても一般性を失わない。

　　[1]　$t=0$, 1 のとき，不等式 ① において，等号が成り立つ。

　　[2]　$0<t<1$ のとき

$$ta+(1-t)b>ta+(1-t)a=a$$
$$ta+(1-t)b<tb+(1-t)b=b$$

　　よって　　$a<ta+(1-t)b<b$

　　関数 $f(x)$ は a, b を含む区間で微分可能であるから，閉区間 $[a, ta+(1-t)b]$,
　　$[ta+(1-t)b, b]$ において，平均値の定理により

$$\frac{f(ta+(1-t)b)-f(a)}{\{ta+(1-t)b\}-a}=f'(c_1)　……②,　a<c_1<ta+(1-t)b$$

$$\frac{f(b)-f(ta+(1-t)b)}{b-\{ta+(1-t)b\}}=f'(c_2)　……③,　ta+(1-t)b<c_2<b$$

　　を満たす実数 c_1, c_2 が存在する。

　　$f''(x)<0$ より，$f'(x)$ は単調に減少し，$c_1<c_2$ であるから　　$f'(c_1)>f'(c_2)$

　　よって，②，③ から　　$\dfrac{f(ta+(1-t)b)-f(a)}{(1-t)(b-a)}>\dfrac{f(b)-f(ta+(1-t)b)}{t(b-a)}$

　　両辺に $t(1-t)(b-a)$ (>0) を掛けて

$$t\{f(ta+(1-t)b)-f(a)\}>(1-t)\{f(b)-f(ta+(1-t)b)\}$$

　　整理すると　　$f(ta+(1-t)b)>tf(a)+(1-t)f(b)$

　[Ⅰ]，[Ⅱ] から，$0 \leqq t \leqq 1$ に対して，不等式 ① が成り立つ。　■

(2)　$\dfrac{1}{n} \sum\limits_{i=1}^{n} f(x_i) \leqq f\left(\dfrac{1}{n} \sum\limits_{i=1}^{n} x_i\right)$　……④ とする。

　[1]　$n=1$ のとき，④ の両辺はともに $f(x_1)$ であるから，等号が成り立つ。

　[2]　$n=k$ のとき，④ が成り立つと仮定すると

$$\frac{1}{k} \sum_{i=1}^{k} f(x_i) \leqq f\left(\frac{1}{k} \sum_{i=1}^{k} x_i\right)　……⑤$$

　　①，⑤ から　　$\dfrac{1}{k+1} \sum\limits_{i=1}^{k+1} f(x_i) = \dfrac{1}{k+1}\left\{\sum\limits_{i=1}^{k} f(x_i)+f(x_{k+1})\right\}$

$$=\frac{k}{k+1}\left\{\frac{1}{k} \sum_{i=1}^{k} f(x_i)\right\}+\frac{1}{k+1}f(x_{k+1})$$

$$\leqq \frac{k}{k+1}f\left(\frac{1}{k} \sum_{i=1}^{k} x_i\right)+\left(1-\frac{k}{k+1}\right)f(x_{i+1})$$

$$\leqq f\left(\frac{k}{k+1} \cdot \frac{1}{k} \sum_{i=1}^{k} x_i+\left(1-\frac{k}{k+1}\right)x_{k+1}\right)$$

$$=f\left(\frac{1}{k+1}\left(\sum_{i=1}^{k} x_i+x_{k+1}\right)\right)=f\left(\frac{1}{k+1} \sum_{i=1}^{k+1} x_i\right)$$

よって，$n=k+1$ のときも ④ は成り立つ。

[1]，[2] から，すべての自然数 n について ④ は成り立つ。 ■

参考 等号が成り立つのは，$x_1=x_2=\cdots\cdots=x_n$ のときである。

(3) $f(x)=\log x$ とすると，$f''(x)=-\dfrac{1}{x^2}<0$ であるから，④ により

$$\frac{1}{n}\sum_{i=1}^{n}\log x_i \leqq \log\left(\frac{1}{n}\sum_{i=1}^{n}x_i\right)$$

すなわち $\quad \dfrac{1}{n}(\log x_1+\log x_2+\cdots\cdots+\log x_n)\leqq\log\dfrac{x_1+x_2+\cdots\cdots+x_n}{n}$

よって $\quad \log\dfrac{x_1+x_2+\cdots\cdots+x_n}{n}\geqq\log(x_1 x_2\cdots\cdots x_n)^{\frac{1}{n}}=\log\sqrt[n]{x_1 x_2\cdots\cdots x_n}$

ゆえに $\quad \dfrac{x_1+x_2+\cdots\cdots+x_n}{n}\geqq\sqrt[n]{x_1 x_2\cdots\cdots x_n}$ ■

参考 等号が成り立つのは，$x_1=x_2=\cdots\cdots=x_n$ のときである。

35 関数の極限（ロピタルの定理利用） ★★☆

極限 $\displaystyle\lim_{x\to0}\dfrac{x-\sinh x}{x-\sin x}$ を求めよ。

$\displaystyle\lim_{x\to0}(x-\sinh x)=0$ かつ $\displaystyle\lim_{x\to0}(x-\sin x)=0$

$0<|x|<\dfrac{\pi}{2}$ において $\quad (x-\sin x)'=1-\cos x\neq0$

また $\quad \displaystyle\lim_{x\to0}\dfrac{(x-\sinh x)'}{(x-\sin x)'}=\lim_{x\to0}\dfrac{1-\cosh x}{1-\cos x}$ ……①

ここで $\quad \displaystyle\lim_{x\to0}(1-\cosh x)=0$ かつ $\displaystyle\lim_{x\to0}(1-\cos x)=0$

$0<|x|<\dfrac{\pi}{2}$ において $\quad (1-\cos x)'=\sin x\neq0$

また $\quad \displaystyle\lim_{x\to0}\dfrac{(1-\cosh x)'}{(1-\cos x)'}=\lim_{x\to0}\left(-\dfrac{\sinh x}{\sin x}\right)=-1$ ◀例題 043 (1) より。

ゆえに，ロピタルの定理により，① の極限も存在して

$$\lim_{x\to0}\frac{(x-\sinh x)'}{(x-\sin x)'}=\lim_{x\to0}\frac{1-\cosh x}{1-\cos x}=-1$$

よって，ロピタルの定理により，題意の極限も存在して $\quad \displaystyle\lim_{x\to0}\dfrac{x-\sinh x}{x-\sin x}=\boldsymbol{-1}$

36 関数の極限（ロピタルの定理利用） ★★☆

(1) 極限 $\displaystyle\lim_{x\to\infty}\dfrac{x^2}{\sinh x}$ を求めよ。 (2) $\displaystyle\lim_{x\to\frac{\pi}{2}-0}(\tan x)^{\cos x}=1$ を証明せよ。

(1) $\displaystyle\lim_{x\to\infty}x^2=\infty$ かつ $\displaystyle\lim_{x\to\infty}\sinh x=\infty$

  $x>0$ において $(\sinh x)'=\cosh x\neq 0$

  また $\displaystyle\lim_{x\to\infty}\frac{(x^2)'}{(\sinh x)'}=\lim_{x\to\infty}\frac{2x}{\cosh x}$ ……①

  ここで $\displaystyle\lim_{x\to\infty}2x=\infty$ かつ $\displaystyle\lim_{x\to\infty}\cosh x=\infty$

  $x>0$ において $(\cosh x)'=\sinh x\neq 0$

  また $\displaystyle\lim_{x\to\infty}\frac{(2x)'}{(\cosh x)'}=\lim_{x\to\infty}\frac{2}{\sinh x}=0$

  ゆえに，ロピタルの定理により，①の極限も存在して

  $$\lim_{x\to\infty}\frac{(x^2)'}{(\sinh x)'}=\lim_{x\to\infty}\frac{2x}{\cosh x}=0$$

  よって，ロピタルの定理により，題意の極限も存在して

  $$\lim_{x\to\infty}\frac{x^2}{\sinh x}=\boldsymbol{0}$$

(2) $x\longrightarrow\dfrac{\pi}{2}-0$ を考えるから，$0<x<\dfrac{\pi}{2}$ とする。

  このとき，$(\tan x)^{\cos x}>0$ であるから，自然対数をとると

  $$\log(\tan x)^{\cos x}=\cos x\log(\tan x)$$
  $$=\frac{\log(\tan x)}{\dfrac{1}{\cos x}}$$

  そこで，$\displaystyle\lim_{x\to\frac{\pi}{2}-0}\dfrac{\log(\tan x)}{\dfrac{1}{\cos x}}$ を考える。

  ここで $\displaystyle\lim_{x\to\frac{\pi}{2}-0}\log(\tan x)=\infty$ かつ $\displaystyle\lim_{x\to\frac{\pi}{2}-0}\frac{1}{\cos x}=\infty$

  $0<x<\dfrac{\pi}{2}$ において $\left(\dfrac{1}{\cos x}\right)'=\dfrac{\sin x}{\cos^2 x}\neq 0$

  また $\displaystyle\lim_{x\to\frac{\pi}{2}-0}\frac{\{\log(\tan x)\}'}{\left(\dfrac{1}{\cos x}\right)'}=\lim_{x\to\frac{\pi}{2}-0}\frac{\dfrac{1}{\tan x\cos^2 x}}{\dfrac{\sin x}{\cos^2 x}}=\lim_{x\to\frac{\pi}{2}-0}\frac{\cos x}{\sin^2 x}=0$

  よって，ロピタルの定理により $\displaystyle\lim_{x\to\frac{\pi}{2}-0}\frac{\log(\tan x)}{\dfrac{1}{\cos x}}=0$

  指数関数の連続性により $\displaystyle\lim_{x\to\frac{\pi}{2}-0}(\tan x)^{\cos x}=e^0=\boldsymbol{1}$ ■

37　ロピタルの定理 (4) の証明　　　　　　　★★★

下のロピタルの定理 (2) を用いて，次のロピタルの定理 (4) を証明せよ。

ロピタルの定理 (4)

$f(x)$，$g(x)$ を開区間 (b, ∞) 上で微分可能な関数とし，次が成り立つとする。

(a)　$\displaystyle\lim_{x\to\infty} f(x)=\pm\infty$　かつ　$\displaystyle\lim_{x\to\infty} g(x)=\pm\infty$

(b)　$x>b$ であるすべての x において $g'(x)\neq0$ である。

(c)　極限 $\displaystyle\lim_{x\to\infty}\frac{f'(x)}{g'(x)}$ が存在する。

このとき，極限 $\displaystyle\lim_{x\to\infty}\frac{f(x)}{g(x)}$ も存在し，$\displaystyle\lim_{x\to\infty}\frac{f(x)}{g(x)}=\lim_{x\to\infty}\frac{f'(x)}{g'(x)}$ が成り立つ。

ロピタルの定理 (2)

$f(x)$，$g(x)$ を開区間 (a, b) $(a<b)$ 上で微分可能な関数とし，次が成り立つとする。

(a)　$\displaystyle\lim_{x\to a+0} f(x)=\pm\infty$　かつ　$\displaystyle\lim_{x\to a+0} g(x)=\pm\infty$

(b)　すべての $x\in(a, b)$ において $g'(x)\neq0$ である。

(c)　極限 $\displaystyle\lim_{x\to a+0}\frac{f'(x)}{g'(x)}$ が存在する。

このとき，右側極限 $\displaystyle\lim_{x\to a+0}\frac{f(x)}{g(x)}$ も存在し，$\displaystyle\lim_{x\to a+0}\frac{f(x)}{g(x)}=\lim_{x\to a+0}\frac{f'(x)}{g'(x)}$ が成り立つ。

b は区間 (b, ∞) 内のどの実数でおき換えてもよいから，$b>0$ としても一般性は失われない。

$x=\dfrac{1}{t}$ とおくと，$x\longrightarrow\infty$ のとき，$t\longrightarrow+0$ である。

条件 (a) により　$\displaystyle\lim_{t\to+0} f\left(\frac{1}{t}\right)=\pm\infty$　かつ　$\displaystyle\lim_{t\to+0} g\left(\frac{1}{t}\right)=\pm\infty$

条件 (b) により，$t\in\left(0, \dfrac{1}{b}\right)$ において $g'\left(\dfrac{1}{t}\right)\neq0$ である。

また，$\dfrac{d}{dt}f\left(\dfrac{1}{t}\right)=-\dfrac{1}{t^2}f'\left(\dfrac{1}{t}\right)$ および $\dfrac{d}{dt}g\left(\dfrac{1}{t}\right)=-\dfrac{1}{t^2}g'\left(\dfrac{1}{t}\right)$ より

$$\lim_{t\to+0}\frac{\dfrac{d}{dt}f\left(\dfrac{1}{t}\right)}{\dfrac{d}{dt}g\left(\dfrac{1}{t}\right)}=\lim_{t\to+0}\frac{f'\left(\dfrac{1}{t}\right)}{g'\left(\dfrac{1}{t}\right)}=\lim_{x\to\infty}\frac{f'(x)}{g'(x)}$$

よって，条件 (c) より，右側極限 $\displaystyle\lim_{t\to+0}\frac{\dfrac{d}{dt}f\left(\dfrac{1}{t}\right)}{\dfrac{d}{dt}g\left(\dfrac{1}{t}\right)}$ は存在する。

したがって，ロピタルの定理(2)から，右側極限 $\displaystyle\lim_{t\to+0}\dfrac{f'\left(\dfrac{1}{t}\right)}{g'\left(\dfrac{1}{t}\right)}=\lim_{x\to\infty}\dfrac{f(x)}{g(x)}$ は存在し，その

極限値は $\displaystyle\lim_{x\to\infty}\dfrac{f'(x)}{g'(x)}$ に等しい。 ∎

38　正接関数のマクローリン展開　　　　　　　　★★★

(1)　正接関数 $f(x)=\tan x$ の 4 次のマクローリン展開を求めよ。

(2)　マクローリン展開を用いて，極限 $\displaystyle\lim_{x\to0}\dfrac{(1+x)^{\frac{1}{x}}-e}{x}$ を求めよ。

(1)　$f'(x)=\dfrac{1}{\cos^2 x}=1+\tan^2 x$

$\qquad f''(x)=\dfrac{2\tan x}{\cos^2 x}=2\tan x+2\tan^3 x$

$\qquad f'''(x)=\dfrac{2+6\tan^2 x}{\cos^2 x}=2+8\tan^2 x+6\tan^4 x$

よって　$f'(0)=1,\ f''(0)=0,\ f'''(0)=2$

また　　$f^{(4)}(x)=\dfrac{16\tan x+24\tan^3 x}{\cos^2 x}=16\tan x+40\tan^3 x+24\tan^5 x$

ゆえに，$f(x)=\tan x$ の 4 次の剰余項は

$$\dfrac{16\tan\theta x+40\tan^3\theta x+24\tan^5\theta x}{4!}x^4\quad(0<\theta<1)$$

$f(0)=0$ であるから，求める 4 次のマクローリン展開は

$$f(x)=x+\dfrac{2}{3!}x^3+\dfrac{16\tan\theta x+40\tan^3\theta x+24\tan^5\theta x}{4!}x^4$$

$$=x+\dfrac{1}{3}x^3+\dfrac{2\tan\theta x+5\tan^3\theta x+3\tan^5\theta x}{3}x^4\quad(0<\theta<1)$$

(2)　$f(x)=\log(1+x)$ とすると，自然数 k に対して，$f^{(k)}(x)=\dfrac{(-1)^{k+1}(k-1)!}{(1+x)^k}$ となる。

よって，関数 $f(x)$ のマクローリン展開の k 次の項は次で与えられる。

$$\dfrac{1}{k!}\cdot(-1)^{k+1}(k-1)!\,x^k=\dfrac{(-1)^{k+1}}{k}x^k$$

また，関数 $f(x)$ のマクローリン展開の n 次の剰余項は，$0<\theta<1$ として次で与えられる。

$$\dfrac{1}{n!}\cdot\dfrac{(-1)^{n+1}(n-1)!}{(\theta x+1)^n}x^n=\dfrac{(-1)^{n+1}}{n(\theta x+1)^n}x^n$$

$f(0)=0$ であるから，関数 $f(x)$ のマクローリン展開は次で与えられる。

$$f(x)=x-\frac{1}{2}x^2+\frac{1}{3}x^3-\frac{1}{4}x^4+\cdots\cdots+\frac{(-1)^n}{n-1}x^{n-1}+\frac{(-1)^{n+1}}{n(\theta x+1)^n}x^n \quad (0<\theta<1)$$

このとき

$$\frac{\log(1+x)}{x}=1-\frac{1}{2}x+\frac{1}{3}x^2-\frac{1}{4}x^3+\cdots\cdots+\frac{(-1)^n}{n-1}x^{n-2}+\frac{(-1)^{n+1}}{n(\theta x+1)^n}x^{n-1}$$

$$=1+x\left\{-\frac{1}{2}+\frac{1}{3}x-\frac{1}{4}x^2+\cdots\cdots+\frac{(-1)^n}{n-1}x^{n-3}+\frac{(-1)^{n+1}}{n(\theta x+1)^n}x^{n-2}\right\}$$

ここで，$g(x)=-\dfrac{1}{2}+\dfrac{1}{3}x-\dfrac{1}{4}x^2+\cdots\cdots+\dfrac{(-1)^n}{n-1}x^{n-3}+\dfrac{(-1)^{n+1}}{n(\theta x+1)^n}x^{n-2}$ とすると

$$\lim_{x\to0}\frac{(1+x)^{\frac{1}{x}}-e}{x}=\lim_{x\to0}\frac{e^{\log(1+x)^{\frac{1}{x}}}-e}{x}=\lim_{x\to0}\frac{e^{\frac{\log(1+x)}{x}}-e}{x}$$

$$=\lim_{x\to0}\frac{e^{1+xg(x)}-e}{x}=\lim_{x\to0}\frac{e\{e^{xg(x)}-1\}}{x}$$

更に，$h(x)=e^x$ とすると，自然数 l に対して，$h^{(l)}(x)=e^x$ となる。

よって，関数 $h(x)$ のマクローリン展開の l 次の項は $\dfrac{x^l}{l!}$ で与えられる。

また，関数 $h(x)$ のマクローリン展開の n 次の剰余項は，$0<\theta<1$ として $\dfrac{e^{\theta x}}{n!}x^n$ で与えられる。

ゆえに，関数 $h(x)$ のマクローリン展開は次で与えられる。

$$h(x)=1+x+\frac{1}{2!}x^2+\frac{1}{3!}x^3+\cdots\cdots+\frac{1}{(n-1)!}x^{n-1}+\frac{e^{\theta x}}{n!}x^n \quad (0<\theta<1)$$

したがって

$$\lim_{x\to0}\frac{(1+x)^{\frac{1}{x}}-e}{x}$$

$$=\lim_{x\to0}\frac{e\{e^{xg(x)}-1\}}{x}$$

$$=\lim_{x\to0}\frac{e}{x}\left[1+xg(x)+\frac{1}{2!}\{xg(x)\}^2+\frac{1}{3!}\{xg(x)\}^3+\cdots\cdots+\frac{1}{(n-1)!}\{xg(x)\}^{n-1}+\frac{e^{\theta xg(x)}}{n!}\{xg(x)\}^n-1\right]$$

$$=\lim_{x\to0}e\left[g(x)+\frac{1}{2!}x\{g(x)\}^2+\frac{1}{3!}x^2\{g(x)\}^3+\cdots\cdots+\frac{1}{(n-1)!}x^{n-2}\{g(x)\}^{n-1}+\frac{e^{\theta xg(x)}}{n!}x^{n-1}\{g(x)\}^n\right]$$

$$=eg(0)=-\frac{e}{2}$$

39 区分求積法を用いた定積分の性質の証明等　　　　　★★☆

(1) 区分求積法の公式を用いて，閉区間 $[a,\ b]$ 上で積分可能な関数 $f(x),\ g(x)$ に対して，$\displaystyle\int_a^b \{f(x)+g(x)\}\, dx=\int_a^b f(x)dx+\int_a^b g(x)dx$ が成り立つことを示せ。

ただし，$f(x)+g(x)$ は閉区間 $[a,\ b]$ 上で積分可能であるとする。

(2) 極限 $\displaystyle\lim_{n\to\infty}\sum_{k=1}^{n}\frac{1}{\sqrt{4n^2-k^2}}$ を求めよ。

(1) $n\geqq 2$ とし，$x_i=a+\dfrac{b-a}{n}i\ (0\leqq i\leqq n)$ とする。

区間 $[a,\ b]$ の分割として，次のような小区間を考え，$\varDelta x=\dfrac{b-a}{n}$ とする。

$$[x_0,\ x_1],\ [x_1,\ x_2],\ \cdots\cdots,\ [x_{n-1},\ x_n]$$

このとき

$$\int_a^b \{f(x)+g(x)\}\, dx=\lim_{n\to\infty}\sum_{i=0}^{n-1}\{f(x_i)+g(x_i)\}\varDelta x$$

$$=\lim_{n\to\infty}\left\{\sum_{i=1}^{n-1}f(x_i)\varDelta x+\sum_{i=1}^{n-1}g(x_i)\varDelta x\right\}$$

$$=\lim_{n\to\infty}\sum_{i=1}^{n-1}f(x_i)\varDelta x+\lim_{n\to\infty}\sum_{i=1}^{n-1}g(x_i)\varDelta x$$

$$=\int_a^b f(x)dx+\int_a^b g(x)dx\quad ∎$$

(2) $\displaystyle\lim_{n\to\infty}\sum_{k=1}^{n}\frac{1}{\sqrt{4n^2-k^2}}=\lim_{n\to\infty}\frac{1}{n}\sum_{k=1}^{n}\frac{1}{\sqrt{4-\left(\dfrac{k}{n}\right)^2}}$

$$=\int_0^1 \frac{dx}{\sqrt{4-x^2}}$$

$$=\left[\mathrm{Sin}^{-1}\frac{x}{2}\right]_0^1=\frac{\pi}{6}$$

40 双曲線余弦関数の不定積分等　　　　　★☆☆

次の不定積分を求めよ。

(1) $\displaystyle\int \cosh(x+1)dx$ 　　　　　(2) $\displaystyle\int \frac{3}{1+x^2}dx$

(1) $\displaystyle\int \cosh(x+1)dx=\sinh(x+1)+C$

(2) $\displaystyle\int \frac{3}{1+x^2}dx=3\,\mathrm{Tan}^{-1}x+C$

41 分数関数の不定積分 (部分分数分解利用) ★★☆

不定積分 $\displaystyle\int \frac{dx}{x^4-1}$ を求めよ。

$$\frac{1}{x^4-1}=\frac{1}{2}\left(\frac{1}{x^2-1}-\frac{1}{x^2+1}\right)$$

$$=\frac{1}{2(x^2-1)}-\frac{1}{2(x^2+1)}$$

$$=\frac{1}{4}\left(\frac{1}{x-1}-\frac{1}{x+1}\right)-\frac{1}{2(x^2+1)}=\frac{1}{4(x-1)}-\frac{1}{4(x+1)}-\frac{1}{2(x^2+1)}$$

よって $\displaystyle\int \frac{dx}{x^4-1}=\int\left\{\frac{1}{4(x-1)}-\frac{1}{4(x+1)}-\frac{1}{2(x^2+1)}\right\}dx$

$$=\frac{1}{4}\log|x-1|-\frac{1}{4}\log(x+1)-\frac{1}{2}\mathrm{Tan}^{-1}x+C$$

$$=\boldsymbol{\frac{1}{4}\log\left|\frac{x-1}{x+1}\right|-\frac{1}{2}\mathrm{Tan}^{-1}x+C}$$

42 置換積分法による不定積分, 定積分の計算 ★★☆

(1) 不定積分 $\displaystyle\int \frac{dx}{x\sqrt{x+1}}$ を, $\sqrt{x+1}=t$ とおいて求めよ。

(2) 定積分 $\displaystyle\int_{-\frac{1}{2}}^{\frac{1}{2}} \frac{dx}{(x+1)\sqrt{1-x^2}}$ を, $x=\cos t$ とおいて求めよ。

(1) $\sqrt{x+1}=t$ とおくと, $x=t^2-1$ から $dx=2t\,dt$

よって $\displaystyle\int \frac{dx}{x\sqrt{x+1}}=\int \frac{2t}{(t^2-1)t}dt$

$$=\int \frac{2}{(t-1)(t+1)}dt$$

$$=\int\left(\frac{1}{t-1}-\frac{1}{t+1}\right)dt$$

$$=\log|t-1|-\log|t+1|+C$$

$$=\log\left|\frac{t-1}{t+1}\right|+C=\boldsymbol{\log\left|\frac{\sqrt{x+1}-1}{\sqrt{x+1}+1}\right|+C}$$

(2) $x=\cos t$ とおくと $dx=-\sin t\,dt$

x と t の対応は右のようになる。

x	$-\dfrac{1}{2}$	$\longrightarrow$	$\dfrac{1}{2}$
t	$\dfrac{4}{3}\pi$	$\longrightarrow$	$\dfrac{5}{3}\pi$

よって　$\displaystyle\int_{-\frac{1}{2}}^{\frac{1}{2}}\frac{dx}{(x+1)\sqrt{1-x^2}}=\int_{\frac{4}{3}\pi}^{\frac{5}{3}\pi}\frac{-\sin t}{(\cos t+1)\sqrt{1-\cos^2 t}}dt$

$$=\int_{\frac{4}{3}\pi}^{\frac{5}{3}\pi}\frac{dt}{\left\{\left(2\cos^2\frac{t}{2}-1\right)+1\right\}}=\int_{\frac{4}{3}\pi}^{\frac{5}{3}\pi}\frac{\frac{1}{2}}{\cos^2\frac{t}{2}}dt$$

$$=\left[\tan\frac{t}{2}\right]_{\frac{4}{3}\pi}^{\frac{5}{3}\pi}=\tan\frac{5}{6}\pi-\tan\frac{2}{3}\pi=\frac{2\sqrt{3}}{3}$$

43　逆関数に関する定積分の不等式の証明　　　　★★☆

$x\geqq0$ で連続な関数 $f(x)$ が $f(0)=0$，$x>0$ において $f'(x)>0$ を満たすとき，任意の正の実数 a，b について，不等式 $\displaystyle\int_0^a f(x)dx+\int_0^b f^{-1}(x)dx\geqq ab$ が成り立つことを証明せよ。

関数 $f(x)$ は $x\geqq0$ で単調に増加するから，その逆関数 $f^{-1}(x)$ は存在する。

$F(a)=\displaystyle\int_0^a f(x)dx+\int_0^b f^{-1}(x)dx-ab$ とすると　　$F'(a)=f(a)-b$

$F'(a)=0$ とすると $f(a)=b$ から　　$a=f^{-1}(b)$

よって，$F(a)$ の増減表は右のようになる。

ゆえに，$F(a)$ は $a=f^{-1}(b)$ で極小かつ最小となる。

a	$\cdots$	$f^{-1}(b)$	$\cdots$
$F'(a)$	$-$	0	$+$
$F(a)$	$\searrow$	極小	$\nearrow$

ここで　　$F(f^{-1}(b))=\displaystyle\int_0^{f^{-1}(b)}f(x)dx+\int_0^b f^{-1}(x)dx-bf^{-1}(b)$

また　　$\displaystyle\int_0^{f^{-1}(b)}f(x)dx=\left[xf(x)\right]_0^{f^{-1}(b)}-\int_0^{f^{-1}(b)}xf'(x)dx$

$$=bf^{-1}(b)-\int_0^{f^{-1}(b)}xf'(x)dx$$

更に，$\displaystyle\int_0^{f^{-1}(b)}xf'(x)dx$ について $f(x)=y$ とおくと　　$f'(x)dx=dy$

x と y の対応は右のようになる。

x	$0 \longrightarrow f^{-1}(b)$
y	$0 \longrightarrow b$

よって　　$\displaystyle\int_0^{f^{-1}(b)}xf'(x)dx=\int_0^b f^{-1}(y)dy=\int_0^b f^{-1}(x)dx$

ゆえに　　$F(f^{-1}(b))=\displaystyle\int_0^{f^{-1}(b)}f(x)dx+\int_0^b f^{-1}(x)dx-bf^{-1}(b)$

$$=bf^{-1}(b)-\int_0^b f^{-1}(x)dx+\int_0^b f^{-1}(x)dx-bf^{-1}(b)=0$$

したがって　　$F(a)\geqq0$

以上から，与えられた不等式が成り立つ。

また，等号は $a=f^{-1}(b)$ すなわち $b=f(a)$ のときに成り立つ。　■

44 部分積分法による不定積分の計算 ★★☆

次の不定積分を求めよ。

(1) $\displaystyle\int \mathrm{Sin}^{-1}x\,dx$ 　　　　　　(2) $\displaystyle\int \frac{x}{\cosh^2 x}\,dx$

(1) $\displaystyle\int \mathrm{Sin}^{-1}x\,dx = \int (x)'\,\mathrm{Sin}^{-1}x\,dx$

$\displaystyle\qquad = x\,\mathrm{Sin}^{-1}x - \int \frac{x}{\sqrt{1-x^2}}\,dx$

$\displaystyle\qquad = x\,\mathrm{Sin}^{-1}x + \int \frac{(1-x^2)'}{2\sqrt{1-x^2}}\,dx = \boldsymbol{x\,\mathrm{Sin}^{-1}x + \sqrt{1-x^2} + C}$

(2) $\displaystyle\int \frac{x}{\cosh^2 x}\,dx = \int x(\tanh x)'\,dx$

$\displaystyle\qquad = x\tanh x - \int \tanh x\,dx$

$\displaystyle\qquad = x\tanh x - \int \frac{(\cosh x)'}{\cosh x}\,dx = \boldsymbol{x\tanh x - \log(\cosh x) + C}$

45 $\cos^n x$ の不定積分の漸化式 ★★☆

自然数 n に対して，$a_n = \displaystyle\int \cos^n x\,dx$ とする。数列 $\{a_n\}$ に対して，$n \geqq 3$ のとき，漸化式 $a_n = \dfrac{1}{n}\cos^{n-1}x\,\sin x + \dfrac{n-1}{n}a_{n-2}$ が成り立つことを示せ。

$\displaystyle a_n = \int \cos^n x\,dx$

$\displaystyle\quad = \int \cos x\,\cos^{n-1}x\,dx$

$\displaystyle\quad = \int (\sin x)'\,\cos^{n-1}x\,dx$

$\displaystyle\quad = \sin x\,\cos^{n-1}x - \int \sin x(n-1)\cos^{n-2}x(-\sin x)\,dx$

$\displaystyle\quad = \cos^{n-1}x\,\sin x + (n-1)\int \sin^2 x\,\cos^{n-2}x\,dx$

$\displaystyle\quad = \cos^{n-1}x\,\sin x + (n-1)\int (1-\cos^2 x)\cos^{n-2}x\,dx$

$\displaystyle\quad = \cos^{n-1}x\,\sin x + (n-1)\left(\int \cos^{n-2}x\,dx - \int \cos^n x\,dx\right)$

$\displaystyle\quad = \cos^{n-1}x\,\sin x + (n-1)a_{n-2} - (n-1)a_n$

よって　$a_n = \dfrac{1}{n}\cos^{n-1}x\,\sin x + \dfrac{n-1}{n}a_{n-2}$ ∎

46　$\sin^n x$ の定積分の漸化式　★★☆

> (1)　n を 0 以上の整数とし，$I_n = \displaystyle\int_0^{\frac{\pi}{2}} \sin^n x \, dx$ とする。
>
> 　　$n \geqq 2$ のとき，等式 $I_n = \dfrac{n-1}{n} I_{n-2}$ が成り立つことを示せ。
>
> 　　ただし，$\sin^0 x = 1$ とする。
>
> (2)　定積分 $\displaystyle\int_0^{\frac{\pi}{2}} \sin^6 x \, dx$ を，(1) の漸化式を用いて求めよ。

(1)　$n = 2$ のとき

$$I_2 = \int_0^{\frac{\pi}{2}} \sin^2 x \, dx = \int_0^{\frac{\pi}{2}} \frac{1 - \cos 2x}{2} \, dx$$

$$= \left[\frac{x}{2} - \frac{\sin 2x}{4} \right]_0^{\frac{\pi}{2}} = \frac{\pi}{4}$$

$$\frac{2-1}{2} I_{2-2} = \frac{1}{2} I_0 = \frac{1}{2} \int_0^{\frac{\pi}{2}} dx = \frac{\pi}{4}$$

よって，$n = 2$ のとき成り立つ。

$n \geqq 3$ のとき

$$I_n = \left[-\frac{1}{n} \sin^{n-1} x \cos x \right]_0^{\frac{\pi}{2}} + \frac{n-1}{n} I_{n-2} = \frac{n-1}{n} I_{n-2}$$　◀ 基本例題 057 より。

したがって　　$I_n = \dfrac{n-1}{n} I_{n-2}$　∎

(2)　$I_0 = \displaystyle\int_0^{\frac{\pi}{2}} dx = \frac{\pi}{2}$

よって，(1) より

$$\int_0^{\frac{\pi}{2}} \sin^6 x \, dx = I_6 = \frac{5}{6} I_4 = \frac{5}{6} \cdot \frac{3}{4} I_2$$

$$= \frac{5}{6} \cdot \frac{3}{4} \cdot \frac{1}{2} I_0 = \frac{5}{16} \cdot \frac{\pi}{2} = \frac{5}{32} \pi$$

47　$\sin^m x \cos^n x$ の定積分の漸化式　★★☆

> 基本例題 60 の等式を利用して，次の定積分を求めよ。
>
> (1)　$\displaystyle\int_0^{\frac{\pi}{2}} \sin x \cos^3 x \, dx$　　(2)　$\displaystyle\int_0^{\frac{\pi}{2}} \sin^2 x \cos^2 x \, dx$　　(3)　$\displaystyle\int_0^{\frac{\pi}{2}} \sin^2 x \cos^4 x \, dx$

$\sin^0 x = \cos^0 x = 1$ とする。

(1) $\displaystyle\int_0^{\frac{\pi}{2}} \sin x \cos^3 x\,dx = I_{1,3} = \frac{3-1}{1+3}I_{1,1}$

$$= \frac{1}{2}\int_0^{\frac{\pi}{2}} \sin x \cos x\,dx = \frac{1}{2}\int_0^{\frac{\pi}{2}} \frac{\sin 2x}{2}\,dx$$

$$= \frac{1}{2}\left[-\frac{\cos 2x}{4}\right]_0^{\frac{\pi}{2}} = \boldsymbol{\frac{1}{4}}$$

(2) $\displaystyle\int_0^{\frac{\pi}{2}} \sin^2 x \cos^2 x\,dx = I_{2,2} = \frac{2-1}{2+2}I_{2,0}$

$$= \frac{1}{4}\int_0^{\frac{\pi}{2}} \sin^2 x \cos^0 x\,dx = \frac{1}{4}\int_0^{\frac{\pi}{2}} \sin^2 x\,dx$$

$$= \frac{1}{4}\int_0^{\frac{\pi}{2}} \frac{1-\cos 2x}{2}\,dx = \frac{1}{4}\left[\frac{x}{2}-\frac{\sin 2x}{4}\right]_0^{\frac{\pi}{2}} = \boldsymbol{\frac{\pi}{16}}$$

(3) (2) から

$$\int_0^{\frac{\pi}{2}} \sin^2 x \cos^4 x\,dx = I_{2,4} = \frac{4-1}{2+4}I_{2,2}$$

$$= \frac{1}{2}\int_0^{\frac{\pi}{2}} \sin^2 x \cos^2 x\,dx = \frac{1}{2}\cdot\frac{\pi}{16} = \boldsymbol{\frac{\pi}{32}}$$

48 $1/(ax^2+bx+c)$ の不定積分   ★★☆

次の不定積分を求めよ。

(1) $\displaystyle\int \frac{dx}{x^2-6x+10}$ (2) $\displaystyle\int \frac{dx}{-2x^2+8x+1}$

(1) $\displaystyle\int \frac{dx}{x^2-6x+10} = \int \frac{dx}{(x-3)^2+1} = \boldsymbol{\mathrm{Tan}^{-1}(x-3)+C}$

(2) $\displaystyle\int \frac{dx}{-2x^2+8x+1} = -\frac{1}{2}\int \frac{dx}{x^2-4x-\frac{1}{2}} = -\frac{1}{2}\int \frac{dx}{(x-2)^2-\left(\frac{3\sqrt{2}}{2}\right)^2}$

$$= -\frac{1}{6\sqrt{2}}\int \left(\frac{1}{x-2-\frac{3\sqrt{2}}{2}} - \frac{1}{x-2+\frac{3\sqrt{2}}{2}}\right)dx$$

$$= -\frac{\sqrt{2}}{12}\log\left|\frac{x-2-\frac{3\sqrt{2}}{2}}{x-2+\frac{3\sqrt{2}}{2}}\right| + C$$

$$= \boldsymbol{-\frac{\sqrt{2}}{12}\log\left|\frac{2x-4-3\sqrt{2}}{2x-4+3\sqrt{2}}\right| + C}$$

49 区間 $[a, \infty)$, $(-\infty, b]$ 上の広義積分　★☆☆

(1) 広義積分 $\displaystyle\int_1^\infty \frac{4}{x^3}\,dx$ の値を求めよ。

(2) 広義積分 $\displaystyle\int_{-\infty}^0 \frac{dx}{\sqrt{1-x}}$ は収束するか調べよ。

(1) $\displaystyle\int_1^\infty \frac{4}{x^3}\,dx = \lim_{t\to\infty}\int_1^t \frac{4}{x^3}\,dx = \lim_{t\to\infty}\left[-\frac{2}{x^2}\right]_1^t = \lim_{t\to\infty} 2\left(1-\frac{1}{t^2}\right) = 2$

(2) $\displaystyle\int_{-\infty}^0 \frac{dx}{\sqrt{1-x}} = \lim_{s\to-\infty}\int_s^0 \frac{dx}{\sqrt{1-x}} = \lim_{s\to-\infty}\left[-2\sqrt{1-x}\right]_s^0$

$\displaystyle \qquad = \lim_{s\to-\infty} 2(\sqrt{1-s}-1) = \infty$

よって，広義積分 $\displaystyle\int_{-\infty}^0 \frac{dx}{\sqrt{1-x}}$ は **収束しない。**

50 区間 $[a, b)$, $(a, b]$, $(-\infty, \infty)$ 上の広義積分　★★☆

(1) 次の広義積分は収束するか調べよ。

(ア) $\displaystyle\int_1^2 \frac{dx}{\sqrt{x-1}}$ (イ) $\displaystyle\int_2^3 \frac{dx}{(2-x)^2}$ (ウ) $\displaystyle\int_0^1 \frac{\log x}{x}\,dx$

(2) 広義積分 $\displaystyle\int_{-1}^2 \frac{dx}{\sqrt[3]{x}}$ の値を求めよ。

(1) (ア) $\displaystyle\int_1^2 \frac{dx}{\sqrt{x-1}} = \lim_{\varepsilon\to+0}\int_{1+\varepsilon}^2 \frac{dx}{\sqrt{x-1}} = \lim_{\varepsilon\to+0}\left[2\sqrt{x-1}\right]_{1+\varepsilon}^2 = \lim_{\varepsilon\to+0}(2-2\sqrt{\varepsilon}) = 2$

よって，広義積分 $\displaystyle\int_1^2 \frac{dx}{\sqrt{x-1}}$ は **収束する。**

(イ) $\displaystyle\int_2^3 \frac{dx}{(2-x)^2} = \lim_{\varepsilon\to+0}\int_{2+\varepsilon}^3 \frac{dx}{(x-2)^2} = \lim_{\varepsilon\to+0}\left[-\frac{1}{x-2}\right]_{2+\varepsilon}^3 = \lim_{\varepsilon\to+0}\left(\frac{1}{\varepsilon}-1\right) = \infty$

よって，広義積分 $\displaystyle\int_2^3 \frac{dx}{(2-x)^2}$ は **収束しない。**

(ウ) $\displaystyle\int_0^1 \frac{\log x}{x}\,dx = \lim_{\varepsilon\to+0}\int_\varepsilon^1 \frac{\log x}{x}\,dx = \lim_{\varepsilon\to+0}\left[\frac{1}{2}(\log x)^2\right]_\varepsilon^1 = \lim_{\varepsilon\to+0}\left\{-\frac{1}{2}(\log\varepsilon)^2\right\} = -\infty$

よって，広義積分 $\displaystyle\int_0^1 \frac{\log x}{x}\,dx$ は **収束しない。**

(2) $\displaystyle\int_{-1}^2 \frac{dx}{\sqrt[3]{x}} = \lim_{\varepsilon\to+0}\int_{-1}^{-\varepsilon}\frac{dx}{\sqrt[3]{x}} + \lim_{\varepsilon'\to+0}\int_{\varepsilon'}^2 \frac{dx}{\sqrt[3]{x}} = \lim_{\varepsilon\to+0}\left[\frac{3}{2}\sqrt[3]{x^2}\right]_{-1}^{-\varepsilon} + \lim_{\varepsilon'\to+0}\left[\frac{3}{2}\sqrt[3]{x^2}\right]_{\varepsilon'}^2$

$\displaystyle \qquad = \lim_{\varepsilon\to+0}\frac{3}{2}(\sqrt[3]{\varepsilon^2}-1) + \lim_{\varepsilon'\to+0}\frac{3}{2}(\sqrt[3]{4}-\sqrt[3]{\varepsilon'^2}) = \frac{3}{2}(\sqrt[3]{4}-1)$

51　広義積分の収束判定　★★☆

広義積分 $\displaystyle\int_1^\infty \dfrac{x}{x^3+5}\,dx$ が収束することを示せ。

$x>1$ において，$0<x^3<x^3+5$ であるから　　$\dfrac{1}{x^3+5}<\dfrac{1}{x^3}$

よって，$x>1$ において　　$\dfrac{x}{x^3+5}<\dfrac{x}{x^3}=\dfrac{1}{x^2}$

ここで　　$\displaystyle\int_1^\infty \dfrac{dx}{x^2}=\lim_{t\to\infty}\left[-\dfrac{1}{x}\right]_1^t=\lim_{t\to\infty}\left(1-\dfrac{1}{t}\right)=1$

したがって，与えられた広義積分は収束する。　■

52　媒介変数表示された曲線の長さ等　★☆☆

(1)　$\begin{cases} x(t)=2\cos^3 t \\ y(t)=2\sin^3 t \end{cases}\left(0\leqq t\leqq\dfrac{\pi}{2}\right)$ で与えられる曲線の長さを求めよ。

(2)　双曲線余弦関数 $f(x)=\cosh x\ (0\leqq x\leqq 1)$ のグラフとして得られる曲線の長さを求めよ。

(1)　$\dfrac{dx}{dt}=-6\cos^2 t\sin t,\ \dfrac{dy}{dt}=6\sin^2 t\cos t$

よって，求める曲線の長さは

$$\int_0^{\frac{\pi}{2}}\sqrt{(-6\cos^2 t\sin t)^2+(6\sin^2 t\cos t)^2}\,dt=\int_0^{\frac{\pi}{2}}3\sin 2t\,dt=\left[-\dfrac{3}{2}\cos 2t\right]_0^{\frac{\pi}{2}}=\boldsymbol{3}$$

(2)　$f'(x)=\sinh x$

よって，求める曲線の長さは

$$\int_0^1\sqrt{1+\sinh^2 x}\,dx=\int_0^1\cosh x\,dx=\left[\sinh x\right]_0^1=\boldsymbol{\dfrac{1}{2}\left(e-\dfrac{1}{e}\right)}$$

53　極方程式で表示された曲線の長さ　★★☆

曲線 $r=\dfrac{a}{1+\cos\theta}\left(0\leqq\theta\leqq\dfrac{\pi}{2},\ a>0\right)$ の曲線の長さを求めよ。

$r=\dfrac{a}{1+\cos\theta}$ であるから　　$\dfrac{dr}{d\theta}=\dfrac{a\sin\theta}{(1+\cos\theta)^2}$

よって，求める曲線の長さを L とすると

$$L=\int_0^{\frac{\pi}{2}}\sqrt{\left(\frac{a}{1+\cos\theta}\right)^2+\left\{\frac{a\sin\theta}{(1+\cos\theta)^2}\right\}^2}\,d\theta$$

$$=\int_0^{\frac{\pi}{2}}\frac{a\sqrt{(1+\cos\theta)^2+\sin^2\theta}}{(1+\cos\theta)^2}\,d\theta$$

$$=\int_0^{\frac{\pi}{2}}\frac{\sqrt{2}\,a}{(1+\cos\theta)^{\frac{3}{2}}}\,d\theta$$

$\tan\dfrac{\theta}{2}=u$ とおくと，$\theta=2\,\mathrm{Tan}^{-1}u$ から　　$d\theta=\dfrac{2}{1+u^2}\,du$

また　　　$\cos\theta=2\cos^2\dfrac{\theta}{2}-1=2\cdot\dfrac{1}{1+\tan^2\dfrac{\theta}{2}}-1$

$$=2\cdot\frac{1}{1+u^2}-1=\frac{1-u^2}{1+u^2}$$

θ と u の対応は右のようになる。

θ	$0 \longrightarrow \dfrac{\pi}{2}$
u	$0 \longrightarrow 1$

ゆえに　　$L=\displaystyle\int_0^{\frac{\pi}{2}}\frac{\sqrt{2}\,a}{(1+\cos\theta)^{\frac{3}{2}}}\,d\theta$

$$=\int_0^1\frac{\sqrt{2}\,a}{\left(1+\dfrac{1-u^2}{1+u^2}\right)^{\frac{3}{2}}}\cdot\frac{2}{1+u^2}\,du$$

$$=\int_0^1\frac{\sqrt{2}\,a}{\left(\dfrac{2}{1+u^2}\right)^{\frac{3}{2}}}\cdot\frac{2}{1+u^2}\,du=a\int_0^1\sqrt{1+u^2}\,du$$

更に，$u+\sqrt{1+u^2}=t$ とおくと，$u=\dfrac{t^2-1}{2t}\left(=\dfrac{1}{2}t-\dfrac{1}{2t}\right)$ から

$$du=\left(\frac{1}{2}+\frac{1}{2t^2}\right)dt=\frac{t^2+1}{2t^2}\,dt$$

u と t の対応は右のようになる。

u	$0 \longrightarrow 1$
t	$1 \longrightarrow 1+\sqrt{2}$

したがって　　$L=a\displaystyle\int_0^1\sqrt{1+u^2}\,du$

$$=a\int_1^{1+\sqrt{2}}\sqrt{1+\left(\frac{t^2-1}{2t}\right)^2}\cdot\frac{t^2+1}{2t^2}\,dt$$

$$=a\int_1^{1+\sqrt{2}}\frac{t^2+1}{2t}\cdot\frac{t^2+1}{2t^2}\,dt=a\int_1^{1+\sqrt{2}}\frac{t^4+2t^2+1}{4t^3}\,dt$$

$$=a\left[\frac{t^2}{8}+\frac{1}{2}\log t-\frac{1}{8t^2}\right]_1^{1+\sqrt{2}}=\frac{1}{2}a\left\{\sqrt{2}+\log(1+\sqrt{2})\right\}$$

別解　次のように求めることもできる。

$$L=\int_0^{\frac{\pi}{2}} \frac{\sqrt{2}\,a}{(1+\cos\theta)^{\frac{3}{2}}}\,d\theta=\int_0^{\frac{\pi}{2}} \frac{a}{2\cos^3\dfrac{\theta}{2}}\,d\theta$$

$\dfrac{\theta}{2}=t$ とおくと，$\theta=2t$ から　　$d\theta=2\,dt$

θ と t の対応は右のようになる。

よって　　$L=\int_0^{\frac{\pi}{2}} \dfrac{a}{2\cos^2\dfrac{\theta}{2}}\,d\theta=\int_0^{\frac{\pi}{4}} \dfrac{a}{2\cos^3 t}\cdot2\,dt=a\int_0^{\frac{\pi}{4}} \dfrac{dt}{\cos^3 t}$

θ	$0 \longrightarrow \dfrac{\pi}{2}$
t	$0 \longrightarrow \dfrac{\pi}{4}$

ここで，n を自然数として，$I_n=\displaystyle\int \dfrac{dt}{\cos^n t}$ とすると，$n\geqq3$ のとき

$$\begin{aligned}
I_n&=\int \frac{dt}{\cos^n t}=\int \frac{1}{\cos^2 t}\cdot\frac{1}{\cos^{n-2} t}\,dt\\
&=\int (\tan t)'\cdot\frac{1}{\cos^{n-2} t}\,dt=\frac{\tan t}{\cos^{n-2} t}-\int \tan t\cdot\frac{(n-2)\sin t}{\cos^{n-1} t}\,dt\\
&=\frac{\tan t}{\cos^{n-2} t}-(n-2)\int \frac{\sin^2 t}{\cos^n t}\,dt\\
&=\frac{\tan t}{\cos^{n-2} t}-(n-2)\int \frac{1-\cos^2 t}{\cos^n t}\,dt\\
&=\frac{\tan t}{\cos^{n-2} t}-(n-2)\int \frac{dt}{\cos^n t}+(n-2)\int \frac{dt}{\cos^{n-2} t}\\
&=\frac{\tan t}{\cos^{n-2} t}-(n-2)I_n+(n-2)I_{n-2}
\end{aligned}$$

ゆえに　　$I_n=\dfrac{1}{n-1}\cdot\dfrac{\tan t}{\cos^{n-2} t}+\dfrac{n-2}{n-1}I_{n-2}$

$I_1=\log\left|\dfrac{1+\sin t}{\cos t}\right|+C_1$（$C_1$ は積分定数）であるから　　　◀基本例題 054 (2) より。

$$I_3=\frac{1}{2}\cdot\frac{\tan t}{\cos t}+\frac{1}{2}I_1=\frac{\tan t}{2\cos t}+\frac{1}{2}\log\left|\frac{1+\sin t}{\cos t}\right|+C_2 \quad (C_2 は積分定数)$$

以上から　　$L=a\displaystyle\int_0^{\frac{\pi}{4}} \dfrac{dt}{\cos^3 t}$

$$=a\left[\frac{\tan t}{2\cos t}+\frac{1}{2}\log\frac{1+\sin t}{\cos t}\right]_0^{\frac{\pi}{4}}=\frac{1}{2}a\{\sqrt{2}+\log(1+\sqrt{2})\}$$

補足　与えられた曲線の極方程式 $r=\dfrac{a}{1+\cos\theta}\left(0\leqq\theta\leqq\dfrac{\pi}{2},\ a>0\right)$ を，xy 直交座標平面上での方程式で表すと，$x=-\dfrac{1}{2a}y^2+\dfrac{a}{2}\ (0\leqq y\leqq a)$ となることから，与えられた曲線は放物線の一部であることがわかる。

54   ベータ関数に関する等式の証明   ★★☆

ベータ関数 $B(p,\ q)=\int_0^1 x^{p-1}(1-x)^{q-1}dx$ について, $B\left(\dfrac{1}{2},\ \dfrac{1}{2}\right)=\pi$ が成り立つこと
を示せ。

$$B\left(\frac{1}{2},\ \frac{1}{2}\right)=\int_0^1 x^{-\frac{1}{2}}(1-x)^{-\frac{1}{2}}dx$$

$$=\lim_{\varepsilon\to+0}\int_\varepsilon^{\frac{1}{2}}\frac{dx}{\sqrt{x-x^2}}+\lim_{\varepsilon'\to+0}\int_{\frac{1}{2}}^{1-\varepsilon'}\frac{dx}{\sqrt{x-x^2}}$$

$$=\lim_{\varepsilon\to+0}\int_\varepsilon^{\frac{1}{2}}\frac{dx}{\sqrt{\dfrac{1}{4}-\left(x-\dfrac{1}{2}\right)^2}}+\lim_{\varepsilon'\to+0}\int_{\frac{1}{2}}^{1-\varepsilon'}\frac{dx}{\sqrt{\dfrac{1}{4}-\left(x-\dfrac{1}{2}\right)^2}}$$

$$=\lim_{\varepsilon\to+0}\left[\mathrm{Sin}^{-1}2\left(x-\frac{1}{2}\right)\right]_\varepsilon^{\frac{1}{2}}+\lim_{\varepsilon'\to+0}\left[\mathrm{Sin}^{-1}2\left(x-\frac{1}{2}\right)\right]_{\frac{1}{2}}^{1-\varepsilon'}$$

$$=\lim_{\varepsilon\to+0}\{-\mathrm{Sin}^{-1}(2\varepsilon-1)\}+\lim_{\varepsilon'\to+0}\mathrm{Sin}^{-1}(1-2\varepsilon')$$

$$=\frac{\pi}{2}+\frac{\pi}{2}=\pi\quad\blacksquare$$

55   ガンマ関数に関する等式の証明   ★★☆

ガンマ関数 $\Gamma(s)=\int_0^\infty e^{-x}x^{s-1}dx$ について, $\Gamma\left(\dfrac{1}{2}\right)=2\int_0^\infty e^{-x^2}dx$ を示せ。

$t=x^2$ とおくと　　$dt=2x\,dx$

よって　　$\Gamma\left(\dfrac{1}{2}\right)=\displaystyle\int_0^\infty e^{-t}t^{-\frac{1}{2}}dt$

$$=\int_0^\infty e^{-x^2}\cdot\frac{1}{x}\cdot 2x\,dx=2\int_0^\infty e^{-x^2}dx\quad\blacksquare$$

56　ユークリッド距離を求める等　★☆☆

(1)　R^n 内で，$\{(0, \cdots\cdots, 0, x_k, 0, \cdots\cdots, 0) \mid x_k \in R\}$ $(1 \leq k \leq n)$ で定義される部分集合を座標軸という。R^4 には何本の座標軸があるか，またそれらすべての共通部分はどのような集合か，答えよ。

(2)　R^5 内の 2 点 $(1, 1, 0, -1, 2)$，$(0, 3, -1, 2, 1)$ の距離を求めよ。

(3)　任意の実数 a，b，c に対して，三角不等式 $|a-c| \leq |a-b| + |b-c|$ が成り立つことを示せ。

(1)　R^4 の座標軸の本数は　　**4 本**

また，R^4 の座標軸の共通部分は　　$\{(0, 0, 0, 0)\}$

(2)　$\sqrt{(0-1)^2 + (3-1)^2 + (-1-0)^2 + \{2-(-1)\}^2 + (1-2)^2} = \sqrt{1+4+1+9+1}$
$$= \sqrt{16} = 4$$

(3)　$a-b=p$，$b-c=q$ とおくと　　$a-c=p+q$

よって，示すべき不等式は
$$|p+q| \leq |p| + |q|$$
$$(|p|+|q|)^2 - |p+q|^2 = p^2 + 2|p||q| + q^2 - (p^2 + 2pq + q^2)$$
$$= 2(|pq| - pq) \geq 0$$

よって　　$|p+q|^2 \leq (|p|+|q|)^2$

$|p+q| \geq 0$，$|p|+|q| \geq 0$ から　　$|p+q| \leq |p| + |q|$

したがって，不等式 $|a-c| \leq |a-b| + |b-c|$ は成り立つ。　∎

57　$z = \sqrt{4-x^2-y^2}$ のグラフを平面 $z=1$ で切った切り口等　★☆☆

(1)　2 変数関数 $f(x, y) = e^{x+\sqrt{y}}$ について，点 $(3, 4)$ の像を求めよ。また，その定義域を答え，値域を求めよ。

(2)　平面 $z=1$ を xy 平面と同一視するとき，2 変数関数 $f(x, y) = \sqrt{4-x^2-y^2}$ のグラフを，平面 $z=1$ で切った切り口を xy 平面上に図示せよ。

(1)　$f(3, 4) = e^{3+\sqrt{4}} = e^5$

関数 $f(x, y)$ の定義域は　　$\{(x, y) \mid y \geq 0\}$

次に，$z > 0$ を満たす任意の実数 z に対して，$x = \log z$，$y=0$ とすると，

$(\log z, 0) \in \{(x, y) \mid y \geq 0\}$ であり，このとき $z = f(x, y)$ が成り立つ。

よって，$z > 0$ を満たす任意の実数 z に対して，$z = f(x, y)$ となる定義域内の (x, y) が存在する。

また，常に $f(x, y) > 0$ であるから，$z \leq 0$ を満たす任意の実数 z に対して，

$z = f(x, y)$ となる定義域内の (x, y) は存在しない。

よって，値域は $\{z \mid z > 0\}$

(2) 関数 $z=f(x, y)$ のグラフを平面 $z=1$ で切った切り口
を表す方程式は

$$z=1, \quad \sqrt{4-x^2-y^2}=1$$

すなわち

$$z=1, \quad x^2+y^2=3$$

よって，切り口を xy 平面上に図示すると，右の図のように
なる。

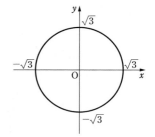

58　2 変数関数のグラフ上の点と定点との距離の最小値等　★☆☆

> (1)　2 変数関数 $f(x, y)=\sqrt{3x^2+y^2-6y+9}$ のグラフ上の点 $\mathrm{P}(x, y, f(x, y))$ と，
> 定点 $\mathrm{A}(2, 1, 0)$ との距離を最小にする点 P の座標とその最小値を求めよ。
>
> (2)　座標空間において，原点 O と定点 $\mathrm{A}\left(1, 1, \dfrac{1}{2}\right)$ および，2 変数関数
> $f(x, y)=1-x-y$ のグラフ上の点 $\mathrm{P}(x, y, f(x, y))$ を考えるとき，距離
> $\mathrm{OP}+\mathrm{PA}$ が最小になるときの，点 P の座標を求めよ。

(1)　点 $\mathrm{P}(x, y, f(x, y))$ と定点 $\mathrm{A}(2, 1, 0)$ との距離 AP の平方は

$$\begin{aligned}
\mathrm{AP}^2 &= (x-2)^2+(y-1)^2+\{f(x, y)\}^2 \\
&= x^2-4x+4+y^2-2y+1+3x^2+y^2-6y+9 \\
&= 4x^2-4x+2y^2-8y+14=4\left(x-\frac{1}{2}\right)^2+2(y-2)^2+5
\end{aligned}$$

$\mathrm{AP}\geqq 0$ であるから，AP^2 が最小になるとき AP も最小になる。

$x-\dfrac{1}{2}=0,\ y-2=0$ すなわち $x=\dfrac{1}{2},\ y=2$ のとき AP^2 は最小となり　$f\left(\dfrac{1}{2}, 2\right)=\dfrac{\sqrt{7}}{2}$

このとき　　$\mathrm{AP}=\sqrt{5}$

よって，求める　**点 P の座標は** $\left(\dfrac{1}{2}, 2, \dfrac{\sqrt{7}}{2}\right)$, **最小値は** $\sqrt{5}$

(2)　$f(0, 0)=1>0,\ f(1, 1)=-1<\dfrac{1}{2}$ より，2 点 $\mathrm{O},\ \mathrm{A}$ は $f(x, y)$ のグラフに関して互
いに反対側にある。よって，距離 $\mathrm{OP}+\mathrm{PA}$ が最小になるのは，3 点 $\mathrm{O},\ \mathrm{P},\ \mathrm{A}$ が同一
直線上にあるときである。

よって，距離 $\mathrm{OP}+\mathrm{PA}$ が最小になるのは，直線 OA と $f(x, y)$ のグラフの交点が点
P に一致するときである。

直線 OA 上の点は，t を実数として $\left(t, t, \dfrac{t}{2}\right)$ と表される。

よって，$\dfrac{t}{2}=1-t-t$ から　　$t=\dfrac{2}{5}$

したがって，求める点Pの座標は $\left(\dfrac{2}{5},\ \dfrac{2}{5},\ \dfrac{1}{5}\right)$

59 $(x,\ y)\longrightarrow(1,\ -1)$ のとき $f(x,\ y)$ の極限が 6 の証明　　★★☆

> 2 変数関数 $f(x,\ y)=2x-3y+1$ に対して，$\displaystyle\lim_{(x,y)\to(1,-1)}f(x,\ y)=6$ を示せ。

任意の正の実数 ε に対して，$\delta=\dfrac{\varepsilon}{5}$ とする。

このとき，$0<d((x,\ y),\ (1,\ -1))<\delta$ を満たすすべての $(x,\ y)$ に対して
$$|f(x,\ y)-6|=|(2x-3y+1)-6|=|2(x-1)-3(y+1)|\leqq2|x-1|+3|y+1|$$

ここで　　$|x-1|=\sqrt{(x-1)^2}\leqq\sqrt{(x-1)^2+(y+1)^2}=d((x,\ y),\ (1,\ -1))<\delta=\dfrac{\varepsilon}{5}$

$\qquad\quad |y+1|=\sqrt{(y+1)^2}\leqq\sqrt{(x-1)^2+(y+1)^2}=d((x,\ y),\ (1,\ -1))<\delta=\dfrac{\varepsilon}{5}$

ゆえに
$$|f(x,\ y)-6|\leqq2|x-1|+3|y+1|$$
$$<\dfrac{2}{5}\varepsilon+\dfrac{3}{5}\varepsilon=\varepsilon$$

よって，$0<d((x,\ y),\ (1,\ -1))<\delta$ を満たし，かつ，関数 $f(x,\ y)$ の定義域に含まれるすべての $(x,\ y)$ について $|f(x,\ y)-6|<\varepsilon$ が成り立つ。
したがって　　$\displaystyle\lim_{(x,y)\to(1,-1)}f(x,\ y)=6$　∎

60 $(x,\ y)\longrightarrow(0,\ 0)$ のとき $f(x,\ y)$ が極限をもたない証明　　★★☆

> 2 変数関数 $f(x,\ y)=\dfrac{3x^2-y^2}{x^2+2y^2}$ は，$(x,\ y)\longrightarrow(0,\ 0)$ のとき極限をもたないことを示せ。

原点 $(0,\ 0)$ を通る直線 $\ell:y=mx$ に沿って，$(x,\ y)$ を $(0,\ 0)$ に近づける。

$x\neq0$ のとき　　$f(x,\ mx)=\dfrac{(3-m^2)x^2}{(1+2m^2)x^2}=\dfrac{3-m^2}{1+2m^2}$

$x\longrightarrow0$ のとき，$f(x,\ mx)$ は $\dfrac{3-m^2}{1+2m^2}$ に収束する。

ところが，$\dfrac{3-m^2}{1+2m^2}$ は，直線 ℓ の傾き，すなわち m の値に依存している。

実際，$m=1$ のとき $\dfrac{3-m^2}{1+2m^2}=\dfrac{2}{3}$ であるが，$m=0$ のとき $\dfrac{3-m^2}{1+2m^2}=3$ である。

したがって，$(x,\ y)$ を $(0,\ 0)$ に近づけたとき，関数 $f(x,\ y)$ が近づく値は，$(x,\ y)$ の $(0,\ 0)$ への近づけ方に依存する。

以上から，関数 $f(x,\ y)$ は $(x,\ y)\longrightarrow(0,\ 0)$ のとき極限をもたない。　∎

61　$(x, y) \longrightarrow (0, 0)$ のとき $f(x, y)$ が極限をもたない証明　★★☆

> 2変数関数 $f(x, y) = \dfrac{2x^3 y}{x^6 + y^2}$ は，$(x, y) \longrightarrow (0, 0)$ のとき極限をもたないことを示せ。

原点 $(0, 0)$ を通る曲線 $y = mx^3$ に沿って，(x, y) を $(0, 0)$ に近づける。

$x \neq 0$ のとき　　$f(x, mx^3) = \dfrac{2mx^6}{(1 + m^2)x^6} = \dfrac{2m}{1 + m^2}$

$x \longrightarrow 0$ のとき，$f(x, mx^3)$ は $\dfrac{2m}{1 + m^2}$ に収束する。

ところが，$\dfrac{2m}{1 + m^2}$ は，m の値に依存している。

実際，$m = 1$ のとき $\dfrac{2m}{1 + m^2} = 1$ であるが，$m = 0$ のとき $\dfrac{2m}{1 + m^2} = 0$ である。

したがって，(x, y) を $(0, 0)$ に近づけたとき，関数 $f(x, y)$ が近づく値は，(x, y) の $(0, 0)$ への近づけ方に依存する。

以上から，関数 $f(x, y)$ は $(x, y) \longrightarrow (0, 0)$ のとき極限をもたない。　■

62　場合分けのある2変数関数の連続性の判定　★★☆

> 関数 $f(x, y) = \begin{cases} \dfrac{\sin(\sqrt{x^2 + y^2})}{\sqrt{x^2 + y^2}} & ((x, y) \neq (0, 0)) \\ 1 & ((x, y) = (0, 0)) \end{cases}$ は $\mathbb{R}^2$ で連続かどうか調べよ。

$(x, y) \neq (0, 0)$ のとき $\sqrt{x^2 + y^2} \neq 0$ であるから，$(x, y) \neq (0, 0)$ において関数 $f(x, y)$ は確かに定義されている。

また，$(x, y) \neq (0, 0)$ のときの関数 $f(x, y)$ は連続関数の合成や四則演算で表されているから，連続である。

(x, y) を極座標表示して $(r\cos\theta, r\sin\theta)$ とすると，$(x, y) \neq (0, 0)$ では $r > 0$ である。

このとき，$\sqrt{x^2 + y^2} = r$ であるから　　$f(r\cos\theta, r\sin\theta) = \dfrac{\sin r}{r}$

$\displaystyle \lim_{r \to 0} \dfrac{\sin r}{r} = 1$ であるから　　$\displaystyle \lim_{r \to 0} f(r\cos\theta, r\sin\theta) = 1$

これは，$r \longrightarrow 0$ で偏角 θ に依存せず関数 $f(r\cos\theta, r\sin\theta)$ が 1 に収束することを示す。

よって　　$\displaystyle \lim_{(x,y) \to (0,0)} f(x, y) = 0$

したがって，$\displaystyle \lim_{(x,y) \to (0,0)} f(x, y) = f(0, 0)$ が成り立つから，関数 $f(x, y)$ は原点でも連続である。

以上から，関数 $f(x, y)$ は $\mathbb{R}^2$ で **連続である。**

63 合成関数 $h(f(x), g(x))$ が連続関数であることの証明 ★★★

> 1 変数関数 $f(x)$, $g(y)$ と 2 変数関数 $h(s, t)$ があり，$f(x)$, $g(y)$ の値域をそれぞれ X, Y とするとき，集合 $\{(p, q) \mid p \in X, q \in Y\}$ が $h(s, t)$ の定義域に含まれているとする。このとき，関数 $f(x)$, $g(y)$, $h(s, t)$ がすべて連続であるならば，合成関数 $h(f(x), g(y))$ も連続であることを示せ。

関数 $f(x)$, $g(y)$ の定義域をそれぞれ $I \subset \mathbb{R}$, $J \subset \mathbb{R}$ とし，$\alpha \in I$, $\beta \in J$ とする。

集合 $\{(p, q) \mid p \in X, q \in Y\}$ が $h(s, t)$ の定義域に含まれ，$h(s, t)$ は連続であるから

$$\lim_{(s,t) \to (f(\alpha), g(\beta))} h(s, t) = h(f(\alpha), g(\beta))$$

ゆえに，任意の正の実数 ε に対して，ある正の実数 δ_1 が存在して

$0 < d((s, t), (f(\alpha), g(\beta))) < \delta_1$ を満たし，かつ，$h(s, t)$ の定義域に含まれるすべての (s, t) について $|h(s, t) - h(f(\alpha), g(\beta))| < \varepsilon$ が成り立つ。

また，$f(x)$, $g(y)$ は連続であるから　$\displaystyle\lim_{x \to \alpha} f(x) = f(\alpha)$, $\displaystyle\lim_{y \to \beta} g(y) = g(\beta)$

よって，上で定めた δ_1 に対して，ある正の実数 δ_2, δ_3 が存在して，次が成り立つ。

[1]　$0 < |x - \alpha| < \delta_2$ を満たし，かつ，I に含まれるすべての x について

　　$|f(x) - f(\alpha)| < \dfrac{\delta_1}{\sqrt{2}}$ となる。

[2]　$0 < |y - \beta| < \delta_3$ を満たし，かつ，J に含まれるすべての y について

　　$|g(y) - g(\beta)| < \dfrac{\delta_1}{\sqrt{2}}$ となる。

ここで，$\delta = \min\{\delta_2, \delta_3\}$ とすると，$0 < d((x, y), (\alpha, \beta)) < \delta$ を満たし，かつ，直積 $I \times J$ に含まれるすべての (x, y) について，$(f(x), g(y)) \neq (f(\alpha), g(\beta))$ ならば次が成り立つ。

$$d((f(x), g(y)), (f(\alpha), g(\beta))) = \sqrt{|f(x) - f(\alpha)|^2 + |g(y) - g(\beta)|^2}$$
$$< \sqrt{\left(\frac{\delta_1}{\sqrt{2}}\right)^2 + \left(\frac{\delta_1}{\sqrt{2}}\right)^2} = \delta_1$$

この不等式は，$(f(x), g(y)) = (f(\alpha), g(\beta))$ ならば明らかに成り立つ。

ゆえに，$0 < d((x, y), (\alpha, \beta)) < \delta$ を満たし，かつ，$I \times J$ に含まれるすべての (x, y) について $|h(f(x), g(y)) - h(f(\alpha), g(\beta))| < \varepsilon$ が成り立つ。

よって，$\displaystyle\lim_{(x,y) \to (\alpha,\beta)} h(f(x), g(y)) = h(f(\alpha), g(\beta))$ が成り立つから，$h(f(x), g(y))$ も連続である。　■

64 方程式 $f(x, y) = 0$ が解をもつ証明（中間値の定理） ★★☆

> $D = \{(x, y) \in \mathbb{R}^2 \mid x^2 + y^2 \leqq 1\}$ とする。方程式 $\sinh(x-1) + \cosh(y+1) = 0$ が，領域 D 内に解をもつことを示せ。ただし，D が弧状連結であることはわかっているものとする。

$f(x, y)=\sinh(x-1)+\cosh(y+1)$ とすると，関数 $f(x, y)$ は D 上で連続である。

また　　$f(0, 0)=\sinh(-1)+\cosh 1$

$$=\frac{1}{2}\left(\frac{1}{e}-e\right)+\frac{1}{2}\left(e+\frac{1}{e}\right)=\frac{1}{e}>0$$

$$f(0, -1)=\sinh(-1)+\cosh 0=1-\frac{1}{2}\left(e-\frac{1}{e}\right)$$

ここで，$e>\dfrac{5}{2}$ であるから　　$e-\dfrac{1}{e}>\dfrac{21}{10}>2$

ゆえに　　$f(0, -1)=1-\dfrac{1}{2}\left(e-\dfrac{1}{e}\right)<0$

よって，中間値の定理により，方程式 $f(x, y)=0$ は領域 D 内に少なくとも 1 つの解をもつ。　■

65　R^2 の部分集合が閉集合であることの証明　　　　★★★

R^2 の部分集合 $\{(x, y)\in\mathrm{R}^2\,|\,x^2+y^2\leqq 1\}$ が閉集合であることを証明せよ。

$S=\{(x, y)\in\mathrm{R}^2\,|\,x^2+y^2\leqq 1\}$ とする。

S のすべての境界点からなる集合が，次の集合 T の部分集合であることを示す。

　　　$T=\{(x, y)\in\mathrm{R}^2\,|\,x^2+y^2=1\}$

また，S における，T の補集合を $S\backslash T$ とする。

[1]　$(a, b)\in S\backslash T$ のとき

　$\varepsilon=1-\sqrt{a^2+b^2}$ とすると

　　　$\{(x, y)\in\mathrm{R}^2\,|\,d((x, y), (a, b))<\varepsilon\}\cap\overline{S}\neq\varnothing$

[2]　$(a, b)\in\overline{S}$ のとき

　$\varepsilon=\sqrt{a^2+b^2}-1$ とすると

　　　$\{(x, y)\in\mathrm{R}^2\,|\,d((x, y), (a, b))<\varepsilon\}\cap S\neq\varnothing$

[1]，[2] から，T に含まれないすべての点は S の境界点ではない。

よって，S のすべての境界点からなる集合は T の部分集合である。　　　◀対偶により。

したがって，S は閉集合である。　■

66　1 点集合が閉集合であることの証明　　　　★★☆

R^2 の 1 点だけからなる部分集合は閉集合であることを示せ。

R^2 の 1 点だけからなる集合を $\{(p, q)\}$ とする。

$\{(p, q)\}$ の補集合を $\mathrm{R}^2\backslash\{(p, q)\}$ とし，これが開集合であることを示す。

任意の $(a, b)\in\mathrm{R}^2\backslash\{(p, q)\}$ に対して，$\delta=d((a, b), (p, q))$ とすると　　$\delta>0$

このとき，$\{(x, y)\in\mathrm{R}^2\,|\,d((x, y), (a, b))<\delta\}\subset\mathrm{R}^2\backslash\{(p, q)\}$ が成り立つから，集合 $\mathrm{R}^2\backslash\{(p, q)\}$ は開集合である。　■

67 2変数関数の偏微分係数の計算　　　　　　　　　★☆☆

次の2変数関数の点 (a, b) における偏微分係数 $\dfrac{\partial f}{\partial x}(a, b)$, $\dfrac{\partial f}{\partial y}(a, b)$ を求めよ。

(1) $f(x, y) = y\cos(x^2+3y)$　　　(2) $f(x, y) = \dfrac{y}{\sqrt{x^2+y^2}}$

(1) $f(x, y) = y\cos(x^2+3y)$ …… ① とする。

① に $y=b$ を代入して　　$f(x, b) = b\cos(x^2+3b)$

x で微分すると　　　　$\dfrac{\partial f}{\partial x}(x, b) = -2bx\sin(x^2+3b)$　　◀ b は定数。

$x=a$ を代入して　　　$\dfrac{\partial f}{\partial x}(a, b) = -2ab\sin(a^2+3b)$

また，① に $x=a$ を代入して　　$f(a, y) = y\cos(a^2+3y)$

y で微分すると　　　　$\dfrac{\partial f}{\partial y}(a, y) = \cos(a^2+3y) - 3y\sin(a^2+3y)$　　◀ a は定数。

$y=b$ を代入して　　　$\dfrac{\partial f}{\partial y}(a, b) = \cos(a^2+3b) - 3b\sin(a^2+3b)$

(2) $f(x, y) = \dfrac{y}{\sqrt{x^2+y^2}}$ …… ② とする。

② に $y=b$ を代入して　　$f(x, b) = \dfrac{b}{\sqrt{x^2+b^2}}$

x で微分すると　　　　$\dfrac{\partial f}{\partial x}(x, b) = -\dfrac{bx}{(x^2+b^2)\sqrt{x^2+b^2}}$　　◀ b は定数。

$x=a$ を代入して　　　$\dfrac{\partial f}{\partial x}(a, b) = -\dfrac{ab}{(a^2+b^2)\sqrt{a^2+b^2}}$

また，② に $x=a$ を代入して　　$f(a, y) = \dfrac{y}{\sqrt{a^2+y^2}}$

y で微分すると　　　　$\dfrac{\partial f}{\partial y}(a, y) = \dfrac{a^2}{(a^2+y^2)\sqrt{a^2+y^2}}$　　◀ a は定数。

$y=b$ を代入して　　　$\dfrac{\partial f}{\partial y}(a, b) = \dfrac{a^2}{(a^2+b^2)\sqrt{a^2+b^2}}$

68 2変数関数の偏導関数の計算　　　　　　　　　★☆☆

次の2変数関数 $f(x, y)$ について，偏導関数 $\dfrac{\partial f}{\partial x}(x, y)$, $\dfrac{\partial f}{\partial y}(x, y)$ を求めよ。

(1) $f(x, y) = \log\sqrt{3x^2+y}$

(2) $f(x, y) = e^{-(x^2+y^2)}(\sin x + \cos y)$　$((x, y) \neq (0, 0))$

(1) $f(x, y) = \log\sqrt{3x^2 + y}$ を，y を定数とみて x で微分して

$$\frac{\partial f}{\partial x}(x, y) = \frac{3x}{3x^2 + y}$$

同様に，$f(x, y) = \log\sqrt{3x^2 + y}$ を，x を定数とみて y で微分して

$$\frac{\partial f}{\partial y}(x, y) = \frac{1}{2(3x^2 + y)}$$

(2) $f(x, y) = e^{-(x^2+y^2)}(\sin x + \cos y)$ を，y を定数とみて x で微分して

$$\frac{\partial f}{\partial x}(x, y) = e^{-(x^2+y^2)}(\cos x - 2x\sin x - 2x\cos y)$$

同様に，$f(x, y) = e^{-(x^2+y^2)}(\sin x + \cos y)$ を，x を定数とみて y で微分して

$$\frac{\partial f}{\partial y}(x, y) = -e^{-(x^2+y^2)}(\sin y + 2y\sin x + 2y\cos y)$$

69　空間の3点を通る平面の方程式等　　　★☆☆

> (1) $A(1, 1, 1)$，$B(2, -1, 3)$ を通り，$(-1, 2, 1)$ に平行な平面の方程式を求めよ。
> (2) 3点 $(1, 2, 4)$，$(-2, 0, 3)$，$(4, 5, -2)$ を通る平面の方程式を求めよ。

(1) 平面の法線ベクトルを $\vec{n_1} = (l, m, n)$ とする。

$\vec{n_1} \perp \overrightarrow{AB}$ から　　$\vec{n_1} \cdot \overrightarrow{AB} = 0$

$\overrightarrow{AB} = (1, -2, 2)$ であるから　　$l - 2m + 2n = 0$　……①

また，$\vec{n_1} \perp \vec{u}$ から　　$\vec{n_1} \cdot \vec{u} = 0$

ゆえに　　$-l + 2m + n = 0$　……②

①，②より，$l = 2m$，$n = 0$ であるから　　$\vec{n_1} = m(2, 1, 0)$

$\vec{n_1} \neq \vec{0}$ より，$m \neq 0$ であるから，$\vec{n_1} = (2, 1, 0)$ とする。

したがって，求める平面の方程式は

$$2(x-1) + 1 \cdot (y-1) + 0 \cdot (z-1) = 0 \quad すなわち \quad \mathbf{2x + y - 3 = 0}$$

(2) 3点 $(1, 2, 4)$，$(-2, 0, 3)$，$(4, 5, -2)$ を，それぞれ C，D，E とし，平面の法線ベクトルを $\vec{n_2} = (p, q, r)$ とする。

$\vec{n_2} \perp \overrightarrow{CD}$，$\vec{n_2} \perp \overrightarrow{CE}$ から　　$\vec{n_2} \cdot \overrightarrow{CD} = 0$，$\vec{n_2} \cdot \overrightarrow{CE} = 0$

$\overrightarrow{CD} = (-3, -2, -1)$，$\overrightarrow{CE} = (3, 3, -6)$ であるから

$$-3p - 2q - r = 0, \quad 3p + 3q - 6r = 0$$

よって，$p = -5r$，$q = 7r$ であるから　　$\vec{n_2} = r(-5, 7, 1)$

$\vec{n_2} \neq \vec{0}$ より，$r \neq 0$ であるから，$\vec{n_2} = (-5, 7, 1)$ とする。

したがって，求める平面の方程式は

$$-5(x-1) + 7(y-2) + 1 \cdot (z-4) = 0 \quad すなわち \quad \mathbf{5x - 7y - z + 13 = 0}$$

求める平面の方程式を $\alpha x+\beta y+\gamma z+\delta=0$ とする。

3点 $(1,\ 2,\ 4)$, $(-2,\ 0,\ 3)$, $(4,\ 5,\ -2)$ を通るから

$$\alpha+2\beta+4\gamma+\delta=0,\quad -2\alpha+3\gamma+\delta=0,\quad 4\alpha+5\beta-2\gamma+\delta=0$$

ゆえに　$\alpha=-5\gamma$, $\beta=7\gamma$, $\delta=-13\gamma$

求める方程式は　$-5\gamma x+7\gamma y+\gamma z-13\gamma=0$

$\gamma\neq 0$ であるから　$\boldsymbol{5x-7y-z+13=0}$

70　接平面の方程式　★☆☆

関数 $z=2x^2+3y^2+k$ のグラフ上の点 $(a,\ 1,\ 1)$ における接平面の法線ベクトルの1つが $(8,\ 6,\ -1)$ であるとき，定数 a, k の値と接平面の方程式を求めよ。

$f(x,\ y)=2x^2+3y^2+k$ とすると，$1=f(a,\ 1)$ より

$$1=2a^2+k+3\quad \cdots\cdots ①$$

$f_x(x,\ y)=4x$, $f_y(x,\ y)=6y$ より，接平面の法線ベクトルの1つとして，$(4a,\ 6,\ -1)$ がとれるから，t を実数として，次が成り立つ。

$$\begin{cases} 4a=8t \\ 6=6t\quad \cdots\cdots ② \\ -1=-t \end{cases}$$

①，② を解くと　$\boldsymbol{a=2,\ k=-10},\ t=1$

また，求める接平面の方程式は　$z=8(x-2)+6(y-1)+1$

すなわち　$\boldsymbol{z=8x+6y-21}$

71　R^2 上で全微分可能の証明と接平面の方程式　★★☆

関数 $f(x,\ y)=e^{x^2y^2}$ は R^2 上で全微分可能であることを示し，関数 $z=f(x,\ y)$ のグラフ上の点 $(-1,\ 1,\ e)$ における接平面の方程式を求めよ。

関数 $f(x,\ y)$ の偏導関数をそれぞれ求めると

$$f_x(x,\ y)=2xy^2e^{x^2y^2}$$

$$f_y(x,\ y)=2x^2ye^{x^2y^2}$$

これらはどちらも連続関数の積や合成関数であるから，R^2 で連続である。

よって，偏導関数の連続性と全微分可能性の定理により，関数 $f(x,\ y)$ は R^2 上で全微分可能である。

また

$$f_x(-1,\ 1)=-2e$$

$$f_y(-1,\ 1)=2e$$

よって，関数 $z=f(x,\ y)$ のグラフ上の点 $(-1,\ 1,\ e)$ における接平面の方程式は

$$z=-2e\{x-(-1)\}+2e(y-1)+e$$

すなわち　$\boldsymbol{z=-2ex+2ey-3e}$

72 　2変数関数と1変数関数との合成関数の微分 　★☆☆

$f(x,\ y)=\log(x^2+xy+y^2+1),\ \ \varphi(t)=e^t+e^{-t},\ \ \psi(t)=e^t-e^{-t}$ とする。
$g(t)=f(\varphi(t),\ \psi(t))$ とするとき，導関数 $g'(t)$ を求めよ。

関数 $f(x,\ y)$ の偏導関数をそれぞれ求めると

$$f_x(x,\ y)=\frac{2x+y}{x^2+xy+y^2+1},\ \ f_y(x,\ y)=\frac{x+2y}{x^2+xy+y^2+1}$$

これらはどちらも連続関数の和，積，商であるから，R^2 で連続である。
よって，偏導関数の連続性と全微分可能性の定理により，関数 $f(x,\ y)$ は R^2 上で全微分可能である。
ここで　　$\varphi'(t)=e^t-e^{-t},\ \ \psi'(t)=e^t+e^{-t}$
したがって

$$
\begin{aligned}
g'(t)&=\frac{2(e^t+e^{-t})+(e^t-e^{-t})}{(e^t+e^{-t})^2+(e^t+e^{-t})(e^t-e^{-t})+(e^t-e^{-t})^2+1}\cdot(e^t-e^{-t})\\
&\quad+\frac{(e^t+e^{-t})+2(e^t-e^{-t})}{(e^t+e^{-t})^2+(e^t+e^{-t})(e^t-e^{-t})+(e^t-e^{-t})^2+1}\cdot(e^t+e^{-t})\\
&=\frac{3e^t+e^{-t}}{3e^{2t}+e^{-2t}+1}\cdot(e^t-e^{-t})+\frac{3e^t-e^{-t}}{3e^{2t}+e^{-2t}+1}\cdot(e^t+e^{-t})\\
&=\frac{6e^{2t}-2e^{-2t}}{3e^{2t}+e^{-2t}+1}
\end{aligned}
$$

別解　$g(t)=f(\varphi(t),\ \psi(t))$
　　　　$=\log\{(e^t+e^{-t})^2+(e^t+e^{-t})(e^t-e^{-t})+(e^t-e^{-t})^2+1\}$
　　　　$=\log(3e^{2t}+e^{-2t}+1)$

　　よって　　$g'(t)=\dfrac{6e^{2t}-2e^{-2t}}{3e^{2t}+e^{-2t}+1}$

73 　2変数関数と1変数関数との合成関数の微分 　★☆☆

$f(x,\ y)=ye^{\sqrt{x^2+y^2}}$ として $\varphi(u,\ v)=u\cos v,\ \ \psi(u,\ v)=u\sin v$ とする。
$g(u,\ v)=f(\varphi(u,\ v),\ \psi(u,\ v))$ とするとき，$g_u(u,\ v),\ g_v(u,\ v)$ を求めよ。

$g(u,\ v)=e^{\sqrt{u^2\cos^2v+u^2\sin^2v}}u\sin v=ue^{|u|}\sin v$

$k(u)=ue^{|u|}$ とすると　　$k(u)=\begin{cases}ue^u&(u\geqq0)\\ue^{-u}&(u<0)\end{cases}$

ゆえに　　$\displaystyle\lim_{h\to+0}\frac{k(h)-k(0)}{h}=\lim_{h\to+0}\frac{he^h}{h}=1$

　　　　　$\displaystyle\lim_{h\to-0}\frac{k(h)-k(0)}{h}=\lim_{h\to-0}\frac{he^{-h}}{h}=1$

よって，関数 $k(u)$ は $u=0$ で微分可能である。

このとき $\qquad k'(u)=\begin{cases} (1+u)e^u & (u>0) \\ 1 & (u=0) \\ (1-u)e^{-u} & (u<0) \end{cases}$

ゆえに，関数 $g(u, v)$ はいたるところで偏微分可能であり，次のようになる。

$$g_u(u, v)=k'(u)\sin v, \ g_v(u, v)=k(u)\cos v$$

したがって $\qquad g_u(u, v)=(1+|u|)e^{|u|}\sin v, \ g_v(u, v)=ue^{|u|}\cos v$

74　2変数関数の2次の偏導関数　　　★☆☆

2変数関数 $f(x, y)=\mathrm{Tan}^{-1}(y-x)$ について，2次の偏導関数 $f_{xy}(x, y)$, $f_{yx}(x, y)$ を求め，それらが一致することを確かめよ。

$$f_x(x, y)=-\frac{1}{1+(y-x)^2}, \ f_y(x, y)=\frac{1}{1+(y-x)^2}$$

$f_x(x, y)$ を y について偏微分して $\qquad f_{xy}(x, y)=\dfrac{2(y-x)}{\{1+(y-x)^2\}^2}$

$f_y(x, y)$ を x について偏微分して $\qquad f_{yx}(x, y)=\dfrac{2(y-x)}{\{1+(y-x)^2\}^2}$

よって $\qquad f_{xy}(x, y)=f_{yx}(x, y)$

75　C^3 級の関数の3次の偏導関数の性質　　　★★☆

$f(x, y)$ が C^3 級関数のとき，次が成り立つことを示せ。
$$f_{xxy}(x, y)=f_{xyx}(x, y)=f_{yxx}(x, y), \ f_{xyy}(x, y)=f_{yxy}(x, y)=f_{yyx}(x, y)$$

$f(x, y)$ は C^3 級関数であるから，関数 $f(x, y)$ は3次の偏導関数 $f_{xxy}(x, y)$, $f_{xyx}(x, y)$, $f_{xyy}(x, y)$, $f_{yxx}(x, y)$, $f_{yxy}(x, y)$, $f_{yyx}(x, y)$ をもち，いずれも連続である。偏微分の順序交換の定理から

まず，$f_{xxy}(x, y)$, $f_{xyx}(x, y)$ について
$$f_{xxy}(x, y)=((f_x)_x)_y(x, y)=((f_x)_y)_x(x, y)=f_{xyx}(x, y) \quad \cdots\cdots ①$$

次に，$f_{xyx}(x, y)$, $f_{yxx}(x, y)$ について
$$f_{xyx}(x, y)=((f_x)_y)_x(x, y)=((f_y)_x)_x(x, y)=f_{yxx}(x, y) \quad \cdots\cdots ②$$

更に，$f_{xyy}(x, y)$, $f_{yxy}(x, y)$ について
$$f_{xyy}(x, y)=((f_x)_y)_y(x, y)=((f_y)_x)_y(x, y)=f_{yxy}(x, y) \quad \cdots\cdots ③$$

最後に，$f_{yxy}(x, y)$, $f_{yyx}(x, y)$ について
$$f_{yxy}(x, y)=((f_y)_x)_y(x, y)=((f_y)_y)_x(x, y)=f_{yyx}(x, y) \quad \cdots\cdots ④$$

①，② から $\qquad f_{xxy}(x, y)=f_{xyx}(x, y)=f_{yxx}(x, y)$

③，④ から $\qquad f_{xyy}(x, y)=f_{yxy}(x, y)=f_{yyx}(x, y)$ ■

76　2 変数関数の 3 次のマクローリン展開　★☆☆

次の関数の 3 次のマクローリン展開を，剰余項を省略して求めよ。

(1)　$f(x, y) = e^{xy}$　　　　　　　　(2)　$f(x, y) = \cos(x - 2y)$

(1)　　　　　　$f(0, 0) = 1$

また　　　　$f_x(x, y) = ye^{xy},\ f_y(x, y) = xe^{xy}$

よって　　　$f_x(0, 0) = 0,\ f_y(0, 0) = 0$

更に　　　　$f_{xx}(x, y) = y^2 e^{xy},\ f_{xy}(x, y) = f_{yx}(x, y) = (1 + xy)e^{xy},\ f_{yy}(x, y) = x^2 e^{xy}$

ゆえに　　　$f_{xx}(0, 0) = 0,\ f_{xy}(0, 0) = f_{yx}(0, 0) = 1,\ f_{yy}(0, 0) = 0$

したがって　　$\boldsymbol{f(x, y) \fallingdotseq 1 + xy}$

(2)　　　　　　$f(0, 0) = 1$

また　　　　$f_x(x, y) = -\sin(x - 2y),\ f_y(x, y) = 2\sin(x - 2y)$

よって　　　$f_x(0, 0) = 0,\ f_y(0, 0) = 0$

更に　　　　$f_{xx}(x, y) = -\cos(x - 2y),\ f_{xy}(x, y) = f_{yx}(x, y) = 2\cos(x - 2y),$

　　　　　　$f_{yy}(x, y) = -4\cos(x - 2y)$

ゆえに　　　$f_{xx}(0, 0) = -1,\ f_{xy}(0, 0) = f_{yx}(0, 0) = 2,\ f_{yy}(0, 0) = -4$

したがって　　$\boldsymbol{f(x, y) \fallingdotseq 1 - \dfrac{1}{2}x^2 + 2xy - 2y^2}$

77　2 変数関数の極値問題　★☆☆

次の問いに答えよ。

(1)　2 変数関数 $f(x, y) = x^2 + 9y^2 - 4x - 18y + 11$ が，点 $(2, 1)$ で極小値 -2 をとることを示せ。

(2)　2 変数関数 $f(x, y) = -xy(x + y - 2)$ の極値を求めよ。

(1)　$(x, y) \neq (2, 1)$ のとき

$$f(x, y) = (x - 2)^2 + 9(y - 1)^2 - 2 > -2 = f(2, 1)$$

よって，関数 $f(x, y)$ は，点 $(2, 1)$ で極小値 -2 をとる。　■

(2)　$f_x(x, y) = -y(2x + y - 2),\ f_y(x, y) = -x(x + 2y - 2)$ であるから，

$f_x(x, y) = f_y(x, y) = 0$ ならば　$\begin{cases} -y(2x + y - 2) = 0 \\ -x(x + 2y - 2) = 0 \end{cases}$

これを解くと　　$(x, y) = (0, 0),\ (0, 2),\ (2, 0),\ \left(\dfrac{2}{3},\ \dfrac{2}{3}\right)$

よって，極値をとる可能性のある点は

　　　　　$(0, 0),\ (0, 2),\ (2, 0),\ \left(\dfrac{2}{3},\ \dfrac{2}{3}\right)$　　　◀ 2 変数関数が極値をとる
　　　　　　　　　　　　　　　　　　　　　　　　ための必要条件から。

また　　$f_{xx}(x, y) = -2y,\ f_{xy}(x, y) = -2x - 2y + 2,\ f_{yy}(x, y) = -2x$

ゆえに，$D=f_{xx}(x, y)f_{yy}(x, y)-\{f_{xy}(x, y)\}^2$ とすると
$$D=-4x^2-4y^2-4xy+8x+8y-4$$
$(x, y)=(0, 0)$ に対して　　　$D=-4<0$
$(x, y)=(0, 2)$ に対して　　　$D=-4<0$
$(x, y)=(2, 0)$ に対して　　　$D=-4<0$
$(x, y)=\left(\dfrac{2}{3}, \dfrac{2}{3}\right)$ に対して　　　$D=\dfrac{4}{3}>0$

よって，極値をとる点は，$\left(\dfrac{2}{3}, \dfrac{2}{3}\right)$ のみである。

ここで，$(x, y)=\left(\dfrac{2}{3}, \dfrac{2}{3}\right)$ に対して　　　$f_{xx}\left(\dfrac{2}{3}, \dfrac{2}{3}\right)=-\dfrac{4}{3}<0$

$f\left(\dfrac{2}{3}, \dfrac{2}{3}\right)=\dfrac{8}{27}$ であるから，2変数関数の極値判定の定理により，関数 $f(x, y)$ は，

点 $\left(\dfrac{2}{3}, \dfrac{2}{3}\right)$ で極大値 $\dfrac{8}{27}$ をとる。

78　2変数関数の条件付き極値問題　　　　　　　　　　　　★★★

ラグランジュの未定乗数法を用いて，条件 $x^2+xy+y^2=1$ のもとで，関数
$f(x, y)=3x+y$ の極値を与える点の候補を求めよ。

$g(x, y)=x^2+xy+y^2-1$ とし，$F(x, y, \lambda)=f(x, y)-\lambda g(x, y)$ とする。
$F_x(x, y, \lambda)=3-\lambda(2x+y)$，$F_y(x, y, \lambda)=1-\lambda(x+2y)$ であるから，

$F_x(x, y, \lambda)=0$，$F_y(x, y, \lambda)=0$ ならば　$\begin{cases} 3-\lambda(2x+y)=0 & \cdots\cdots ① \\ 1-\lambda(x+2y)=0 & \cdots\cdots ② \end{cases}$

また，$F_\lambda(x, y, \lambda)=-(x^2+xy+y^2-1)$ であるから，$F_\lambda(x, y, \lambda)=0$ ならば
$$x^2+xy+y^2=1 \quad\cdots\cdots ③$$

①，② より，$\lambda\neq0$ であり　　　$x=\dfrac{5}{3\lambda}$，$y=-\dfrac{1}{3\lambda}$

これらを ③ に代入して整理すると　　　$9\lambda^2-21=0$

よって　　　$\lambda=\pm\dfrac{\sqrt{21}}{3}$

[1]　$\lambda=\dfrac{\sqrt{21}}{3}$ のとき　　　$(x, y)=\left(\dfrac{5}{\sqrt{21}}, -\dfrac{1}{\sqrt{21}}\right)$

[2]　$\lambda=-\dfrac{\sqrt{21}}{3}$ のとき　　　$(x, y)=\left(-\dfrac{5}{\sqrt{21}}, \dfrac{1}{\sqrt{21}}\right)$

ゆえに，条件 $x^2+xy+y^2=1$ のもとで，$f(x, y)=3x+y$ の極値を与える点の候補は

$\left(\pm\dfrac{5}{\sqrt{21}}, \mp\dfrac{1}{\sqrt{21}}\right)$ （複号同順）

参考 点 $\left(\dfrac{5}{\sqrt{21}},\ -\dfrac{1}{\sqrt{21}}\right)$ を P，点 $\left(-\dfrac{5}{\sqrt{21}},\ \dfrac{1}{\sqrt{21}}\right)$ を Q とする。

$g_y(x,\ y)=x+2y$ より，$g_y\left(\pm\dfrac{5}{\sqrt{21}},\ \mp\dfrac{1}{\sqrt{21}}\right)\neq0$ であるから，2 点 P，Q の近傍で

定まる $g(x,\ y)=0$ の陰関数 $y(x)$ は存在する。

$g(x,\ y)=0$ を x で微分すると　　$2x+y(x)+xy'(x)+2y(x)y'(x)=0$

よって　　$y'(x)=-\dfrac{2x+y(x)}{x+2y(x)}$

ゆえに，2 点 P，Q において　　$y'\left(\pm\dfrac{5}{\sqrt{21}}\right)=-3$

$2x+y(x)+xy'(x)+2y(x)y'(x)=0$ を x で微分すると

$$2+y'(x)+y'(x)+xy''(x)+2\{y'(x)\}^2+2y(x)y''(x)=0$$

よって　　点 P において　　$y''\left(\dfrac{5}{\sqrt{21}}\right)=-\dfrac{14\sqrt{21}}{3}$

　　　　　点 Q において　　$y''\left(-\dfrac{5}{\sqrt{21}}\right)=\dfrac{14\sqrt{21}}{3}$

$h(x)=f(x,\ y(x))$ とすると，$h'(x)=3+y'(x)$ であるから，2 点 P，Q において

$$h'\left(\pm\dfrac{5}{\sqrt{21}}\right)=0$$

また，$h''(x)=y''(x)$ であるから

　　　　　点 P において　　$h''\left(\dfrac{5}{\sqrt{21}}\right)=-\dfrac{14\sqrt{21}}{3}<0$

　　　　　点 Q において　　$h''\left(-\dfrac{5}{\sqrt{21}}\right)=\dfrac{14\sqrt{21}}{3}>0$

ゆえに，関数 $f(x,\ y)$ は，点 P において極大値 $\dfrac{14}{\sqrt{21}}$ をとり，点 Q において極小

値 $-\dfrac{14}{\sqrt{21}}$ をとる。

研究 関数 $3x+y=\dfrac{14}{\sqrt{21}}$ と関数 $3x+y=-\dfrac{14}{\sqrt{21}}$ と関数

$x^2+xy+y^2=1$ のグラフを図示すると，右の図のよう
に接していることがわかる。

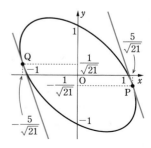

79 陰関数の微分係数，双曲線の接線・法線等 ★★★

(1) $F(x, y)=x^2-y^2+1=0$ の陰関数を求めよ。

(2) $F(x, y)=x-4xy+3y^2+9=0$ の陰関数を $\varphi(x)$ とするとき，$\varphi'(-3)$ を求めよ。

(3) 曲線 $F(x, y)=x^2-y^2-1=0$ 上の点 $(\sqrt{2}, -1)$ における，この曲線の接線と法線の方程式を求めよ。

---

(1) 関数 $y=\sqrt{x^2+1}$，$y=-\sqrt{x^2+1}$ はすべての $x\in\mathbb{R}$ に対して，次を満たす。

$$F(x, \sqrt{x^2+1})=x^2-(\sqrt{x^2+1})^2+1=0$$
$$F(x, -\sqrt{x^2+1})=x^2-(-\sqrt{x^2+1})^2+1=0$$

よって，$\boldsymbol{y=\sqrt{x^2+1}}$，$\boldsymbol{y=-\sqrt{x^2+1}}$ は $F(x, y)=0$ の陰関数である。

(2) $F(x, y)$ を 2 変数関数とみて偏導関数を求めると

$$F_x(x, y)=1-4y$$
$$F_y(x, y)=-4x+6y$$

陰関数定理を適用するための仮定は

$$F_y(x, y)\neq 0$$

すなわち $-4x+6y\neq 0$ ……①

これが満たされているとき，陰関数定理により

$$\varphi'(x)=\frac{4y-1}{6y-4x}$$

$x=-3$ のとき $F(-3, y)=-3+12y+3y^2+9$
$$=3y^2+12y+6$$

よって，$F(-3, y)=0$ より $y=-2\pm\sqrt{2}$

ゆえに $(x, y)=(-3, -2\pm\sqrt{2})$

これらは ① を満たす。

したがって，陰関数は $\varphi(x)$ は

$$\varphi(-3)=-2+\sqrt{2} \qquad または \qquad \varphi(-3)=-2-\sqrt{2}$$

を満たす。

$\varphi'(-3)=\dfrac{4\varphi(-3)-1}{6\varphi(-3)-4\cdot(-3)}$ であるから

[1] $\varphi(-3)=-2+\sqrt{2}$ のとき $\boldsymbol{\varphi'(-3)=\dfrac{8-9\sqrt{2}}{12}}$

[2] $\varphi(-3)=-2-\sqrt{2}$ のとき $\boldsymbol{\varphi'(-3)=\dfrac{8+9\sqrt{2}}{12}}$

(3) $F(x, y)$ の陰関数を $\psi(x)$ とする。

$F(x, y)$ を 2 変数関数とみて偏導関数を求めると

$$F_x(x, y)=2x$$
$$F_y(x, y)=-2y$$

陰関数定理を適用するための仮定は

$$F_y(x,\ y)\neq 0$$

すなわち $y\neq 0$ ……①

これが満たされているとき，陰関数定理により

$$\psi'(x)=\frac{x}{y}$$

$(x,\ y)=(\sqrt{2}\ ,\ -1)$ は，① を満たす。

ゆえに $\psi'(\sqrt{2}\ )=-\sqrt{2}$

よって，求める接線の方程式は $y=-\sqrt{2}\ (x-\sqrt{2}\ )-1$

すなわち $\boldsymbol{y=-\sqrt{2}\ x+1}$

また，求める法線の傾きは $-\dfrac{1}{-\sqrt{2}}=\dfrac{\sqrt{2}}{2}$

よって，求める法線の方程式は $y=\dfrac{\sqrt{2}}{2}(x-\sqrt{2}\ )-1$

すなわち $\boldsymbol{y=\dfrac{\sqrt{2}}{2}x-2}$

80　重積分の計算（区分求積法利用）　★★☆

2 変数関数 $f(x, y)=x$ と長方形領域 $D=[0, 1]\times[0, 1]$ について，1 変数関数の区分求積法を利用して $\displaystyle\iint_D f(x, y)dxdy$ を計算せよ。

閉区間 $[0, 1]$ を，次を満たす実数列 $\{x_i\}$, $\{y_j\}$ を用いて，n 等分に分割する。

$$0=x_0<x_1<x_2<\cdots\cdots<x_{n-1}<x_n=1$$
$$0=y_0<y_1<y_2<\cdots\cdots<y_{n-1}<y_n=1$$

このとき　$x_i=\dfrac{i}{n}$, $y_j=\dfrac{j}{n}$　$(0\leqq i\leqq n,\ 0\leqq j\leqq n)$　◀ $x_i=0+i\cdot\dfrac{1-0}{n}$, $y_j=0+j\cdot\dfrac{1-0}{n}$

よって　$\displaystyle\iint_D f(x, y)dxdy=\lim_{n\to\infty}\sum_{j=0}^{n-1}\sum_{i=0}^{n-1}f(x_i, y_j)\cdot\dfrac{1-0}{n}\cdot\dfrac{1-0}{n}$

$$=\lim_{n\to\infty}\sum_{j=0}^{n-1}\left\{\sum_{i=0}^{n-1}f(x_i, y_j)\cdot\dfrac{1-0}{n}\right\}\cdot\dfrac{1-0}{n}$$

$$=\lim_{n\to\infty}\sum_{j=0}^{n-1}\left(\sum_{i=0}^{n-1}x_i\cdot\dfrac{1}{n}\right)\cdot\dfrac{1}{n}=\lim_{n\to\infty}\sum_{j=0}^{n-1}\left(\sum_{i=0}^{n-1}\dfrac{i}{n}\cdot\dfrac{1}{n}\right)\cdot\dfrac{1}{n}$$

$$=\lim_{n\to\infty}\sum_{j=0}^{n-1}\dfrac{n-1}{2n}\cdot\dfrac{1}{n}=\lim_{n\to\infty}\dfrac{1-\dfrac{1}{n}}{2}=\boldsymbol{\dfrac{1}{2}}$$

81　2 変数関数の重積分の性質　★★☆

2 変数関数 $f(x, y)$, $g(x, y)$ が領域 $D\subset\mathrm{R}^2$ 上で積分可能であり，

$\displaystyle\iint_D\{2f(x, y)+g(x, y)\}dxdy=5$, $\displaystyle\iint_D\{3f(x, y)-4g(x, y)\}dxdy=13$ であるとき，

$\displaystyle\iint_D f(x, y)dxdy$, $\displaystyle\iint_D g(x, y)dxdy$ の値を求めよ。

関数 $f(x, y)$, $g(x, y)$ が領域 D 上で積分可能であるから

$$2\iint_D f(x, y)dxdy+\iint_D g(x, y)dxdy=5$$　◀ 2 変数関数の重積分の性質により。

$$3\iint_D f(x, y)dxdy-4\iint_D g(x, y)dxdy=13$$

これらを連立して解くと　$\displaystyle\boldsymbol{\iint_D f(x, y)dxdy=3},\ \boldsymbol{\iint_D g(x, y)dxdy=-1}$

82　長方形領域上での累次積分　★☆☆

次の重積分を計算せよ。

(1) $\displaystyle\iint_{[0,1]\times[0,1]}(x+y)^3dxdy$

(2) $\displaystyle\iint_{[0,\frac{\pi}{4}]\times[0,\frac{\pi}{3}]}\sin 2x\,dxdy$

(3) $\displaystyle\iint_{[0,1]\times[0,1]}\cosh x\,\mathrm{Sin}^{-1}y\,dxdy$

■ 第6章

(1) $\displaystyle\iint_{[0,1]\times[0,1]}(x+y)^3\,dxdy$

$\displaystyle=\int_0^1\left\{\int_0^1(x+y)^3\,dx\right\}dy=\int_0^1\left[\frac{(x+y)^4}{4}\right]_{x=0}^{x=1}dy$ ◀ x で積分する。

$\displaystyle=\int_0^1\left\{\frac{(y+1)^4}{4}-\frac{y^4}{4}\right\}dy=\left[\frac{(y+1)^5}{20}-\frac{y^5}{20}\right]_{y=0}^{y=1}=\boldsymbol{\frac{3}{2}}$ ◀ y で積分する。

(2) $\displaystyle\iint_{\left[0,\frac{\pi}{4}\right]\times\left[0,\frac{\pi}{3}\right]}\sin 2x\,dxdy$

$\displaystyle=\int_0^{\frac{\pi}{3}}\left(\int_0^{\frac{\pi}{4}}\sin 2x\,dx\right)dy=\int_0^{\frac{\pi}{3}}\left[-\frac{\cos 2x}{2}\right]_{x=0}^{x=\frac{\pi}{4}}dy$ ◀ x で積分する。

$\displaystyle=\int_0^{\frac{\pi}{3}}\frac{1}{2}\,dy=\boldsymbol{\frac{\pi}{6}}$ ◀ y で積分する。

別解 $\displaystyle\iint_{\left[0,\frac{\pi}{4}\right]\times\left[0,\frac{\pi}{3}\right]}\sin 2x\,dxdy=\int_0^{\frac{\pi}{4}}\left(\int_0^{\frac{\pi}{3}}\sin 2x\,dy\right)dx=\int_0^{\frac{\pi}{4}}\frac{\pi}{3}\sin 2x\,dx$ ◀ y で積分する。

$\displaystyle=\left[-\frac{\pi}{6}\cos 2x\right]_{x=0}^{x=\frac{\pi}{4}}=\boldsymbol{\frac{\pi}{6}}$ ◀ x で積分する。

(3) $\displaystyle\iint_{[0,1]\times[0,1]}\cosh x\,\mathrm{Sin}^{-1}y\,dxdy$

$\displaystyle=\int_0^1\left(\int_0^1\cosh x\,\mathrm{Sin}^{-1}y\,dx\right)dy$ ◀ x で積分する。

$\displaystyle=\int_0^1\left[\sinh x\,\mathrm{Sin}^{-1}y\right]_{x=0}^{x=1}dy$

$\displaystyle=\int_0^1\sinh 1\,\mathrm{Sin}^{-1}y\,dy$ ◀ y で積分する。

$\displaystyle=\left[\sinh 1(y\,\mathrm{Sin}^{-1}y+\sqrt{1-y^2})\right]_{y=0}^{y=1}=\left(\boldsymbol{\frac{\pi}{2}-1}\right)\boldsymbol{\sinh 1}$ ◀PRACTICE 44 より。

別解 $\displaystyle\iint_{[0,1]\times[0,1]}\cosh x\,\mathrm{Sin}^{-1}y\,dxdy$

$\displaystyle=\int_0^1\left(\int_0^1\cosh x\,\mathrm{Sin}^{-1}y\,dy\right)dx$ ◀ y で積分する。

$\displaystyle=\int_0^1\left[\cosh x(y\,\mathrm{Sin}^{-1}y+\sqrt{1-y^2})\right]_{y=0}^{y=1}dx=\int_0^1\left(\frac{\pi}{2}-1\right)\cosh x\,dx$ ◀ x で積分する。

$\displaystyle=\left[\left(\frac{\pi}{2}-1\right)\sinh x\right]_{x=0}^{x=1}=\left(\boldsymbol{\frac{\pi}{2}-1}\right)\boldsymbol{\sinh 1}$

参考 (2), (3) は次のように考えることもできる。

(2) $\displaystyle\iint_{\left[0,\frac{\pi}{4}\right]\times\left[0,\frac{\pi}{3}\right]}\sin 2x\,dxdy=\left(\int_0^{\frac{\pi}{4}}\sin 2x\,dx\right)\cdot\left(\int_0^{\frac{\pi}{3}}dy\right)=\left(\left[-\frac{\cos 2x}{2}\right]_{x=0}^{x=\frac{\pi}{4}}\right)\cdot\frac{\pi}{3}=\boldsymbol{\frac{\pi}{6}}$

(3) $\displaystyle\iint_{[0,1]\times[0,1]}\cosh x\,\mathrm{Sin}^{-1}y\,dxdy=\left(\int_0^1\cosh x\,dx\right)\cdot\left(\int_0^1\mathrm{Sin}^{-1}y\,dy\right)$

$\qquad\qquad\qquad\qquad\qquad =\left(\Big[\sinh x\Big]_{x=0}^{x=1}\right)\cdot\left(\Big[y\,\mathrm{Sin}^{-1}y+\sqrt{1-y^2}\,\Big]_{y=0}^{y=1}\right)$

$\qquad\qquad\qquad\qquad\qquad =\left(\dfrac{\pi}{2}-1\right)\sinh 1$

83 曲線間領域での累次積分 ★☆☆

次の重積分を計算せよ。

$\displaystyle\iint_D(x+y)\,dxdy,\quad D=\{(x,\ y)\mid x\leqq y\leqq\sqrt{x}\,\}$

$\displaystyle\iint_D(x+y)\,dxdy=\int_0^1\left\{\int_x^{\sqrt{x}}(x+y)\,dy\right\}dx$

$\qquad\qquad\qquad\quad =\int_0^1\Big[xy+\dfrac{y^2}{2}\Big]_{y=x}^{y=\sqrt{x}}dx$

$\qquad\qquad\qquad\quad =\int_0^1\left(-\dfrac{3}{2}x^2+x\sqrt{x}+\dfrac{x}{2}\right)dx$

$\qquad\qquad\qquad\quad =\Big[-\dfrac{x^3}{2}+\dfrac{2}{5}x^2\sqrt{x}+\dfrac{x^2}{4}\Big]_{x=0}^{x=1}=\dfrac{3}{20}$

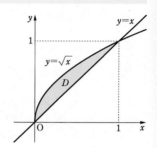

84 変数変換を用いる重積分の計算 ★★☆

次の重積分を計算せよ。

(1) $\displaystyle\iint_D(x-y)\sin 2(x+y)\,dxdy,\quad D=\left\{(x,\ y)\ \Big|\ 0\leqq x+y\leqq\pi,\ -\dfrac{\pi}{2}\leqq x-y\leqq\dfrac{\pi}{2}\right\}$

(2) $\displaystyle\iint_D e^{x^2+y^2}\,dxdy,\quad D=\{(x,\ y)\mid y\geqq 0,\ x^2+y^2\leqq 4\}$

(3) $\displaystyle\iint_D xy\,dxdy,\quad D=\{(x,\ y)\mid x\geqq 0,\ y\geqq 0,\ x^2+y^2\leqq 5\}$

(1) 領域 D 上の積分は，変数変換 $x=u+v,\ y=-u+v$ によって，長方形領域

$E=\left[-\dfrac{\pi}{4},\ \dfrac{\pi}{4}\right]\times\left[0,\ \dfrac{\pi}{2}\right]$ 上の積分となる。

このとき $\quad|J(u,\ v)|=2$

よって

$\blacktriangleleft|J(u,\ v)|=\left|\dfrac{\partial x}{\partial u}\cdot\dfrac{\partial y}{\partial v}-\dfrac{\partial x}{\partial v}\cdot\dfrac{\partial y}{\partial u}\right|$
$\qquad\quad =|1\cdot1-1\cdot(-1)|=2$

$\qquad\displaystyle\iint_D(x-y)\sin 2(x+y)\,dxdy$

$\qquad =\displaystyle\iint_E\{(u+v)-(-u+v)\}\sin 2\{(u+v)+(-u+v)\}\cdot 2\,dudv$

$\qquad =\displaystyle\iint_E 4u\sin 4v\,dudv=\int_0^{\frac{\pi}{2}}\left(\int_{-\frac{\pi}{4}}^{\frac{\pi}{4}}4u\sin 4v\,du\right)dv=0$

$\blacktriangleleft\displaystyle\int_{-a}^a$ 奇関数は 0 偶関数は 2 倍。

別解 $\displaystyle\iint_D (x-y)\sin 2(x+y)\,dxdy=\iint_E 4u\sin 4v\,dudv=\int_{-\frac{\pi}{4}}^{\frac{\pi}{4}}\left(\int_0^{\frac{\pi}{2}}4u\sin 4v\,dv\right)du$

$\displaystyle\qquad\qquad\qquad\qquad\qquad\qquad =\int_{-\frac{\pi}{4}}^{\frac{\pi}{4}}\Big[-u\cos 4v\Big]_{v=0}^{v=\frac{\pi}{2}}\,du=0$

別解 次のように考えることもできる。

$$\iint_D (x-y)\sin 2(x+y)\,dxdy$$

$$=\iint_E 4u\sin 4v\,dudv$$

$$=\left(\int_{-\frac{\pi}{4}}^{\frac{\pi}{4}}u\,du\right)\cdot\left(\int_0^{\frac{\pi}{2}}4\sin 4v\,dv\right)=0$$

◀ $\displaystyle\int_{-a}^{a}$ 奇関数は 0 　偶関数は 2 倍。

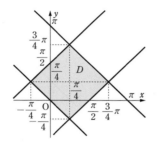
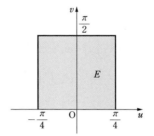

(2)　領域 D 上の積分は，変数変換 $x=r\cos\theta,\ y=r\sin\theta$ によって，長方形領域
　　$E=[0,\ 2]\times[0,\ \pi]$ 上の積分となる。

　　このとき　　$|J(r,\ \theta)|=r$　　　◀ $|J(r,\ \theta)|=\left|\dfrac{\partial x}{\partial r}\cdot\dfrac{\partial y}{\partial\theta}-\dfrac{\partial x}{\partial\theta}\cdot\dfrac{\partial y}{\partial r}\right|=|r\cos^2\theta-(-r\sin^2\theta)|=r$

$e^{x^2+y^2}=e^{r^2}$ から

$$\iint_D e^{x^2+y^2}\,dxdy=\iint_E e^{r^2}\cdot r\,drd\theta=\int_0^{\pi}\left(\int_0^2 re^{r^2}\,dr\right)d\theta$$

$$=\int_0^{\pi}\left[\frac{e^{r^2}}{2}\right]_{r=0}^{r=2}d\theta=\int_0^{\pi}\frac{e^4-1}{2}\,d\theta=\frac{e^4-1}{2}\pi$$

別解 $\displaystyle\iint_D e^{x^2+y^2}\,dxdy=\iint_E e^{r^2}\cdot r\,drd\theta=\int_0^2\left(\int_0^{\pi}re^{r^2}\,d\theta\right)dr$

$$=\int_0^2\pi re^{r^2}\,dr=\left[\frac{\pi}{2}e^{r^2}\right]_{r=0}^{r=2}=\frac{e^4-1}{2}\pi$$

別解 次のように考えることもできる。

$$\iint_D e^{x^2+y^2}\,dxdy=\iint_E e^{r^2}\cdot r\,drd\theta=\left(\int_0^2 re^{r^2}\,dr\right)\cdot\left(\int_0^{\pi}d\theta\right)$$

$$=\left(\left[\frac{e^{r^2}}{2}\right]_{r=0}^{r=2}\right)\cdot\pi=\frac{e^4-1}{2}\pi$$

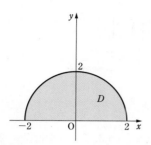

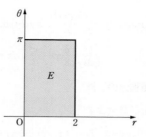

(3) 領域 D 上の積分は，変数変換 $x=r\cos\theta$，$y=r\sin\theta$ によって，長方形領域 $E=[0,\ \sqrt{5}\ ]\times\left[0,\ \dfrac{\pi}{2}\right]$ 上の積分となる。

このとき　$|J(r,\ \theta)|=r$　　　　◀$|J(r,\ \theta)|=\left|\dfrac{\partial x}{\partial r}\cdot\dfrac{\partial y}{\partial\theta}-\dfrac{\partial x}{\partial\theta}\cdot\dfrac{\partial y}{\partial r}\right|=|r\cos^2\theta-(-r\sin^2\theta)|=r$

$xy=\dfrac{r^2}{2}\sin2\theta$ から

$$\iint_D xy\,dxdy=\iint_E \dfrac{r^2}{2}\sin2\theta\cdot r\,drd\theta=\int_0^{\frac{\pi}{2}}\left(\int_0^{\sqrt{5}}\dfrac{r^3}{2}\sin2\theta\,dr\right)d\theta$$

$$=\int_0^{\frac{\pi}{2}}\left[\dfrac{r^4}{8}\sin2\theta\right]_{r=0}^{r=\sqrt{5}}d\theta=\int_0^{\frac{\pi}{2}}\dfrac{25}{8}\sin2\theta\,d\theta$$

$$=\left[-\dfrac{25}{16}\cos2\theta\right]_{\theta=0}^{\theta=\frac{\pi}{2}}=\dfrac{25}{8}$$

別解　$$\iint_D xy\,dxdy=\iint_E \dfrac{r^2}{2}\sin2\theta\cdot r\,drd\theta=\int_0^{\sqrt{5}}\left(\int_0^{\frac{\pi}{2}}\dfrac{r^3}{2}\sin2\theta\,d\theta\right)dr$$

$$=\int_0^{\sqrt{5}}\left[-\dfrac{\cos2\theta}{4}r^3\right]_{\theta=0}^{\theta=\frac{\pi}{2}}dr=\int_0^{\sqrt{5}}\dfrac{r^3}{2}\,dr=\left[\dfrac{r^4}{8}\right]_{r=0}^{r=\sqrt{5}}=\dfrac{25}{8}$$

別解　次のように考えることもできる。

$$\iint_D xy\,dxdy=\iint_E \dfrac{r^2}{2}\sin2\theta\cdot r\,drd\theta=\left(\int_0^{\sqrt{5}}\dfrac{r^3}{2}\,dr\right)\cdot\left(\int_0^{\frac{\pi}{2}}\sin2\theta\,d\theta\right)$$

$$=\left(\left[\dfrac{r^4}{8}\right]_{r=0}^{r=\sqrt{5}}\right)\cdot\left(\left[-\dfrac{\cos2\theta}{2}\right]_{\theta=0}^{\theta=\frac{\pi}{2}}\right)=\dfrac{25}{8}$$

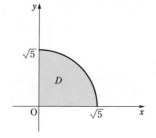

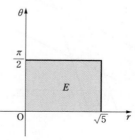

別解 $\displaystyle\iint_D xy\,dxdy=\int_0^{\sqrt5}\left(\int_0^{\sqrt{5-x^2}}xy\,dy\right)dx=\int_0^{\sqrt5}\left[\frac{x}{2}y^2\right]_{y=0}^{y=\sqrt{5-x^2}}dx$

$\displaystyle\qquad=\int_0^{\sqrt5}\left(\frac{5}{2}x-\frac{x^3}{2}\right)dx=\left[\frac{5}{4}x^2-\frac{x^4}{8}\right]_{x=0}^{x=\sqrt5}=\frac{25}{8}$

85　種々の重積分の計算　　　　　　　　　　　　　★★☆

次の重積分を計算せよ。

(1) $\displaystyle\iint_D(x+y)dxdy$, $D=\left\{(x,\ y)\ \middle|\ \frac{1}{2}x+\frac{1}{2}\le y\le\frac{1}{2}x+3,\ 3x-7\le y\le 3x-2\right\}$

(2) $\displaystyle\iint_D\sqrt{x^2+y^2}\,dxdy$, $D=\{(x,\ y)\mid x^2+y^2\le x\}$

(1)　領域 D 上の積分は，変数変換 $x=1+2u+v$, $y=1+u+3v$ によって，長方形領域 $E=[0,\ 1]\times[0,\ 1]$ 上の積分となる。

このとき　　$|J(u,\ v)|=5$

よって

$\displaystyle\iint_D(x+y)dxdy=\iint_E\{(1+2u+v)+(1+u+3v)\}\cdot5\,dudv$

$\displaystyle\qquad=\int_0^1\left\{\int_0^1 5(2+3u+4v)du\right\}dv$

$\displaystyle\qquad=\int_0^1\left[5\left(2u+\frac{3}{2}u^2+4vu\right)\right]_{u=0}^{u=1}dv=\int_0^1 5\left(\frac{7}{2}+4v\right)dv$

$\displaystyle\qquad=\left[5\left(\frac{7}{2}v+2v^2\right)\right]_{v=0}^{v=1}=\frac{55}{2}$

別解 $\displaystyle\iint_D(x+y)dxdy=\iint_E\{(1+2u+v)+(1+u+3v)\}\cdot5\,dudv$

$\displaystyle\qquad=\int_0^1\left\{\int_0^1 5(2+3u+4v)dv\right\}du$

$\displaystyle\qquad=\int_0^1\left[5(2v+3uv+2v^2)\right]_{v=0}^{v=1}du=\int_0^1 5(4+3u)du$

$\displaystyle\qquad=\left[5\left(4u+\frac{3}{2}u^2\right)\right]_{u=0}^{u=1}=\frac{55}{2}$

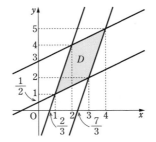
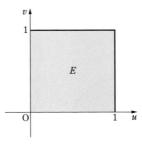

(2) 領域 D 上の積分は，変数変換 $x=r\cos\theta$, $y=r\sin\theta$ に

よって，$E=[0,\ \cos\theta]\times\left[-\dfrac{\pi}{2},\ \dfrac{\pi}{2}\right]$ 上の積分となる。

このとき　　$|J(r,\ \theta)|=r$

$\sqrt{x^2+y^2}=r$ から

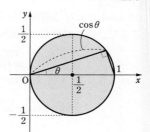

$$\iint_D\sqrt{x^2+y^2}\,dxdy$$

$$=\iint_E r\cdot r\,drd\theta=\int_{-\frac{\pi}{2}}^{\frac{\pi}{2}}\left(\int_0^{\cos\theta}r^2\,dr\right)d\theta$$

$$=\int_{-\frac{\pi}{2}}^{\frac{\pi}{2}}\left[\frac{r^3}{3}\right]_{r=0}^{r=\cos\theta}d\theta=\int_{-\frac{\pi}{2}}^{\frac{\pi}{2}}\frac{\cos^3\theta}{3}\,d\theta$$

$$=2\int_0^{\frac{\pi}{2}}\frac{\cos^3\theta}{3}\,d\theta=\int_0^{\frac{\pi}{2}}\frac{\cos3\theta+3\cos\theta}{6}\,d\theta$$

◀ $\displaystyle\int_{-a}^{a}$　奇関数は 0　偶関数は 2 倍。

$$=\left[\frac{\sin3\theta}{18}+\frac{\sin\theta}{2}\right]_{\theta=0}^{\theta=\frac{\pi}{2}}=\frac{4}{9}$$

86　重積分による平面図形の面積の計算　★★☆

曲線 $4\left(x^2-\dfrac{1}{2}\right)^2+\dfrac{y^2}{4}=1$ で囲まれた領域の面積を，重積分を用いて求めよ。

曲線の方程式において，$(x,\ y)$ を $(x,\ -y)$, $(-x,\ y)$,

$(-x,\ -y)$ におき換えても $4\left(x^2-\dfrac{1}{2}\right)^2+\dfrac{y^2}{4}=1$ は成り立つ

から，この曲線は x 軸，y 軸，原点に関して対称である。

したがって，求める面積を S とすると，S は図の斜線部分の

面積の 4 倍である。

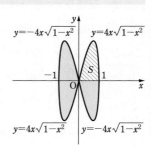

$4\left(x^2-\dfrac{1}{2}\right)^2+\dfrac{y^2}{4}=1$ から　　$y^2=16x^2(1-x^2)$

$x\geqq0$, $y\geqq0$ のとき　　$y=4x\sqrt{1-x^2}$

ここで，$1-x^2\geqq0$ であるから　　$-1\leqq x\leqq1$

$x\geqq0$ と合わせて　　　$0\leqq x\leqq1$

$0<x<1$ のとき　　　$y'=4\sqrt{1-x^2}+4x\cdot\dfrac{-2x}{2\sqrt{1-x^2}}=\dfrac{4-8x^2}{\sqrt{1-x^2}}$

$y'=0$ とすると，$0<x<1$ では　　$x=\dfrac{\sqrt{2}}{2}$

$0 \leqq x \leqq 1$ における増減表は右のようになる。

ここで，図の斜線部分の領域をDとすると

$$D=\{(x,\ y) \mid 0 \leqq x \leqq 1,\ \ 0 \leqq y \leqq 4x\sqrt{1-x^2}\}$$

x	0	$\cdots$	$\dfrac{\sqrt{2}}{2}$	$\cdots$	1
y'		$+$	0	$-$	
y	0	$\nearrow$	2	$\searrow$	0

よって

$$\begin{aligned}
S &= 4\iint_D 1\,dxdy = 4\int_0^1 \left(\int_0^{4x\sqrt{1-x^2}} dy\right) dx \\
&= 4\int_0^1 4x\sqrt{1-x^2}\,dx = -8\int_0^1 (1-x^2)^{\frac{1}{2}} \cdot (1-x^2)'\,dx \\
&= -8\left[\frac{2}{3}(1-x^2)^{\frac{3}{2}}\right]_0^1 = \boldsymbol{\frac{16}{3}}
\end{aligned}$$

87　重積分による空間図形の体積の計算　　　　★★☆

> 曲面 $x^{\frac{2}{3}}+y^{\frac{2}{3}}+z^{\frac{2}{3}}=a^{\frac{2}{3}}$ $(a>0)$ で囲まれた領域の体積を，重積分を用いて求めよ。

与えられた領域を W，求める体積を V とする。

曲面の方程式を z について解くと　　　$z=\pm\sqrt{\left(a^{\frac{2}{3}}-x^{\frac{2}{3}}-y^{\frac{2}{3}}\right)^3}$

$D=\{(x,\ y) \mid x^{\frac{2}{3}}+y^{\frac{2}{3}} \leqq a^{\frac{2}{3}},\ x \geqq 0,\ y \geqq 0\}$ とすると

$$\begin{aligned}
V &= \iiint_W 1\,dxdydz \\
&= 8\iint_D \left\{\int_0^{\sqrt{\left(a^{\frac{2}{3}}-x^{\frac{2}{3}}-y^{\frac{2}{3}}\right)^3}} dz\right\} dxdy \\
&= 8\iint_D \sqrt{\left(a^{\frac{2}{3}}-x^{\frac{2}{3}}-y^{\frac{2}{3}}\right)^3}\,dxdy
\end{aligned}$$

ここで，領域 D 上の積分は，変数変換 $x=r^3\cos^3\theta,\ y=r^3\sin^3\theta$ によって，長方形領域 $\left[0,\ a^{\frac{1}{3}}\right] \times \left[0,\ \dfrac{\pi}{2}\right]$ 上の積分となる。

このとき　　$|J(r,\ \theta)|=9r^5\sin^2\theta\cos^2\theta$　　◀$|J(r,\ \theta)|=\left|\dfrac{\partial x}{\partial r}\cdot\dfrac{\partial y}{\partial \theta}-\dfrac{\partial x}{\partial \theta}\cdot\dfrac{\partial y}{\partial r}\right|=9r^5\sin^2\theta\cos^2\theta$

$\sqrt{\left(a^{\frac{2}{3}}-x^{\frac{2}{3}}-y^{\frac{2}{3}}\right)^3}=\sqrt{\left(a^{\frac{2}{3}}-r^2\right)^3}$ から

$$\begin{aligned}
V &= 8\iint_D \sqrt{\left(a^{\frac{2}{3}}-x^{\frac{2}{3}}-y^{\frac{2}{3}}\right)^3}\,dxdy \\
&= 8\int_0^{a^{\frac{1}{3}}} \left\{\int_0^{\frac{\pi}{2}} \sqrt{\left(a^{\frac{2}{3}}-r^2\right)^3}\cdot 9r^5\sin^2\theta\cos^2\theta\,d\theta\right\} dr \\
&= 8\int_0^{a^{\frac{1}{3}}} 9r^5\sqrt{\left(a^{\frac{2}{3}}-r^2\right)^3} \left(\int_0^{\frac{\pi}{2}} \sin^2\theta\cos^2\theta\,d\theta\right) dr
\end{aligned}$$

ここで　　$\displaystyle\int_0^{\frac{\pi}{2}} \sin^2\theta\cos^2\theta\,d\theta = \int_0^{\frac{\pi}{2}} \left(\frac{1}{2}\sin 2\theta\right)^2 d\theta$　　◀2倍角の公式

$$\begin{aligned}
&= \int_0^{\frac{\pi}{2}} \frac{1-\cos 4\theta}{8}\,d\theta \qquad\qquad\text{◀半角の公式}\\
&= \left[\left(\frac{\theta}{8}-\frac{\sin 4\theta}{32}\right)\right]_0^{\frac{\pi}{2}} = \frac{\pi}{16}
\end{aligned}$$

ゆえに $\quad V=8\displaystyle\int_0^{a^{\frac{1}{3}}}9r^5\sqrt{\left(a^{\frac{2}{3}}-r^2\right)^3}\left(\displaystyle\int_0^{\frac{\pi}{2}}\sin^2\theta\cos^2\theta\,d\theta\right)dr$

$\qquad\qquad =8\displaystyle\int_0^{a^{\frac{1}{3}}}9r^5\sqrt{\left(a^{\frac{2}{3}}-r^2\right)^3}\cdot\dfrac{\pi}{16}\,dr=\dfrac{9}{2}\pi\displaystyle\int_0^{a^{\frac{1}{3}}}r^5\sqrt{\left(a^{\frac{2}{3}}-r^2\right)^3}\,dr$

更に, $r=a^{\frac{1}{3}}\sin\omega$ とおくと $\qquad dr=a^{\frac{1}{3}}\cos\omega\,d\omega$

また, r と ω の対応は右のようになる。

r	$0 \longrightarrow$	$a^{\frac{1}{3}}$
ω	$0 \longrightarrow$	$\dfrac{\pi}{2}$

よって $\quad\displaystyle\int_0^{a^{\frac{1}{3}}}r^5\sqrt{\left(a^{\frac{2}{3}}-r^2\right)^3}\,dr=\displaystyle\int_0^{\frac{\pi}{2}}a^{\frac{5}{3}}\sin^5\omega\cdot a\cos^3\omega\cdot a^{\frac{1}{3}}\cos\omega\,d\omega$

$\qquad\qquad\qquad\qquad\qquad\qquad =\displaystyle\int_0^{\frac{\pi}{2}}a^3\cos^4\omega(1-\cos^2\omega)^2\sin\omega\,d\omega$

$\qquad\qquad\qquad\qquad\qquad\qquad =\displaystyle\int_0^{\frac{\pi}{2}}a^3(-\cos^4\omega+2\cos^6\omega-\cos^8\omega)\cdot(\cos\omega)'\,d\omega$

$\qquad\qquad\qquad\qquad\qquad\qquad =\left[a^3\left(-\dfrac{\cos^5\omega}{5}+\dfrac{2}{7}\cos^7\omega-\dfrac{\cos^9\omega}{9}\right)\right]_0^{\frac{\pi}{2}}=\dfrac{8}{315}a^3$

したがって $\quad V=\dfrac{9}{2}\pi\displaystyle\int_0^{a^{\frac{1}{3}}}r^5\sqrt{\left(a^{\frac{2}{3}}-r^2\right)^3}\,dr=\dfrac{9}{2}\pi\cdot\dfrac{8}{315}a^3=\boldsymbol{\dfrac{4}{35}\pi a^3}$

88 重積分による空間図形の体積の計算 ★★☆

> 次の領域の体積を, 重積分を用いて求めよ。
>
> $\left\{(x,\ y,\ z)\ \middle|\ \sqrt[3]{\dfrac{x}{a}}+\sqrt[3]{\dfrac{y}{b}}+\sqrt[3]{\dfrac{z}{c}}\leqq1,\ \ x\geqq0,\ y\geqq0,\ z\geqq0\right\}\quad(a>0,\ b>0,\ c>0)$

与えられた領域を W, 求める体積を V とする。

曲面 $\sqrt[3]{\dfrac{x}{a}}+\sqrt[3]{\dfrac{y}{b}}+\sqrt[3]{\dfrac{z}{c}}=1$ の方程式を z について解くと $\quad z=c\left(1-\sqrt[3]{\dfrac{x}{a}}-\sqrt[3]{\dfrac{y}{b}}\right)^3$

$D=\left\{(x,\ y)\ \middle|\ \sqrt[3]{\dfrac{x}{a}}+\sqrt[3]{\dfrac{y}{b}}\leqq1,\ x\geqq0,\ y\geqq0\right\}$ とすると

$\qquad V=\displaystyle\iiint_W 1\,dxdydz$

$\qquad\quad =\displaystyle\iint_D\left\{\displaystyle\int_0^{c\left(1-\sqrt[3]{\frac{x}{a}}-\sqrt[3]{\frac{y}{b}}\right)^3}dz\right\}dxdy$

$\qquad\quad =\displaystyle\iint_D c\left(1-\sqrt[3]{\dfrac{x}{a}}-\sqrt[3]{\dfrac{y}{b}}\right)^3 dxdy$

ここで, 領域 D 上の積分は, 変数変換 $x=ar^3\cos^6\theta,\ y=br^3\sin^6\theta$ によって, 長方形領域 $[0,\ 1]\times\left[0,\ \dfrac{\pi}{2}\right]$ 上の積分となる。

このとき $\quad |J(r,\ \theta)|=18abr^5\sin^5\theta\cos^5\theta$

◀ $|J(r,\ \theta)|=\left|\dfrac{\partial x}{\partial r}\cdot\dfrac{\partial y}{\partial\theta}-\dfrac{\partial x}{\partial\theta}\cdot\dfrac{\partial y}{\partial r}\right|$

$\qquad\qquad =18abr^5\sin^5\theta\cos^5\theta$

$c\left(1-\sqrt[3]{\dfrac{x}{a}}-\sqrt[3]{\dfrac{y}{b}}\right)^3=c(1-r)^3$ から

$$\begin{aligned}
V&=\iint_D c\left(1-\sqrt[3]{\frac{x}{a}}-\sqrt[3]{\frac{y}{b}}\right)^3 dxdy \qquad\qquad \blacktriangleleft \cos^2\theta=1-\sin^2\theta\\
&=\int_0^1\left\{\int_0^{\frac{\pi}{2}}c(1-r)^3\cdot18abr^5\sin^5\theta\cos^5\theta\,d\theta\right\}dr\\
&=\int_0^1 18abcr^5(1-r)^3\left\{\int_0^{\frac{\pi}{2}}\sin^5\theta(1-\sin^2\theta)^2\cos\theta\,d\theta\right\}dr\\
&=\int_0^1 18abcr^5(1-r)^3\left\{\int_0^{\frac{\pi}{2}}(\sin^5\theta-2\sin^7\theta+\sin^9\theta)\cdot(\sin\theta)'\,d\theta\right\}dr\\
&=\int_0^1 18abcr^5(1-r)^3\left[\frac{\sin^6\theta}{6}-\frac{\sin^8\theta}{4}+\frac{\sin^{10}\theta}{10}\right]_{\theta=0}^{\theta=\frac{\pi}{2}}dr\\
&=\int_0^1\frac{3}{10}abc(r^5-3r^6+3r^7-r^8)dr\\
&=\left[\frac{3}{10}abc\left(\frac{r^6}{6}-\frac{3}{7}r^7+\frac{3}{8}r^8-\frac{r^9}{9}\right)\right]_{r=0}^{r=1}=\boldsymbol{\frac{abc}{1680}}
\end{aligned}$$

89 　媒介変数表示された曲面の曲面積 ★★☆

領域 $U=\{(u,\ v)\mid u^2+v^2\leqq2\}$ を定義域とする 2 変数関数 $x(u,\ v)=u+v$，
$y(u,\ v)=u-v$，$z(u,\ v)=uv$ が定める曲面 $S\subset\mathbb{R}^3$ の曲面積を求めよ。

曲面 S の曲面積を T とする。
$x_u(u,\ v)=1,\ x_v(u,\ v)=1,\ y_u(u,\ v)=1,\ y_v(u,\ v)=-1,\ z_u(u,\ v)=v,\ z_v(u,\ v)=u$ で
あるから

$$\begin{aligned}
T&=\iint_U\sqrt{\{1\cdot u-v\cdot(-1)\}^2+(v\cdot1-1\cdot u)^2+\{1\cdot(-1)-1\cdot1\}^2}\,dudv\\
&=\iint_U\sqrt{2u^2+2v^2+4}\,dudv
\end{aligned}$$

領域 U 上の積分は，変数変換 $u=r\cos\theta$，$v=r\sin\theta$ によって，長方形領域
$[0,\ \sqrt{2}\,]\times[0,\ 2\pi]$ 上の積分となる。
このとき　　$|J(r,\ \theta)|=r$　　　　　　　　　$\blacktriangleleft|J(r,\ \theta)|=\left|\dfrac{\partial u}{\partial r}\cdot\dfrac{\partial v}{\partial\theta}-\dfrac{\partial u}{\partial\theta}\cdot\dfrac{\partial v}{\partial r}\right|=r$
$\sqrt{2u^2+2v^2+4}=\sqrt{2r^2+4}$ から

$$\begin{aligned}
T&=\iint_U\sqrt{2u^2+2v^2+4}\,dudv=\int_0^{2\pi}\left(\int_0^{\sqrt{2}}\sqrt{2r^2+4}\cdot r\,dr\right)d\theta\\
&=\int_0^{2\pi}\left[\frac{1}{6}(2r^2+4)^{\frac{3}{2}}\right]_{r=0}^{r=\sqrt{2}}d\theta=\int_0^{2\pi}\frac{8\sqrt{2}-4}{3}d\theta=\boldsymbol{\frac{16\sqrt{2}-8}{3}\pi}
\end{aligned}$$

別解 $T=\left(\int_0^{\sqrt{2}}\sqrt{2r^2+4}\cdot r\,dr\right)\cdot\left(\int_0^{2\pi}d\theta\right)=2\pi\left[\frac{1}{6}(2r^2+4)^{\frac{3}{2}}\right]_{r=0}^{r=\sqrt{2}}=\boldsymbol{\frac{16\sqrt{2}-8}{3}\pi}$

90　1変数関数のグラフの回転面の曲面積　　　★★☆

> 関数 $y=\cos x$ $(0\leqq x\leqq\pi)$ のグラフを x 軸の周りに 1 回転してできる曲面の曲面積を求めよ。

$$\frac{dy}{dx}=-\sin x$$

よって，求める曲面積を S とすると

$$S=2\pi\int_0^\pi|\cos x|\sqrt{1+(-\sin x)^2}\,dx$$

$$=2\pi\int_0^{\frac{\pi}{2}}\cos x\sqrt{1+\sin^2 x}\,dx-2\pi\int_{\frac{\pi}{2}}^\pi\cos x\sqrt{1+\sin^2 x}\,dx$$

$\displaystyle\int_{\frac{\pi}{2}}^\pi\cos x\sqrt{1+\sin^2 x}\,dx$ において，$u=\pi-x$ とおくと　　$dx=-du$

x と u の対応は右のようになる。
ゆえに

x	$\frac{\pi}{2}\longrightarrow\pi$
u	$\frac{\pi}{2}\longrightarrow 0$

$$\int_{\frac{\pi}{2}}^\pi\cos x\sqrt{1+\sin^2 x}\,dx=\int_{\frac{\pi}{2}}^0\cos(\pi-u)\sqrt{1+\sin^2(\pi-u)}\cdot(-1)du$$

$$=-\int_0^{\frac{\pi}{2}}\cos u\sqrt{1+\sin^2 u}\,du$$

よって　　$S=2\pi\int_0^{\frac{\pi}{2}}\cos x\sqrt{1+\sin^2 x}\,dx-2\pi\int_{\frac{\pi}{2}}^\pi\cos x\sqrt{1+\sin^2 x}\,dx$

$$=2\cdot 2\pi\int_0^{\frac{\pi}{2}}\cos x\sqrt{1+\sin^2 x}\,dx$$

$$=4\pi\int_0^{\frac{\pi}{2}}\cos x\sqrt{1+\sin^2 x}\,dx$$

$t=\sin x$ とおくと，$\cos x\,dx=dt$ より　　$S=4\pi\displaystyle\int_0^1\sqrt{1+t^2}\,dt$

x と t の対応は右のようになる。

x	$0\longrightarrow\frac{\pi}{2}$
t	$0\longrightarrow 1$

ゆえに　　$S=4\pi\displaystyle\int_0^{\frac{\pi}{2}}\cos x\sqrt{1+\sin^2 x}\,dx=4\pi\int_0^1\sqrt{1+t^2}\,dt$

更に，$t=\sinh s$ とおくと　　$dt=\cosh s\,ds$

t と s の対応は右のようになる。
したがって

t	$0\longrightarrow 1$
s	$0\longrightarrow\log(1+\sqrt{2})$

$$S=4\pi\int_0^1\sqrt{1+t^2}\,dt=4\pi\int_0^{\log(1+\sqrt{2})}\sqrt{1+\sinh^2 s}\cdot\cosh s\,ds$$

$$=4\pi\int_0^{\log(1+\sqrt{2})}\cosh^2 s\,ds=4\pi\int_0^{\log(1+\sqrt{2})}\frac{e^{2s}+e^{-2s}+2}{4}\,ds$$

$$=4\pi\left[\frac{e^{2s}}{8}-\frac{e^{-2s}}{8}+\frac{s}{2}\right]_0^{\log(1+\sqrt{2})}=2\pi\{\sqrt{2}+\log(1+\sqrt{2})\}$$

91 広義の重積分の計算 ★★☆

領域 $D=\{(x, y) \mid x \geqq 1, \ y \geqq 1\}$ において，2変数関数 $f(x, y)=\dfrac{xy}{(x^2+y^2)^3}$ が広義積分可能であることを示し，$\displaystyle\iint_D f(x, y)dxdy$ を求めよ。

$K_n=\{(x, y) \mid 1 \leqq x \leqq n, \ 1 \leqq y \leqq n\}$ とすると，$\{K_n\}$ は領域 D の近似列である。

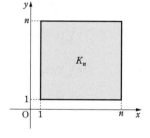

このとき，$I_n=\displaystyle\iint_{K_n} \dfrac{xy}{(x^2+y^2)^3}dxdy$ とすると

$$I_n=\int_1^n \left\{\int_1^n \dfrac{xy}{(x^2+y^2)^3}dx\right\}dy$$

$$=\int_1^n \left[-\dfrac{y}{4(x^2+y^2)^2}\right]_{x=1}^{x=n}dy$$

$$=\int_1^n \left\{-\dfrac{y}{4(y^2+n^2)^2}+\dfrac{y}{4(y^2+1)^2}\right\}dy$$

$$=\left[\dfrac{1}{8(y^2+n^2)}-\dfrac{1}{8(y^2+1)}\right]_{y=1}^{y=n}=\dfrac{1}{16}+\dfrac{1}{16n^2}-\dfrac{1}{4(n^2+1)}$$

$\displaystyle\lim_{n\to\infty} I_n=\dfrac{1}{16}$ であるから，関数 $f(x, y)$ は領域 D 上で広義積分可能である。∎

また　　$\displaystyle\iint_D f(x, y)dxdy=\dfrac{1}{16}$

92 極座標変換を用いる広義の重積分の計算 ★★☆

領域 $D=\{(x, y) \mid x \geqq 0, \ y \geqq 0, \ 0 < x^2+y^2 \leqq 1\}$ において，2変数関数 $f(x, y)=\dfrac{1}{\sqrt{x^2+y^2}}$ が広義積分可能であることを示し，$\displaystyle\iint_D f(x, y)dxdy$ を求めよ。

$K_n=\left\{(x, y) \ \middle| \ x \geqq 0, \ y \geqq 0, \ \dfrac{1}{n^2} \leqq x^2+y^2 \leqq 1\right\}$ とすると，

$\{K_n\}$ は領域 D の近似列である。

領域 K_n 上の積分は，変数変換 $x=r\cos\theta, \ y=r\sin\theta$ によって，長方形領域 $\left[\dfrac{1}{n}, 1\right] \times \left[0, \dfrac{\pi}{2}\right]$ 上の積分となる。

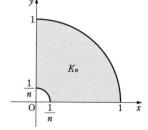

このとき　　$|J(r, \theta)|=r$

$I_n=\displaystyle\iint_{K_n} f(x, y)dxdy$ とすると，$\dfrac{1}{\sqrt{x^2+y^2}}=\dfrac{1}{r}$ から

$$I_n=\iint_{K_n} f(x, y)dxdy=\int_0^{\frac{\pi}{2}}\left(\int_{\frac{1}{n}}^1 \dfrac{1}{r}\cdot r\,dr\right)d\theta=\int_0^{\frac{\pi}{2}}\left(\int_{\frac{1}{n}}^1 dr\right)d\theta$$

$$=\int_0^{\frac{\pi}{2}}\left(1-\frac{1}{n}\right)d\theta=\frac{\pi}{2}\left(1-\frac{1}{n}\right)$$

$\lim\limits_{n\to\infty}I_n=\dfrac{\pi}{2}$ であるから，関数 $f(x,\ y)$ は領域 D 上で広義積分可能である。　■

また　　$\displaystyle\iint_D f(x,\ y)dxdy=\frac{\pi}{2}$

[補足]　I_n の計算は次のように考えてもよい。

$$I_n=\left(\int_0^{\frac{\pi}{2}}d\theta\right)\cdot\left(\int_{\frac{1}{n}}^1 dr\right)=\frac{\pi}{2}\left(1-\frac{1}{n}\right)$$

93　2 変数関数のグラフの曲面積等　　★★☆

(1)　次の 2 変数関数のグラフの曲面積の公式を，R^3 内の曲面の曲面積の公式を適用して計算することにより導け。
2 変数関数のグラフの曲面積の公式
　有界閉領域 $U\subset R^2$ 上で定義された C^1 級の 2 変数関数 $z=f(x,\ y)$ のグラフ $\{(x,\ y,\ z)\mid(x,\ y)\in U,\ z=f(x,\ y)\}$ の曲面積は，次で与えられる。
$$\iint_U\sqrt{\{f_x(x,\ y)\}^2+\{f_y(x,\ y)\}^2+1}\ dxdy$$

(2)　曲面 $z=axy\ (a>0)$ の，円柱 $x^2+y^2\leqq r^2\ (r>0)$ の内側にある部分（境界線を含む）の曲面積を求めよ。

(1)　2 変数関数 $z=f(x,\ y)$ のグラフ上の点は $(x,\ y,\ f(x,\ y))$ と表される。
　関数 $z=f(x,\ y)$ の定義域を D，グラフの曲面積を S_1 とすると
$$S_1=\iint_D\sqrt{\{0\cdot f_y(x,\ y)-f_x(x,\ y)\cdot1\}^2+\{f_x(x,\ y)\cdot0-1\cdot f_y(x,\ y)\}^2+(1\cdot1-0\cdot0)^2}\ dxdy$$
$$=\iint_D\sqrt{\{f_x(x,\ y)\}^2+\{f_y(x,\ y)\}^2+1}\ dxdy\quad■$$

(2)　$g(x,\ y)=axy$ とすると　　$g_x(x,\ y)=ay,\ g_y(x,\ y)=ax$
　$E=\{(x,\ y)\mid x^2+y^2\leqq r^2\}$ として，求める曲面積を S_2 とすると
$$S_2=\iint_E\sqrt{(ay)^2+(ax)^2+1}\ dxdy=\iint_E a\sqrt{x^2+y^2+\frac{1}{a^2}}\ dxdy$$
領域 E 上の積分は，変数変換 $x=t\cos\theta,\ y=t\sin\theta$ によって，長方形領域 $[0,\ r]\times[0,\ 2\pi]$ 上の積分となる。
　このとき　　$|J(t,\ \theta)|=t$

◀ $|J(t,\ \theta)|=\left|\dfrac{\partial x}{\partial t}\cdot\dfrac{\partial y}{\partial \theta}-\dfrac{\partial x}{\partial \theta}\cdot\dfrac{\partial y}{\partial t}\right|=t$

$a\sqrt{x^2+y^2+\dfrac{1}{a^2}}=a\sqrt{t^2+\dfrac{1}{a^2}}$ から
$$S_2=\iint_E a\sqrt{x^2+y^2+\frac{1}{a^2}}\ dxdy$$

$$= \int_0^{2\pi} \left(\int_0^r a\sqrt{t^2 + \frac{1}{a^2}} \cdot t\, dt \right) d\theta$$

$$= \int_0^{2\pi} \left[\frac{a}{3} \left(t^2 + \frac{1}{a^2} \right)^{\frac{3}{2}} \right]_{t=0}^{t=r} d\theta$$

$$= \int_0^{2\pi} \frac{a}{3} \left\{ \left(r^2 + \frac{1}{a^2} \right)^{\frac{3}{2}} - \frac{1}{a^3} \right\} d\theta = \frac{2}{3} a\pi \left\{ \left(r^2 + \frac{1}{a^2} \right)^{\frac{3}{2}} - \frac{1}{a^3} \right\}$$

別解 $$S_2 = \left(\int_0^{2\pi} d\theta \right) \cdot \left(\int_0^r a\sqrt{t^2 + \frac{1}{a^2}} \cdot t\, dt \right)$$

$$= 2\pi \left[\frac{a}{3} \left(t^2 + \frac{1}{a^2} \right)^{\frac{3}{2}} \right]_{t=0}^{t=r} = \frac{2}{3} a\pi \left\{ \left(r^2 + \frac{1}{a^2} \right)^{\frac{3}{2}} - \frac{1}{a^3} \right\}$$

94 ガンマ関数と定積分 ★★☆

次の積分の値を求めよ。

(1) $\displaystyle\int_0^{\frac{\pi}{2}} \sin^3\theta \cos^4\theta\, d\theta$ (2) $\displaystyle\int_0^{\frac{\pi}{2}} \sin^6\theta \cos^8\theta\, d\theta$ (3) $\displaystyle\int_0^{\pi} \sin^8\theta \cos^8\theta\, d\theta$

(1) $\displaystyle\int_0^{\frac{\pi}{2}} \sin^3\theta \cos^4\theta\, d\theta = \dfrac{\Gamma(2)\Gamma\left(\frac{5}{2}\right)}{2\Gamma\left(\frac{9}{2}\right)} = \dfrac{1! \cdot \frac{3!!}{2^2}\sqrt{\pi}}{2 \cdot \frac{7!!}{2^4}\sqrt{\pi}}$

$$= \frac{2 \cdot 3!!}{7!!} = \frac{2}{7 \cdot 5} = \frac{2}{35}$$

(2) $\displaystyle\int_0^{\frac{\pi}{2}} \sin^6\theta \cos^8\theta\, d\theta = \dfrac{\Gamma\left(\frac{7}{2}\right)\Gamma\left(\frac{9}{2}\right)}{2\Gamma(8)} = \dfrac{\frac{5!!}{2^3}\sqrt{\pi} \cdot \frac{7!!}{2^4}\sqrt{\pi}}{2 \cdot 7!}$

$$= \frac{5!! \cdot 7!!}{2^8 \cdot 7!}\pi = \frac{5}{4096}\pi$$

(3) $0 \leqq \theta \leqq \dfrac{\pi}{2}$ において $\sin^8(\pi-\theta)\cos^8(\pi-\theta) = \sin^8\theta(-\cos\theta)^8 = \sin^8\theta\cos^8\theta$

よって，$0 \leqq \theta \leqq \pi$ における関数 $\sin^8\theta\cos^8\theta$ のグラフは $\theta = \dfrac{\pi}{2}$ に関して対称である。

したがって $\displaystyle\int_0^{\pi} \sin^8\theta \cos^8\theta\, d\theta = 2\int_0^{\frac{\pi}{2}} \sin^8\theta \cos^8\theta\, d\theta = 2 \cdot \dfrac{\Gamma\left(\frac{9}{2}\right)\Gamma\left(\frac{9}{2}\right)}{2\Gamma(9)}$

$$= \frac{\left(\frac{7!!}{2^4}\sqrt{\pi} \right)^2}{8!} = \frac{5^2 \cdot 3^2}{2^8 \cdot 8!}\pi = \frac{35}{32768}\pi$$

EXERCISES の解答

・本文各章の EXERCISES 全問について，問題文を再掲し，詳解，証明を載せた。
・最終の答などは太字にしてある。証明の最後には ■ を付した。

1　極限値から関数の係数決定　　　　　　　　★★☆

等式 $\lim_{x \to \infty}(\sqrt{4x^2-5x+4}-ax+b)=1$ が成り立つように，定数 a, b の値を定めよ。

$P=\sqrt{4x^2-5x+4}-ax+b$ とする。

$\lim_{x \to \infty}\sqrt{4x^2-5x+4}=\infty$ であるから　　$a>0$　……①

また　　$P=\dfrac{(\sqrt{4x^2-5x+4})^2-(ax-b)^2}{\sqrt{4x^2-5x+4}+(ax-b)}$

$\qquad =\dfrac{(4-a^2)x^2+(2ab-5)x+4-b^2}{\sqrt{4x^2-5x+4}+ax-b}$

$\qquad =\dfrac{(4-a^2)x+(2ab-5)+\dfrac{4-b^2}{x}}{\sqrt{4-\dfrac{5}{x}+\dfrac{4}{x^2}}+a-\dfrac{b}{x}}$

$\lim_{x \to \infty}P$ は収束するから　　$4-a^2=0$　……②

①, ② から　　$a=2$

このとき　　$\lim_{x \to \infty}P=\lim_{x \to \infty}\dfrac{4b-5+\dfrac{4-b^2}{x}}{\sqrt{4-\dfrac{5}{x}+\dfrac{4}{x^2}}+2-\dfrac{b}{x}}=\dfrac{4b-5}{4}$

$\lim_{x \to \infty}P=1$ から　　$\dfrac{4b-5}{4}=1$

よって　　$b=\dfrac{9}{4}$

以上から　　$\boldsymbol{a=2,\ b=\dfrac{9}{4}}$

補足　P を変形すると　　$P=x\left(\sqrt{4-\dfrac{5}{x}+\dfrac{4}{x^2}}-a\right)+b$

よって，$\lim_{x \to \infty}P$ が収束するための必要条件は

$\qquad 2-a=0$　　すなわち　　$a=2$

2　チェビシェフの多項式　　　　　　　　　　　　　　　　　　　★★☆

多項式関数 $f(x)=2x^2-1$ を n 回合成して得られる関数を $f_n(x)$ とする。特に，
$f_1(x)=f(x)$ とする。また，関数 $g(x)$ に対し，$g(x)=x$ を満たす x を，関数 $g(x)$ の不動点ということにする。

(1) すべての自然数 n に対し，$f(x)$ の不動点は $f_n(x)$ の不動点でもあることを示せ。

(2) すべての自然数 n に対し，等式 $f_n(\cos\theta)=\cos 2^n\theta$ を示せ。

(3) 多項式 $f_2(x)-x$ は多項式 $f(x)-x$ で割り切れることを示し，$f_2(x)$ の不動点を求めよ。

(4) $\cos\dfrac{2}{5}\pi$, $\cos\dfrac{4}{5}\pi$ の値を求めよ。

(1) 数学的帰納法を用いて示す。

　「$f(x)$ の不動点は $f_n(x)$ の不動点でもある」 ……(A) とする。

　また，$f(a)=a$ とする。

　[1]　$n=1$ のとき

　　　$f_1(x)=f(x)$ であるから　　　$f_1(a)=f(a)=a$

　　　よって，$n=1$ のとき (A) は成り立つ。

　[2]　$n=k$ のとき，(A) が成り立つと仮定すると　　$f_k(a)=a$　……①

　　　$n=k+1$ のときを考えると，① より

　　　　　　　$f_{k+1}(a)=f(f_k(a))=f(a)=a$

　　　よって，$n=k+1$ のときも (A) は成り立つ。

　[1]，[2] から，すべての自然数 n に対し，(A) は成り立つ。　▮

(2) 数学的帰納法を用いて示す。

　「等式 $f_n(\cos\theta)=\cos 2^n\theta$ が成り立つ」 ……(B) とする。

　[1]　$n=1$ のとき

　　　$f_1(x)=f(x)$ であるから

　　　　　$f_1(\cos\theta)=f(\cos\theta)=2\cos^2\theta-1=\cos 2\theta$

　　　よって，$n=1$ のとき (B) は成り立つ。

　[2]　$n=k$ のとき，(B) が成り立つと仮定すると　　$f_k(\cos\theta)=\cos 2^k\theta$　……②

　　　$n=k+1$ のときを考えると，② より

　　　　　$f_{k+1}(\cos\theta)=f(f_k(\cos\theta))=2\cos^2 2^k\theta-1=\cos 2^{k+1}\theta$

　　　よって，$n=k+1$ のときも (B) は成り立つ。

　[1]，[2] から，すべての自然数 n に対し，(B) は成り立つ。　▮

(3)　$f_2(x)-x=f(f(x))-x=2(2x^2-1)^2-1-x$

　　　　　　$=8x^4-8x^2-x+1=(2x^2-x-1)(4x^2+2x-1)$　……③

　　　　　　$=\{f(x)-x\}(4x^2+2x-1)$

　　よって，多項式 $f_2(x)-x$ は $f(x)-x$ で割り切れる。　▮

次に，$f_2(x)=x$ とすると，③ において $2x^2-x-1=(x-1)(2x+1)$ から

$$(x-1)(2x+1)(4x^2+2x-1)=0$$

これを解いて

$$x=1, \ -\frac{1}{2}, \ \frac{-1\pm\sqrt{5}}{4}$$

(4) (2) から $\quad f_2(\cos\theta)=\cos 2^2\theta=\cos 4\theta$

よって，$f_2(\cos\theta)=\cos\theta$ とすると，$\cos 4\theta=\cos\theta$ より

$$4\theta=\pm\theta+2k\pi \quad (k は整数)$$

ゆえに $\quad \theta=\frac{2}{3}k\pi, \ \frac{2}{5}k\pi \quad (k は整数)$

これらの θ に対し，$\cos\theta$ がとりうる値を考えると

$$\cos 0 \ (=1), \ \cos\frac{2}{3}\pi \ \left(=-\frac{1}{2}\right), \ \cos\frac{2}{5}\pi, \ \cos\frac{4}{5}\pi$$

$0<\cos\dfrac{2}{5}\pi<1, \ -1<\cos\dfrac{4}{5}\pi<0$ であるから，(3) より

$$\cos\frac{2}{5}\pi=\frac{-1+\sqrt{5}}{4}$$

$$\cos\frac{4}{5}\pi=\frac{-1-\sqrt{5}}{4}$$

研究 (3) から，$f_2(x)$ の不動点のうち，$x=1, \ -\dfrac{1}{2}$ は $f_1(x)$ の不動点であるが，

$x=\dfrac{-1\pm\sqrt{5}}{4}$ は $f_1(x)$ の不動点でない。

3 関数の大小関係と極限の性質の証明 ★★☆

定義域が開区間 $(a, b) \ (a<b)$ を含む関数 $f(x)$ について，$\displaystyle\lim_{x\to a+0}f(x)=\alpha$ であるとする。このとき，すべての $x\in(a, b)$ について $f(x)\geqq c$ （c は実数）が成り立つならば $\alpha\geqq c$ であることを証明せよ。

$\alpha<c$ であると仮定して，$\varepsilon=c-\alpha$ とする。

$\displaystyle\lim_{x\to a+0}f(x)=\alpha$ であるから，上で定めた ε に対して，ある正の実数 δ が存在して，

$0<x-a<\delta$ を満たすすべての $x\in(a, b)$ について $f(x)-\alpha<\varepsilon$ が成り立つ。

よって，$f(x)<c$ となる $x\in(a, b)$ が存在することになるが，これは，$f(x)\geqq c$ であることに矛盾する。

したがって，$\alpha\geqq c$ である。 ∎

4 　関数の収束の証明 ★★☆

次の等式を，$\varepsilon-\delta$ 論法を用いて証明せよ。

(1) $\displaystyle\lim_{x\to 2}(x^2-1)=3$ 　　　　　　(2) $\displaystyle\lim_{x\to 1}\sqrt{x+3}=2$

(1) 　任意の正の実数 ε に対して，$\delta=\min\left\{1,\ \dfrac{\varepsilon}{5}\right\}$ とする。

このとき，$0<|x-2|<\delta$ を満たすすべての x に対して，$|x-2|<1$ であるから
$$|x+2|=|(x-2)+4|\leqq|x-2|+4<1+4=5$$

また，$|x-2|<\dfrac{\varepsilon}{5}$ であるから

$$|(x^2-1)-3|=|x+2||x-2|<5\cdot\dfrac{\varepsilon}{5}=\varepsilon$$

よって　　$\displaystyle\lim_{x\to 2}(x^2-1)=3$ 　■

(2) 　任意の正の実数 ε に対して，$\delta=\varepsilon$ とする。

このとき，$0<|x-1|<\delta$ を満たすすべての x に対して
$$\sqrt{x+3}+2>1$$

また，$|x-1|<\varepsilon$ であるから

$$|\sqrt{x+3}-2|=\dfrac{|\sqrt{x+3}-2||\sqrt{x+3}+2|}{|\sqrt{x+3}+2|}=\dfrac{|x-1|}{\sqrt{x+3}+2}<\varepsilon$$

よって　　$\displaystyle\lim_{x\to 1}\sqrt{x+3}=2$ 　■

5 　中間値の定理の利用 ★☆☆

(1) 　方程式 $-x^5+x^2+7=0$ は，$0<x<2$ の範囲に少なくとも1つの実数解をもつことを示せ。

(2) 　方程式 $x^2\cosh(2x+1)=-2\sinh(x-1)$ は，開区間 $(0,\ 1)$ に少なくとも1つの実数解をもつことを示せ。

(1) 　$f(x)=-x^5+x^2+7$ とすると，関数 $f(x)$ は区間 $[0,\ 2]$ で連続であり，かつ
$$f(0)=7>0,\ f(2)=-21<0$$

よって，中間値の定理により，方程式 $f(x)=0$ は $0<x<2$ の範囲に少なくとも1つの実数解をもつ。　■

(2) 　$g(x)=x^2\cosh(2x+1)+2\sinh(x-1)$ とすると，関数 $g(x)$ は閉区間 $[0,\ 1]$ で連続であり，かつ

$$g(0)=2\sinh(-1)=\dfrac{1}{e}-e=\dfrac{(1+e)(1-e)}{e}<0,\ g(1)=\cosh 3>0$$

よって，中間値の定理により，方程式 $g(x)=0$ は開区間 $(0,\ 1)$ に少なくとも1つの実数解をもつ。　■

6 逆三角関数の値の計算 ★☆☆

次の値を求めよ。

(1) $\cos\left(2\mathrm{Cos}^{-1}\dfrac{1}{2}\right)$

(2) $\mathrm{Sin}^{-1}\left(\cos\dfrac{\pi}{5}\right)$

(3) $\mathrm{Cos}^{-1}\left(-\dfrac{12}{13}\right)-\mathrm{Cos}^{-1}\dfrac{5}{13}$

(4) $\mathrm{Tan}^{-1}7+\mathrm{Tan}^{-1}\dfrac{1}{7}$

(1) $\mathrm{Cos}^{-1}\dfrac{1}{2}=a$ とおくと $\cos a=\dfrac{1}{2}$

$0\leqq a\leqq\pi$ から $a=\dfrac{\pi}{3}$

よって $\cos\left(2\mathrm{Cos}^{-1}\dfrac{1}{2}\right)=\cos\dfrac{2}{3}\pi=-\dfrac{1}{2}$

(2) $\mathrm{Sin}^{-1}\left(\cos\dfrac{\pi}{5}\right)=b$ とおくと $\sin b=\cos\dfrac{\pi}{5}=\sin\left(\dfrac{\pi}{2}-\dfrac{\pi}{5}\right)=\sin\dfrac{3}{10}\pi$

$-\dfrac{\pi}{2}\leqq b\leqq\dfrac{\pi}{2}$ から $b=\dfrac{3}{10}\pi$

(3) $\mathrm{Cos}^{-1}\left(-\dfrac{12}{13}\right)-\mathrm{Cos}^{-1}\dfrac{5}{13}=x$ とおくと

$\cos x=\cos\left(\mathrm{Cos}^{-1}\left(-\dfrac{12}{13}\right)-\mathrm{Cos}^{-1}\dfrac{5}{13}\right)$

$=\cos\left(\mathrm{Cos}^{-1}\left(-\dfrac{12}{13}\right)\right)\cos\left(\mathrm{Cos}^{-1}\dfrac{5}{13}\right)+\sin\left(\mathrm{Cos}^{-1}\left(-\dfrac{12}{13}\right)\right)\sin\left(\mathrm{Cos}^{-1}\dfrac{5}{13}\right)$

$=\left(-\dfrac{12}{13}\right)\cdot\dfrac{5}{13}+\sqrt{1-\left(-\dfrac{12}{13}\right)^2}\cdot\sqrt{1-\left(\dfrac{5}{13}\right)^2}$

$=-\dfrac{12}{13}\cdot\dfrac{5}{13}+\dfrac{5}{13}\cdot\dfrac{12}{13}=0$

$\dfrac{\pi}{2}\leqq\mathrm{Cos}^{-1}\left(-\dfrac{12}{13}\right)\leqq\pi,\ 0\leqq\mathrm{Cos}^{-1}\dfrac{5}{13}\leqq\dfrac{\pi}{2}$ より,

$0\leqq\mathrm{Cos}^{-1}\left(-\dfrac{12}{13}\right)-\mathrm{Cos}^{-1}\dfrac{5}{13}\leqq\pi$ であるから $x=\dfrac{\pi}{2}$

(4) $\mathrm{Tan}^{-1}7=\alpha,\ \mathrm{Tan}^{-1}\dfrac{1}{7}=\beta$ とおくと $0<\alpha<\dfrac{\pi}{2},\ 0<\beta<\dfrac{\pi}{2}$ …… ①

$\cos(\alpha+\beta)$ を考えると,加法定理により $\cos(\alpha+\beta)=\cos\alpha\cos\beta-\sin\alpha\sin\beta$

① から $\cos\alpha>0,\ \sin\alpha>0,\ \tan\alpha>0,\ \cos\beta>0,\ \sin\beta>0,\ \tan\beta>0$

また,$1+\tan^2\alpha=\dfrac{1}{\cos^2\alpha}$ であるから

$\cos^2\alpha=\dfrac{1}{1+\tan^2\alpha}$

$\sin^2\alpha=1-\cos^2\alpha=1-\dfrac{1}{1+\tan^2\alpha}=\dfrac{\tan^2\alpha}{1+\tan^2\alpha}$

$\cos\alpha>0$ であるから $\qquad \cos\alpha=\dfrac{1}{\sqrt{1+\tan^2\alpha}}$

$\sin\alpha>0$, $\tan\alpha>0$ であるから $\qquad \sin\alpha=\dfrac{\tan\alpha}{\sqrt{1+\tan^2\alpha}}$

同様にして $\qquad \cos\beta=\dfrac{1}{\sqrt{1+\tan^2\beta}}$

$\qquad\qquad\qquad \sin\beta=\dfrac{\tan\beta}{\sqrt{1+\tan^2\beta}}$

$\tan\alpha=7$, $\tan\beta=\dfrac{1}{7}$ であるから

$$\sqrt{1+\tan^2\alpha}=\sqrt{1+7^2}=5\sqrt{2}$$

$$\sqrt{1+\tan^2\beta}=\sqrt{1+\left(\dfrac{1}{7}\right)^2}=\dfrac{5\sqrt{2}}{7}$$

ゆえに $\qquad \cos(\alpha+\beta)=\dfrac{1}{\sqrt{1+\tan^2\alpha}}\cdot\dfrac{1}{\sqrt{1+\tan^2\beta}}-\dfrac{\tan\alpha}{\sqrt{1+\tan^2\alpha}}\cdot\dfrac{\tan\beta}{\sqrt{1+\tan^2\beta}}$

$$=\dfrac{7}{50}-\dfrac{7}{50}=0$$

① より $0<\alpha+\beta<\pi$ であるから $\qquad \alpha+\beta=\dfrac{\pi}{2}$ $\qquad$ すなわち $\qquad \mathrm{Tan}^{-1}7+\mathrm{Tan}^{-1}\dfrac{1}{7}=\dfrac{\pi}{2}$

参考 一般に，$x>0$ のとき，$\mathrm{Tan}^{-1}x+\mathrm{Tan}^{-1}\dfrac{1}{x}=\dfrac{\pi}{2}$ が成り立つ。

7 　逆三角関数を含む方程式 ★★☆

次の方程式を解け。

(1) $\mathrm{Cos}^{-1}x=\mathrm{Tan}^{-1}2$

(2) $\mathrm{Sin}^{-1}x=\mathrm{Sin}^{-1}\dfrac{3}{5}+\mathrm{Sin}^{-1}\dfrac{4}{5}$

(1) $\tan(\mathrm{Cos}^{-1}x)=2$ であるから $\qquad \dfrac{\sin(\mathrm{Cos}^{-1}x)}{\cos(\mathrm{Cos}^{-1}x)}=2$

両辺を 2 乗すると $\qquad \dfrac{\sin^2(\mathrm{Cos}^{-1}x)}{\cos^2(\mathrm{Cos}^{-1}x)}=4$

すなわち $\qquad \dfrac{1-\cos^2(\mathrm{Cos}^{-1}x)}{\cos^2(\mathrm{Cos}^{-1}x)}=4$

ゆえに $\qquad \dfrac{1-x^2}{x^2}=4$

これを解くと $\qquad x=\pm\dfrac{\sqrt{5}}{5}$

$0<\mathrm{Tan}^{-1}2<\dfrac{\pi}{2}$ であるから $\qquad 0<x<1$

よって $x=\dfrac{\sqrt{5}}{5}$

(2) $x=\sin\left(\mathrm{Sin}^{-1}\dfrac{3}{5}+\mathrm{Sin}^{-1}\dfrac{4}{5}\right)$

$=\sin\left(\mathrm{Sin}^{-1}\dfrac{3}{5}\right)\cos\left(\mathrm{Sin}^{-1}\dfrac{4}{5}\right)+\cos\left(\mathrm{Sin}^{-1}\dfrac{3}{5}\right)\sin\left(\mathrm{Sin}^{-1}\dfrac{4}{5}\right)$

$=\dfrac{3}{5}\cdot\sqrt{1-\left(\dfrac{4}{5}\right)^2}+\sqrt{1-\left(\dfrac{3}{5}\right)^2}\cdot\dfrac{4}{5}$

$=\dfrac{3}{5}\cdot\dfrac{3}{5}+\dfrac{4}{5}\cdot\dfrac{4}{5}=\mathbf{1}$

8 三角関数，逆三角関数を含む関数の極限 ★★☆

次の極限値を求めよ。

(1) $\displaystyle\lim_{x\to0}\dfrac{1-\cos x}{x^2}$

(2) $\displaystyle\lim_{x\to0}\dfrac{\tan x}{x}$

(3) $\displaystyle\lim_{x\to0}\dfrac{x}{\mathrm{Sin}^{-1}x}$

(4) $\displaystyle\lim_{x\to0}\dfrac{\tanh x}{x}$

(1) $\displaystyle\lim_{x\to0}\dfrac{1-\cos x}{x^2}=\lim_{x\to0}\dfrac{1-\cos^2 x}{x^2(1+\cos x)}$

$=\displaystyle\lim_{x\to0}\dfrac{\sin^2 x}{x^2(1+\cos x)}$

$=\displaystyle\lim_{x\to0}\left(\dfrac{\sin x}{x}\right)^2\cdot\dfrac{1}{1+\cos x}$

$=1^2\cdot\dfrac{1}{1+1}=\dfrac{\mathbf{1}}{\mathbf{2}}$

(2) $\displaystyle\lim_{x\to0}\dfrac{\tan x}{x}=\lim_{x\to0}\dfrac{\sin x}{x\cos x}=\lim_{x\to0}\dfrac{\sin x}{x}\cdot\dfrac{1}{\cos x}$

$=1\cdot\dfrac{1}{1}=\mathbf{1}$

(3) $\mathrm{Sin}^{-1}x=t$ とおくと $x=\sin t$

また，$x\longrightarrow0$ のとき $t\longrightarrow0$

よって $\displaystyle\lim_{x\to0}\dfrac{x}{\mathrm{Sin}^{-1}x}=\lim_{t\to0}\dfrac{\sin t}{t}=\mathbf{1}$

(4) $\displaystyle\lim_{x\to0}\dfrac{\tanh x}{x}=\lim_{x\to0}\dfrac{\dfrac{e^x-e^{-x}}{e^x+e^{-x}}}{x}$

$=\displaystyle\lim_{x\to0}\dfrac{1}{e^x+e^{-x}}\cdot\dfrac{e^x-e^{-x}}{x}$

$=\dfrac{1}{1+1}\cdot2=\mathbf{1}$

◀PRACTICE 17 (2) (イ) より。

9 　双曲線正接関数の性質の証明　　　　　　　　　　　　★★☆

次の等式が成り立つことを証明せよ。

$$\tanh(\alpha \pm \beta) = \frac{\tanh\alpha \pm \tanh\beta}{1 \pm \tanh\alpha\,\tanh\beta} \quad (\text{複号同順})$$

$$\frac{\tanh\alpha \pm \tanh\beta}{1 \pm \tanh\alpha\,\tanh\beta} = \frac{\dfrac{e^\alpha - e^{-\alpha}}{e^\alpha + e^{-\alpha}} \pm \dfrac{e^\beta - e^{-\beta}}{e^\beta + e^{-\beta}}}{1 \pm \dfrac{e^\alpha - e^{-\alpha}}{e^\alpha + e^{-\alpha}} \cdot \dfrac{e^\beta - e^{-\beta}}{e^\beta + e^{-\beta}}}$$

$$= \frac{(e^\alpha - e^{-\alpha})(e^\beta + e^{-\beta}) \pm (e^\alpha + e^{-\alpha})(e^\beta - e^{-\beta})}{(e^\alpha + e^{-\alpha})(e^\beta + e^{-\beta}) \pm (e^\alpha - e^{-\alpha})(e^\beta - e^{-\beta})}$$

$$= \frac{\{e^{\alpha+\beta} + e^{\alpha-\beta} - e^{-(\alpha-\beta)} - e^{-(\alpha+\beta)}\} \pm \{e^{\alpha+\beta} - e^{\alpha-\beta} + e^{-(\alpha-\beta)} - e^{-(\alpha+\beta)}\}}{\{e^{\alpha+\beta} + e^{\alpha-\beta} + e^{-(\alpha-\beta)} + e^{-(\alpha+\beta)}\} \pm \{e^{\alpha+\beta} - e^{\alpha-\beta} - e^{-(\alpha-\beta)} + e^{-(\alpha+\beta)}\}}$$

$$= \frac{2\{e^{\alpha\pm\beta} - e^{-(\alpha\pm\beta)}\}}{2\{e^{\alpha\pm\beta} + e^{-(\alpha\pm\beta)}\}}$$

$$= \frac{e^{\alpha\pm\beta} - e^{-(\alpha\pm\beta)}}{e^{\alpha\pm\beta} + e^{-(\alpha\pm\beta)}} = \tanh(\alpha \pm \beta) \ (\text{複号同順}) \quad ■$$

別解　$\tanh(\alpha \pm \beta) = \dfrac{\sinh(\alpha \pm \beta)}{\cosh(\alpha \pm \beta)}$

$$= \frac{\sinh\alpha\,\cosh\beta \pm \cosh\alpha\,\sinh\beta}{\cosh\alpha\,\cosh\beta \pm \sinh\alpha\,\sinh\beta}$$

$$= \frac{\dfrac{\sinh\alpha}{\cosh\alpha} \pm \dfrac{\sinh\beta}{\cosh\beta}}{1 \pm \dfrac{\sinh\alpha}{\cosh\alpha} \cdot \dfrac{\sinh\beta}{\cosh\beta}} = \frac{\tanh\alpha \pm \tanh\beta}{1 \pm \tanh\alpha\,\tanh\beta} \quad (\text{複号同順}) \quad ■$$

10 合成関数の微分（定理の利用） ★☆☆

関数 $f(x)=x \sinh x \cosh x$ の導関数を求めよ。

$f'(x)=(x)' \sinh x \cosh x+x \cdot(\sinh x)' \cdot \cosh x+x \sinh x \cdot(\cosh x)'$
$=\sinh x \cosh x+x \cosh^2 x+x \sinh^2 x$

11 x^k （k は整数）導関数 ★★☆

自然数 n に対して，関数 $f(x)=\dfrac{1}{x^n}$ の導関数を求めることにより，任意の整数 k （$k \neq 0$）に対して，関数 $f(x)=x^k$ の導関数が $f'(x)=kx^{k-1}$ となることを証明せよ。

$f'(x)=kx^{k-1}$ ……① とする。

$$\left\{\frac{1}{x^n}\right\}'=-\frac{(x^n)'}{(x^n)^2}=-\frac{nx^{n-1}}{x^{2n}}=-nx^{-(n+1)}$$

よって，k が負の整数のとき ① は成り立つ。
また，$k=0$ のとき明らかに ① は成り立つ。
更に，k が正の整数のとき ① は成り立つから，　　　　　　　◀基本例題 026 (2) より。
任意の整数 k （$k \neq 0$）に対して，① は成り立つ。　■

12 種々の関数の微分 ★☆☆

次の関数を微分せよ。
(1) $f(x)=4x^{\sqrt{2}}+3$ 　　　　　　　(2) $f(x)=\sinh(\log x)$
(3) $f(x)=x^{\cos x}$ （$x>0$）　　　　　(4) $f(x)=(1+x)^{\frac{1}{x}}$ （$x>0$）

(1) $f'(x)=4\sqrt{2}\,x^{\sqrt{2}-1}$

(2) $f'(x)=\cosh(\log x) \cdot (\log x)'=\dfrac{\cosh(\log x)}{x}=\dfrac{x^2+1}{2x^2}$

(3) $x>0$ であるから，$f(x)>0$ である。
両辺の自然対数をとって 　　　$\log f(x)=\cos x \log x$
両辺を x で微分して 　　　$\dfrac{f'(x)}{f(x)}=-\sin x \cdot \log x+\cos x \cdot \dfrac{1}{x}$
よって 　　$f'(x)=\left(-\sin x \log x+\dfrac{\cos x}{x}\right)f(x)=\left(-\sin x \log x+\dfrac{\cos x}{x}\right)x^{\cos x}$

(4) $1+x>0$ であるから，$f(x)>0$ である。
両辺の自然対数をとって 　　　$\log f(x)=\dfrac{\log(1+x)}{x}$
両辺を x で微分して 　　　$\dfrac{f'(x)}{f(x)}=\dfrac{\dfrac{1}{1+x} \cdot x-\log(1+x) \cdot 1}{x^2}$

よって　$f'(x) = \dfrac{x - (1+x)\log(1+x)}{x^2(1+x)}f(x)$

$\qquad\qquad\quad = \dfrac{x - (1+x)\log(1+x)}{x^2}(1+x)^{\frac{1-x}{x}}$

13　種々の関数の導関数　　　　　　　　　　　★☆☆

次の関数の導関数を求めよ。
(1)　$\text{Sin}^{-1}(-2x^3+1)$　$(0<x<1)$
(2)　$\tan(\text{Cos}^{-1}x)$　$(-1<x<1)$
(3)　$\log(\cosh(3x+2))$

(1)　$0<x<1$ のとき　　$-1<-2x^3+1<1$

よって　$\{\text{Sin}^{-1}(-2x^3+1)\}' = \dfrac{(-2x^3+1)'}{\sqrt{1-(-2x^3+1)^2}} = \dfrac{-6x^2}{\sqrt{4x^3-4x^6}} = -\dfrac{3x}{\sqrt{x-x^4}}$

(2)　$\{\tan(\text{Cos}^{-1}x)\}' = \dfrac{(\text{Cos}^{-1}x)'}{\cos^2(\text{Cos}^{-1}x)}$　　　　◀ $\cos(\text{Cos}^{-1}x)=x$ より。

$\qquad\qquad\qquad = -\dfrac{1}{x^2\sqrt{1-x^2}}$

(3)　$\{\log(\cosh(3x+2))\}' = \dfrac{\{\cosh(3x+2)\}'}{\cosh(3x+2)} = \dfrac{\sinh(3x+2)\cdot(3x+2)'}{\cosh(3x+2)}$

$\qquad\qquad\qquad = \dfrac{3\sinh(3x+2)}{\cosh(3x+2)} = 3\tanh(3x+2)$

14　有理関数の逆関数とその導関数　　　　　　★☆☆

関数 $y = \dfrac{x+2}{x-5}$ $(x\neq5)$ の逆関数を求めてから，その導関数を求めよ。

関数 $y = \dfrac{x+2}{x-5} = 1 + \dfrac{7}{x-5}$ ……① の値域は　　$y\neq1$

① を x について解くと　　$x = \dfrac{5y+2}{y-1}$

ゆえに，関数 ① の逆関数は　　$y = \dfrac{5x+2}{x-1}$ $(x\neq1)$

この導関数は

$\qquad y' = \dfrac{(5x+2)'(x-1)-(5x+2)\cdot(x-1)'}{(x-1)^2}$

$\qquad\quad = -\dfrac{7}{(x-1)^2}$ $(x\neq1)$

15 関数 $\log_a |f(x)|$ の導関数 ★★☆

a を 1 でない正の整数とするとき,関数 $f(x)$ に対して,$\log_a |f(x)|$ の導関数が $\dfrac{f'(x)}{f(x)\log a}$ となることを示せ。

[1] $f(x)>0$ のとき $\quad (\log_a |f(x)|)' = \dfrac{f'(x)}{f(x)\log a}$

[2] $f(x)<0$ のとき $\quad (\log_a |f(x)|)' = \dfrac{\{-f(x)\}'}{-f(x)\log a} = \dfrac{f'(x)}{f(x)\log a}$

よって,関数 $\log_a |f(x)|$ の導関数は $\dfrac{f'(x)}{f(x)\log a}$ となる。 ■

16 不等式の証明 ★★☆

(1) $x>0$ のとき,$\dfrac{x}{1+x^2} < \mathrm{Tan}^{-1}x < x$ を示せ。

(2) a, b, m, n は正の実数で,等式 $m+n=1$, $ma+nb=1$ を満たすとする。このとき,不等式 $a^{ma}b^{nb} \geqq 1$ が成り立つことを示せ。

(1) $f(x)=\mathrm{Tan}^{-1}x - \dfrac{x}{1+x^2}$, $g(x)=x-\mathrm{Tan}^{-1}x$ とすると

$$f'(x)=\dfrac{1}{1+x^2} - \dfrac{(x)'(1+x^2)-x\cdot(1+x^2)'}{(1+x^2)^2} = \dfrac{2x^2}{(1+x^2)^2}$$

$$g'(x)=1-\dfrac{1}{1+x^2}=\dfrac{x^2}{1+x^2}$$

$x>0$ のとき,$f'(x)>0$,$g'(x)>0$ であり,$f(0)=0$,$g(0)=0$ であるから,$x>0$ のとき

$$f(x)>0, \quad g(x)>0$$

したがって,$x>0$ のとき,$\dfrac{x}{1+x^2} < \mathrm{Tan}^{-1}x < x$ が成り立つ。 ■

(2) $a^{ma}b^{nb}>0$ であるから,示すべき不等式の両辺の自然対数をとった不等式

$\log a^{ma}b^{nb} \geqq 0$ が成り立つことを示す。

$nb=1-ma$ であり,$nb>0$ であるから $\quad 1-ma>0$

よって,$a<\dfrac{1}{m}$ であり,$a>0$ と合わせて $\quad 0<a<\dfrac{1}{m}$ ……①

また $\quad \log a^{ma}b^{nb}=ma\log a+nb\log b$

$$=ma\log a+(1-ma)\log\left(\dfrac{1}{n}-\dfrac{m}{n}a\right)$$

$h(a)=ma\log a+(1-ma)\log\left(\dfrac{1}{n}-\dfrac{m}{n}a\right)$ とすると

$$h'(a) = m\log a + m - m\log\left(\frac{1}{n} - \frac{m}{n}a\right) + (1 - ma)\cdot\frac{-\dfrac{m}{n}}{\dfrac{1}{n} - \dfrac{m}{n}a}$$

$$= m\log a + m - m\log\left(\frac{1}{n} - \frac{m}{n}a\right) - m$$

$$= m\left\{\log a - \log\left(\frac{1}{n} - \frac{m}{n}a\right)\right\} = m\log\frac{na}{1 - ma}$$

$h'(a) = 0$ とすると $\log\dfrac{na}{1 - ma} = 0$

$\dfrac{na}{1 - ma} = 1$ から $a = \dfrac{1}{m + n} = 1$

よって，① における $h(a)$ の増減表は右のように
なる。

ゆえに，$h(a)$ は $a = 1$ で極小かつ最小となり，最

小値は $\quad h(1) = (1 - m)\log\dfrac{1 - m}{n} = 0$

したがって，① において $h(a) \geqq 0$ が成り立つから，
不等式 $\log a^{ma}b^{nb} \geqq 0$ が成り立つ。

a	0	$\cdots$	1	$\cdots$	$\dfrac{1}{m}$
$h'(a)$		$-$	0	$+$	
$h(a)$		$\searrow$	極小	$\nearrow$	

また，等号が成り立つのは $\quad a = 1$ かつ $b = \dfrac{1}{n} - \dfrac{m}{n}a$

すなわち $\quad a = b = 1$

のときである。 ■

研究 示すべき不等式の両辺の自然対数をとって得られる不等式
$ma\log a + nb\log b \geqq 0$ を踏まえ，$k(x) = x\log x$ とする。

$x > 0$ において，$k''(x) = \dfrac{1}{x} > 0$ であるから，関数 $y = k(x)$ のグラフは，下に凸
である。

よって，関数 $y = k(x)$ のグラフ上の2点 $A(a, k(a))$，$B(b, k(b))$ を結ぶ線分
AB を $n : m$ に内分する点 $P\left(\dfrac{ma + nb}{n + m}, \dfrac{mk(a) + nk(b)}{n + m}\right)$，すなわち点
$P(ma + nb, mk(a) + nk(b))$ を考えると，$a \neq b$ のときのグラフ上の点
$(ma + nb, k(ma + nb))$ は，線分 AB より下側にある。

よって，$a \neq b$ のとき $\quad mk(a) + nk(b) > k(ma + nb)$

すなわち，$k(ma + nb) = k(1) = 0$ から，$ma\log a + nb\log b > 0$ が成り立つ。

また，$a = b$ のとき，$m + n = 1$，$ma + nb = 1$ より $a = b = 1$ であるから，
$ma\log a + nb\log b = 0$ が成り立つ。

以上から，不等式 $ma\log a + nb\log b \geqq 0$ が成り立つ。

ただし，等号は $a = b = 1$ のとき成り立つ。

17　不等式の証明とはさみうちの原理　　　★★☆

(1)　$x>0$ のとき，不等式 $x-\dfrac{1}{2}x^2<\log(1+x)<x-\dfrac{1}{2}x^2+\dfrac{1}{3}x^3$ が成り立つことを示せ。

(2)　$f(x)=\begin{cases} x & (x\ が有理数のとき) \\ \dfrac{1}{2}x & (x\ が無理数のとき) \end{cases}$ とする。

　　このとき，極限 $\displaystyle\lim_{x\to+0}\dfrac{\log(1+f(x))-f(x)}{\{f(x)\}^2}$ を求めよ。

(1)　$g(x)=\log(1+x)-x+\dfrac{1}{2}x^2$ とすると　　$g'(x)=\dfrac{1}{1+x}-1+x=\dfrac{x^2}{1+x}$

ゆえに，$x>0$ のとき　　　$g'(x)>0$

よって，関数 $g(x)$ は $x\geqq0$ で単調に増加する。

このことと，$g(0)=0$ から，$x>0$ のとき　　　$g(x)>0$

すなわち，$x>0$ のとき

$$x-\dfrac{1}{2}x^2<\log(1+x)　\cdots\cdots①$$

次に，$h(x)=x-\dfrac{1}{2}x^2+\dfrac{1}{3}x^3-\log(1+x)$ とすると

$$h'(x)=1-x+x^2-\dfrac{1}{1+x}=\dfrac{x^3}{1+x}$$

ゆえに，$x>0$ のとき　　　$h'(x)>0$

よって，関数 $h(x)$ は $x\geqq0$ で単調に増加する。

このことと，$h(0)=0$ から，$x>0$ のとき　　　$h(x)>0$

すなわち，$x>0$ のとき

$$\log(1+x)<x-\dfrac{1}{2}x^2+\dfrac{1}{3}x^3　\cdots\cdots②$$

①，②から，$x>0$ のとき，$x-\dfrac{1}{2}x^2<\log(1+x)<x-\dfrac{1}{2}x^2+\dfrac{1}{3}x^3$ が成り立つ。　∎

(2)　(1)から，$-\dfrac{1}{2}x^2<\log(1+x)-x<-\dfrac{1}{2}x^2+\dfrac{1}{3}x^3$ が成り立つ。

ゆえに，$x>0$ のとき，各辺を x^2 で割って　　$-\dfrac{1}{2}<\dfrac{\log(1+x)-x}{x^2}<-\dfrac{1}{2}+\dfrac{1}{3}x$

$x>0$ のとき $f(x)>0$ であるから，次の不等式が成り立つ。

$$-\dfrac{1}{2}<\dfrac{\log(1+f(x))-f(x)}{\{f(x)\}^2}<-\dfrac{1}{2}+\dfrac{1}{3}f(x)$$

$\displaystyle\lim_{x\to+0}f(x)=0$ より，$\displaystyle\lim_{x\to+0}\left\{-\dfrac{1}{2}+\dfrac{1}{3}f(x)\right\}=-\dfrac{1}{2}$ であるから

$$\lim_{x\to+0}\dfrac{\log(1+f(x))-f(x)}{\{f(x)\}^2}=-\dfrac{\boldsymbol{1}}{\boldsymbol{2}}$$

◀はさみうちの原理より。

18 $x=0$ で微分可能でないことの証明 ★★☆

関数 $f(x)=\sqrt[3]{x}$ が $x=0$ で微分可能でないことを示せ。

$$\frac{f(x)-f(0)}{x-0}=\frac{\sqrt[3]{x}}{x}=\frac{1}{\sqrt[3]{x^2}}$$

よって，極限 $\displaystyle\lim_{x\to0}\frac{f(x)-f(0)}{x-0}$ は収束しない。

したがって，$f(x)$ は $x=0$ で微分可能でない。　■

19 $x=0$ で微分可能であることの証明 ★★☆

次で定義される関数 $f(x)$ は $x=0$ で微分可能であることを示せ。
$$f(x)=\begin{cases} x^2 & (x \text{ は有理数}) \\ 0 & (x \text{ は無理数}) \end{cases}$$

定義から　　$0\leqq|f(x)|\leqq x^2$

よって，$x\neq0$ のとき　　$0\leqq\left|\dfrac{f(x)-f(0)}{x-0}\right|=\dfrac{|f(x)|}{|x|}\leqq\dfrac{x^2}{|x|}=|x|$

$\displaystyle\lim_{x\to0}|x|=0$ であるから　　$\displaystyle\lim_{x\to0}\frac{f(x)-f(0)}{x-0}=0$　　◀はさみうちの原理より。

したがって，$f(x)$ は $x=0$ で微分可能である。　■

20 関数 $f(x)g(x)$ の n 回微分 ★★☆

n 回微分可能な関数 $f(x)$, $g(x)$ に対して，次の等式が成り立つことを示せ。
$$\{f(x)g(x)\}^{(n)}=\sum_{k=0}^{n}{}_n\mathrm{C}_k f^{(n-k)}(x)g^{(k)}(x)$$

数学的帰納法を用いて表す。$\{f(x)g(x)\}^{(n)}=\displaystyle\sum_{k=0}^{n}{}_n\mathrm{C}_k f^{(n-k)}(x)g^{(k)}(x)$　……(A) とする。

[1]　$n=1$ のとき
$\{f(x)g(x)\}'=f'(x)g(x)+f(x)g'(x)$
よって，$n=1$ のとき (A) は成り立つ。

[2]　$n=m$ のとき，(A) が成り立つと仮定すると
$\{f(x)g(x)\}^{(m)}=\displaystyle\sum_{k=0}^{m}{}_m\mathrm{C}_k f^{(m-k)}(x)g^{(k)}(x)$　……①

$n=m+1$ のときを考えると，① から
$\{f(x)g(x)\}^{(m+1)}$
$=[\{f(x)g(x)\}^{(m)}]'$
$=\left\{\displaystyle\sum_{k=0}^{m}{}_m\mathrm{C}_k f^{(m-k)}(x)g^{(k)}(x)\right\}'$

$$= \sum_{k=0}^{m} {}_m\mathrm{C}_k \{ f^{(m-k)}(x) g^{(k)}(x) \}'$$

$$= \sum_{k=0}^{m} {}_m\mathrm{C}_k \{ f^{(m-k+1)}(x) g^{(k)}(x) + f^{(m-k)}(x) g^{(k+1)}(x) \}$$

$$= f^{(m+1)}(x) g(x) + \sum_{k=1}^{m} {}_m\mathrm{C}_k f^{(m-k+1)}(x) g^{(k)}(x)$$

$$\qquad + \sum_{k=0}^{m-1} {}_m\mathrm{C}_k f^{(m-k)}(x) g^{(k+1)}(x) + f(x) g^{(m+1)}(x)$$

$$= f^{(m+1)}(x) g(x) + \sum_{k=1}^{m} {}_m\mathrm{C}_k f^{(m-k+1)}(x) g^{(k)}(x)$$

$$\qquad + \sum_{k=1}^{m} {}_m\mathrm{C}_{k-1} f^{(m-k+1)}(x) g^{(k)}(x) + f(x) g^{(m+1)}(x)$$

$$= f^{(m+1)}(x) g(x) + \sum_{k=1}^{m} ({}_m\mathrm{C}_k + {}_m\mathrm{C}_{k-1}) f^{(m-k+1)}(x) g^{(k)}(x) + f(x) g^{(m+1)}(x)$$

$$= f^{(m+1)}(x) g(x) + \sum_{k=1}^{m} {}_{m+1}\mathrm{C}_k f^{(m-k+1)}(x) g^{(k)}(x) + f(x) g^{(m+1)}(x) \qquad \blacktriangleleft {}_m\mathrm{C}_k + {}_m\mathrm{C}_{k-1} = {}_{m+1}\mathrm{C}_k$$

$$= \sum_{k=0}^{m+1} {}_{m+1}\mathrm{C}_k f^{\{(m+1)-k\}}(x) g^{(k)}(x)$$

よって，$n=m+1$ のときも (A) は成り立つ。

[1]，[2] から，すべての自然数 n に対して，(A) が成り立つ。

21 第2次導関数を用いた極値判定等　　　　　　　　　　　　★★☆

(1) 関数 $f(x)=x^6-3x^2+1$ の極値を求めよ。

(2) 関数 $f(x)=6x^5-15x^4-10x^3+30x^2$ の極値を，第2次導関数を利用して求めよ。

(1) $f'(x)=6x^5-6x$

$\qquad = 6x(x+1)(x-1)(x^2+1)$

$f'(x)=0$ とすると　$x=0,\ \pm1$

関数 $f(x)$ の増減表は右のようになる。

よって

$\quad x=-1$ で極小値 -1，

$\quad x=0$ で極大値 1，

$\quad x=1$ で極小値 -1 をとる。

x	$\cdots$	-1	$\cdots$	0	$\cdots$	1	$\cdots$
$f'(x)$	$-$	0	$+$	0	$-$	0	$+$
$f(x)$	$\searrow$	極小 -1	$\nearrow$	極大 1	$\searrow$	極小 -1	$\nearrow$

(2) $f'(x)=30x^4-60x^3-30x^2+60x=30x(x+1)(x-1)(x-2)$

$f'(x)=0$ とすると　$x=-1,\ 0,\ 1,\ 2$

また，$f''(x)=120x^3-180x^2-60x+60$ であるから

$\qquad f''(-1)=-180<0,\ f''(0)=60>0,\ f''(1)=-60<0,\ f''(2)=180>0$

更に　$f(-1)=19,\ f(0)=0,\ f(1)=11,\ f(2)=-8$

よって，$x=-1$ で極大値 19，$x=0$ で極小値 0，$x=1$ で極大値 11，$x=2$ で極小値 -8 をとる。

22   平均値の定理を利用した不等式の証明 　　　　　　　　★★☆

平均値の定理を用いて，次の不等式が成り立つことを証明せよ。

(1) $0<a<b$ ならば $1-\dfrac{a}{b}<\log\dfrac{b}{a}<\dfrac{b}{a}-1$

(2) $\dfrac{1}{e^2}<a<b<1$ ならば $a-b<b\log b-a\log a<b-a$

(3) $a<b$ ならば $\sinh a<\dfrac{\cosh b-\cosh a}{b-a}<\sinh b$

---

(1) $f(x)=\log x$ とすると，関数 $f(x)$ は $x>0$ で微分可能で $f'(x)=\dfrac{1}{x}$

よって，閉区間 $[a,\ b]$ において，平均値の定理により

$$\frac{\log b-\log a}{b-a}=\frac{1}{c},\ a<c<b$$

を満たす実数 c が存在する。

$0<a<b$, $a<c<b$ から $\dfrac{1}{b}<\dfrac{1}{c}<\dfrac{1}{a}$

よって $\dfrac{1}{b}<\dfrac{\log b-\log a}{b-a}<\dfrac{1}{a}$

この不等式の各辺に $b-a\ (>0)$ を掛けて

$$\frac{b-a}{b}<\log b-\log a<\frac{b-a}{a}$$

すなわち $1-\dfrac{a}{b}<\log\dfrac{b}{a}<\dfrac{b}{a}-1$ ■

(2) $g(x)=x\log x$ とすると，関数 $g(x)$ は $x>0$ で微分可能で $g'(x)=\log x+1$

よって，閉区間 $[a,\ b]$ において，平均値の定理により

$$\frac{b\log b-a\log a}{b-a}=\log c+1,\ a<c<b$$

を満たす実数 c が存在する。

$\dfrac{1}{e^2}<a<b<1$, $a<c<b$ から $\dfrac{1}{e^2}<c<1$

各辺の自然対数をとって $\log\dfrac{1}{e^2}<\log c<\log 1$

すなわち $-2<\log c<0$

この不等式の各辺に 1 を加えて $-1<\log c+1<1$

よって $-1<\dfrac{b\log b-a\log a}{b-a}<1$

この不等式の各辺に $b-a\ (>0)$ を掛けて

$$a-b<b\log b-a\log a<b-a$$ ■

(3) $h(x)=\cosh x$ とすると，関数 $h(x)$ は微分可能で　　$h'(x)=\sinh x$

よって，閉区間 $[a,\ b]$ において，平均値の定理により

$$\frac{\cosh b-\cosh a}{b-a}=\sinh c,\ a<c<b$$

を満たす実数 c が存在する。

また，$f''(x)=\cosh x>0$ より，関数 $f'(x)$ は単調増加であり，$a<c<b$ であるから

$$\sinh a<\sinh c<\sinh b$$

ゆえに　　$\sinh a<\dfrac{\cosh b-\cosh a}{b-a}<\sinh b$　∎

23　関数の極限（ロピタルの定理利用）　　　　　　　★★☆

次の極限値を求めよ。

(1) $\displaystyle\lim_{x\to1}\frac{\log x}{\cos\dfrac{\pi}{2x}}$　　(2) $\displaystyle\lim_{x\to0}\frac{2\sin x-\sin 2x}{x-\sin x}$　　(3) $\displaystyle\lim_{x\to0}\frac{\cosh x-1}{x^2}$

(4) $\displaystyle\lim_{x\to0}\frac{\mathrm{Tan}^{-1}x-x}{x^3}$　　(5) $\displaystyle\lim_{x\to\infty}\frac{x^5}{e^x}$

(1)　$\displaystyle\lim_{x\to1}\log x=0$　かつ　$\displaystyle\lim_{x\to1}\cos\frac{\pi}{2x}=0$

$0<|x-1|<\dfrac{1}{2}$ において　　$\left(\cos\dfrac{\pi}{2x}\right)'=\dfrac{\pi}{2x^2}\sin\dfrac{\pi}{2x}\neq0$

また　　$\displaystyle\lim_{x\to1}\frac{(\log x)'}{\left(\cos\dfrac{\pi}{2x}\right)'}=\lim_{x\to1}\frac{\dfrac{1}{x}}{\dfrac{\pi}{2x^2}\sin\dfrac{\pi}{2x}}=\lim_{x\to1}\frac{2}{\pi}\cdot\frac{x}{\sin\dfrac{\pi}{2x}}=\frac{2}{\pi}$

よって，ロピタルの定理により，題意の極限も存在して　　$\displaystyle\lim_{x\to1}\frac{\log x}{\cos\dfrac{\pi}{2x}}=\boldsymbol{\dfrac{2}{\pi}}$

(2)　$\displaystyle\lim_{x\to0}(2\sin x-\sin 2x)=0$　かつ　$\displaystyle\lim_{x\to0}(x-\sin x)=0$

$0<|x|<\dfrac{\pi}{2}$ において　　$(x-\sin x)'=1-\cos x\neq0$

また　　$\displaystyle\lim_{x\to0}\frac{(2\sin x-\sin 2x)'}{(x-\sin x)'}=\lim_{x\to0}\frac{2\cos x-2\cos 2x}{1-\cos x}$　　……①

ここで　$\displaystyle\lim_{x\to0}(2\cos x-2\cos 2x)=0$　かつ　$\displaystyle\lim_{x\to0}(1-\cos x)=0$

$0<|x|<\dfrac{\pi}{2}$ において　　$(1-\cos x)'=\sin x\neq0$

また　　$\displaystyle\lim_{x\to0}\frac{(2\cos x-2\cos 2x)'}{(1-\cos x)'}$

$\displaystyle=\lim_{x\to0}\frac{-2\sin x+4\sin 2x}{\sin x}=\lim_{x\to0}\frac{-2\sin x+8\sin x\cos x}{\sin x}=\lim_{x\to0}(-2+8\cos x)=6$

ゆえに，ロピタルの定理により，① の極限も存在して

$$\lim_{x\to0}\frac{(2\sin x-\sin 2x)'}{(x-\sin x)'}=\lim_{x\to0}\frac{2\cos x-2\cos 2x}{1-\cos x}=6$$

よって，ロピタルの定理により，題意の極限も存在して $\displaystyle\lim_{x\to0}\frac{2\sin x-\sin 2x}{x-\sin x}=\boldsymbol{6}$

(3) $\displaystyle\lim_{x\to0}(\cosh x-1)=0$ かつ $\displaystyle\lim_{x\to0}x^2=0$

$x\neq0$ において $(x^2)'=2x\neq0$

また $\displaystyle\lim_{x\to0}\frac{(\cosh x-1)'}{(x^2)'}=\lim_{x\to0}\frac{\sinh x}{2x}$ ……①

ここで $\displaystyle\lim_{x\to0}\sinh x=0$ かつ $\displaystyle\lim_{x\to0}2x=0$

また $\displaystyle\lim_{x\to0}\frac{(\sinh x)'}{(2x)'}=\lim_{x\to0}\frac{\cosh x}{2}=\frac{1}{2}$

ゆえに，ロピタルの定理により，① の極限も存在して

$$\lim_{x\to0}\frac{(\cosh x-1)'}{(x^2)'}=\lim_{x\to0}\frac{\sinh x}{2x}=\frac{1}{2}$$

よって，ロピタルの定理により，題意の極限も存在して $\displaystyle\lim_{x\to0}\frac{\cosh x-1}{x^2}=\boldsymbol{\frac{1}{2}}$

別解 ① の極限は次のように考えることもできる。

[1] $\displaystyle\lim_{x\to0}\frac{(\cosh x-1)'}{(x^2)'}=\lim_{x\to0}\frac{\sinh x}{2x}=\lim_{x\to0}\frac{1}{4}\cdot\frac{e^x-e^{-x}}{x}=\frac{1}{4}\cdot2=\frac{1}{2}$

◀PRACTICE 17 (2) (イ) より。

[2] $\displaystyle\lim_{x\to0}\frac{(\cosh x-1)'}{(x^2)'}=\lim_{x\to0}\frac{\sinh x}{2x}=\lim_{x\to0}\frac{1}{2}\cdot\frac{\sin x}{x}\cdot\frac{\sinh x}{\sin x}=\frac{1}{2}\cdot1\cdot1=\frac{1}{2}$

◀基本例題 043 (1) より。

(4) $\displaystyle\lim_{x\to0}(\mathrm{Tan}^{-1}x-x)=0$ かつ $\displaystyle\lim_{x\to0}x^3=0$

$x\neq0$ において $(x^3)'=3x^2\neq0$

また $\displaystyle\lim_{x\to0}\frac{(\mathrm{Tan}^{-1}x-x)'}{(x^3)'}=\lim_{x\to0}\frac{\dfrac{1}{1+x^2}-1}{3x^2}=\lim_{x\to0}\left\{-\frac{1}{3(1+x^2)}\right\}=-\frac{1}{3}$

よって，ロピタルの定理により，題意の極限も存在して $\displaystyle\lim_{x\to0}\frac{\mathrm{Tan}^{-1}x-x}{x^3}=\boldsymbol{-\frac{1}{3}}$

(5) $\displaystyle\lim_{x\to\infty}x^5=\infty$ かつ $\displaystyle\lim_{x\to\infty}e^x=\infty$

ここで $(e^x)'=e^x\neq0$

また $\displaystyle\lim_{x\to\infty}\frac{(x^5)'}{(e^x)'}=\lim_{x\to\infty}\frac{5x^4}{e^x}$ ……①

ここで $\displaystyle\lim_{x\to\infty}5x^4=\infty$ かつ $\displaystyle\lim_{x\to\infty}e^x=\infty$

また $\displaystyle\lim_{x\to\infty}\frac{(5x^4)'}{(e^x)'}=\lim_{x\to\infty}\frac{20x^3}{e^x}$ ……②

ここで $\displaystyle\lim_{x\to\infty}20x^3=\infty$ かつ $\displaystyle\lim_{x\to\infty}e^x=\infty$

また $\displaystyle\lim_{x\to\infty}\frac{(20x^3)'}{(e^x)'}=\lim_{x\to\infty}\frac{60x^2}{e^x}$ ……③

ここで $\displaystyle\lim_{x\to\infty}60x^2=\infty$ かつ $\displaystyle\lim_{x\to\infty}e^x=\infty$

また $\displaystyle\lim_{x\to\infty}\frac{(60x^2)'}{(e^x)'}=\lim_{x\to\infty}\frac{120x}{e^x}$ ……④

ここで $\displaystyle\lim_{x\to\infty}120x=\infty$ かつ $\displaystyle\lim_{x\to\infty}e^x=\infty$

また $\displaystyle\lim_{x\to\infty}\frac{(120x)'}{(e^x)'}=\lim_{x\to\infty}\frac{120}{e^x}=0$

ゆえに，ロピタルの定理により，④ の極限も存在して $\displaystyle\lim_{x\to\infty}\frac{(60x^2)'}{(e^x)'}=\lim_{x\to\infty}\frac{120x}{e^x}=0$

よって，ロピタルの定理により，③ の極限も存在して $\displaystyle\lim_{x\to\infty}\frac{(20x^3)'}{(e^x)'}=\lim_{x\to\infty}\frac{60x^2}{e^x}=0$

ゆえに，ロピタルの定理により，② の極限も存在して $\displaystyle\lim_{x\to\infty}\frac{(5x^4)'}{(e^x)'}=\lim_{x\to\infty}\frac{20x^3}{e^x}=0$

よって，ロピタルの定理により，① の極限も存在して $\displaystyle\lim_{x\to\infty}\frac{(x^5)'}{(e^x)'}=\lim_{x\to\infty}\frac{5x^4}{e^x}=0$

したがって，ロピタルの定理により，題意の極限も存在して $\displaystyle\lim_{x\to\infty}\frac{x^5}{e^x}=\mathbf{0}$

24 関数の極限（ロピタルの定理利用）の応用 ★★★

$a_0,\ a_1,\ \cdots\cdots,\ a_{m-1},\ a_m$ を実数とし，$a_m>0$ とする。

$f(x)=a_mx^m+a_{m-1}x^{m-1}+\cdots\cdots+a_1x+a_0$ とするとき，極限 $\displaystyle\lim_{x\to\infty}\left\{\frac{1}{f(x)}\right\}^{\frac{1}{\log x}}$ を求めよ。

$\displaystyle\lim_{x\to\infty}f(x)=\lim_{x\to\infty}x^m\left(a_m+\frac{a_{m-1}}{x}+\cdots\cdots+\frac{a_1}{x^{m-1}}+\frac{a_0}{x^m}\right)=\infty$

よって，十分大きな正の実数 M に対して，$x>M$ のとき $f(x)>0$ である。

$y=\left\{\dfrac{1}{f(x)}\right\}^{\frac{1}{\log x}}$ とすると，$x>M$ のとき $y>0$ であるから，両辺の自然対数をとると

$$\log y=\log\left\{\frac{1}{f(x)}\right\}^{\frac{1}{\log x}}=\frac{1}{\log x}\log\frac{1}{f(x)}=-\frac{\log f(x)}{\log x}$$

ここで, 極限 $\displaystyle\lim_{x\to\infty}\frac{\log f(x)}{\log x}$ ……① を考える。

$$\lim_{x\to\infty}\log f(x)=\infty \quad かつ \quad \lim_{x\to\infty}\log x=\infty$$

$x>0$ において $\qquad (\log x)'=\dfrac{1}{x}\neq 0$

また $\qquad \displaystyle\lim_{x\to\infty}\frac{\{\log f(x)\}'}{(\log x)'}=\lim_{x\to\infty}\frac{\dfrac{f'(x)}{f(x)}}{\dfrac{1}{x}}=\lim_{x\to\infty}\frac{xf'(x)}{f(x)}$

$$=\lim_{x\to\infty}\frac{x\{ma_mx^{m-1}+(m-1)a_{m-1}x^{m-2}+\cdots\cdots+a_1\}}{a_mx^m+a_{m-1}x^{m-1}+\cdots\cdots+a_1x+a_0}$$

$$=\lim_{x\to\infty}\frac{ma_m+\dfrac{(m-1)a_{m-1}}{x}+\cdots\cdots+\dfrac{a_1}{x^{m-1}}}{a_m+\dfrac{a_{m-1}}{x}+\cdots\cdots+\dfrac{a_1}{x^{m-1}}+\dfrac{a_0}{x^m}}$$

$$=\frac{ma_m}{a_m}=m$$

ゆえに, ロピタルの定理により, ① の極限も存在して $\qquad \displaystyle\lim_{x\to\infty}\frac{\log f(x)}{\log x}=m$

よって $\qquad \displaystyle\lim_{x\to\infty}\log y=\lim_{x\to\infty}\left\{-\frac{\log f(x)}{\log x}\right\}=-m$

指数関数の連続性により

$$\lim_{x\to\infty}\left\{\frac{1}{f(x)}\right\}^{\frac{1}{\log x}}=\lim_{x\to\infty}e^{\log y}=e^{-m}=\frac{1}{e^m}$$

25 テイラー展開　　★☆☆

> 次の関数 $f(x)$ について, 与えられた x の値における 4 次のテイラー展開を求めよ。
>
> (1) $f(x)=\dfrac{1}{x+1}$, $x=1$ 　　　　　(2) $f(x)=\sinh x$, $x=0$

(1) $f'(x)=-\dfrac{1}{(x+1)^2}$, $f''(x)=\dfrac{2}{(x+1)^3}$, $f'''(x)=-\dfrac{6}{(x+1)^4}$

よって $\qquad f'(1)=-\dfrac{1}{4}$, $f''(1)=\dfrac{2}{8}$, $f'''(1)=-\dfrac{6}{16}$

また, $f^{(4)}(x)=\dfrac{24}{(x+1)^5}$ より, $f(x)=\dfrac{1}{x+1}$ の 4 次の剰余項は

$$\frac{24}{4!\{1+\theta(x-1)+1\}^5}(x-1)^4 \quad (0<\theta<1)$$

$f(1)=\dfrac{1}{2}$ であるから, 求める 4 次のテイラー展開は

$$f(x) = \frac{1}{2} - \frac{1}{1!\cdot 4}(x-1) + \frac{2}{2!\cdot 8}(x-1)^2 - \frac{6}{3!\cdot 16}(x-1)^3$$
$$+ \frac{24}{4!\{1+\theta(x-1)+1\}^5}(x-1)^4$$
$$= \frac{1}{2} - \frac{1}{4}(x-1) + \frac{1}{8}(x-1)^2 - \frac{1}{16}(x-1)^3 + \frac{1}{\{\theta(x-1)+2\}^5}(x-1)^4 \quad (0<\theta<1)$$

(2) $f'(x)=\cosh x$, $f''(x)=\sinh x$, $f'''(x)=\cosh x$

よって $f'(0)=1$, $f''(0)=0$, $f'''(0)=1$

また，$f^{(4)}(x)=\sinh x$ より，$f(x)=\sinh x$ の4次の剰余項は

$$\frac{\sinh\theta x}{4!}x^4 \quad (0<\theta<1)$$

$f(0)=0$ であるから，求める4次のテイラー展開は

$$f(x) = \frac{1}{1!}x + \frac{1}{3!}x^3 + \frac{\sinh\theta x}{4!}x^4 = x + \frac{1}{6}x^3 + \frac{\sinh\theta x}{24}x^4 \quad (0<\theta<1)$$

26 　e^x のマクローリン展開と近似値　　★★☆

関数 $f(x)=e^x$ の4次のマクローリン展開を求め，e の近似値を求めよ。

$$f'(x)=e^x, \quad f''(x)=e^x, \quad f'''(x)=e^x$$

よって $f'(0)=1$, $f''(0)=1$, $f'''(0)=1$

また，$f^{(4)}(x)=e^x$ より，$f(x)=e^x$ の4次の剰余項は

$$\frac{e^{\theta x}}{4!}x^4 \quad (0<\theta<1)$$

$f(0)=1$ であるから，求める4次のマクローリン展開は

$$e^x = 1 + \frac{1}{1!}x + \frac{1}{2!}x^2 + \frac{1}{3!}x^3 + \frac{e^{\theta x}}{4!}x^4 = 1 + x + \frac{1}{2}x^2 + \frac{1}{6}x^3 + \frac{e^{\theta x}}{24}x^4 \quad (0<\theta<1)$$

$x=1$ を代入すると $e = 1+1+\frac{1}{2}\cdot 1^2 + \frac{1}{6}\cdot 1^3 + \frac{e^{\theta}}{24}\cdot 1^4 = \frac{8}{3} + \frac{e^{\theta}}{24}$

よって，e の近似値は $e \fallingdotseq \frac{8}{3} = 2.\dot{6}$

27 　正弦関数，余弦関数のマクローリン展開と近似値　　★★☆

次の問いに答えよ。なお，近似値は小数第4位を四捨五入し，小数第3位まで求めよ。
(1) $\sin x$ の4次のマクローリン展開を求め，$\sin 0.5$ の近似値を求めよ。
(2) $\cos x$ の5次のマクローリン展開を求め，$\cos 0.5$ の近似値を求めよ。

(1) 求める4次のマクローリン展開は

$$\sin x = x - \frac{1}{6}x^3 + \frac{\sin\theta x}{24}x^4 \quad (0<\theta<1)$$

◀基本例題 047(2) より。

$x=\dfrac{1}{2}$ を代入すると

$$\sin 0.5 = \dfrac{1}{2} - \dfrac{1}{6}\left(\dfrac{1}{2}\right)^3 + \dfrac{1}{24}\left(\dfrac{1}{2}\right)^4 \sin\dfrac{\theta}{2} = \dfrac{23}{48} + \dfrac{1}{384}\sin\dfrac{\theta}{2}$$

ゆえに $\quad \sin 0.5 \fallingdotseq \dfrac{23}{48} = 0.4791\cdots\cdots$

よって，$\sin 0.5$ の近似値を，小数第3位まで求めると **0.479**

(2) $f(x) = \cos x$ とすると

$$f'(x) = -\sin x, \quad f''(x) = -\cos x, \quad f'''(x) = \sin x, \quad f^{(4)}(x) = \cos x$$

よって $\quad f'(0) = 0, \quad f''(0) = -1, \quad f'''(0) = 0, \quad f^{(4)}(0) = 1$

また，$f^{(5)}(x) = -\sin x$ より，$f(x) = \cos x$ の5次の剰余項は

$$-\dfrac{\sin\theta x}{5!}x^5 \quad (0 < \theta < 1)$$

$f(0) = 1$ であるから，求める5次のマクローリン展開は

$$\boldsymbol{\cos x} = 1 - \dfrac{1}{2!}x^2 + \dfrac{1}{4!}x^4 - \dfrac{\sin\theta x}{5!}x^5 = \boldsymbol{1 - \dfrac{1}{2}x^2 + \dfrac{1}{24}x^4 - \dfrac{\sin\theta x}{120}x^5}\ (0 < \theta < 1)$$

$x = \dfrac{1}{2}$ を代入すると

$$\cos 0.5 = 1 - \dfrac{1}{2}\left(\dfrac{1}{2}\right)^2 + \dfrac{1}{24}\left(\dfrac{1}{2}\right)^4 - \dfrac{1}{120}\left(\dfrac{1}{2}\right)^5 \sin\dfrac{\theta}{2} = \dfrac{337}{384} - \dfrac{1}{3840}\sin\dfrac{\theta}{2}$$

ゆえに $\quad \cos 0.5 \fallingdotseq \dfrac{337}{384} = 0.8776\cdots\cdots$

よって，$\cos 0.5$ の近似値を，小数第3位まで求めると **0.878**

28　種々の不定積分の計算　★★☆

次の不定積分を求めよ。

(1) $\displaystyle\int\frac{dx}{x^2(x+1)}$　　(2) $\displaystyle\int\frac{1+\sin x}{\sin x(1+\cos x)}dx$　　(3) $\displaystyle\int\frac{dx}{\tanh x}$　　(4) $\displaystyle\int\mathrm{Tan}^{-1}x\,dx$

(5) $\displaystyle\int\tanh^2x\,dx$　　(6) $\displaystyle\int\frac{dx}{x^3+1}$　　(7) $\displaystyle\int\frac{dx}{x^4-16}$

(1) $\displaystyle\int\frac{dx}{x^2(x+1)}=\int\left(-\frac{1}{x}+\frac{1}{x^2}+\frac{1}{x+1}\right)dx$

$$=-\log|x|-\frac{1}{x}+\log|x+1|+C=\boldsymbol{\log\left|\frac{x+1}{x}\right|-\frac{1}{x}+C}$$

(2)　$\tan\dfrac{x}{2}=t$ とおくと

$$\sin x=2\sin\frac{x}{2}\cos\frac{x}{2}=2\tan\frac{x}{2}\cos^2\frac{x}{2}$$

$$=2\tan\frac{x}{2}\cdot\frac{1}{1+\tan^2\dfrac{x}{2}}=\frac{2t}{1+t^2}$$

$$\cos x=2\cos^2\frac{x}{2}-1=\frac{2}{1+\tan^2\dfrac{x}{2}}-1=\frac{1-t^2}{1+t^2}$$

また，$\dfrac{1}{\cos^2\dfrac{x}{2}}\cdot\dfrac{1}{2}dx=dt$ から

$$dx=2\cos^2\frac{x}{2}dt=\frac{2}{1+\tan^2\dfrac{x}{2}}dt=\frac{2}{1+t^2}dt$$

ゆえに　$\displaystyle\int\frac{1+\sin x}{\sin x(1+\cos x)}dx=\int\frac{1+\dfrac{2t}{1+t^2}}{\dfrac{2t}{1+t^2}\left(1+\dfrac{1-t^2}{1+t^2}\right)}\cdot\frac{2}{1+t^2}dt$

$$=\int\frac{t^2+2t+1}{2t}dt$$

$$=\int\left(\frac{t}{2}+1+\frac{1}{2t}\right)dt$$

$$=\frac{1}{4}t^2+t+\frac{1}{2}\log|t|+C$$

$$=\boldsymbol{\frac{1}{4}\tan^2\frac{x}{2}+\tan\frac{x}{2}+\frac{1}{2}\log\left|\tan\frac{x}{2}\right|+C}$$

(3)　$\displaystyle\int\frac{dx}{\tanh x}=\int\frac{e^x+e^{-x}}{e^x-e^{-x}}dx=\int\frac{(e^x-e^{-x})'}{e^x-e^{-x}}dx=\boldsymbol{\log|e^x-e^{-x}|+C}$

別解 $\displaystyle\int\frac{dx}{\tanh x}=\int\frac{\cosh x}{\sinh x}\,dx=\int\frac{(\cosh x)'}{\sinh x}\,dx=\log|\sinh x|+C$

(4) $\displaystyle\int\mathrm{Tan}^{-1}x\,dx=x\,\mathrm{Tan}^{-1}x-\int\frac{x}{1+x^2}\,dx$

$$=x\,\mathrm{Tan}^{-1}x-\int\frac{1}{2}\cdot\frac{(1+x^2)'}{(1+x^2)}\,dx=x\,\mathrm{Tan}^{-1}x-\frac{1}{2}\log(1+x^2)+C$$

(5) $\displaystyle\int\tanh^2 x\,dx=\int\left(1-\frac{1}{\cosh^2 x}\right)dx=x-\tanh x+C$

(6) $\displaystyle\int\frac{dx}{x^3+1}=\int\left\{\frac{1}{3(x+1)}-\frac{x-2}{3(x^2-x+1)}\right\}dx$

$$=\int\left\{\frac{1}{3(x+1)}-\frac{x-\dfrac{1}{2}}{3(x^2-x+1)}+\frac{1}{2(x^2-x+1)}\right\}dx$$

$$=\int\left\{\frac{1}{3(x+1)}-\frac{(x^2-x+1)'}{6(x^2-x+1)}+\frac{1}{2\left\{\left(x-\dfrac{1}{2}\right)^2+\dfrac{3}{4}\right\}}\right\}dx$$

$$=\frac{1}{3}\log|x+1|-\frac{1}{6}\log(x^2-x+1)+\frac{1}{\sqrt{3}}\mathrm{Tan}^{-1}\frac{2x-1}{\sqrt{3}}+C$$

$$=\frac{1}{6}\log\frac{(x+1)^2}{x^2-x+1}+\frac{1}{\sqrt{3}}\mathrm{Tan}^{-1}\frac{2x-1}{\sqrt{3}}+C$$

(7) $\displaystyle\int\frac{dx}{x^4-16}=\int\frac{1}{8}\left(\frac{1}{x^2-4}-\frac{1}{x^2+4}\right)dx$

$$=\int\frac{1}{8}\left\{\frac{1}{4}\left(\frac{1}{x-2}-\frac{1}{x+2}\right)-\frac{1}{x^2+4}\right\}dx$$

$$=\int\left\{\frac{1}{32(x-2)}-\frac{1}{32(x+2)}-\frac{1}{8(x^2+4)}\right\}dx$$

$$=\frac{1}{32}\log|x-2|-\frac{1}{32}\log|x+2|-\frac{1}{16}\mathrm{Tan}^{-1}\frac{x}{2}+C$$

$$=\frac{1}{32}\log\left|\frac{x-2}{x+2}\right|-\frac{1}{16}\mathrm{Tan}^{-1}\frac{x}{2}+C$$

29 　置換積分法による不定積分の計算 　　　　★★☆

次の問いに答えよ。

(1) $y=\cosh x\ (x\geqq 0)$ の逆関数を求めよ。

(2) 不定積分 $\displaystyle\int\frac{dx}{\sqrt{x^2+1}}$ を，$x=\sinh t$ とおいて求めよ。

(1) $y=\dfrac{e^x+e^{-x}}{2}(\geqq 1)$ より 　　$(e^x)^2-2ye^x+1=0$

ゆえに $\quad e^x = y \pm \sqrt{y^2-1}$

ここで，$x \geqq 0$ より $\quad e^x \geqq 1$

また，$y \geqq 1$ であるから

$$y - \sqrt{y^2-1} = \frac{1}{y+\sqrt{y^2-1}} \leqq 1, \quad y+\sqrt{y^2-1} \geqq 1$$

よって $\quad e^x = y + \sqrt{y^2-1}$

ゆえに $\quad x = \log(y + \sqrt{y^2-1})$

求める逆関数は，x と y を入れ替えて $\quad \boldsymbol{y = \log(x + \sqrt{x^2-1}) \quad (x \geqq 1)}$

(2) $x = \sinh t$ とおくと $\quad dx = \cosh t\, dt$

また，$x = \dfrac{e^t - e^{-t}}{2}$ より $\quad (e^t)^2 - 2xe^t - 1 = 0$

ゆえに $\quad e^t = x \pm \sqrt{x^2+1}$

$e^t > 0$ であるから $\quad e^t = x + \sqrt{x^2+1}$

よって $\quad t = \log(x + \sqrt{x^2+1})$

したがって $\quad \displaystyle\int \frac{dx}{\sqrt{x^2+1}} = \int \frac{1}{\sqrt{\sinh^2 t + 1}} \cdot \cosh t\, dt$

$$= \int \frac{1}{\cosh t} \cdot \cosh t\, dt$$

$$= t + C = \boldsymbol{\log(x + \sqrt{x^2+1}) + C}$$

30　部分積分法による等式の証明と定積分の計算　　★★☆

$I = \displaystyle\int_0^{\frac{\pi}{2}} e^x \sin x\, dx, \ J = \int_0^{\frac{\pi}{2}} e^x \cos x\, dx$ とするとき，次の問いに答えよ。

(1) 部分積分法を用いて，次の等式が成り立つことを示せ。

$$I + J = e^{\frac{\pi}{2}}, \ I - J = 1$$

(2) 定積分 $\displaystyle\int_0^{\frac{\pi}{2}} e^x \sin x\, dx, \ \int_0^{\frac{\pi}{2}} e^x \cos x\, dx$ の値をそれぞれ求めよ。

(1) $I = \displaystyle\int_0^{\frac{\pi}{2}} (e^x)' \sin x\, dx = \Big[e^x \sin x \Big]_0^{\frac{\pi}{2}} - \int_0^{\frac{\pi}{2}} e^x \cos x\, dx = e^{\frac{\pi}{2}} - J$

よって $\quad I + J = e^{\frac{\pi}{2}}$

$$J = \int_0^{\frac{\pi}{2}} (e^x)' \cos x\, dx = \Big[e^x \cos x \Big]_0^{\frac{\pi}{2}} + \int_0^{\frac{\pi}{2}} e^x \sin x\, dx = -1 + I$$

よって $\quad I - J = 1 \quad \blacksquare$

(2) (1) から $I=\dfrac{e^{\frac{\pi}{2}}+1}{2}$, $J=\dfrac{e^{\frac{\pi}{2}}-1}{2}$

よって $\displaystyle\int_0^{\frac{\pi}{2}} e^x \sin x\, dx=\dfrac{e^{\frac{\pi}{2}}+1}{2}$, $\displaystyle\int_0^{\frac{\pi}{2}} e^x \cos x\, dx=\dfrac{e^{\frac{\pi}{2}}-1}{2}$

31   区分求積法を用いた極限   ★☆☆

極限値 $\displaystyle\lim_{n\to\infty}\sum_{k=1}^{n}\left\{\dfrac{1}{n}\cdot\left(\dfrac{k}{n}\right)^2\right\}$ を求めよ。

$$\lim_{n\to\infty}\sum_{k=1}^{n}\left\{\dfrac{1}{n}\cdot\left(\dfrac{k}{n}\right)^2\right\}=\lim_{n\to\infty}\dfrac{1}{n}\sum_{k=1}^{n}\left(\dfrac{k}{n}\right)^2=\int_0^1 x^2\,dx=\left[\dfrac{x^3}{3}\right]_0^1=\dfrac{1}{3}$$

32   区間 $[a,\ b)$, $(a,\ \infty]$, $(-\infty,\ \infty)$ 上の広義積分   ★★☆

次の広義積分の値を求めよ。

(1) $\displaystyle\int_1^2 \dfrac{2}{x\sqrt{x-1}}\,dx$ (2) $\displaystyle\int_0^{\infty} xe^{-x}\,dx$ (3) $\displaystyle\int_{-\infty}^{\infty}\dfrac{dx}{x^2+2x+2}$

(1) 不定積分 $\displaystyle\int\dfrac{2}{x\sqrt{x-1}}\,dx$ について，$\sqrt{x-1}=t$ とおくと，$x=t^2+1$ より $dx=2t\,dt$

ゆえに $\displaystyle\int\dfrac{2}{x\sqrt{x-1}}\,dx=\int\dfrac{2}{(t^2+1)t}\cdot 2t\,dt=\int\dfrac{4}{t^2+1}\,dt$

$$=4\,\mathrm{Tan}^{-1}t+C=4\,\mathrm{Tan}^{-1}\sqrt{x-1}+C$$

よって $\displaystyle\int_1^2\dfrac{2}{x\sqrt{x-1}}\,dx=\lim_{\varepsilon\to+0}\int_{1+\varepsilon}^2\dfrac{2}{x\sqrt{x-1}}\,dx=\lim_{\varepsilon\to+0}\left[4\,\mathrm{Tan}^{-1}\sqrt{x-1}\right]_{1+\varepsilon}^2$

$$=\lim_{\varepsilon\to+0}\left(\pi-4\,\mathrm{Tan}^{-1}\sqrt{\varepsilon}\right)=\pi$$

(2) $\displaystyle\int_0^{\infty} xe^{-x}\,dx=\lim_{t\to\infty}\int_0^t xe^{-x}\,dx$

$$=\lim_{t\to\infty}\left[-e^{-x}(x+1)\right]_0^t$$

$$=\lim_{t\to\infty}\left(1-\dfrac{t+1}{e^t}\right)=1$$

◀ 基本例題 044 (1) より。

(3) $\displaystyle\int_{-\infty}^{\infty}\dfrac{dx}{x^2+2x+2}=\int_{-\infty}^{-1}\dfrac{dx}{x^2+2x+2}+\int_{-1}^{\infty}\dfrac{dx}{x^2+2x+2}$

$$=\lim_{s\to-\infty}\int_s^{-1}\dfrac{dx}{(x+1)^2+1}+\lim_{t\to\infty}\int_{-1}^t\dfrac{dx}{(x+1)^2+1}$$

$$=\lim_{s\to-\infty}\left[\mathrm{Tan}^{-1}(x+1)\right]_s^{-1}+\lim_{t\to\infty}\left[\mathrm{Tan}^{-1}(x+1)\right]_{-1}^t$$

$$=\dfrac{\pi}{2}+\dfrac{\pi}{2}=\pi$$

33　広義積分（ロピタルの定理利用）　　　　　　★★★

広義積分 $\displaystyle\int_0^\infty \dfrac{xe^{-x}}{(1+e^{-x})^2}\,dx$ の値を求めよ。

$$\int \frac{xe^{-x}}{(1+e^{-x})^2}\,dx = \int \left(\frac{1}{1+e^{-x}}\right)' \cdot x\,dx$$

$$= \frac{x}{1+e^{-x}} - \int \frac{dx}{1+e^{-x}} = \frac{xe^x}{e^x+1} - \int \frac{e^x}{e^x+1}\,dx$$

$$= \frac{xe^x}{e^x+1} - \int \frac{(e^x+1)'}{e^x+1}\,dx = \frac{xe^x}{e^x+1} - \log(e^x+1) + C$$

$f(x) = \dfrac{xe^x}{e^x+1} - \log(e^x+1)$ とすると

$$\lim_{x\to\infty} f(x) = \lim_{x\to\infty}\left\{x - \frac{x}{e^x+1} - \log(e^x+1)\right\}$$

$$= \lim_{x\to\infty}\left(\log\frac{e^x}{e^x+1} - \frac{x}{e^x+1}\right) = \lim_{x\to\infty}\left(\log\frac{1}{1+e^{-x}} - \frac{x}{e^x+1}\right)$$

ここで，極限 $\displaystyle\lim_{x\to\infty}\dfrac{x}{e^x+1}$ について

$$\lim_{x\to\infty} x = \infty \quad かつ \quad \lim_{x\to\infty}(e^x+1) = \infty$$

また　　　　$(e^x+1)' = e^x \neq 0$

更に　　　　$\displaystyle\lim_{x\to\infty}\frac{(x)'}{(e^x+1)'} = \lim_{x\to\infty}\frac{1}{e^x} = 0$

よって，ロピタルの定理により　　　$\displaystyle\lim_{x\to\infty}\frac{x}{e^x+1} = 0$

$\displaystyle\lim_{x\to\infty}\log\frac{1}{1+e^{-x}} = 0$ であるから　　　$\displaystyle\lim_{x\to\infty} f(x) = 0$

また　　　　$f(0) = -\log 2$

ゆえに　　　$\displaystyle\int_0^\infty \frac{xe^{-x}}{(1+e^{-x})^2}\,dx = \lim_{t\to\infty}\int_0^t \frac{xe^{-x}}{(1+e^{-x})^2}\,dx = \lim_{t\to\infty}\Big[f(x)\Big]_0^t$

$$= \lim_{t\to\infty}\{f(t) - f(0)\} = \boldsymbol{\log 2}$$

34　広義積分の収束判定　　　　　　★★☆

広義積分 $\displaystyle\int_0^\infty e^{-x^2}\,dx$ が収束することを，広義積分の収束判定条件を利用して証明せよ。ただし，$e^x > x$ は利用してよい。

$$\int_0^\infty e^{-x^2}\,dx = \int_0^1 e^{-x^2}\,dx + \int_1^\infty e^{-x^2}\,dx$$

関数 e^{-x^2} は閉区間 $[0,\ 1]$ 上で連続であるから，閉区間 $[0,\ 1]$ 上で積分可能である。

また，$x \geqq 1$ において，$e^{x^2} > x^2 > 0$ であるから　　$e^{-x^2} < \dfrac{1}{x^2}$

よって　　　$\displaystyle\int_1^\infty e^{-x^2} dx < \int_1^\infty \dfrac{dx}{x^2}$

ここで　　　$\displaystyle\int_1^\infty \dfrac{dx}{x^2} = \lim_{t \to \infty} \int_1^t \dfrac{dx}{x^2} = \lim_{t \to \infty} \left[-\dfrac{1}{x} \right]_1^t$

$$= \lim_{t \to \infty} \left(1 - \dfrac{1}{t} \right) = 1$$

したがって，広義積分 $\displaystyle\int_0^\infty e^{-x^2} dx$ は収束する。　■

35　放物線の曲線の長さ　　　　★★☆

放物線 $y = x^2$ の $x = 0$ から $x = 1$ の部分の長さを求めよ。

$y = x^2$ から　　　$y' = 2x$

求める長さを L とすると　　　$L = \displaystyle\int_0^1 \sqrt{1 + (2x)^2} \, dx$

$$= \int_0^1 \sqrt{1 + 4x^2} \, dx$$

$x = \dfrac{1}{2} \sinh t$ とおくと　　　$dx = \dfrac{1}{2} \cosh t \, dt$

x と t の対応は右のようになる。

x	$0 \longrightarrow$	1
t	$0 \longrightarrow$	$\log(2 + \sqrt{5})$

よって　　　$L = \displaystyle\int_0^1 \sqrt{1 + 4x^2} \, dx$

$$= \int_0^{\log(2+\sqrt{5})} \cosh t \cdot \dfrac{1}{2} \cosh t \, dt = \int_0^{\log(2+\sqrt{5})} \dfrac{1}{2} \cosh^2 t \, dt$$

$$= \int_0^{\log(2+\sqrt{5})} \dfrac{1}{2} \left(\dfrac{e^t + e^{-t}}{2} \right)^2 dt = \int_0^{\log(2+\sqrt{5})} \dfrac{e^{2t} + e^{-2t} + 2}{8} \, dt$$

$$= \left[\dfrac{e^{2t}}{16} - \dfrac{e^{-2t}}{16} + \dfrac{t}{4} \right]_0^{\log(2+\sqrt{5})} = \underline{\dfrac{2\sqrt{5} + \log(2 + \sqrt{5})}{4}}$$

36　ベータ関数の値　　　　★★☆

ベータ関数 $B(p,\ q)$ について，$B\left(\dfrac{3}{2},\ \dfrac{5}{2} \right)$ の値を求めよ。

$B\left(\dfrac{3}{2},\ \dfrac{5}{2} \right) = \displaystyle\int_0^1 x^{\frac{1}{2}} (1-x)^{\frac{3}{2}} \, dx$

$$= \int_0^1 (1-x) \sqrt{x - x^2} \, dx$$

$$=\int_0^1 \frac{1}{2} \cdot (x-x^2)' \sqrt{x-x^2}\, dx + \int_0^1 \frac{1}{2}\sqrt{\frac{1}{4}-\left(x-\frac{1}{2}\right)^2}\, dx$$

$$=\left[\frac{1}{2}\cdot\frac{2}{3}(x-x^2)^{\frac{3}{2}}\right]_0^1 + \frac{1}{2}\cdot\frac{\pi}{2}\left(\frac{1}{2}\right)^2 = \frac{\pi}{16}$$

別解 $B\left(\dfrac{3}{2},\ \dfrac{5}{2}\right)=\dfrac{\Gamma\left(\dfrac{3}{2}\right)\Gamma\left(\dfrac{5}{2}\right)}{\Gamma\left(\dfrac{3}{2}+\dfrac{5}{2}\right)}=\dfrac{\Gamma\left(\dfrac{3}{2}\right)\Gamma\left(\dfrac{5}{2}\right)}{\Gamma(4)}$　　　　　◀重要例題 127 を参照。

$$=\frac{\Gamma\left(\dfrac{3}{2}\right)\cdot\dfrac{3}{2}\Gamma\left(\dfrac{3}{2}\right)}{(4-1)!}=\frac{\dfrac{3}{2}\left\{\Gamma\left(\dfrac{3}{2}\right)\right\}^2}{3!}$$

$$=\frac{\dfrac{3}{2}\left\{\dfrac{1}{2}\Gamma\left(\dfrac{1}{2}\right)\right\}^2}{3!}=\frac{\dfrac{3}{8}\left\{\Gamma\left(\dfrac{1}{2}\right)\right\}^2}{3!}$$

$$=\frac{(\sqrt{\pi})^2}{16}=\frac{\pi}{16}$$

37　ガンマ関数に関する等式の証明　　　　　　　　★★☆

ガンマ関数 $\Gamma(x)$ について，$\Gamma(1)=1$ を証明せよ。

$$\Gamma(1)=\int_0^\infty e^{-x}\, dx = \lim_{t\to\infty}\int_0^t e^{-x}\, dx = \lim_{t\to\infty}\left[-e^{-x}\right]_0^t = \lim_{t\to\infty}(1-e^{-t})=1 \quad ■$$

314 ▌第 4 章

38 　R³ 内の直線上の点と原点の距離　★☆☆

以下の点の座標を求めよ。

(1) 　R³ 内の平面 $y=-2$ と平面 $z=3$ の共通部分に含まれている点で，原点との距離が $2\sqrt{5}$ となる点。

(2) 　(1)で求めた点から，zx 平面に下ろした垂線の足。

(1) 　R³ 内の平面 $y=-2$ と平面 $z=3$ の共通部分を直線 ℓ とすると，直線 ℓ 上の点は，t を実数として $(t,\ -2,\ 3)$ と表される。

よって，直線 ℓ 上の点で，原点との距離が $2\sqrt{5}$ となるとき
$$t^2+(-2)^2+3^2=(2\sqrt{5}\,)^2$$
これを解いて　　$t=\pm\sqrt{7}$

したがって，求める点の座標は　　$(\pm\sqrt{7}\,,\ -2,\ 3)$

(2) 　(1)で求めた点から zx 平面に下ろした垂線の足の座標は　　$(\pm\sqrt{7}\,,\ 0,\ 3)$

39 　Rⁿ 内の 2 点が一致するための必要十分条件　★☆☆

Rⁿ 内の点 $P(x_1,\ x_2,\ \cdots\cdots,\ x_n)$，$Q(y_1,\ y_2,\ \cdots\cdots,\ y_n)$ に対して，点 P と点 Q が一致するための必要十分条件は $d(P,\ Q)=0$ であることを示せ。

$d(P,\ Q)=0$ となるとき　　$\sqrt{\sum_{k=1}^{n}(y_k-x_k)^2}=0$

よって，$d(P,\ Q)=0$ となることは，$1\leqq i\leqq n$ を満たすすべての自然数 i に対して，$y_i-x_i=0$ すなわち $x_i=y_i$ となることと同値である。

このとき，2 点 P，Q は一致するから，題意は示された。　■

40 　2 変数関数の定義域と値域　★☆☆

次の 2 変数関数の定義域を答え，値域を求めよ。

(1) 　$f(x,\ y)=\sqrt{1-x^2-y^2}$　　　　　(2) 　$f(x,\ y)=\dfrac{3y}{x^2-6}$

(1) 　関数 $f(x,\ y)$ の定義域は　　$\{(x,\ y)\mid x^2+y^2\leqq 1\}$

次に，$0\leqq z\leqq 1$ を満たす任意の実数 z に対して，$x=\sqrt{1-z^2}$，$y=0$ とすると，$(\sqrt{1-z^2},\ 0)\in\{(x,\ y)\mid x^2+y^2\leqq 1\}$ であり，このとき $z=f(x,\ y)$ が成り立つ。

よって，$0\leqq z\leqq 1$ を満たす任意の実数 z に対して，$z=f(x,\ y)$ となる定義域内の $(x,\ y)$ が存在する。

また，常に $0\leqq f(x,\ y)\leqq 1$ であるから，$z<0$ または $z>1$ を満たす任意の実数 z に対して，$z=f(x,\ y)$ となる定義域内の $(x,\ y)$ は存在しない。

ゆえに，関数 $(x,\ y)$ の値域は　　$\{z\mid 0\leqq z\leqq 1\}$

(2) 関数 (x, y) の定義域は $\{(x, y) \mid x \neq \pm\sqrt{6}\}$

次に，任意の実数 z に対して，$x=3$，$y=z$ とすると，$(3, z) \in \{(x, y) \mid x \neq \pm\sqrt{6}\}$ であり，このとき $z=f(x, y)$ が成り立つ。

よって，任意の実数 z に対して，$z=f(x, y)$ となる定義域内の (x, y) が存在する。

ゆえに，関数 $f(x, y)$ の値域は $\mathbb{R}$

41 $f(x, y)=x^2+y^2+1$ のグラフを平面 $x=a$ で切った切り口等 　　　★☆☆

> 平面 $x=a$（a は定数）と yz 平面を同一視したとき，2 変数関数 $f(x, y)=x^2+y^2+1$ のグラフを，平面 $x=a$ で切ったときの切り口を yz 平面上に図示せよ。

関数 $z=f(x, y)$ のグラフを平面 $x=a$ で切ったときの切り口を表す方程式は

$$x=a, \quad z=y^2+a^2+1$$

よって，平面 $x=a$ で切った切り口を yz 平面上に図示すると，右の図のようになる。

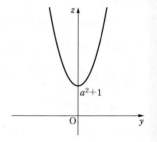

42 $(x, y) \longrightarrow (0, 1)$ のとき $f(x, y)$ が極限をもたない証明 　　　★★☆

> 2 変数関数 $f(x, y)=\dfrac{xy-x}{x^2+y^2-2y+1}$ は，$(x, y) \longrightarrow (0, 1)$ のとき極限をもたないことを示せ。

点 $(0, 1)$ を通る直線 $\ell : y=mx+1$ に沿って，(x, y) を $(0, 1)$ に近づける。

$f(x, y)=\dfrac{x(y-1)}{x^2+(y-1)^2}$ であるから，$x \neq 0$ のとき

$$f(x, mx+1)=\dfrac{mx^2}{(1+m^2)x^2}=\dfrac{m}{1+m^2}$$

$x \longrightarrow 0$ のとき，$f(x, mx+1)$ は $\dfrac{m}{1+m^2}$ に収束する。

ところが，$\dfrac{m}{1+m^2}$ は，直線 ℓ の傾き，すなわち m の値に依存している。

実際，$m=1$ のとき $\dfrac{m}{1+m^2}=\dfrac{1}{2}$ であるが，$m=0$ のとき $\dfrac{m}{1+m^2}=0$ である。

したがって，(x, y) を $(0, 1)$ に近づけたとき，関数 $f(x, y)$ が近づく値は，(x, y) の $(0, 1)$ への近づけ方に依存する。

以上から，関数 $f(x, y)$ は $(x, y) \longrightarrow (0, 1)$ のとき極限をもたない。 ■

43　場合分けのある2変数関数の連続性の判定　　★★☆

> 関数 $f(x,\ y)=\begin{cases} xy\log\sqrt{x^2+y^2} & ((x,\ y)\neq(0,\ 0)) \\ 0 & ((x,\ y)=(0,\ 0)) \end{cases}$ が R^2 で連続かどうか調べよ。

$(x,\ y)\neq(0,\ 0)$ のとき $x^2+y^2>0$ であるから，$(x,\ y)\neq(0,\ 0)$ において関数 $f(x,\ y)$ は確かに定義されている。また，$(x,\ y)\neq(0,\ 0)$ のときの関数 $f(x,\ y)$ は連続関数の合成や四則演算で表されているから，連続である。

$(x,\ y)$ を極座標表示して $(x,\ y)=(r\cos\theta,\ r\sin\theta)$ とすると，$(x,\ y)\neq(0,\ 0)$ では $r>0$ である。

このとき
$$f(r\cos\theta,\ r\sin\theta)=r^2\cos\theta\sin\theta\log r^2(\cos^2\theta+\sin^2\theta)=2r^2\log r\cos\theta\sin\theta$$

ゆえに　　　$0\leq|f(r\cos\theta,\ r\sin\theta)|=|2r^2\log r\cos\theta\sin\theta|\leq2\left|\dfrac{\log r}{r^{-2}}\right|$

ここで，極限 $\displaystyle\lim_{r\to0}\dfrac{\log r}{r^{-2}}$ を考える。

$$\lim_{r\to0}\log r=-\infty\quad かつ\quad\lim_{r\to0}r^{-2}=\infty$$

$r>0$ において　　　$(r^{-2})'=-\dfrac{2}{r^3}\neq0$

また　　　$\displaystyle\lim_{r\to0}\dfrac{(\log r)'}{(r^{-2})'}=\lim_{r\to0}\left(-\dfrac{r^2}{2}\right)=0$

よって，ロピタルの定理により　　　$\displaystyle\lim_{r\to0}\dfrac{\log r}{r^{-2}}=0$

$\displaystyle\lim_{r\to0}2\left|\dfrac{\log r}{r^{-2}}\right|=0$ であるから　　　$\displaystyle\lim_{r\to0}|f(r\cos\theta,\ r\sin\theta)|=0$　　　◀はさみうちの原理により。

これは，$r\longrightarrow0$ で偏角 θ に依存せず関数 $f(r\cos\theta,\ r\sin\theta)$ が 0 に収束することを示す。

よって　　　$\displaystyle\lim_{(x,y)\to(0,0)}f(x,\ y)=0$

したがって，$\displaystyle\lim_{(x,y)\to(0,0)}f(x,\ y)=f(0,\ 0)$ が成り立つから，関数 $f(x,\ y)$ は原点でも連続である。以上から，関数 $f(x,\ y)$ は R^2 で 連続である。

44　　$(x,\ y)\longrightarrow(0,\ 0)$ のとき $f(x,\ y)$ が極限をもたない証明　　★★★

> xy 平面から放物線 $y=x^2$ を除いた領域を D とし，D において定義された関数
> $f(x,\ y)=\dfrac{y^2-2x}{x^2-y}$ を考える。D 内の点 $(x,\ y)$ が曲線 $y^2(1-x)=x^2(1+x)$ に沿って
> 原点に近づく場合を考えて，関数 $f(x,\ y)$ が $(x,\ y)\longrightarrow(0,\ 0)$ のとき極限をもたないことを示せ。

方程式 $y^2(1-x)=x^2(1+x)$ について, $x \neq 1$ であるから $\quad y^2=\dfrac{x^2(1+x)}{1-x}$

$g(x)=x\sqrt{\dfrac{1+x}{1-x}}$, $h(x)=-x\sqrt{\dfrac{1+x}{1-x}}$ として, $C_1:y=g(x)$ $(-1\leqq x<1)$, $C_2:y=h(x)$

$(-1\leqq x<1)$ とする。

[1]　曲線 C_1 に沿って, (x, y) を $(0, 0)$ に近づけるとき

$\quad x \neq 0$ において $\quad f(x, g(x))=\dfrac{\left(x\sqrt{\dfrac{1+x}{1-x}}\right)^2-2x}{x^2-x\sqrt{\dfrac{1+x}{1-x}}}=\dfrac{\dfrac{x(1+x)}{1-x}-2}{x-\sqrt{\dfrac{1+x}{1-x}}}$

$\quad x \longrightarrow 0$ のとき, $f(x, g(x))$ は 2 に収束する。

[2]　曲線 C_2 に沿って, (x, y) を $(0, 0)$ に近づけるとき

$\quad x \neq 0$ において $\quad f(x, h(x))=\dfrac{\left(-x\sqrt{\dfrac{1+x}{1-x}}\right)^2-2x}{x^2-\left(-x\sqrt{\dfrac{1+x}{1-x}}\right)}=\dfrac{\dfrac{x(1+x)}{1-x}-2}{x+\sqrt{\dfrac{1+x}{1-x}}}$

$\quad x \longrightarrow 0$ のとき, $f(x, h(x))$ は -2 に収束する。

以上から, 関数 $f(x, y)$ は $(x, y) \longrightarrow (0, 0)$ のとき極限をもたない。　■

補足　曲線 $y^2(1-x)=x^2(1+x)$ の概形をかく。$h(x)=-g(x)$ より, 関数 $y=g(x)$,
$\quad y=h(x)$ のグラフは x 軸に関して対称であるから, 関数 $y=g(x)$ のグラフのみ考
$\quad$える。

$\qquad g'(x)=-\dfrac{x^2-x-1}{(1-x)\sqrt{1-x^2}}$

$\quad -1<x<1$ において, $g'(x)=0$ とすると

$\qquad x=\dfrac{1-\sqrt{5}}{2}$

$\quad g(x)$ の増減表は次のようになる。

x	-1	$\cdots$	$\dfrac{1-\sqrt{5}}{2}$	$\cdots$	1
$g'(x)$		$-$	0	$+$	
$g(x)$	0	$\searrow$	極小	$\nearrow$	

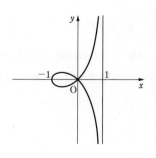

$\quad$また $\quad \lim\limits_{x \to 1-0} g(x)=\infty$

以上から, 曲線 $y^2(1-x)=x^2(1+x)$ の概形は右の図
のようになる。

45　2変数関数の偏微分係数の計算　　　★☆☆

次の関数 $f(x, y)$ の点 $(1, 1)$ における偏微分係数を求めよ。

(1)　$f(x, y) = x^5 + 3xy^2 + 2y^6 + 2$　　　　(2)　$f(x, y) = \mathrm{Tan}^{-1} xy^2$

(1)　$f(x, y) = x^5 + 3xy^2 + 2y^6 + 2$　……① とする。

① に $y = 1$ を代入して

$$f(x, y) = x^5 + 3x + 4$$

x で微分すると　　　$\dfrac{\partial f}{\partial x}(x, 1) = 5x^4 + 3$

$x = 1$ を代入して　　　$\dfrac{\partial f}{\partial x}(1, 1) = 8$

また，① に $x = 1$ を代入して

$$f(1, y) = 2y^6 + 3y^2 + 3$$

y で微分すると　　　$\dfrac{\partial f}{\partial y}(1, y) = 12y^5 + 6y$

$y = 1$ を代入して　　　$\dfrac{\partial f}{\partial y}(1, 1) = 18$

(2)　$f(x, y) = \mathrm{Tan}^{-1} xy^2$　……② とする。

② に $y = 1$ を代入して

$$f(x, 1) = \mathrm{Tan}^{-1} x$$

x で微分すると　　　$\dfrac{\partial f}{\partial x}(x, 1) = \dfrac{1}{1 + x^2}$

$x = 1$ を代入して　　　$\dfrac{\partial f}{\partial x}(1, 1) = \dfrac{1}{2}$

また，② に $x = 1$ を代入して

$$f(1, y) = \mathrm{Tan}^{-1} y^2$$

y で微分すると　　　$\dfrac{\partial f}{\partial y}(1, y) = \dfrac{2y}{1 + y^4}$

$y = 1$ を代入して　　　$\dfrac{\partial f}{\partial y}(1, 1) = 1$

46　2変数関数の2次までの偏導関数の計算　　　★☆☆

次の関数 $f(x, y)$ の 2 次までの偏導関数をすべて求めよ。

(1)　$f(x, y) = \dfrac{2x}{x + y}$　　　　　　(2)　$f(x, y) = y \cosh(1 + x)$

(1) $\quad f_x(x,\ y)=\dfrac{2y}{(x+y)^2}$, $\quad f_y(x,\ y)=-\dfrac{2x}{(x+y)^2}$

$\quad f_x(x,\ y)$ を x および y について偏微分して

$$f_{xx}(x,\ y)=-\dfrac{4y}{(x+y)^3},\quad f_{xy}(x,\ y)=\dfrac{2(x-y)}{(x+y)^3}$$

$\quad f_y(x,\ y)$ を x および y について偏微分して

$$f_{yx}(x,\ y)=\dfrac{2(x-y)}{(x+y)^3},\quad f_{yy}(x,\ y)=\dfrac{4x}{(x+y)^3}$$

(2) $\qquad f_x(x,\ y)=y\sinh(1+x)$, $\quad f_y(x,\ y)=\cosh(1+x)$

$\quad f_x(x,\ y)$ を x および y について偏微分して

$$f_{xx}(x,\ y)=y\cosh(1+x),\quad f_{xy}(x,\ y)=\sinh(1+x)$$

$\quad f_x(x,\ y)$ を x および y について偏微分して

$$f_{yx}(x,\ y)=\sinh(1+x),\quad f_{yy}(x,\ y)=0$$

47　2変数関数の方向微分係数の計算　★☆☆

$\vec{v}=(p,\ q)$ とするとき，2変数関数 $f(x,\ y)$ の定義域内の点 $(a,\ b)$ について

$$\lim_{t\to 0}\frac{f(a+tp,\ b+tq)-f(a,\ b)}{t}$$

を関数 $f(x,\ y)$ の点 $(a,\ b)$ における $\vec{v}$ 方向の方向微分係数という。
ただし，通常，$p^2+q^2=1$ とする。

$\vec{v}=\left(\dfrac{\sqrt{2}}{2},\ \dfrac{\sqrt{2}}{2}\right)$ とするとき，2変数関数 $f(x,\ y)=x^2+y^2$ の定義域内の点 $(1,\ 1)$
における，$\vec{v}$ 方向の方向微分係数を求めよ。

$$\lim_{t\to 0}\frac{f\left(1+\dfrac{\sqrt{2}}{2}t,\ 1+\dfrac{\sqrt{2}}{2}t\right)-f(1,\ 1)}{t}$$

$$=\lim_{t\to 0}\frac{\left\{\left(1+\dfrac{\sqrt{2}}{2}t\right)^2+\left(1+\dfrac{\sqrt{2}}{2}t\right)^2\right\}-(1^2+1^2)}{t}$$

$$=\lim_{t\to 0}\frac{2\sqrt{2}\,t+t^2}{t}$$

$$=\lim_{t\to 0}(2\sqrt{2}+t)=2\sqrt{2}$$

48　R² 上で全微分可能の証明と接平面の方程式　　　　　　★★☆

次の問いに答えよ。

(1) 関数 $f(x, y)=\sin(2x+y)\cos(x-2y)$ は R² 上で全微分可能であることを示せ。また，点 $(\pi, \pi, 0)$ における $z=f(x, y)$ の接平面の方程式を求めよ。

(2) 関数 $f(x, y)=e^x\sin y$ が R² 上で全微分可能であることを示し，そのグラフ上の点 $\left(-\log\pi, \dfrac{\pi}{2}, \dfrac{1}{\pi}\right)$ における接平面の方程式を求めよ。

(1)　関数 $f(x, y)$ の偏導関数をそれぞれ求めると

$$f_x(x, y)=2\cos(2x+y)\cos(x-2y)-\sin(2x+y)\sin(x-2y)$$
$$f_y(x, y)=\cos(2x+y)\cos(x-2y)+2\sin(2x+y)\sin(x-2y)$$

これらはどちらも連続関数の和や差や積や合成関数であるから，R² で連続である。

よって，偏導関数の連続性と全微分可能性の定理により，関数 $f(x, y)$ は R² 上で全微分可能である。　■

また

$$f_x(\pi, \pi)=2, \quad f_y(\pi, \pi)=1$$

よって，関数 $z=f(x, y)$ のグラフ上の点 $(\pi, \pi, 0)$ における接平面の方程式は

$$z=2(x-\pi)+y-\pi$$

すなわち　　$\boldsymbol{z=2x+y-3\pi}$

(2)　関数 $f(x, y)$ の偏導関数をそれぞれ求めると

$$f_x(x, y)=e^x\sin y$$
$$f_y(x, y)=e^x\cos y$$

これらはどちらも連続関数の積であるから，R² で連続である。

よって，偏導関数の連続性と全微分可能性の定理により，関数 $f(x, y)$ は R² 上で全微分可能である。

また

$$f_x\left(-\log\pi, \dfrac{\pi}{2}\right)=\dfrac{1}{\pi}$$

$$f_y\left(-\log\pi, \dfrac{\pi}{2}\right)=0$$

よって，関数 $z=f(x, y)$ のグラフ上の点 $\left(-\log\pi, \dfrac{\pi}{2}, \dfrac{1}{\pi}\right)$ における接平面の方程式は

$$z=\dfrac{1}{\pi}\{x-(-\log\pi)\}+0\cdot\left(y-\dfrac{\pi}{2}\right)+\dfrac{1}{\pi}$$

すなわち　　$\boldsymbol{z=\dfrac{1}{\pi}x+\dfrac{\log\pi+1}{\pi}}$

49　2変数関数と2変数関数との合成関数の微分　　　　　　★☆☆

次の問いに答えよ。

(1)　$f(x, y)=(1+xy)^2$, $\varphi(u, v)=u+v$, $\psi(u, v)=u-v$ とする。
$g(u, v)=f(\varphi(u, v), \psi(u, v))$ とするとき，$g_u(u, v)$, $g_v(u, v)$ を求めよ。

(2)　$f(x, y)=\sin(x^2+y^2)$, $\varphi(u, v)=u^2+v^2$, $\psi(u, v)=2uv$ とする。
$g(u, v)=f(\varphi(u, v), \psi(u, v))$ とするとき，$g_u(u, v)$, $g_v(u, v)$ を求めよ。

(3)　関数 $f(x, y)=\log(x+2y)$ に対して，合成関数 $f(u\cos v, u\sin v)$ の偏導関数
$f_u(u\cos v, u\sin v)$, $f_v(u\cos v, u\sin v)$ を求めよ。

(1)　関数 $f(x, y)$ の偏導関数をそれぞれ求めると

$$f_x(x, y)=2y(1+xy)$$
$$f_y(x, y)=2x(1+xy)$$

これらはどちらも連続関数の積であるから，R^2 で連続である。
よって，関数 $f(x, y)$ は R^2 上で全微分可能である。　　◀偏導関数の連続性と全微
ここで　　$\varphi_u(u, v)=1$, $\varphi_v(u, v)=1$,　　　　　　　　　　　　　分可能性の定理により。
　　　　　$\psi_u(u, v)=1$, $\psi_v(u, v)=-1$
したがって

$$g_u(u, v)=\frac{\partial}{\partial u}f(\varphi(u, v), \psi(u, v))$$

$$=\frac{\partial f}{\partial x}(\varphi(u, v), \psi(u, v))\frac{\partial \varphi}{\partial u}(u, v)+\frac{\partial f}{\partial y}(\varphi(u, v), \psi(u, v))\frac{\partial \psi}{\partial u}(u, v)$$

$$=2(u-v)\{1+(u+v)(u-v)\}\cdot 1+2(u+v)\{1+(u+v)(u-v)\}\cdot 1$$

$$=4u(u^2-v^2+1)$$

$$g_v(u, v)=\frac{\partial}{\partial v}f(\varphi(u, v), \psi(u, v))$$

$$=\frac{\partial f}{\partial x}(\varphi(u, v), \psi(u, v))\frac{\partial \varphi}{\partial v}(u, v)+\frac{\partial f}{\partial y}(\varphi(u, v), \psi(u, v))\frac{\partial \psi}{\partial v}(u, v)$$

$$=2(u-v)\{1+(u+v)(u-v)\}\cdot 1+2(u+v)\{1+(u+v)(u-v)\}\cdot(-1)$$

$$=-4v(u^2-v^2+1)$$

(2)　関数 $f(x, y)$ の偏導関数をそれぞれ求めると

$$f_x(x, y)=2x\cos(x^2+y^2),$$
$$f_y(x, y)=2y\cos(x^2+y^2)$$

これらはどちらも連続関数の積や合成関数であるから，R^2 で連続である。
よって，偏導関数の連続性と全微分可能性の定理により，関数 $f(x, y)$ は R^2 上で全微分可能である。
ここで　　$\varphi_u(u, v)=2u$, $\varphi_v(u, v)=2v$
　　　　　$\psi_u(u, v)=2v$, $\psi_v(u, v)=2u$

したがって

$$g_u(u,\ v)=\frac{\partial}{\partial u}f(\varphi(u,\ v),\ \phi(u,\ v))$$

$$=\frac{\partial f}{\partial x}(\varphi(u,\ v),\ \phi(u,\ v))\frac{\partial \varphi}{\partial u}(u,\ v)+\frac{\partial f}{\partial y}(\varphi(u,\ v),\ \phi(u,\ v))\frac{\partial \phi}{\partial u}(u,\ v)$$

$$=2(u^2+v^2)\cos\{(u^2+v^2)^2+(2uv)^2\}\cdot 2u+2\cdot 2uv\cos\{(u^2+v^2)^2+(2uv)^2\}\cdot 2v$$

$$=4u(u^2+3v^2)\cos(u^4+6u^2v^2+v^4)$$

$$g_v(u,\ v)=\frac{\partial}{\partial v}f(\varphi(u,\ v),\ \phi(u,\ v))$$

$$=\frac{\partial f}{\partial x}(\varphi(u,\ v),\ \phi(u,\ v))\frac{\partial \varphi}{\partial v}(u,\ v)+\frac{\partial f}{\partial y}(\varphi(u,\ v),\ (\phi(u,\ v))\frac{\partial \phi}{\partial v}(u,\ v)$$

$$=2(u^2+v^2)\cos\{(u^2+v^2)^2+(2uv)^2\}\cdot 2v+2\cdot 2uv\cos\{(u^2+v^2)^2+(2uv)^2\}\cdot 2u$$

$$=4v(3u^2+v^2)\cos(u^4+6u^2v^2+v^4)$$

(3) 関数 $f(x,\ y)$ の偏導関数をそれぞれ求めると

$$f_x(x,\ y)=\frac{1}{x+2y}$$

$$f_y(x,\ y)=\frac{2}{x+2y}$$

これらはどちらも連続関数の和や商であるから，$\{(x,\ y)\mid x+2y>0\}$ で連続である。よって，偏導関数の連続性と全微分可能性の定理により，関数 $f(x,\ y)$ は $\{(x,\ y)\mid x+2y>0\}$ 上で全微分可能である。

ここで　　$$\frac{\partial f}{\partial x}(u\cos v,\ u\sin v)=\frac{1}{u(\cos v+2\sin v)}$$

$$\frac{\partial f}{\partial y}(u\cos v,\ u\sin v)=\frac{2}{u(\cos v+2\sin v)}$$

したがって

$$f_u(u\cos v,\ u\sin v)$$

$$=\frac{\partial f}{\partial x}(u\cos v,\ u\sin v)\frac{\partial}{\partial u}(u\cos v)+\frac{\partial f}{\partial y}(u\cos v,\ u\sin v)\frac{\partial}{\partial u}(u\sin v)$$

$$=\frac{1}{u}$$

$$f_v(u\cos v,\ u\sin v)$$

$$=\frac{\partial f}{\partial x}(u\cos v,\ u\sin v)\frac{\partial}{\partial v}(u\cos v)+\frac{\partial f}{\partial y}(u\cos v,\ u\sin v)\frac{\partial}{\partial v}(u\sin v)$$

$$=\frac{2\cos v-\sin v}{\cos v+2\sin v}$$

別解 (1) $g(u, v)=\{1+(u+v)(u-v)\}^2=(u^2-v^2+1)^2$

よって $g_u(u, v)=2(u^2-v^2+1)\cdot 2u=\boldsymbol{4u(u^2-v^2+1)}$

$g_v(u, v)=2(u^2-v^2+1)\cdot(-2v)=\boldsymbol{-4v(u^2-v^2+1)}$

(2) $g(u, v)=\sin\{(u^2+v^2)^2+(2uv)^2\}=\sin(u^4+6u^2v^2+v^4)$

よって $g_u(u, v)=\cos(u^4+6u^2v^2+v^4)\cdot(4u^3+12uv^2)$

$=\boldsymbol{4u(u^2+3v^2)\cos(u^4+6u^2v^2+v^4)}$

$g_v(u, v)=\cos(u^4+6u^2v^2+v^4)\cdot(12u^2v+4v^3)$

$=\boldsymbol{4v(3u^2+v^2)\cos(u^4+6u^2v^2+v^4)}$

(3) $f(u\cos v, u\sin v)=\log\{u(\cos v+2\sin v)\}$

よって $f_u(u\cos v, u\sin v)=\dfrac{\cos v+2\sin v}{u(\cos v+2\sin v)}$

$=\boldsymbol{\dfrac{1}{u}}$

$f_v(u\cos v, u\sin v)=\dfrac{u(-\sin v+2\cos v)}{u(\cos v+2\sin v)}$

$=\boldsymbol{\dfrac{2\cos v-\sin v}{\cos v+2\sin v}}$

50 　2変数関数の2次の偏導関数 　　　　　　　★☆☆

関数 $f(x, y)=(x^2+y^2)\mathrm{Tan}^{-1}\dfrac{y}{x}$ に対し，等式 $\dfrac{\partial^2 f}{\partial x^2}+\dfrac{\partial^2 f}{\partial y^2}=4\,\mathrm{Tan}^{-1}\dfrac{y}{x}$ が成り立つ

ことを示せ。

$u(x, y)=x^2+y^2$, $v(x, y)=\mathrm{Tan}^{-1}\dfrac{y}{x}$ とすると

$\dfrac{\partial}{\partial x}u(x, y)=2x$

$\dfrac{\partial}{\partial y}u(x, y)=2y$

$\dfrac{\partial}{\partial x}v(x, y)=-\dfrac{y}{x^2+y^2}=-\dfrac{y}{u(x, y)}$

$\dfrac{\partial}{\partial y}v(x, y)=\dfrac{x}{x^2+y^2}=\dfrac{x}{u(x, y)}$

よって $\dfrac{\partial}{\partial x}f(x, y)=\dfrac{\partial}{\partial x}u(x, y)v(x, y)+u(x, y)\dfrac{\partial}{\partial x}v(x, y)$

$=2xv(x, y)+u(x, y)\left\{-\dfrac{y}{u(x, y)}\right\}$

$=2xv(x, y)-y$

更に　　　　$\dfrac{\partial^2}{\partial x^2}f(x,\ y)=2v(x,\ y)+2x\dfrac{\partial}{\partial x}v(x,\ y)$

$$=2v(x,\ y)+2x\left\{-\dfrac{y}{u(x,\ y)}\right\}$$

$$=2v(x,\ y)-\dfrac{2xy}{u(x,\ y)}$$

また　　　　$\dfrac{\partial}{\partial y}f(x,\ y)=\dfrac{\partial}{\partial y}u(x,\ y)v(x,\ y)+u(x,\ y)\dfrac{\partial}{\partial y}v(x,\ y)$

$$=2yv(x,\ y)+u(x,\ y)\cdot\dfrac{x}{u(x,\ y)}$$

$$=2yv(x,\ y)+x$$

更に　　　　$\dfrac{\partial^2}{\partial y^2}f(x,\ y)=2v(x,\ y)+2y\dfrac{\partial}{\partial y}v(x,\ y)$

$$=2v(x,\ y)+2y\cdot\dfrac{x}{u(x,\ y)}$$

$$=2v(x,\ y)+\dfrac{2xy}{u(x,\ y)}$$

ゆえに　　　$\dfrac{\partial^2 f}{\partial x^2}+\dfrac{\partial^2 f}{\partial y^2}=\left\{2v(x,\ y)-\dfrac{2xy}{u(x,\ y)}\right\}+\left\{2v(x,\ y)+\dfrac{2xy}{u(x,\ y)}\right\}$

$$=4v(x,\ y)=4\operatorname{Tan}^{-1}\dfrac{y}{x}\quad\blacksquare$$

51　　2 変数関数の 2 次のマクローリン展開　　　★☆☆

関数 $f(x,\ y)=\sinh xy$ の 3 次のマクローリン展開を，剰余項を省略して求めよ．

　　　　　　$f(0,\ 0)=0$

また　　　　$f_x(x,\ y)=y\cosh xy$

　　　　　　$f_y(x,\ y)=x\cosh xy$

よって　　　$f_x(0,\ 0)=0$

　　　　　　$f_y(0,\ 0)=0$

更に　　　　$f_{xx}(x,\ y)=y^2\sinh xy$

　　　　　　$f_{xy}(x,\ y)=f_{yx}(x,\ y)=\cosh xy+xy\sinh xy$

　　　　　　$f_{yy}(x,\ y)=x^2\sinh xy$

ゆえに　　　$f_{xx}(0,\ 0)=0$

　　　　　　$f_{xy}(0,\ 0)=f_{yx}(0,\ 0)=1$

　　　　　　$f_{yy}(x,\ y)=0$

したがって　　$f(x,\ y)\fallingdotseq xy$

52　2変数関数の3次のマクローリン展開 ★☆☆

次の関数の 3 次のマクローリン展開を，剰余項まで求めよ。

(1)　$f(x, y) = e^{3x+y}$　　　　　　　　　　(2)　$f(x, y) = e^x \log(1+y)$

(1)　　　　　　$f(0, 0) = 1$

また　　　　$f_x(x, y) = 3e^{3x+y}$

　　　　　　$f_y(x, y) = e^{3x+y}$

よって　　　$f_x(0, 0) = 3, \ f_y(0, 0) = 1$

更に　　　　$f_{xx}(x, y) = 9e^{3x+y}, \ f_{xy}(x, y) = f_{yx}(x, y) = 3e^{3x+y}, \ f_{yy}(x, y) = e^{3x+y}$

ゆえに　　　$f_{xx}(0, 0) = 9, \ f_{xy}(0, 0) = f_{yx}(0, 0) = 3, \ f_{yy}(0, 0) = 1$

そして　　　$f_{xxx}(x, y) = 27e^{3x+y}, \ f_{xxy}(x, y) = f_{xyx}(x, y) = f_{yxx}(x, y) = 9e^{3x+y},$

　　　　　　$f_{xyy}(x, y) = f_{yxy}(x, y) = f_{yyx}(x, y) = 3e^{3x+y}, \ f_{yyy}(x, y) = e^{3x+y}$

よって，$0 < \theta < 1$ に対し

　　　　　　$f_{xxx}(\theta x, \theta y) = 27e^{(3x+y)\theta}$

　　　　　　$f_{xxy}(\theta x, \theta y) = f_{xyx}(\theta x, \theta y) = f_{yxx}(\theta x, \theta y) = 9e^{(3x+y)\theta}$

　　　　　　$f_{xyy}(\theta x, \theta y) = f_{yxy}(\theta x, \theta y) = f_{yyx}(\theta x, \theta y) = 3e^{(3x+y)\theta}$

　　　　　　$f_{yyy}(\theta x, \theta y) = e^{(3x+y)\theta}$

したがって

$$f(x, y) = 1 + 3x + y + \frac{9}{2}x^2 + 3xy + \frac{1}{2}y^2 + \frac{27x^3 + 27x^2 y + 9xy^2 + y^3}{6} e^{(3x+y)\theta}$$

$$(0 < \theta < 1)$$

(2)　　　　　　$f(0, 0) = 0$

また　　　　$f_x(x, y) = e^x \log(1+y)$

　　　　　　$f_y(x, y) = \dfrac{e^x}{1+y}$

よって　　　$f_x(0, 0) = 0, \ f_y(0, 0) = 1$

更に　　　　$f_{xx}(x, y) = e^x \log(1+y)$

　　　　　　$f_{xy}(x, y) = f_{yx}(x, y) = \dfrac{e^x}{1+y}$

　　　　　　$f_{yy}(x, y) = -\dfrac{e^x}{(1+y)^2}$

ゆえに　　　$f_{xx}(0, 0) = 0, \ f_{xy}(0, 0) = f_{yx}(0, 0) = 1, \ f_{yy}(0, 0) = -1$

そして　　　$f_{xxx}(x, y) = e^x \log(1+y), \ f_{xxy}(x, y) = f_{xyx}(x, y) = f_{yxx}(x, y) = \dfrac{e^x}{1+y},$

　　　　　　$f_{xyy}(x, y) = f_{yxy}(x, y) = f_{yyx}(x, y) = -\dfrac{e^x}{(1+y)^2}, \ f_{yyy}(x, y) = \dfrac{2e^x}{(1+y)^3}$

よって，$0<\theta<1$ に対し

$$f_{xxx}(\theta x,\ \theta y)=e^{\theta x}\log(1+\theta y)$$

$$f_{xxy}(\theta x,\ \theta y)=f_{xyx}(\theta x,\ \theta y)=f_{yxx}(\theta x,\ \theta y)=\frac{e^{\theta x}}{1+\theta y}$$

$$f_{xyy}(\theta x,\ \theta y)=f_{yxy}(\theta x,\ \theta y)=f_{yyx}(\theta x,\ \theta y)=-\frac{e^{\theta x}}{(1+\theta y)^2}$$

$$f_{yyy}(\theta x,\ \theta y)=\frac{2e^{\theta x}}{(1+\theta y)^3}$$

したがって

$$f(x,\ y)=y+xy-\frac{1}{2}y^2+\frac{1}{6}\left\{x^3\log(1+\theta y)+\frac{3x^2y}{1+\theta y}-\frac{3xy^2}{(1+\theta y)^2}+\frac{2y^3}{(1+\theta y)^3}\right\}e^{\theta x}$$

$$(0<\theta<1)$$

53　2変数関数の極値問題　　★☆☆

$0\leqq x\leqq 2\pi,\ 0\leqq y\leqq 2\pi$ において，関数 $f(x,\ y)=\sin x+2\cos y$ の極値を求めよ。

$$f_x(x,\ y)=\cos x,\ f_y(x,\ y)=-2\sin y$$

$f_x(x,\ y)=f_y(x,\ y)=0$ ならば

$$\begin{cases}\cos x=0\\-2\sin y=0\end{cases}$$

$0\leqq x\leqq 2\pi,\ 0\leqq y\leqq 2\pi$ のもとで，これを解くと

$$(x,\ y)=\left(\frac{\pi}{2},\ 0\right),\ \left(\frac{\pi}{2},\ \pi\right),\ \left(\frac{\pi}{2},\ 2\pi\right),\ \left(\frac{3}{2}\pi,\ 0\right),\ \left(\frac{3}{2}\pi,\ \pi\right),\ \left(\frac{3}{2}\pi,\ 2\pi\right)\ \ \cdots\cdots①$$

また　　$f_{xx}(x,\ y)=-\sin x,\ f_{xy}(x,\ y)=0,\ f_{yy}(x,\ y)=-2\cos y$

ゆえに，$D=f_{xx}(x,\ y)f_{yy}(x,\ y)-\{f_{xy}(x,\ y)\}^2$ とすると

$$D=2\sin x\cos y$$

① のうち，$D>0$ となるのは

$$(x,\ y)=\left(\frac{\pi}{2},\ 0\right),\ \left(\frac{\pi}{2},\ 2\pi\right),\ \left(\frac{3}{2}\pi,\ \pi\right)$$

$(x,\ y)=\left(\frac{\pi}{2},\ 0\right),\ \left(\frac{\pi}{2},\ 2\pi\right)$ のとき　　$f_{xx}(x,\ y)=-1<0$

$(x,\ y)=\left(\frac{3}{2}\pi,\ \pi\right)$ のとき　　　　$f_{xx}(x,\ y)=1>0$

$f\left(\frac{\pi}{2},\ 0\right)=f\left(\frac{\pi}{2},\ 2\pi\right)=3,\ f\left(\frac{3}{2}\pi,\ \pi\right)=-3$ であるから，2変数関数の極値判定の定理により，関数 $f(x,\ y)$ は，点 $\left(\frac{\pi}{2},\ 0\right),\ \left(\frac{\pi}{2},\ 2\pi\right)$ で極大値 3 をとり，点 $\left(\frac{3}{2}\pi,\ \pi\right)$ で極小値 -3 をとる。

54 2変数関数の極値問題   ★★★

> 四角形 ABCD が，AB＝BC＝CD＝a（＞0）を満たすとする。このとき，四角形 ABCD の面積が最大となるときの辺 DA の長さを求めよ。

四角形 ABCD の面積を S とし，△ABC，△CDA の面積をそれぞれ S_1，S_2 とすると

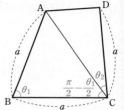

$$S=S_1+S_2$$

∠ABC＝θ_1，CA＝b とすると，△ABC において正弦定理により

$$\frac{b}{\sin\theta_1}=\frac{a}{\sin\left(\dfrac{\pi}{2}-\dfrac{\theta_1}{2}\right)}$$

よって $b=\dfrac{a}{\cos\dfrac{\theta_1}{2}}\cdot\sin\theta_1=\dfrac{a}{\cos\dfrac{\theta_1}{2}}\cdot2\sin\dfrac{\theta_1}{2}\cos\dfrac{\theta_1}{2}=2a\sin\dfrac{\theta_1}{2}$

また $S_1=\dfrac{1}{2}a^2\sin\theta_1$

更に，∠DCA＝θ_2 とすると

$$S_2=\frac{1}{2}ab\sin\theta_2=\frac{1}{2}a\cdot2a\sin\frac{\theta_1}{2}\sin\theta_2=a^2\sin\frac{\theta_1}{2}\sin\theta_2$$

ゆえに $S=S_1+S_2=\dfrac{1}{2}a^2\left(\sin\theta_1+2\sin\dfrac{\theta_1}{2}\sin\theta_2\right)$

$E=\{(\theta_1,\ \theta_2)\mid0\leqq\theta_1\leqq\pi,\ 0\leqq\theta_2\leqq\pi\}$ とすると，E は有界閉集合であり，S は E で連続である。

また，E の内部を E° とすると，$E^\circ=\{(\theta_1,\ \theta_2)\mid0<\theta_1<\pi,\ 0<\theta_2<\pi\}$ であり，S は E° 上で偏微分可能である。

E° において $\dfrac{\partial S}{\partial\theta_1}=\dfrac{1}{2}a^2\left(\cos\theta_1+\cos\dfrac{\theta_1}{2}\sin\theta_2\right)$， $\dfrac{\partial S}{\partial\theta_2}=a^2\sin\dfrac{\theta_1}{2}\cos\theta_2$

$\dfrac{\partial S}{\partial\theta_1}=\dfrac{\partial S}{\partial\theta_2}=0$ ならば $\begin{cases}\dfrac{1}{2}a^2\left(\cos\theta_1+\cos\dfrac{\theta_1}{2}\sin\theta_2\right)=0&\cdots\cdots\ ①\\[4mm]a^2\sin\dfrac{\theta_1}{2}\cos\theta_2=0&\cdots\cdots\ ②\end{cases}$

② より $\sin\dfrac{\theta_1}{2}=0$ または $\cos\theta_2=0$

$\sin\dfrac{\theta_1}{2}=0$ とすると，$0\leqq\theta_1\leqq\pi$ から $\theta_1=0$ となるが，$0\leqq\theta_2\leqq\pi$ と ① を満たす θ_2 の値は存在しない。

$\cos\theta_2=0$ とすると，$0\leqq\theta_2\leqq\pi$ から $\theta_2=\dfrac{\pi}{2}$

このとき，① より，$\cos\theta_1+\cos\dfrac{\theta_1}{2}=0$ であるから $2\cos^2\dfrac{\theta_1}{2}+\cos\dfrac{\theta_1}{2}-1=0$

よって，$\left(\cos\dfrac{\theta_1}{2}+1\right)\left(2\cos\dfrac{\theta_1}{2}-1\right)=0$ であるから　　$\cos\dfrac{\theta_1}{2}=-1,\ \dfrac{1}{2}$

$0\leqq\theta_1\leqq\pi$ から，$\dfrac{\theta_1}{2}=\dfrac{\pi}{3}$ となり　　$\theta_1=\dfrac{2}{3}\pi$

ゆえに，極値をとる可能性があるのは，$(\theta_1,\ \theta_2)=\left(\dfrac{2}{3}\pi,\ \dfrac{\pi}{2}\right)$ のときのみである。

ここで　　$\dfrac{\partial^2 S}{\partial\theta_1{}^2}=-\dfrac{1}{2}a^2\left(\sin\theta_1+\dfrac{1}{2}\sin\dfrac{\theta_1}{2}\sin\theta_2\right)$

$\qquad\qquad\dfrac{\partial^2 S}{\partial\theta_1\partial\theta_2}=\dfrac{1}{2}a^2\cos\dfrac{\theta_1}{2}\cos\theta_2$

$\qquad\qquad\dfrac{\partial^2 S}{\partial\theta_2{}^2}=-a^2\sin\dfrac{\theta_1}{2}\sin\theta_2$

よって，$(\theta_1,\ \theta_2)=\left(\dfrac{2}{3}\pi,\ \dfrac{\pi}{2}\right)$ のとき

$\qquad\dfrac{\partial^2 S}{\partial\theta_1{}^2}\cdot\dfrac{\partial^2 S}{\partial\theta_2{}^2}-\left(\dfrac{\partial^2 S}{\partial\theta_1\partial\theta_2}\right)^2=\left(-\dfrac{3\sqrt{3}}{8}a^2\right)\cdot\left(-\dfrac{\sqrt{3}}{2}a^2\right)-0^2=\dfrac{9}{16}a^4>0$

更に　　$\dfrac{\partial^2 S}{\partial\theta_1{}^2}=-\dfrac{3\sqrt{3}}{8}a^2<0$

したがって，S は $(\theta_1,\ \theta_2)=\left(\dfrac{2}{3}\pi,\ \dfrac{\pi}{2}\right)$ で極大値 $\dfrac{3\sqrt{3}}{4}a^2$ をとる。

また，E の境界を ∂E とすると

$\qquad\partial E=\{(\theta_1,\ \theta_2)\,|\,\theta_1=0,\ 0\leqq\theta_2\leqq\pi\}\cup\{(\theta_1,\ \theta_2)\,|\,\theta_1=\pi,\ 0\leqq\theta_2\leqq\pi\}$

$\qquad\qquad\cup\{(\theta_1,\ \theta_2)\,|\,0\leqq\theta_1\leqq\pi,\ \theta_2=0\}\cup\{(\theta_1,\ \theta_2)\,|\,0\leqq\theta_1\leqq\pi,\ \theta_2=\pi\}$

$\theta_1=0$ のとき　　$S=0$

$\theta_1=\pi$ のとき　　$S=a^2\sin\theta_2\leqq a^2$

$\theta_2=0$ のとき　　$S=\dfrac{1}{2}a^2\sin\theta_1\leqq\dfrac{1}{2}a^2$

$\theta_2=\pi$ のとき　　$S=\dfrac{1}{2}a^2\sin\theta_1\leqq\dfrac{1}{2}a^2$

よって，∂E において $S\leqq\dfrac{3\sqrt{3}}{4}a^2$ となる。

ここで，S は有界閉集合 E で連続であるから，E 上で最大値をもつ。

S は E° においてただ 1 つの極大値 $\dfrac{3\sqrt{3}}{4}a^2$ をとり，S は ∂E において $\dfrac{3\sqrt{3}}{4}a^2$ より大きい値をとることはない。

よって，S の E° における極大値は，S の E における最大値である。

このとき，$b=\sqrt{3}\,a$ であり，$\mathrm{DA}=c$ とすると，$\triangle\mathrm{CDA}$ において余弦定理により

$\qquad c^2=a^2+b^2-2ab\cos\theta_2=a^2+(\sqrt{3}\,a)^2-2a\cdot\sqrt{3}\,a\cdot0=4a^2$

$c>0$ であるから　　$c=2a$

したがって，求める辺 DA の長さは　　$\boldsymbol{2a}$

55　2変数関数の条件付き極値問題　　★★★

条件 $x^3+y^3-3xy=0$ のもとで，関数
$f(x, y)=x+y$ の極値を求めよ。

$g(x, y)=x^3+y^3-3xy$ とし，$F(x, y, \lambda)=f(x, y)-\lambda g(x, y)$ とする。
$F_x(x, y, \lambda)=1-3\lambda(x^2-y)$, $F_y(x, y, \lambda)=1-3\lambda(y^2-x)$ であるから，
$F_x(x, y, \lambda)=0$, $F_y(x, y, \lambda)=0$ ならば
$$\begin{cases} 1-3\lambda(x^2-y)=0 \\ 1-3\lambda(y^2-x)=0 \end{cases} \cdots\cdots ①$$
よって　　　　$x^2-y=y^2-x$
すなわち　　　$(x+y+1)(x-y)=0$
したがって　　$y=-x-1$　または　$y=x$
また，$F_\lambda(x, y, \lambda)=-(x^3+y^3-3xy)$ であるから，$F_\lambda(x, y, \lambda)=0$ ならば
$$x^3+y^3-3xy=0 \cdots\cdots ②$$
[1]　$y=-x-1$ のとき
　② を満たす (x, y) は存在しない。
[2]　$y=x$ のとき
　② から　　$(x, y)=(0, 0), \left(\dfrac{3}{2}, \dfrac{3}{2}\right)$

$(x, y)=\left(\dfrac{3}{2}, \dfrac{3}{2}\right)$ は，$\lambda=\dfrac{4}{9}$ に対して ① を満たすが，$(x, y)=(0, 0)$ は，いかなる λ に対しても ① を満たさない。

以上から，極値を与える可能性のある点は $\left(\dfrac{3}{2}, \dfrac{3}{2}\right)$ のみである。

点 $\left(\dfrac{3}{2}, \dfrac{3}{2}\right)$ をPとする。

$g_y(x, y)=3y^2-3x$ より，$g_y\left(\dfrac{3}{2}, \dfrac{3}{2}\right)\neq0$ であるから，点Pの近傍で定まる $g(x, y)=0$ の陰関数 $y(x)$ は存在する。
$g(x, y)=0$ を x で微分すると　　$3x^2+3y^2y'(x)-3\{y(x)+xy'(x)\}=0$
すなわち　$x^2-y(x)+[\{y(x)\}^2-x]y'(x)=0$
よって，点Pにおいて　$y'\left(\dfrac{3}{2}\right)=-1$
$x^2-y(x)+[\{y(x)\}^2-x]y'(x)=0$ を x で微分すると
$$2x+2y'(x)\{y(x)y'(x)-1\}+[\{y(x)\}^2-x]y''(x)=0$$
よって，点Pにおいて　$y''\left(\dfrac{3}{2}\right)=-\dfrac{32}{3}$
$h(x)=f(x, y(x))$ とすると，$h'(x)=1+y'(x)$ であるから

点Pにおいて $h'\left(\dfrac{3}{2}\right)=0$

また，$h''(x)=y''(x)$ であるから

点Pにおいて $h''\left(\dfrac{3}{2}\right)=-\dfrac{32}{3}<0$

よって，関数 $f(x,\ y)$ は 点 $\left(\dfrac{3}{2},\ \dfrac{3}{2}\right)$ で極大値 3 をとる。

補足 関数 $x^3+y^3-3xy=0$ と関数 $x+y=3$ のグラフを図示すると右の図のように，点 $\left(\dfrac{3}{2},\ \dfrac{3}{2}\right)$ で接していることがわかる。

また，関数 $x^3+y^3-3xy=0$ のグラフのような関数 $x^3+y^3-3axy=0\ (a\neq0)$ のグラフをデカルトの葉という。

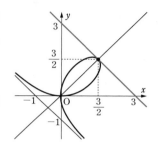

56　調和関数　　★★☆

次の関数が調和関数であることを示せ。

(1)　$f(x,\ y)=e^x(x\sin y+y\cos y)$　　　(2)　$g(x,\ y)=\mathrm{Tan}^{-1}\dfrac{y}{x}$

(3)　$h(x,\ y)=\log(1+2x+x^2+y^2)$

(1)　$f_x(x,\ y)=e^x(x\sin y+y\cos y)+e^x\sin y=e^x(x\sin y+y\cos y+\sin y)$

　　$f_y(x,\ y)=e^x(x\cos y+\cos y-y\sin y)$

　また

　　$f_{xx}(x,\ y)=e^x(x\sin y+y\cos y+\sin y)+e^x\sin y$

　　　　　　　　$=e^x(x\sin y+y\cos y+2\sin y)$

　　$f_{yy}(x,\ y)=e^x(-x\sin y-\sin y-\sin y-y\cos y)$

　　　　　　　　$=e^x(-x\sin y-y\cos y-2\sin y)$

よって，$f_{xx}(x,\ y)+f_{yy}(x,\ y)=0$ が成り立つから，関数 $f(x,\ y)$ は調和関数である。　■

(2)　$g_x(x,\ y)=\dfrac{-\dfrac{y}{x^2}}{1+\left(\dfrac{y}{x}\right)^2}=-\dfrac{y}{x^2+y^2}$

　　$g_y(x,\ y)=\dfrac{\dfrac{1}{x}}{1+\left(\dfrac{y}{x}\right)^2}=\dfrac{x}{x^2+y^2}$

また

$$g_{xx}(x, \ y) = \frac{2xy}{(x^2+y^2)^2}$$

$$g_{yy}(x, \ y) = -\frac{2xy}{(x^2+y^2)^2}$$

よって，$g_{xx}(x, \ y) + g_{yy}(x, \ y) = 0$ が成り立つから，関数 $g(x, \ y)$ は調和関数である。 ■

(3)　$h_x(x, \ y) = \frac{2+2x}{1+2x+x^2+y^2}$

$h_y(x, \ y) = \frac{2y}{1+2x+x^2+y^2}$

また

$$h_{xx}(x, \ y) = \frac{2(1+2x+x^2+y^2)-(2+2x)^2}{(1+2x+x^2+y^2)^2}$$

$$= \frac{-2-4x-2x^2+2y^2}{(1+2x+x^2+y^2)^2}$$

$$h_{yy}(x, \ y) = \frac{2(1+2x+x^2+y^2)-(2y)^2}{(1+2x+x^2+y^2)^2}$$

$$= \frac{2+4x+2x^2-2y^2}{(1+2x+x^2+y^2)^2}$$

よって，$h_{xx}(x, \ y) + h_{yy}(x, \ y) = 0$ が成り立つから，関数 $h(x, \ y)$ は調和関数である。 ■

57　種々の重積分の計算　　　　★★☆

次の重積分を計算せよ。

(1) $\displaystyle\iint_D xy^2\,dxdy,\quad D=[0,\ 1]\times[-1,\ 0]$

(2) $\displaystyle\iint_D x\,dxdy,\quad D=\{(x,\ y)\mid 0\leqq x\leqq 2,\ 0\leqq y\leqq x^2\}$

(3) $\displaystyle\iint_D e^{x+y}\,dxdy,\quad D=\{(x,\ y)\mid 0\leqq x\leqq 1,\ x\leqq y\leqq 1\}$

(4) $\displaystyle\iint_D 2x^2y\,dxdy,\quad D=\{(x,\ y)\mid x^2+y^2\leqq 1,\ y\geqq 0\}$

(1) $\displaystyle\iint_D xy^2\,dxdy=\int_{-1}^{0}\left(\int_{0}^{1}xy^2\,dx\right)dy$

$\displaystyle\qquad=\int_{-1}^{0}\left[\frac{y^2}{2}x^2\right]_{x=0}^{x=1}dy=\int_{-1}^{0}\frac{y^2}{2}\,dy$

$\displaystyle\qquad=\left[\frac{y^3}{6}\right]_{y=-1}^{y=0}=\boldsymbol{\frac{1}{6}}$

別解 $\displaystyle\iint_D xy^2\,dxdy=\int_{0}^{1}\left(\int_{-1}^{0}xy^2\,dy\right)dx$

$\displaystyle\qquad=\int_{0}^{1}\left[\frac{x}{3}y^3\right]_{y=-1}^{y=0}dx=\int_{0}^{1}\frac{x}{3}\,dx$

$\displaystyle\qquad=\left[\frac{x^2}{6}\right]_{x=0}^{x=1}=\boldsymbol{\frac{1}{6}}$

(2) $\displaystyle\iint_D x\,dxdy=\int_{0}^{2}\left(\int_{0}^{x^2}x\,dy\right)dx$

$\displaystyle\qquad=\int_{0}^{2}x^3\,dx$

$\displaystyle\qquad=\left[\frac{x^4}{4}\right]_{x=0}^{x=2}=\boldsymbol{4}$

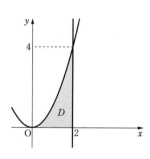

(3) $\displaystyle\iint_D e^{x+y}\,dxdy=\int_{0}^{1}\left(\int_{x}^{1}e^{x+y}\,dy\right)dx$

$\displaystyle\qquad=\int_{0}^{1}\left[e^{x+y}\right]_{y=x}^{y=1}dx=\int_{0}^{1}(e^{x+1}-e^{2x})\,dx$

$\displaystyle\qquad=\left[e^{x+1}-\frac{e^{2x}}{2}\right]_{x=0}^{x=1}=\boldsymbol{\frac{e^2-2e+1}{2}}$

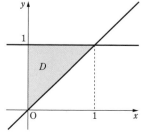

(4) $\displaystyle\iint_D 2x^2y\,dxdy=\int_{-1}^{1}\left(\int_0^{\sqrt{1-x^2}}2x^2y\,dy\right)dx=\int_{-1}^{1}\left[x^2y^2\right]_{y=0}^{y=\sqrt{1-x^2}}dx$

$\displaystyle\qquad\qquad\qquad=\int_{-1}^{1}x^2(1-x^2)\,dx=2\int_0^1(x^2-x^4)\,dx$ ◀ $\displaystyle\int_{-a}^{a}$ 奇関数は 0 偶関数は 2 倍。

$\displaystyle\qquad\qquad\qquad=2\left[\frac{x^3}{3}-\frac{x^5}{5}\right]_{x=0}^{x=1}=\frac{4}{15}$

別解 領域 D 上での積分は，変数変換 $x=r\cos\theta$, $y=r\sin\theta$ によって，長方形領域 $E=[0,\ 1]\times[0,\ \pi]$ 上の積分となる。

このとき $|J(r,\ \theta)|=r$ ◀ $\displaystyle|J(r,\ \theta)|=\left|\frac{\partial x}{\partial r}\cdot\frac{\partial y}{\partial\theta}-\frac{\partial x}{\partial\theta}\cdot\frac{\partial y}{\partial r}\right|=r$

$2x^2y=2r^3\cos^2\theta\sin\theta$ から

$\displaystyle\iint_D 2x^2y\,dxdy=\iint_E 2r^3\cos^2\theta\sin\theta\cdot r\,drd\theta=\int_0^1\left(\int_0^{\pi}2r^4\cos^2\theta\sin\theta\,d\theta\right)dr$

$\displaystyle\qquad\qquad\qquad=\int_0^1\left[-\frac{2}{3}r^4\cos^3\theta\right]_{\theta=0}^{\theta=\pi}dr=\int_0^1\frac{4}{3}r^4\,dr$

$\displaystyle\qquad\qquad\qquad=\left[\frac{4}{15}r^5\right]_{r=0}^{r=1}=\frac{4}{15}$

別解 $\displaystyle\iint_D 2x^2y\,dxdy=\iint_E 2r^3\cos^2\theta\sin\theta\cdot r\,drd\theta$

$\displaystyle\qquad\qquad\qquad=\int_0^{\pi}\left(\int_0^1 2r^4\cos^2\theta\sin\theta\,dr\right)d\theta=\int_0^{\pi}\left[\frac{2}{5}r^5\cos^2\theta\sin\theta\right]_{r=0}^{r=1}d\theta$

$\displaystyle\qquad\qquad\qquad=\int_0^{\pi}\frac{2}{5}\cos^2\theta\sin\theta\,d\theta=\left[-\frac{2}{15}\cos^3\theta\right]_{\theta=0}^{\theta=\pi}=\frac{4}{15}$

別解 次のように考えることもできる。

$\displaystyle\iint_D 2x^2y\,dxdy=\iint_E 2r^3\cos^2\theta\sin\theta\cdot r\,drd\theta$

$\displaystyle\qquad\qquad\qquad=\left(\int_0^1 2r^4\,dr\right)\cdot\left(\int_0^{\pi}\cos^2\theta\sin\theta\,d\theta\right)$

$\displaystyle\qquad\qquad\qquad=\left(\left[\frac{2}{5}r^5\right]_{r=0}^{r=1}\right)\cdot\left(\left[-\frac{\cos^3\theta}{3}\right]_{\theta=0}^{\theta=\pi}\right)=\frac{4}{15}$

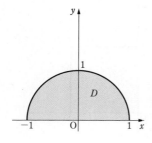

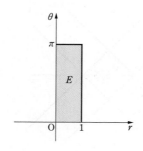

58　変数変換を用いる重積分の計算　　　★★☆

> 変数変換を用いて，次の重積分を計算せよ。
>
> (1) $\displaystyle\iint_D (x+y)e^{x-y}dxdy,\quad D=\{(x,\ y)\,|\,0\leqq x+y\leqq 2,\ \ 0\leqq x-y\leqq 2\}$
>
> (2) $\displaystyle\iint_D \log(1+x^2+y^2)\,dxdy,\quad D=\{(x,\ y)\,|\,x^2+y^2\leqq 1,\ \ x\geqq 0,\ \ y\geqq 0\}$

(1)　領域D上の積分は，変数変換 $x=u+v,\ y=-u+v$ によって，長方形領域
　　$E=[0,\ 1]\times[0,\ 1]$ 上の積分となる。
　　このとき　　$|J(u,\ v)|=2$ 　　　　　◀ $|J(u,\ v)|=\left|\dfrac{\partial x}{\partial u}\cdot\dfrac{\partial y}{\partial v}-\dfrac{\partial x}{\partial v}\cdot\dfrac{\partial y}{\partial u}\right|=2$
　　よって

$$\iint_D (x+y)e^{x-y}dxdy=\iint_E \{(u+v)+(-u+v)\}\,e^{\{(u+v)-(-u+v)\}}\cdot 2\,dudv$$

$$=\iint_E 4ve^{2u}dudv=\int_0^1\left(\int_0^1 4ve^{2u}\,du\right)dv$$

$$=\int_0^1\Big[2ve^{2u}\Big]_{u=0}^{u=1}dv=\int_0^1 2(e^2-1)v\,dv$$

$$=\Big[(e^2-1)v^2\Big]_{v=0}^{v=1}=\boldsymbol{e^2-1}$$

別解　　　$$\iint_D (x+y)e^{x-y}dxdy=\iint_E 4ve^{2u}dudv=\int_0^1\left(\int_0^1 4ve^{2u}\,dv\right)du$$

$$=\int_0^1\Big[2v^2e^{2u}\Big]_{v=0}^{v=1}du=\int_0^1 2e^{2u}\,du$$

$$=\Big[e^{2u}\Big]_{u=0}^{u=1}=\boldsymbol{e^2-1}$$

別解　次のように考えることもできる。

$$\iint_D (x+y)e^{x-y}dxdy=\iint_E 4ve^{2u}dudv=\left(\int_0^1 2e^{2u}\,du\right)\cdot\left(\int_0^1 2v\,dv\right)$$

$$=\left(\Big[e^{2u}\Big]_{u=0}^{u=1}\right)\cdot\left(\Big[v^2\Big]_{v=0}^{v=1}\right)=\boldsymbol{e^2-1}$$

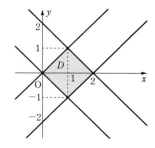
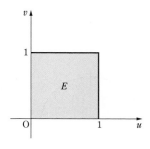

(2) 領域 D 上の積分は，変数変換 $x=r\cos\theta,\ y=r\sin\theta$ によって，長方形領域

$E=[0,\ 1]\times\left[0,\ \dfrac{\pi}{2}\right]$ 上の積分となる。

このとき　$|J(r,\ \theta)|=r$　　　　　　　　　　　　　　◀$|J(r,\ \theta)|=\left|\dfrac{\partial x}{\partial r}\cdot\dfrac{\partial y}{\partial\theta}-\dfrac{\partial x}{\partial\theta}\cdot\dfrac{\partial y}{\partial r}\right|=r$

$\log(1+x^2+y^2)=\log(1+r^2)$ から

$$\iint_D\log(1+x^2+y^2)dxdy=\iint_E\log(1+r^2)\cdot r\,dr d\theta$$

$$=\int_0^1\left\{\int_0^{\frac{\pi}{2}}r\log(1+r^2)d\theta\right\}dr$$

$$=\frac{\pi}{2}\int_0^1 r\log(1+r^2)dr$$

$$=\frac{\pi}{2}\left\{\left[\frac{1}{2}r^2\log(1+r^2)\right]_{r=0}^{r=1}-\int_0^1\frac{1}{2}r^2\cdot\frac{2r}{1+r^2}dr\right\}$$

$$=\frac{\pi}{4}\log 2-\frac{\pi}{2}\int_0^1\left(r-\frac{r}{1+r^2}\right)dr$$

$$=\frac{\pi}{4}\log 2-\frac{\pi}{2}\left[\frac{r^2}{2}-\frac{\log(1+r^2)}{2}\right]_{r=0}^{r=1}$$

$$=\frac{\pi}{2}\log 2-\frac{\pi}{4}$$

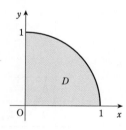
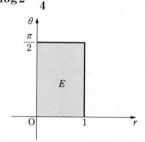

59　媒介変数表示された曲面の曲面積　　★★☆

次の媒介変数表示された曲面の曲面積を求めよ。

(1) $(x,\ y,\ z)=(u,\ u-v,\ u+v)$ $(0\leqq u\leqq 1,\ 0\leqq v\leqq 1)$

(2) $(x,\ y,\ z)=(r\cos\theta,\ r\sin\theta,\ \theta)$ $(0\leqq r\leqq 1,\ 0\leqq\theta\leqq 2\pi)$

(1) $x(u,\ v)=u,\ y(u,\ v)=u-v,\ z(u,\ v)=u+v$ とする。

$x_u(u,\ v)=1,\ x_v(u,\ v)=0,\ y_u(u,\ v)=1,\ y_v(u,\ v)=-1,\ z_u(u,\ v)=1,\ z_v(u,\ v)=1$
であるから

$\{y_u(u,\ v)z_v(u,\ v)-z_u(u,\ v)y_v(u,\ v)\}^2+\{z_u(u,\ v)x_v(u,\ v)-x_u(u,\ v)z_v(u,\ v)\}^2$

$\qquad\qquad\qquad\qquad\qquad+\{x_u(u,\ v)y_v(u,\ v)-y_u(u,\ v)x_v(u,\ v)\}^2$

$=\{1\cdot 1-1\cdot(-1)\}^2+(1\cdot 0-1\cdot 1)^2+\{1\cdot(-1)-1\cdot 0\}^2$

$=6$

よって, 求める曲面積を S_1 とすると

$$S_1=\int_0^1\left(\int_0^1\sqrt{6}\,dv\right)du=\int_0^1\sqrt{6}\,du=\sqrt{6}$$

別解 $S_1=\sqrt{6}\left(\int_0^1 du\right)\cdot\left(\int_0^1 dv\right)=\sqrt{6}$

(2) $x(r,\ \theta)=r\cos\theta,\ y(r,\ \theta)=r\sin\theta,\ z(r,\ \theta)=\theta$ とする。

$x_r(r,\ \theta)=\cos\theta,\ x_\theta(r,\ \theta)=-r\sin\theta,\ y_r(r,\ \theta)=\sin\theta,\ y_\theta(r,\ \theta)=r\cos\theta,$

$z_r(r,\ \theta)=0,\ z_\theta(r,\ \theta)=1$ であるから

$$\{y_r(r,\ \theta)z_\theta(r,\ \theta)-z_r(r,\ \theta)y_\theta(r,\ \theta)\}^2+\{z_r(r,\ \theta)x_\theta(r,\ \theta)-x_r(r,\ \theta)z_\theta(r,\ \theta)\}^2$$
$$+\{x_r(r,\ \theta)y_\theta(r,\ \theta)-y_r(r,\ \theta)x_\theta(r,\ \theta)\}^2$$
$$=(\sin\theta\cdot1-0\cdot r\cos\theta)^2+\{0\cdot(-r\sin\theta)-\cos\theta\cdot1\}^2$$
$$+\{\cos\theta\cdot r\cos\theta-\sin\theta\cdot(-r\sin\theta)\}^2$$
$$=r^2+1$$

よって, 求める曲面積を S_2 とすると

$$S_2=\int_0^1\left(\int_0^{2\pi}\sqrt{r^2+1}\,d\theta\right)dr$$
$$=2\pi\int_0^1\sqrt{r^2+1}\,dr$$

$r=\sinh t$ とおくと $dr=\cosh t\,dt$

r と t の対応は右のようになる。

r	$0\longrightarrow$	1
t	$0\longrightarrow$	$\log(1+\sqrt{2})$

したがって $S_2=2\pi\int_0^1\sqrt{r^2+1}\,dr$
$$=2\pi\int_0^{\log(1+\sqrt{2})}\sqrt{\sinh^2t+1}\cdot\cosh t\,dt$$
$$=2\pi\int_0^{\log(1+\sqrt{2})}\cosh^2t\,dt$$
$$=2\pi\int_0^{\log(1+\sqrt{2})}\left(\frac{e^t+e^{-t}}{2}\right)^2dt$$
$$=2\pi\int_0^{\log(1+\sqrt{2})}\frac{e^{2t}+e^{-2t}+2}{4}\,dt$$
$$=2\pi\left[\frac{e^{2t}}{8}-\frac{e^{-2t}}{8}+\frac{t}{2}\right]_0^{\log(1+\sqrt{2})}=\pi\{\sqrt{2}+\log(1+\sqrt{2})\}$$

別解　$S_2 = \left(\int_0^1 \sqrt{r^2+1}\, dr \right) \cdot \left(\int_0^{2\pi} d\theta \right)$ と考えてもよい。

60　曲面の，円柱の内側にある部分の曲面積　★★☆

曲面 $z = x^2 + y^2$ の，円柱 $x^2 + y^2 \leqq a^2$ $(a>0)$ の内側にある部分（境界を含む）の曲面積を求めよ。

$D = \{(x,\ y) \mid x^2 + y^2 \leqq a^2\}$ とする。
また，$f(x,\ y) = x^2 + y^2$ とすると
$$f_x(x,\ y) = 2x,\quad f_y(x,\ y) = 2y$$
よって，求める曲面積を S とすると
$$S = \iint_D \sqrt{(2x)^2 + (2y)^2 + 1}\, dxdy$$
$$= \iint_D \sqrt{4x^2 + 4y^2 + 1}\, dxdy$$
領域 D 上の積分は，変数変換 $x = r\cos\theta,\ y = r\sin\theta$ によって，長方形領域 $[0,\ a] \times [0,\ 2\pi]$ 上の積分となる。
このとき　$|J(r,\ \theta)| = r$
$$\sqrt{4x^2 + 4y^2 + 1} = \sqrt{4r^2 + 1}\ \text{から}$$

◀ $\displaystyle |J(r,\ \theta)| = \left| \frac{\partial x}{\partial r} \cdot \frac{\partial y}{\partial \theta} - \frac{\partial x}{\partial \theta} \cdot \frac{\partial y}{\partial r} \right| = r$

$$S = \int_0^a \left(\int_0^{2\pi} \sqrt{4r^2 + 1} \cdot r\, d\theta \right) dr$$
$$= \int_0^a 2\pi r \sqrt{4r^2 + 1}\, dr$$
$$= \left[\frac{\pi}{6}(4r^2 + 1)^{\frac{3}{2}} \right]_{r=0}^{r=a} = \frac{\pi}{6}\{(4a^2 + 1)^{\frac{3}{2}} - 1\}$$

別解　$\displaystyle S = \int_0^{2\pi} \left(\int_0^a \sqrt{4r^2 + 1} \cdot r\, dr \right) d\theta = \int_0^{2\pi} \left[\frac{(4r^2 + 1)^{\frac{3}{2}}}{12} \right]_{r=0}^{r=a} d\theta$
$$= \int_0^{2\pi} \frac{1}{12}\{(4a^2 + 1)^{\frac{3}{2}} - 1\}\, d\theta = \frac{\pi}{6}\{(4a^2 + 1)^{\frac{3}{2}} - 1\}$$

別解　次のように考えることもできる。
$$S = \left(\int_0^{2\pi} d\theta \right) \cdot \left(\int_0^a \sqrt{4r^2 + 1} \cdot r\, dr \right)$$
$$= 2\pi \left[\frac{(4r^2 + 1)^{\frac{3}{2}}}{12} \right]_{r=0}^{r=a} = \frac{\pi}{6}\{(4a^2 + 1)^{\frac{3}{2}} - 1\}$$

61 　曲面の曲面積（広義の重積分利用）　　　　　　　　　　　　★★☆

> 曲面 $z=\sqrt{2xy}$ の $0\leqq x\leqq 1$, $0\leqq y\leqq 1$ を満たす部分の曲面積を求めよ。

$D=\{(x,\ y)\mid 0\leqq x\leqq 1,\ 0\leqq y\leqq 1\}$ とする。

また，$f(x,\ y)=\sqrt{2xy}$ とすると 　　　$f_x(x,\ y)=\sqrt{\dfrac{y}{2x}}$, 　$f_y(x,\ y)=\sqrt{\dfrac{x}{2y}}$

よって，求める曲面積を S とすると

$$S=\iint_D \sqrt{\left(\sqrt{\frac{y}{2x}}\right)^2+\left(\sqrt{\frac{x}{2y}}\right)^2+1}\,dxdy=\iint_D\left(\sqrt{\frac{y}{2x}}+\sqrt{\frac{x}{2y}}\right)dxdy$$

ここで，$K_n=\left\{(x,\ y)\ \middle|\ \dfrac{1}{n}\leqq x\leqq 1,\ \dfrac{1}{n}\leqq y\leqq 1\right\}$ とすると，$\{K_n\}$ は領域 D の近似列である。

$I_n=\displaystyle\iint_{K_n}\left(\sqrt{\dfrac{y}{2x}}+\sqrt{\dfrac{x}{2y}}\right)dxdy$ とすると

$$I_n=\int_{\frac{1}{n}}^1\left\{\int_{\frac{1}{n}}^1\left(\sqrt{\frac{y}{2x}}+\sqrt{\frac{x}{2y}}\right)dx\right\}dy$$

$$=\int_{\frac{1}{n}}^1\left[\frac{1}{\sqrt{2}}\left(2\sqrt{xy}+\frac{2}{3}x\sqrt{\frac{x}{y}}\right)\right]_{x=\frac{1}{n}}^{x=1}dy$$

$$=\int_{\frac{1}{n}}^1\frac{1}{\sqrt{2}}\left\{2\left(1-\frac{1}{\sqrt{n}}\right)\sqrt{y}+\frac{2}{3}\left(1-\frac{1}{n\sqrt{n}}\right)\frac{1}{\sqrt{y}}\right\}dy$$

$$=\left[\frac{1}{\sqrt{2}}\left\{\frac{4}{3}\left(1-\frac{1}{\sqrt{n}}\right)y\sqrt{y}+\frac{4}{3}\left(1-\frac{1}{n\sqrt{n}}\right)\sqrt{y}\right\}\right]_{y=\frac{1}{n}}^{y=1}$$

$$=\frac{4\sqrt{2}}{3}\left(1-\frac{1}{\sqrt{n}}\right)\left(1-\frac{1}{n\sqrt{n}}\right)$$

$\displaystyle\lim_{n\to\infty}I_n=\dfrac{4\sqrt{2}}{3}$ であるから 　　　$S=\displaystyle\iint_D\left(\sqrt{\dfrac{y}{2x}}+\sqrt{\dfrac{x}{2y}}\right)dxdy=\dfrac{4\sqrt{2}}{3}$

62 　曲面と平面で囲まれた領域の体積　　　　　　　　　　　　　★★☆

> 曲面 $z=x^2+y^2$ と平面 $z=4x$ で囲まれた領域の体積を求めよ。

与えられた領域を W とすると 　　　$W=\{(x,\ y,\ z)\mid x^2+y^2\leqq z\leqq 4x\}$

求める領域 W の体積を V とし，$D=\{(x,\ y)\mid x^2+y^2\leqq 4x\}$ と

すると 　　　$V=\displaystyle\iiint_W 1\,dxdydz$

$$=\iint_D\left(\int_{x^2+y^2}^{4x}dz\right)dxdy=\iint_D(4x-x^2-y^2)dxdy$$

ここで，$x^2+y^2\leqq 4x\iff(x-2)^2+y^2\leqq 4$ であるから，領域 D

上の積分は，変数変換 $x=r\cos\theta$, $y=r\sin\theta$ によって，

$[0,\ 4\cos\theta]\times\left[-\dfrac{\pi}{2},\ \dfrac{\pi}{2}\right]$ 上の積分となる。

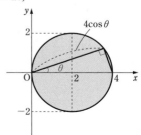

このとき　　$|J(r,\ \theta)|=r$　　　　　　　　　　$\blacktriangleleft |J(r,\ \theta)|=\left|\dfrac{\partial x}{\partial r}\cdot\dfrac{\partial y}{\partial\theta}-\dfrac{\partial x}{\partial\theta}\cdot\dfrac{\partial y}{\partial r}\right|=r$

$4x-x^2-y^2=4r\cos\theta-r^2$ から

$$V=\iint_D(4x-x^2-y^2)dxdy=\int_{-\frac{\pi}{2}}^{\frac{\pi}{2}}\left\{\int_0^{4\cos\theta}(4r\cos\theta-r^2)r\,dr\right\}d\theta$$

$$=\int_{-\frac{\pi}{2}}^{\frac{\pi}{2}}\left[\frac{4}{3}r^3\cos\theta-\frac{r^4}{4}\right]_{r=0}^{r=4\cos\theta}d\theta=\int_{-\frac{\pi}{2}}^{\frac{\pi}{2}}\frac{64}{3}\cos^4\theta\,d\theta$$

$\blacktriangleleft\displaystyle\int_{-a}^{a}$　奇関数は 0　偶関数は 2 倍。

$$=2\int_0^{\frac{\pi}{2}}\frac{64}{3}\cos^4\theta\,d\theta=\frac{128}{3}\cdot\frac{3\cdot1}{4\cdot2}\cdot\frac{\pi}{2}=8\pi$$

$\blacktriangleleft$基本例題 059 参照。

別解　$\displaystyle\iint_D(4x-x^2-y^2)dxdy$ を考える際，$x=2+r\cos\theta$, $y=r\sin\theta$ と変数変換してもよい。この場合，領域 D 上の積分は，長方形領域 $[0,\ 2]\times[0,\ 2\pi]$ 上の積分となる。

このとき　　$|J(r,\ \theta)|=r$

$4x-x^2-y^2=4-r^2$ から　　$\displaystyle V=\iint_D(4x-x^2-y^2)dxdy=\int_0^2\left\{\int_0^{2\pi}(4-r^2)r\,d\theta\right\}dr$

$$=\int_0^2 2\pi(4r-r^3)dr=\left[2\pi\left(2r^2-\frac{r^4}{4}\right)\right]_{r=0}^{r=2}=8\pi$$

別解　$\displaystyle V=\iint_D(4x-x^2-y^2)dxdy=\int_0^{2\pi}\left\{\int_0^2(4-r^2)r\,dr\right\}d\theta$

$$=\int_0^{2\pi}\left[2r^2-\frac{r^4}{4}\right]_{r=0}^{r=2}d\theta=\int_0^{2\pi}4\,d\theta=8\pi$$

別解　更に，次のように考えることもできる。

$$V=\iint_D(4x-x^2-y^2)dxdy=\left\{\int_0^2(4-r^2)r\,dr\right\}\cdot\left(\int_0^{2\pi}d\theta\right)=2\pi\left[2r^2-\frac{r^4}{4}\right]_{r=0}^{r=2}=8\pi$$

63　1変数関数のグラフの，x 軸周りの回転体の体積　　★☆☆

曲線 $y=\sinh x$ の $0\leqq x\leqq1$ の部分を x 軸の周りに 1 回転してできる回転体の体積を，重積分を用いて求めよ。

与えられた回転体を W とすると

$$W=\{(x,\ y,\ z)\,|\,0\leqq x\leqq1,\ y^2+z^2\leqq\sinh^2x\}$$

更に，$D=\{(y,\ z)\,|\,y^2+z^2\leqq\sinh^2x\}$ とすると，求める体積は

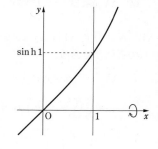

$$\iiint_W 1\,dxdydz=\int_0^1\left(\iint_D dydz\right)dx=\int_0^1\pi\sinh^2x\,dx$$

$$=\pi\int_0^1\left(\frac{e^x-e^{-x}}{2}\right)^2dx=\pi\int_0^1\frac{e^{2x}+e^{-2x}-2}{4}dx$$

$$=\pi\left[\frac{e^{2x}}{8}-\frac{e^{-2x}}{8}-\frac{x}{2}\right]_0^1=\frac{e^4-4e^2-1}{8e^2}\pi$$

64　広義の重積分の計算　★★☆

次の領域Dを図示し，与えられた重積分を計算せよ。
$$D=\{(x,\ y)\mid 0<x\leqq3,\ 0\leqq y\leqq x\}$$
$$\iint_D \frac{x}{x^2+y^2}dxdy$$

領域Dは右の図の斜線部分のようになる。
ただし，原点$(0,0)$を除く境界線を含む。
$K_n=\left\{(x,\ y)\ \middle|\ \dfrac{1}{n}\leqq x\leqq3,\ 0\leqq y\leqq x\right\}$ とすると，$\{K_n\}$ は領域

Dの近似列である。

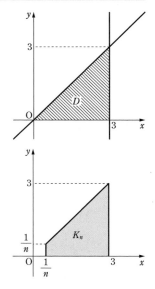

$I_n=\displaystyle\iint_{K_n}\frac{x}{x^2+y^2}dxdy$ とすると

$$I_n=\int_{\frac{1}{n}}^{3}\left(\int_0^x \frac{x}{x^2+y^2}dy\right)dx$$

$$=\int_{\frac{1}{n}}^{3}\left[\mathrm{Tan}^{-1}\frac{y}{x}\right]_{y=0}^{y=x}dx$$

$$=\int_{\frac{1}{n}}^{3}\frac{\pi}{4}dx=\frac{\pi}{4}\left(3-\frac{1}{n}\right)$$

$\displaystyle\lim_{n\to\infty}I_n=\frac{3}{4}\pi$ であるから　$\displaystyle\iint_D \frac{x}{x^2+y^2}dxdy=\boldsymbol{\frac{3}{4}\pi}$

65　広義の重積分の計算　★★☆

次の広義積分を計算せよ。

(1) $\displaystyle\iint_D e^{-x^2}dxdy,\ D=\{(x,\ y)\mid 0\leqq y\leqq x\}$

(2) $\displaystyle\iint_D \log(x^2+y^2)dxdy,\ D=\{(x,\ y)\mid 0<x^2+y^2\leqq4\}$

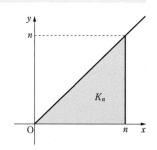

(1)　$K_n=\{(x,\ y)\mid 0\leqq y\leqq x\leqq n\}$ とすると，$\{K_n\}$ は領域D
　　の近似列である。

$$I_n=\iint_{K_n}e^{-x^2}dxdy \text{ とすると}$$

$$I_n=\int_0^n\left(\int_0^x e^{-x^2}dy\right)dx=\int_0^n xe^{-x^2}dx$$

$$=\left[-\frac{e^{-x^2}}{2}\right]_{x=0}^{x=n}=\frac{1}{2}\left(1-\frac{1}{e^{n^2}}\right)$$

$\lim\limits_{n\to\infty} I_n = \dfrac{1}{2}$ であるから

$$\iint_D e^{-x^2}dxdy = \dfrac{1}{2}$$

(2) $K_n = \left\{ (x,\ y) \ \middle| \ \dfrac{1}{n^2} \leq x^2 + y^2 \leq 4 \right\}$ とすると，$\{K_n\}$ は領域

D の近似列である。

領域 K_n 上の積分は，変数変換 $x = r\cos\theta$，$y = r\sin\theta$ に

よって，長方形領域 $\left[\dfrac{1}{n},\ 2\right] \times [0,\ 2\pi]$ 上の積分となる。

このとき　　$|J(r,\ \theta)| = r$

$I_n = \iint_{K_n} \log(x^2 + y^2)dxdy$ とすると，

$\log(x^2 + y^2) = 2\log r$ から

$$\begin{aligned}
I_n &= \int_{\frac{1}{n}}^{2} \left(\int_0^{2\pi} 2\log r \cdot r\,d\theta \right) dr \\
&= \int_{\frac{1}{n}}^{2} 4\pi r \log r\,dr = \left[2\pi r^2 \log r \right]_{r=\frac{1}{n}}^{r=2} - \int_{\frac{1}{n}}^{2} 2\pi r\,dr \\
&= 2\pi \left(4\log 2 + \dfrac{\log n}{n^2} \right) - \left[\pi r^2 \right]_{r=\frac{1}{n}}^{r=2} = 2\pi \left(4\log 2 - 2 + \dfrac{\log n}{n^2} + \dfrac{1}{2n^2} \right)
\end{aligned}$$

ここで

$$\begin{aligned}
\lim_{n\to\infty} I_n &= \lim_{n\to\infty} 2\pi \left(4\log 2 - 2 + \dfrac{\log n}{n^2} + \dfrac{1}{2n^2} \right) \\
&= \lim_{n\to\infty} 2\pi \left(4\log 2 - 2 + \dfrac{1}{n} \cdot \dfrac{\log n}{n} + \dfrac{1}{2n^2} \right) \qquad \text{◀基本例題 044 (2) 参照。} \\
&= 4\pi(2\log 2 - 1)
\end{aligned}$$

したがって　　$\displaystyle\iint_D \log(x^2 + y^2)dxdy = \boldsymbol{4\pi(2\log 2 - 1)}$

別解　I_n の計算は次のように考えてもよい。

$$\begin{aligned}
I_n &= \iint_{K_n} \log(x^2 + y^2)dxdy \\
&= \left(\int_0^{2\pi} d\theta \right) \cdot \left(\int_{\frac{1}{n}}^{2} 2\log r \cdot r\,dr \right) = 2\pi \left(\left[r^2 \log r \right]_{r=\frac{1}{n}}^{r=2} - \int_{\frac{1}{n}}^{2} r\,dr \right) \\
&= 2\pi \left(4\log 2 + \dfrac{\log n}{n^2} - \left[\dfrac{r^2}{2} \right]_{r=\frac{1}{n}}^{r=2} \right) = 2\pi \left(4\log 2 - 2 + \dfrac{\log n}{n^2} + \dfrac{1}{2n^2} \right)
\end{aligned}$$

66　文字定数を含む広義の重積分の計算　　★★☆

$0<\alpha<1$ のとき，次の広義積分を計算せよ。

$$\iint_D \frac{dxdy}{(x^2+y^2)^\alpha}, \quad D=\{(x,\ y)\mid x\geqq0,\ y\geqq0,\ 0<x^2+y^2\leqq1\}$$

$K_n=\left\{(x,\ y)\,\middle|\,x\geqq0,\ y\geqq0,\ \dfrac{1}{n^2}\leqq x^2+y^2\leqq1\right\}$ とすると，

$\{K_n\}$ は領域 D の近似列である。

領域 K_n 上の積分は，変数変換 $x=r\cos\theta$，$y=r\sin\theta$ に

よって，長方形領域 $\left[\dfrac{1}{n},\ 1\right]\times\left[0,\ \dfrac{\pi}{2}\right]$ 上の積分となる。

このとき　　$|J(r,\ \theta)|=r$

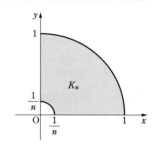

$I_n=\displaystyle\iint_{K_n}f(x,\ y)dxdy$ とすると，$\dfrac{1}{(x^2+y^2)^\alpha}=\dfrac{1}{r^{2\alpha}}$ から

$$\begin{aligned}
I_n&=\iint_{K_n}\frac{dxdy}{(x^2+y^2)^\alpha}\\
&=\int_{\frac{1}{n}}^1\left(\int_0^{\frac{\pi}{2}}\frac{1}{r^{2\alpha}}\cdot r\,d\theta\right)dr=\int_{\frac{1}{n}}^1\frac{\pi}{2r^{2\alpha-1}}\,dr\\
&=\left[\frac{\pi}{2(2-2\alpha)}r^{2-2\alpha}\right]_{r=\frac{1}{n}}^{r=1}=\frac{\pi}{4(1-\alpha)}\left\{1-\left(\frac{1}{n}\right)^{2-2\alpha}\right\}
\end{aligned}$$

$\displaystyle\lim_{n\to\infty}I_n=\frac{\pi}{4(1-\alpha)}$ であるから　　$\displaystyle\iint_D\frac{dxdy}{(x^2+y^2)^\alpha}=\frac{\pi}{4(1-\alpha)}$

別解　$I_n=\displaystyle\iint_{K_n}\frac{dxdy}{(x^2+y^2)^\alpha}$

$$\begin{aligned}
&=\int_0^{\frac{\pi}{2}}\left(\int_{\frac{1}{n}}^1\frac{1}{r^{2\alpha}}\cdot r\,dr\right)d\theta\\
&=\int_0^{\frac{\pi}{2}}\left[\frac{r^{2-2\alpha}}{2-2\alpha}\right]_{r=\frac{1}{n}}^{r=1}d\theta\\
&=\int_0^{\frac{\pi}{2}}\frac{1}{2(1-\alpha)}\left\{1-\left(\frac{1}{n}\right)^{2-2\alpha}\right\}d\theta\\
&=\frac{\pi}{4(1-\alpha)}\left\{1-\left(\frac{1}{n}\right)^{2-2\alpha}\right\}
\end{aligned}$$

よって　　$\displaystyle\iint_D\frac{dxdy}{(x^2+y^2)^\alpha}=\frac{\boldsymbol{\pi}}{\boldsymbol{4(1-\alpha)}}$

参考 I_n の計算は次のように考えてもよい。

$$I_n = \left(\int_0^{\frac{\pi}{2}} d\theta\right) \cdot \left(\int_{\frac{1}{n}}^1 \frac{1}{r^{2\alpha}} \cdot r\, dr\right)$$

$$= \frac{\pi}{2} \left[\frac{r^{2-2\alpha}}{2-2\alpha}\right]_{r=\frac{1}{n}}^{r=1} = \frac{\pi}{4(1-\alpha)} \left\{1 - \left(\frac{1}{n}\right)^{2-2\alpha}\right\}$$

補足 PRACTICE 92 は本問の $\alpha = \frac{1}{2}$ の場合である。

67 ベータ関数と定積分 ★★☆

$\alpha > 0$ のとき，等式 $\displaystyle\int_0^1 \frac{x^{\alpha-1}}{\sqrt{1-x^{2\alpha}}}\, dx = \frac{\pi}{2\alpha}$ を示せ。

$x^{2\alpha} = t$ とおくと，$x = t^{\frac{1}{2\alpha}}$ であるから $\quad dx = \frac{1}{2\alpha} t^{\frac{1-2\alpha}{2\alpha}} dt$

x と t の対応は右のようになる。

x	$0 \longrightarrow 1$
t	$0 \longrightarrow 1$

よって $\displaystyle\int_0^1 \frac{x^{\alpha-1}}{\sqrt{1-x^{2\alpha}}}\, dx = \int_0^1 t^{\frac{\alpha-1}{2\alpha}} (1-t)^{-\frac{1}{2}} \cdot \frac{1}{2\alpha} t^{\frac{1-2\alpha}{2\alpha}} dt$

$$= \frac{1}{2\alpha} \int_0^1 t^{-\frac{1}{2}} (1-t)^{-\frac{1}{2}} dt$$

$$= \frac{1}{2\alpha} \int_0^1 t^{\frac{1}{2}-1} (1-t)^{\frac{1}{2}-1} dt$$

$$= \frac{1}{2\alpha} B\left(\frac{1}{2},\ \frac{1}{2}\right) = \frac{\pi}{2\alpha} \quad ■$$

◀PRACTICE 54 参照。

68 広義の重積分の収束判定 ★★★

次の広義積分の収束と発散を判定せよ。

$$\iint_D \frac{y^2-x^2}{(x^2+y^2)^2}\, dxdy, \quad D = \{(x,\ y) \mid 0 \le x \le 1,\ 0 \le y \le 1,\ (x,\ y) \ne (0,\ 0)\}$$

$D = \{(x,\ y) \mid x \ge 0,\ y \ge 0,\ 0 < x^2+y^2 \le 1\} \cup \{(x,\ y) \mid 0 \le x \le 1,\ 0 \le y \le 1,\ x^2+y^2 \ge 1\}$ である。

$E = \{(x,\ y) \mid x \ge 0,\ y \ge 0,\ 0 < x^2+y^2 \le 1\}$,

$F = \{(x,\ y) \mid 0 \le x \le 1,\ 0 \le y \le 1,\ x^2+y^2 \ge 1\}$ とすると

$$\iint_D \frac{y^2-x^2}{(x^2+y^2)^2}\, dxdy = \iint_E \frac{y^2-x^2}{(x^2+y^2)^2}\, dxdy$$

$$+ \iint_F \frac{y^2-x^2}{(x^2+y^2)^2}\, dxdy$$

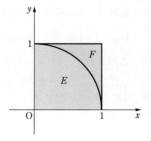

$f(x, y) = \dfrac{y^2 - x^2}{(x^2 + y^2)^2}$ とすると，関数 $f(x, y)$ は領域 F 上で連続であるから，$f(x, y)$ は

領域 F 上で積分可能である。

よって，$\displaystyle\iint_E \dfrac{y^2 - x^2}{(x^2 + y^2)^2}\,dxdy$ のみ考える。

ここで，$E = \{(x, y) \mid 0 \leq y \leq x,\ 0 < x^2 + y^2 \leq 1\} \cup \{(x, y) \mid 0 \leq x \leq y,\ 0 < x^2 + y^2 \leq 1\}$ である。

$L = \{(x, y) \mid 0 \leq y \leq x,\ 0 < x^2 + y^2 \leq 1,\ (x, y) \neq (0, 0)\}$,

$M = \{(x, y) \mid 0 \leq x \leq y,\ 0 < x^2 + y^2 \leq 1,\ (x, y) \neq (0, 0)\}$ と

すると
$$\iint_E \dfrac{y^2 - x^2}{(x^2 + y^2)^2}\,dxdy = \iint_L \dfrac{y^2 - x^2}{(x^2 + y^2)^2}\,dxdy$$
$$+ \iint_M \dfrac{y^2 - x^2}{(x^2 + y^2)^2}\,dxdy$$

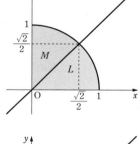

そこで，$\{s_n\}$ を，すべての自然数 n に対して $s_n \geq 0$，

$s_{n+1} \leq s_n$，$\displaystyle\lim_{n \to \infty} s_n = 0$ を満たすようにとり，$\{t_n\}$ を，すべて

の自然数 n に対して $t_n \geq 0$，$t_{n+1} \leq t_n$，$\displaystyle\lim_{n \to \infty} t_n = 0$ を満たすよ

うにとって，$L_n = \{(x, y) \mid 0 \leq y \leq x,\ s_n^2 \leq x^2 + y^2 \leq 1\}$,

$M_n = \{(x, y) \mid 0 \leq x \leq y,\ t_n^2 \leq x^2 + y^2 \leq 1\}$ とする。

$E_n = L_n \cup M_n$ とすると，$\{E_n\}$ は E の近似列である。

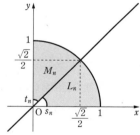

このとき，$H_n = \displaystyle\iint_{E_n} \dfrac{y^2 - x^2}{(x^2 + y^2)^2}\,dxdy$,

$I_n = \displaystyle\iint_{L_n} \dfrac{y^2 - x^2}{(x^2 + y^2)^2}\,dxdy$，$J_n = \displaystyle\iint_{M_n} \dfrac{y^2 - x^2}{(x^2 + y^2)^2}\,dxdy$ とする。

$\quad H_n = \displaystyle\iint_{E_n} \dfrac{y^2 - x^2}{(x^2 + y^2)^2}\,dxdy$

$\quad = \displaystyle\iint_{L_n} \dfrac{y^2 - x^2}{(x^2 + y^2)^2}\,dxdy + \iint_{M_n} \dfrac{y^2 - x^2}{(x^2 + y^2)^2}\,dxdy$

$\quad = I_n + J_n$

[1] I_n について

領域 L_n 上の積分は，変数変換 $x = p\cos\alpha$，$y = p\sin\alpha$ によって，長方形領域

$[s_n, 1] \times \left[0, \dfrac{\pi}{4}\right]$ 上の積分となる。

このとき $\quad |J(p, \alpha)| = p$
$\qquad \dfrac{y^2 - x^2}{(x^2 + y^2)^2} = -\dfrac{\cos 2\alpha}{p^2}$ から

◁ $|J(p, \alpha)| = \left| \dfrac{\partial x}{\partial p} \cdot \dfrac{\partial y}{\partial \alpha} - \dfrac{\partial x}{\partial \alpha} \cdot \dfrac{\partial y}{\partial p} \right| = p$

$$I_n = \iint_{L_n} \frac{y^2 - x^2}{(x^2 + y^2)^2} \, dx \, dy = \int_{s_n}^1 \left\{ \int_0^{\frac{\pi}{4}} \left(-\frac{\cos 2\alpha}{p^2} \right) \cdot p \, d\alpha \right\} dp$$

$$= \int_{s_n}^1 \left[-\frac{\sin 2\alpha}{2p} \right]_{\alpha=0}^{\alpha=\frac{\pi}{4}} dp = \int_{s_n}^1 \left(-\frac{1}{2p} \right) dp$$

$$= \left[-\frac{1}{2} \log p \right]_{p=s_n}^{p=1} = \frac{1}{2} \log s_n$$

[2] J_n について

領域 M_n 上の積分は，変数変換 $x = q \cos \beta$, $y = q \sin \beta$ によって，長方形領域

$[t_n,\ 1] \times \left[\dfrac{\pi}{4},\ \dfrac{\pi}{2} \right]$ 上の積分となる。

このとき $|J(q,\ \beta)| = q$

◀ $|J(q,\ \beta)| = \left| \dfrac{\partial x}{\partial q} \cdot \dfrac{\partial y}{\partial \beta} - \dfrac{\partial x}{\partial \beta} \cdot \dfrac{\partial y}{\partial q} \right| = q$

$\dfrac{y^2 - x^2}{(x^2 + y^2)^2} = -\dfrac{\cos 2\beta}{q^2}$ から

$$J_n = \iint_{M_n} \frac{y^2 - x^2}{(x^2 + y^2)^2} \, dx \, dy$$

$$= \int_{t_n}^1 \left\{ \int_{\frac{\pi}{4}}^{\frac{\pi}{2}} \left(-\frac{\cos 2\beta}{q^2} \right) \cdot q \, d\beta \right\} dq$$

$$= \int_{t_n}^1 \left[-\frac{\sin 2\beta}{2q} \right]_{\beta=\frac{\pi}{4}}^{\beta=\frac{\pi}{2}} dp = \int_{t_n}^1 \frac{dq}{2q}$$

$$= \left[\frac{1}{2} \log q \right]_{q=t_n}^{q=1} = \frac{1}{2} \log \frac{1}{t_n}$$

[1]，[2] から $H_n = I_n + J_n = \dfrac{1}{2} \log s_n + \dfrac{1}{2} \log \dfrac{1}{t_n} = \dfrac{1}{2} \log \dfrac{s_n}{t_n}$

$\{s_n\}$, $\{t_n\}$ を，$s_n = \dfrac{1}{n}$, $t_n = \dfrac{1}{2n}$ を満たすようにとると $H_n = \dfrac{1}{2} \log 2$

$\{s_n\}$, $\{t_n\}$ を，$s_n = \dfrac{1}{n}$, $t_n = \dfrac{1}{3n}$ を満たすようにとると $H_n = \dfrac{1}{2} \log 3$

よって，H_n の極限は近似列のとり方に依存するから，与えられた広義積分は **収束しない**。

別解 $$I_n = \iint_{L_n} \frac{y^2 - x^2}{(x^2 + y^2)^2} \, dx \, dy = \int_0^{\frac{\pi}{4}} \left\{ \int_{s_n}^1 \left(-\frac{\cos 2\alpha}{p^2} \right) \cdot p \, dp \right\} d\alpha$$

$$= \int_0^{\frac{\pi}{4}} \left[-\cos 2\alpha \log p \right]_{p=s_n}^{p=1} d\alpha = \int_0^{\frac{\pi}{4}} \log s_n \cos 2\alpha \, d\alpha$$

$$= \left[\frac{1}{2} \log s_n \sin 2\alpha \right]_{\alpha=0}^{\alpha=\frac{\pi}{4}} = \frac{1}{2} \log s_n$$

$$J_n = \iint_{M_n} \frac{y^2 - x^2}{(x^2 + y^2)^2}\,dxdy = \int_{\frac{\pi}{4}}^{\frac{\pi}{2}} \left\{ \int_{t_n}^1 \left(-\frac{\cos 2\beta}{q^2} \right) \cdot q\,dq \right\} d\beta$$

$$= \int_{\frac{\pi}{4}}^{\frac{\pi}{2}} \Big[-\cos 2\beta \log q \Big]_{q=t_n}^{q=1}\,d\beta = \int_{\frac{\pi}{4}}^{\frac{\pi}{2}} \log t_n \cos 2\beta\,d\beta$$

$$= \left[\frac{1}{2} \log t_n \sin 2\beta \right]_{\beta=\frac{\pi}{4}}^{\beta=\frac{\pi}{2}} = \frac{1}{2} \log \frac{1}{t_n}$$

別解　次のように考えることもできる。

$$I_n = \iint_{L_n} \frac{y^2 - x^2}{(x^2 + y^2)^2}\,dxdy = \left(\int_0^{\frac{\pi}{4}} \cos 2\alpha\,d\alpha \right) \cdot \left\{ \int_{s_n}^1 \left(-\frac{1}{p^2} \right) \cdot p\,dp \right\}$$

$$= \left(\left[\frac{\sin 2\alpha}{2} \right]_{\alpha=0}^{\alpha=\frac{\pi}{4}} \right) \cdot \left(\left[-\log p \right]_{p=s_n}^{p=1} \right) = \frac{1}{2} \log s_n$$

$$J_n = \iint_{M_n} \frac{y^2 - x^2}{(x^2 + y^2)^2}\,dxdy = \left(\int_{\frac{\pi}{4}}^{\frac{\pi}{2}} \cos 2\beta\,d\beta \right) \cdot \left\{ \int_{t_n}^1 \left(-\frac{1}{q^2} \right) \cdot q\,dq \right\}$$

$$= \left(\left[\frac{\sin 2\beta}{2} \right]_{\beta=\frac{\pi}{4}}^{\beta=\frac{\pi}{2}} \right) \cdot \left(\left[-\log q \right]_{q=t_n}^{q=1} \right) = \frac{1}{2} \log \frac{1}{t_n}$$

研究　領域 D 上において，常に $f(x,\ y) \geqq 0$ または $f(x,\ y) \leqq 0$ とならないため，205 ページの広義の重積分の定義の条件 [1] のみを考えるだけでは不十分である。

完成！

大学教養微分積分の基礎の問題と本書の解答の対応表

各段において左から，TEXT「大学教養微分積分の基礎」の問題掲載頁，TEXT での問題種別，本書での問題種別，本書での該当問題の解答の掲載頁を章ごとに示している。

索　引

第 1 刷　2021 年 5 月 1 日　発行

●カバーデザイン　株式会社麒麟三隻館

ISBN978-4-410-15359-4

監　修	市原一裕，加藤文元
編　著	数研出版編集部
発行者	星野　泰也
発行所	数研出版株式会社

チャート式®シリーズ
大学教養
微分積分の基礎

〒101-0052　東京都千代田区神田小川町 2 丁目 3 番地 3
　　　［振替］00140-4-118431
〒604-0861　京都市中京区烏丸通竹屋町上る大倉町205番地
　［電話］代表 (075)231-0161
ホームページ　https://www.chart.co.jp
印刷　創栄図書印刷株式会社

210401

関数（多変数）

ユークリッド空間

・2点間の距離

R^n 内の2点 $X(x_1, x_2, \cdots, x_n)$, $Y(y_1, y_2, \cdots, y_n)$ の距離を $d(X, Y)$ で表し，

$$d(X, Y) = \sqrt{\sum_{k=1}^{n}(y_k - x_k)^2}$$

と定義する。

・距離の性質の定理

[1] 任意の $X \in R^n$, $Y \in R^n$ について
$d(X, Y) \geqq 0$ であり，$d(X, Y) = 0$ となるのは2点 X, Y が一致するときに限る。

[2] 任意の $X \in R^n$, $Y \in R^n$ について
$d(X, Y) = d(Y, X)$

[3] 任意の $X \in R^n$, $Y \in R^n$, $Z \in R^n$ について
$d(X, Z) \leqq d(X, Y) + d(Y, Z)$
（三角不等式）

多変数関数とは

・多変数関数

自然数 n について，集合 $A \subset R^n$ の1つの要素 $(x_1, x_2, \cdots, x_n)$ を定めると，それに対応して集合 $B \subset R$ の要素 y が必ず1つ定まるとき，この対応関係を集合 A から集合 B への多変数関数という。

多変数関数の極限と連続性

・2変数関数の極限

任意の正の実数 ε に対して，ある正の実数 δ が存在して，$0 < d((x, y), (a, b)) < \delta$ を満たし，かつ，関数 $f(x, y)$ の定義域に含まれるすべての (x, y) について $|f(x, y) - \alpha| < \varepsilon$ が成り立つとき，$(x, y) \longrightarrow (a, b)$ のときの関数 $f(x, y)$ の極限が α である，または関数 $f(x, y)$ は $(x, y) \longrightarrow (a, b)$ で α に収束するという。このことを，$\displaystyle\lim_{(x,y)\to(a,b)} f(x, y) = \alpha$ または $(x, y) \longrightarrow (a, b)$ のとき $f(x, y) \longrightarrow \alpha$ 等と表す。

・関数の極限の性質の定理

$\displaystyle\lim_{(x,y)\to(a,b)} f(x, y) = \alpha$, $\displaystyle\lim_{(x,y)\to(a,b)} g(x, y) = \beta$ （α, β は定数）とするとき，次が成り立つ。

[1] $\displaystyle\lim_{(x,y)\to(a,b)} \{kf(x, y) + lg(x, y)\} = k\alpha + l\beta$
（k, l は定数）

[2] $\displaystyle\lim_{(x,y)\to(a,b)} f(x, y)g(x, y) = \alpha\beta$

[3] $\displaystyle\lim_{(x,y)\to(a,b)} \frac{f(x, y)}{g(x, y)} = \frac{\alpha}{\beta}$ （$\beta \neq 0$）

・関数の四則演算と連続性の定理

2つの2変数関数 $f(x, y)$, $g(x, y)$ が，(a, b) でともに連続であるならば，次の関数も (a, b) で連続である。
$kf(x, y) + lg(x, y)$ （k, l は定数）
$f(x, y)g(x, y)$
$\dfrac{f(x, y)}{g(x, y)}$ （$g(a, b) \neq 0$）

微分（多変数）

多変数関数の微分（偏微分）

・偏微分係数

定義域が点 (a, b) を含む，R^2 内の開領域である2変数関数 $f(x, y)$ について，$y = b$ を固定したときの極限値 $\displaystyle\lim_{x\to a} \frac{f(x, b) - f(a, b)}{x - a}$ または $\displaystyle\lim_{h\to 0} \frac{f(a+h, b) - f(a, b)}{h}$ が存在するとき，その極限値を関数 $f(x, y)$ の (a, b) における x についての偏微分係数といい，$\dfrac{\partial f}{\partial x}(a, b)$ または $f_x(a, b)$ のように表す。

同様に，$x = a$ を固定したときの極限値 $\displaystyle\lim_{y\to b} \frac{f(a, y) - f(a, b)}{y - b}$ または $\displaystyle\lim_{h\to 0} \frac{f(a, b+h) - f(a, b)}{h}$ が存在するとき，その極限値を関数 $f(x, y)$ の (a, b) における y についての偏微分係数といい，$\dfrac{\partial f}{\partial y}(a, b)$ または $f_y(a, b)$ のように表す。

2変数関数 $f(x, y)$ が (a, b) において，x, y についての偏微分係数をともにもつとき，関数 $f(x, y)$ は (a, b) で偏微分可能であるという。

・偏導関数

U を R^2 内の開領域とし，2変数関数 $f(x, y)$ が U に含まれるすべての点で x について偏微分可能であるとする。このとき，U に含まれる各点 (a, b) に対して，$f_x(a, b)$ を対応させて定めた U 上の関数を，関数 $f(x, y)$ の x についての偏導関数といい，$\dfrac{\partial f}{\partial x}(x, y)$ または $f_x(x, y)$ のように表す。

同様に，関数 $f(x, y)$ の y についての偏導関数も定義し，$\dfrac{\partial f}{\partial y}(x, y)$ または $f_y(x, y)$ のように表す。

多変数関数の微分（全微分）

・2変数関数の全微分可能性

定義域が点 (a, b) を含む開領域 U である2変数関数 $f(x, y)$ について，ある定数 m, n が存在して次の等式を満たすとき，関数 $f(x, y)$ は (a, b) で全微分可能であるという。

$$\lim_{(x, y) \to (a, b)} \frac{f(x, y) - \{m(x-a) + n(y-b) + f(a, b)\}}{\sqrt{(x-a)^2 + (y-b)^2}} = 0$$

更に，関数 $f(x, y)$ が U 内の任意の点 (a, b) について，$f(x, y)$ が (a, b) で全微分可能であるとき，関数 $f(x, y)$ は開領域 U 上で全微分可能であるという。

・全微分可能性と偏微分係数の定理

定義域が点 (a, b) を含む開領域である2変数関数 $f(x, y)$ が (a, b) で全微分可能であるならば，(a, b) において偏微分係数 $f_x(a, b)$, $f_y(a, b)$ がともに存在し，次が成り立つ。

$$\lim_{(x, y) \to (a, b)} \frac{f(x, y) - \{f_x(a, b)(x-a) + f_y(a, b)(y-b) + f(a, b)\}}{\sqrt{(x-a)^2 + (y-b)^2}} = 0$$

・全微分可能性と連続性の定理

2変数関数 $f(x, y)$ が (a, b) で全微分可能ならば，関数 $f(x, y)$ は (a, b) で連続である。

・偏導関数の連続性と全微分可能性の定理

定義域が点 (a, b) を含む開領域 U である2変数関数 $f(x, y)$ について，U 上で偏導関数 $f_x(x, y)$, $f_y(x, y)$ がともに存在し，それらが (a, b) で連続であるならば，関数 $f(x, y)$ は (a, b) で全微分可能である。

多変数関数の高次の偏微分

・偏微分の順序交換の定理

開領域 U 上の2変数関数 $f(x, y)$ が2次の偏導関数 $f_{xy}(x, y)$, $f_{yx}(x, y)$ をもち，どちらも連続であるとする。このとき，$f_{xy}(x, y) = f_{yx}(x, y)$ が成り立つ。

・高次偏導関数・C^n, C^∞ 級関数

n を0以上の整数とし，2変数関数 $f(x, y)$ が開領域 U 上で偏微分可能であるとする。

[1] U 上で関数 $f(x, y)$ を，n 回の偏微分を繰り返して得られる偏導関数を n 次の偏導関数という。

[2] U 上で関数 $f(x, y)$ が n 次までの偏導関数をすべてもち，それらがすべて U 上で連続であるとき，関数 $f(x, y)$ は U 上で n 回連続微分可能である，または C^n 級関数であるという。

[3] U 上で関数 $f(x, y)$ がすべての次数の偏導関数をもち，それらがすべて U 上で連続で

あるとき，関数 $f(x, y)$ は U 上で無限回微分可能である，または C^∞ 級関数であるという。

多変数関数の微分法の応用

・2変数関数が極値をとるための必要条件

$f(x, y)$ を，R^2 内の開領域 U 上で偏微分可能な2変数関数とする。$f(x, y)$ が (a, b) で極大値または極小値をとるならば，

$$f_x(a, b) = f_y(a, b) = 0$$

が成り立つ。

・2変数関数の極値判定の定理

$f(x, y)$ を，R^2 内の開領域 U 上での C^2 級関数とし，$(a, b) \in U$ において，$f_x(a, b) = f_y(a, b) = 0$ が成り立つとする。$D = f_{xx}(a, b) f_{yy}(a, b) - \{f_{xy}(a, b)\}^2$ とするとき，次が成り立つ。

[1] $D > 0$ のとき

(ア) $f_{xx}(a, b) > 0$ ならば，$f(x, y)$ は (a, b) で極小値をとる。

(イ) $f_{xx}(a, b) < 0$ ならば，$f(x, y)$ は (a, b) で極大値をとる。

[2] $D < 0$ のとき

$f(x, y)$ は (a, b) で極値をとらない。

注意 $D = 0$ のとき，極値をとるかはわからない。

積分（多変数）

重積分

・2変数関数の重積分の性質

D を長方形領域とする。

[1] 2変数関数 $f(x, y)$ が D 上で積分可能であり，D が有限個の小長方形領域 D_1, ……, D_r に分割されているとする。このとき，任意の i $(1 \leq i \leq r)$ に対して，$f(x, y)$ は D_i 上でも積分可能であり，次が成り立つ。

$$\iint_D f(x, y) dx dy = \sum_{i=1}^{r} \iint_{D_i} f(x, y) dx dy$$

[2] 2変数関数 $f(x, y)$, $g(x, y)$ が D 上で積分可能であるとする。このとき，任意の実数 k, l に対して，関数 $kf(x, y) + lg(x, y)$ も D 上で積分可能であり，次が成り立つ。

$$\iint_D \{kf(x, y) + lg(x, y)\} dx dy$$
$$= k\iint_D f(x, y) dx dy + l\iint_D g(x, y) dx dy$$

重積分の計算

・長方形領域上での累次積分の定理

$f(x, y)$ を長方形領域 $[a, b] \times [c, d]$ 上で連続な2変数関数とする。